NEW MEDIA

21 世纪新媒体专业系列教材

塔娜　唐铮 / 著

算法新闻

ALGORITHMIC JOURNALISM

中国人民大学出版社
·北京·

总 序

周锡生

当今世界充满变革与创新。在阐释当今世界变革特征的时候，“新媒体”被时常提及，尽管人们对它的定义还有不少争议。

20 多年来，随着数字技术、信息技术的飞速发展，以互联网为代表的新媒体从诞生到逐步发展壮大，深刻改变了旧有的新闻信息传播方式，系统重塑了新的媒介生态和传播格局。旧媒体时代，新闻信息的传播速度还曾与交通工具竞跑；新媒体时代，昨日甚至数小时、数十分钟之前的新闻，都可能瞬息即逝，转眼间“轻舟已过万重山”。旧媒体时代，“受众”这个词体现了公众被动接受各类新闻信息的地位；新媒体时代，媒体人已经不再是专属的职业称号，自制互动、共享交流成为普遍行为。旧媒体时代，内容占据着绝对的核心地位，其他各个环节只是附属；新媒体时代，内容为王的观念在被继续强调的同时，网络、渠道、平台和终端的作用和价值日渐凸显，服务与市场的理念正在逐步深化。可以说，当今的新媒体已经跨越了媒介形态的界限，跨越了时空的拘囿，甚至也跨越了文化的隔阂。在这种态势下，建设新媒体、发展新媒体，成为传统媒体求生存、寻突破、谋发展的必由之路。

滚滚而来的新媒体浪潮绝不仅仅是改变了传媒业本身，更深刻渗入世界的政治、经济、文化、科技等各个领域。“世界是平的”引发人们无限遐想，平的世界创造了无限的空间。放眼全球，新媒体已经成为世界政治较量的重要因素，成为各国执政者了解社情民意的重要手段，成为社会公众参政议政的重要平台，网络动员、网络聚集、网络拷问在社交媒体上成为常态，对新媒体的运用和掌控能力日益成为执政水平的重要衡量标准。与此同时，以互联网产业为核心，逐步形成了包括媒体业、电信业、IT 业等在内的比较完整的新媒体产业链，产业体系也日趋完善，有力地推动了文化创意产业的发展，成为国民经济的有机组成部分，且生机盎然，潜力巨大。新媒体的文化价值也在不断迸发当中，随着平板电脑、电子阅读器的迅速普及，数字阅读、数字出版势不可当，新媒体的文化传播和社会建设功能日益强大，跨界文化交流与合作的作用更加突出，极大地丰富和满足了人们的精神文化生活需求。从这个层面来说，建设新媒体、发展新媒体，已经不再单单是传媒业的职

责，更需要从历史发展的宏观视野与现实的综合因素层面加以考量与谋划。

在全球加速向网络化社会、数字化生存转型的过程中，我国的新媒体建设也与世界同步，与时代同行。目前，我国的网民数量已经超过6亿，手机用户突破了12亿大关，均位居世界第一位，且还处于强劲增长当中。如此庞大的用户规模的背后，是我国近年来新媒体征程中一个个开拓的脚印与卓然的成效。在当今中国，我们可以看到，新媒体的作用被普遍认可，新媒体的影响被广泛重视，新媒体的理念深入人心，传统媒体加快向新兴媒体战略转型，各类新媒体机构不断涌现且各具特色。从网络、手机、平板电脑到户外大屏、流动媒体，从主流新闻网站到各类商业网站和专业网站，新技术不断涌现，新功能不断被挖掘，新产品不断推出，呈现出万马奔腾、一日千里之势。

当然，新媒体在我国发展的时间还比较短，在采编、经营、技术、市场、管理、人才等方面还处于探索的阶段，实践过程中出现了诸多困惑与迷思，存在着各种矛盾与冲突，远未成熟。尽管如此，新媒体的蓬勃生机让我们对它的未来充满信心，而这蓬勃生机则来自创新。创新是新媒体时代永恒的主题，谁能够加强创新，谁就能把握未来。新媒体本身就是创新的产物，创新是新媒体的生命力所在。为此，必须根据党和政府提出的新要求，适应时代的新特点，着力把握受众需求的新变化，着力把握技术突破的新契机，着力把握媒体发展的新态势，进一步创新思想观念、创新体制机制、创新内容生产、创新方式手段，加快新兴媒体建设，大力发展新兴业务，从而更好地贯彻落实中央战略部署，为加强国际传播能力建设、构建先进强大的现代传播体系做出贡献，为促进社会主义文化大繁荣、大发展发挥更加显著的作用。

新媒体是推动社会进步的重要力量，同时也要看到，新媒体是一柄双刃剑，随着新媒体地位和作用的日益增强，其所应承担的责任也越来越重要。从某些意义上讲，新媒体所应承担的社会责任甚至比传统媒体还要更重一些。多年来，我一直强调的一句话就是“网络无改稿”。如果说传统媒体的稿件签发后发现了错误，还有时间和可能予以纠正的话，新媒体的稿件一旦签发，几秒钟之内就可与全球不计其数的受众见面，根本没有时间和可能对稿件进行改正。因此，新媒体的把关责任十分重大，这既是对社会公众负责，也是对新媒体本身负责。在强调和开发新媒体的“媒体功能”的同时，有必要进一步强化其“媒体责任”。

新媒体领域日新月异的发展实践，以及在此过程中出现的矛盾与问题，要求理论研究总结规律、升华认识，并从理论层面加以阐释和指引。中国人民大学新闻学院有几位多年来潜心研究新媒体的专家学者，由他们领衔撰写的这套新媒体丛书，对新媒体的理论、技术、经营管理、业务流程、最新发展动态进行了全面深入的研究，反映了国内外新媒体研究的最新成果，对新媒体的管理者、研究者、学习者及业界从业人员都具有重要的参考价值。本套丛书的出版，相信会有助于推动我国新媒体的快速健康发展。

（作者曾任新华社副社长兼常务副总编辑，新华网董事长）

前 言

时代发展和技术进步的速度之快，总是超乎人们的想象。至少对于自20世纪90年代起处在传统媒体市场化黄金期的人来说，这些年来他们一直在追赶技术的脚步。

从单一媒体看，20世纪90年代初期后的十年里，报纸从彻头彻尾的官办媒体、邮局发行、每天一到两个印张，变成全链条运营、全市场化运作，发行量超过百万，版面数量最高曾达千版，单个城市最高容纳报纸数量超过20家。20世纪90年代中期后的十年里，电视从中央电视台3个频道扩展到16个频道，从每个省市自治区一两个地方电视频道、彼此不相通，变成数十家省级上星卫视、上百家地方单品类频道和数百家收费电视频道。广播从各地三四个调频、一度经营窘困，到借着轿车私人化和城市道路拥堵的契机，一举变成利润率最高的传统媒体，频道也迅速增长到几十个。门户网站从2000年时互联网泡沫初次破裂、股票跌成几分钱“仙股”的三大门户，变成用户总量超过五亿的国民信息获取第一平台，后起的百度更是因其搜索引擎功能实现了人对信息的精准搜索，一跃成为互联网巨头。然而，门户网站的暴利时代仅仅维持了几年，以微博、微信、今日头条等为代表的信息客户端就实现了人们获取信息从台式机向移动终端的迁移。而今，新的变化又在酝酿。微信日活跃用户量已经超过十亿，今日头条则有望在未来几年内成为全国广告收入最高的单体公司。

发展和变化是如此迅速，所有站立在这个时代的人必须去了解身处的这个时代，并且能够大致预测和管窥未来的变化，这也是我们引入“算法新闻”这门课程的目的。如果借用媒介巨擘普利策的一句名言，“倘若一个国家是一条航行在大海上的船，新闻记者就是船头的瞭望者，他要在一望无际的海面上观察一切，审视海上的不测风云和浅滩暗礁，及时发出警告”，那么，身处这个大时代的新闻人，不仅要出自公共利益而起到监督观察的作用，更要对自身所处的媒介形态和环境进行不断的观察和预测。

算法新闻，其实并不是一个非常准确的概念。事实上，正在算法分发平台上像海水一样奔涌着的新闻，和我们几百年以来演变下来的新闻并没有本质上的差异，仍然要遵循真实性、客观性等基本新闻原则。内容生产者也同样要遵循客观、中立、公正等职业操守。

然而，算法的出现会改变很多现行的规则。此前，在传统媒体时代，新闻从业者只需要完全自主性地生产内容，而现在，算法将成为主导用户阅读方向和感受的幕后力量。作为生产者的新闻记者第一次要听从于计算机所规定的分发法则，算法将决定他们精心生产的内容能否传播及能走多远。

这本《算法新闻》试图带领大家进入这样一个全新的图景中：技术体系成为信息传播的社会性基础，数字化平台上奔流的信息使传统的内容生产者成为“媒体之媒体”——今天，我们阅读的信息必须经过互联网平台的传递，信息与人之间的对接从过去的“信息-媒体-人”变成了“信息-互联网平台-人”。

新闻业界所遇到的巨大挑战正来源于此。计算机平台正在对整个社会的空间时间和权力关系进行重新建构。对新闻业而言，这是一个颠覆性的时代，也是一个充满机会的时代。未来的新闻业，注定要以计算机和不断迭代的程序作为自己生存的基础。

基于这个逻辑，内容生产者需要更加清晰地了解算法的原则、原理、运行方式，以便对内容生产起到更直接有效的帮助。因此，《算法新闻》由两个不同专业背景的作者联手完成——具备计算机专业背景的塔娜老师，将从浅显易懂的角度揭开算法的“黑匣子”，告诉广大内容生产者在每篇新闻内容经由算法平台分发到用户手中时，计算机都做了什么，是怎么做的；而具备多年媒体实务操作经验的唐铮老师，将站在内容生产的角度，告诉内容生产者要如何更新操作理念和写作方式，以便更加适应算法平台上的推送原则，更加符合新媒体背景下移动终端用户的阅读需求。

本书共分为12章。

第1章结合国内外的实例，概述从传统媒体到新媒体的变化下，新闻传播从中心式分发向非中心式分发（算法分发+社交分发）的转变，用更加贴近实际的案例化方式介绍虽然渐变但是颠覆性的传播范式变化，进一步探讨算法分发和社交分发的异同点，并对算法分发下的平台责任和伦理进行了简要的分析。通过本章的学习，我们能够了解算法分发的特征，并理解在新媒体背景下掌握技术原理和内容生产原则的紧要性和迫切性。

第2章介绍算法分发系统的原理和概念。一个基本的算法推荐系统原型包括“用户”“内容”“分发算法”以及用户对推荐算法的反馈优化。通过标签化的用户画像、文本型内容的建模与分析方法，以及协同过滤推荐算法，介绍算法分发系统的若干基本要素，并对这些要素的功能和相互作用进行梳理。通过本章的学习，我们能够了解算法分发系统的基本原理，并初步形成对系统要素的认识。

第 3 章介绍如何认识和理解算法推荐系统服务的对象——“用户”，以及在算法推荐系统中如何使用计算的手段为用户建立模型。以标签化的“用户画像”为主线，介绍“结构化”标签用户画像以及“非结构化”标签用户画像的特点和异同。通过本章的学习，我们能够理解用户画像的概念及应用，并熟悉用以完成计算任务的批量化计算以及流式计算框架。

第 4 章介绍算法推荐系统对文本型内容进行个性化推荐时所需的建模与分析、计算手段。在经过数据预处理、内容安全审核等前置处理过程后，算法推荐系统可以通过语义特征、隐式语义特征、时空特征、质量相关特征等维度计算内容与用户兴趣的匹配程度，指导算法推荐。通过本章的学习，我们可以深入领会内容的管理、组织与面向算法推荐的建模。此外，本章也介绍了知识图谱等相关概念。

第 5 章围绕智能推荐算法的起源、发展、应用和评估展开介绍。通过本章的学习，掌握和理解经典的关联规则推荐算法之原理与过程，对于学习新兴的推荐算法具有知识储备和借鉴的意义。此外，从系统的角度，本章介绍如何对推荐算法进行评估，给算法推荐系统提供算法选择的依据。

第 6 章介绍大数据的基本原理和概念，大数据在算法推荐系统的应用，深度学习和神经网络的原理及其在算法推荐系统的应用。通过本章的学习，理解大数据概念和原理、了解相关的软硬件平台、掌握大数据在算法推荐系统的典型应用以及算法推荐系统在内容和用户两个维度上的数据依赖，了解深度学习和神经网络算法的应用。

第 7 章从内容生产者的实务操作角度出发，介绍目前比较常用的几类基于算法进行分发的内容平台，介绍它们的特点，再根据其特点介绍在不同平台上进行内容生产的要点和注意事项。通过本章的学习，达到初步了解内容平台，并能够随着它们的发展分析其内容生产要求的水平。

第 8 章从内容生产者的视角，结合实例和数据，对新媒体平台尤其是算法分发平台上的内容生产进行更加深入和系统的介绍。通过本章的学习，我们能够从观念和方法上，掌握在算法分发平台上进行的内容生产和传统新闻生产的不同点及注意事项。

第 9 章从内容生产者的视角，深入介绍算法分发平台上与传统环境下新闻标题的异同点，在认识到新闻标题在算法分发背景下的重要性后，进一步从结构、功能等不同分类来了解标题的特点，并结合大量的实例分析，掌握其制作方法和原则，最后对于在新媒体环境下出现的“标题党”现象进行深入分析。通过本章的学习，我们能够掌握新形势下新闻标题的制作方法和理念，获得独立制作新闻标题的能力。

第 10 章从内容生产者的视角，将在算法平台上独立推送的一则新闻按照摘要、正文、多媒体等不同组成部分，通过实例讲解，介绍制作的要点、原则和注意事项。通过本章的学习，我们能够掌握内容制作的基本方法和原则。

第 11 章从内容生产者的视角，系统介绍新媒体状态下运营的概念和必要性，并介绍运营的基础原理。通过本章的学习，我们能够了解在新媒体平台上进行内容运营的必要性和迫切性，提升内容生产者在这一方面的认识，并初步掌握内容运营的理念和原则。

第 12 章介绍人工智能与智能媒体，以及相关应用领域。人工智能与媒体结合形成了智能媒体，本章介绍针对智能媒体的研究方向和相关实践，如自动化新闻、自动事实核查等。通过本章的学习，我们能够理解人工智能技术的基本概念、起源、发展过程和发展层次，以及人工智能的技术原理。

新媒体背景下的变化，其迅疾超乎人们想象。算法与人性的磨合日益增加，算法一方面展现出进一步智能化和人性化的进步，另一方面也带来了诸如信息茧房、数据造假等令人担忧的危害。

算法新闻的发展不过短短几年的时间，从理论到实践都不够完善、不够成熟，但是，它是这一代新闻传媒人绕不过去的一个实际存在。未来的传媒业必然还会不停地大踏步向前发展，所有身在其中的人都在摸索、探究。生活在这个时代中的每一个人，都应该立足当下，开始学习和行动。只有不断进行自我迭代、自我更新，才能在未来的全媒体生态系统中获得一席之地。

这也是本书在算法新闻领域进行初步尝试的初衷所在。

目 录

第 1 章　个性化分发与内容生产变革

【本章学习要点】

为了理解算法分发的出现、发生与壮大，需要对其进行必要的脉络梳理，了解算法分发的内涵、背景、发展脉络，并对这些要素进行梳理，由此了解在内容分发领域进行非中心式分发时的两种主要分发方式——社交分发和算法分发，并分辨两者的异同点和优劣点。从而，进一步掌握分发模式变化后给传统媒体带来的巨大变化，最显著的变化特征就是，当算法深入地介入内容的生产和分发中，它就取代了报纸、广电等传统媒体的渠道功能。有信息需求的用户和海量内容之间的连接渠道，从过去的纸媒、电子接收设备变成了算法分发支撑下的内容生产平台。在这一过程中，原本由人工进行的议程设置功能被削弱，用户不再受到传播渠道的限制，而是能够自主选择内容。

现代社会中，人们对信息需求的不断扩张，以及技术的不断发展，促使新闻传播业随之发生了巨大变化。在承认大众传播对现代社会的贡献的前提下，新闻传播业随着技术的发展而不断壮大，成为人们接触信息和了解世界的最主要渠道。

在对大众传播的研究中，直接影响传播效果的始终是传者、信息、传播工具和受众这四个主要要素。值得注意的是，大众传播在整个传播过程中始终互相影响、互相作用。传者、信息、大众传播工具和受众这四项因素全部不是独立存在的。它们的相互依存和相互影响，造成了大众传播效果图景的多元化、立体化。

传统媒体时代，媒体作为大众传播工具，成为传者将信息传递到受众手中的唯一载体。而在新媒体时代，基于移动终端的信息分发平台成为人们获取信息的主要渠道，这些平台通常不具备或不完全具备内容生产能力，却掌握着信息分发的绝对优势。因此，作为内容生产方的传者就必须在了解乃至熟练掌握信息分发平台的分发原则的基础上，才能更好地达到信息传播的目的。

这也是本教材的存在前提。算法新闻实质上并不是在新闻内容生产方面进行了多么颠覆性的革新，而是在生产关系变化和传播结构变革的大背景下做出了必要而适时的调整。

第 1 节　中心式分发与非中心式分发

移动互联时代打破了以往几百年来大众传播的中心式分发模式，出现了非中心式的信息分发模式。

和传统媒体主要由人力进行信息的汇集、筛选、排序、分发不同，非中心式分发将这一工作过程更多地交给机器来完成，从而把内容生产和内容分发这两个环节分离开来。因而，非中心式分发时代可以同时容纳更多的内容生产者，用户能够获

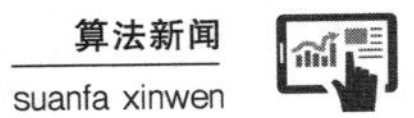

得的资讯出现了爆发性的增长。

1.1 传播媒介演进和内容生产变迁

“大众传播”一词最早出现于20世纪30年代的美国。西方传播学界普遍将1450年德国J. 谷登堡发明的金属活字印刷看作是人类进入大众传播时代的标志。此后的近400年，印刷媒介是人们接受和吸收信息的唯一大众传播渠道。20世纪以来，随着广播、电视、网络等电子媒介的诞生和发展，大众传播的媒介不断增加，方式方法不断多样化，大众传播也由此从小众和宗教化的小范围现象扩展为普遍的社会现象。大众传播推动了社会环境和文化环境的演变，人们的生活越来越离不开大众传播。

其中，随着大众传播媒介的变化，人们能够获得资讯的分发模式在新媒体时代发生了巨大的变化。在传统媒体中，内容和传播完全合一。之后，随着科技的发展，在Web 2.0时代，以个人博客为标志，内容生产和内容分发开始慢慢出现分离。随着内容生产和内容分发的分离过程，内容传播和资讯市场突破了机构从业者体力所及的范围，使得市场容量越来越大。

我们可以这样简单地理解内容生产和内容分发：内容生产就是生产者的数量、创作能力和创作质量，内容分发就是如何让创作出来的东西被他人看到、接触到。

在传播过程中，有三个因素会对内容生产和分发造成影响。

第一个因素是受教育人口的数量与质量。

最早的传播只是口口相传，无论是《荷马史诗》还是《格萨尔王》，全靠口头传播来承继人类文明。印刷媒体的出现改变了这一状况，但也因为印刷媒体的天然门槛，受教育人口一直成为限制其发展的重要因素。如果受教育人口比较少，那他们获取资讯的需求也会相应减少。如果人们的文化水平比较低，就没有办法来接受和传播一些比较复杂和多元的思想。所以，受教育人口的数量和质量与内容生产和分发的深度和广度都密切相关。

第二个因素是技术进步。

活字印刷术和造纸术位列中国的四大发明中。自秦朝以来，中国在多数时间内一直是大一统的国家，这跟造纸术和印刷术对内容传播的影响有很大关系。当一个区域里的人通过“车同轨、书同文”而实现了文化认同，并在这一文化认同下进行内容的生产和分发，就很容易形成共识。随着音频媒体（广播）和视频媒体（电视、台式电脑）的出现，资讯传播实现了“文字-图片-视频”不断发展进步的过程，视频设备不仅比印刷媒体更加容易接近和使用，也更加符合人们自身的需求。

互联网出现之前的所有传统媒体，都是在解决信息匮乏问题。报纸最初只有一页纸，后来发展到每天有上百个版面。从报纸到广播再到电视，更是文字向音频、视频的跨越，信息的丰富程度呈几何级增加，最后网络把这几种形态都集中起来，兼而有之。

如果以数据单位来描述不同媒介之间信息量的大小，大致是这样的状况：

报纸新闻内容是KB量级，1KB大约是500个汉字。

广播节目是MB量级，1MB音频节目的数据量约等于60万个汉字。

电视节目是GB量级，1GB视频节目的数据量相当于7.5亿个汉字。

网站更新是 TB 量级，1TB 约等于 9 000 亿个汉字。

传统媒体时代的发展和跨越，不停地伴随着信息的扩张。报纸不断扩充版面，广播电视不断延长播出时长，各个类型的媒体不断提升时效，使得新闻能够在更短的时间内为人所知，使得人们能够获得越来越多的信息，免于信息匮乏带来的知识饥渴。

等到了 PC 互联网时代，之前几百年以来积累的新闻内容生产能力终于在技术发展的支撑下实现了爆发性增长，其最突出的标志就是在这一阶段，新闻信息从匮乏转为过载。对于处在这一时代的用户来说，最大的需求不是想要获得的新闻信息找不到，而是如何在像茫茫大海一样无边无际的资讯中过滤出自己最需要的。正因为这种需要是如此迫切，因而诞生了专门以搜索引擎为核心业务的搜索网站，人们通过输入关键词检索，主动地去寻求自己所需的更精准的信息。

搜索引擎所使用的是一种“人找信息”的模式，但这远远不能满足人们的需求。一个更加符合人性化的需求是，将人们希望获取的信息主动地送到他们面前，而不是让他们被动地去寻找。

从专业内容生产分发角度出发，为了满足这一需求，就出现了中心式分发和非中心式分发的模式。此前，无论是报纸、广播、电视还是依托第一代互联网技术的门户网站，都使用的是中心式分发。

中心式分发是一种点对面的分发方式，它依赖于人工进行信息的专业化处理和加工。信息传播主要倚重人工编辑，这种分发模式带有典型的媒体形态，编辑扮演着分发中心这一至关重要的角色。

尽管不同媒体的媒介载体发生了变化，但是它们的本质都是将大量信息汇聚到某一个中心点，再由这个中心点进行匹配和分发。也正因此，传统媒体的记者、编辑被赋予“把关人”的称号。

“把关人”理论是由美国社会心理学家、传播学四大先驱之一的卢因率先提出的。他在《群体生活的渠道》(1947 年) 一文中，首先提出“把关”(gatekeeping) 一词。他认为，信息总是沿着含有门区的某些渠道流动，在那里，或是根据公正无私的规定，或是根据“守门人”的个人意见，对信息或商品是否被允许进入渠道或继续在渠道里流动做出决定。如今，“把关人”这一概念已得到大众传播学的普遍承认。

在传播者与受众之间，“把关人”起着决定继续或中止信息传递的作用。从报纸、广播、电视等传统大众媒介来看，在新闻信息的提供、采集、写作、编辑和报道的全过程中存在着许多的把关人，其决定着对新闻信息的取舍，掌握着人们获知信息的数量、质量和效率，在信息传播中处于金字塔尖。

“把关人”可以通过专业人士对于受众需求的长期经验积累，把那些对于社会全局更具有普遍意义的信息筛选出来，由此分发出的信息分门别类、重点突出，能够解决全社会更广泛人群对信息的共性需要。

基于这些优势，同时也囿于科技传播能力对媒介传播的局限，中心式分发长期以来一直占据着大众传播的主流地位，成为人们获知信息的主流方式。然而，中心式分发无法顾及人的分众化、个性化及偶然性需求，同时也难以在一定的场景内进行传播——正是因为报纸、广播、电视和 PC 端在很多场景内不能通用，才使得每一个新媒体的出现都不能彻底取代旧媒体，而只是形成了对信息市场的重新划分。

第三个因素是内容生产和分发的构成机制。

随着传播媒介的变化，人类的信息传播经历了“匮乏”和“过载”两个阶段。

1995年1月1日，国内的第一份都市报《华西都市报》问世，此后的三年里，基本上每一个省级党报旗下都创立了一份市场化的报纸。这些报纸所面对的受众广泛，市场空白，因而发展迅猛，获取了很高的订阅量。

这时，我国媒体还未经历充分的市场化，内容生产和分发是由两个不同的机构来接力进行的，内容生产由报社的记者编辑掌握，分发则由邮局来管理。很多时候，当天的报纸要在次日才能送达，但是也并不会引发受众的抗议。这一方面是因为当时的内容生产能力很低，报纸上的新闻常常是几天前发生的，人们对于再晚一天获知并没有那么反感。另一方面是因为内容的生产和分发虽然由两个不同的社会机构来承担，但对于受众来说，从外部看，邮局和报社仍然是一个统一的资讯发布主体。

但是，邮局邮发的速度太慢，发行容量也有限。当市场化的报纸其内容做得越来越好的时候，就会感觉自己生产的优质内容受到了分发渠道的限制。例如，甲报社争取到的独家新闻，明明在新闻内容生产环节早于同行，却因为分发环节上的不足，使得自己和竞争对手的新闻同时发送到读者手里。因此，在1996年至1997年之间，全国各地的报纸纷纷自办发行，《北京青年报》的“小红帽”、《南方都市报》等全国领先的都市报都建立了一支精干的发行队伍。随之而来的结果就是，报纸的发行量大增，报纸送到用户手里的时间也更早，满足了用户的需求，为报纸进一步扩大发行量和提升广告容量提供了空间。

事实上，报纸自办发行的本质就是内容生产者要获取独立进行内容分发的权力。通过这一改革，报纸最终完全掌握了内容生产和内容分发的全链条。这一做法有利又有弊。好处是报纸的内容生产能力和分发能力得以匹配，不好的地方就是它会导致新闻机构的权力过大。因为此时的报纸不仅能够决定自身的创作内容，还能够决定人们能够看到的内容，甚至能够决定人们什么时候能够看到什么内容。

2000年左右，随着互联网技术的发展，门户互联网诞生了，新浪、搜狐和网易是最早的三大门户网站。根据我国的相关法律法规，绝大部分商业网站是没有内容生产资格的，它们的工作就是集纳全国所有媒体的内容，将其放在自己的网站上，供全国人民阅读。

几大门户网站把内容分发做到了当时技术能力下的极致。以《南方周末》为例，发行量最鼎盛的时期最多能够发行一百余万份，但是因为有了门户网站，数以千万计的读者可以通过网络看到《南方周末》的新闻内容，门户网站使新闻内容的分发和传播能力获得了等量级的提升。

从2000年至2008年，中国进入了内容生产和分发的“双轨制”。以传统媒体尤其是报社为代表的内容生产机构仍然把控着绝大部分内容生产，并掌握着内容分发市场份额的40%～50%。虽然互联网在内容分发上的效果要比报纸好很多，但当时这一分发效果并没有影响到报社的经营，报社基于发行的广告能力仍处于增长态势，这一部分获益于中国经济的高速增长，另一部分也是因为个人电脑的局限。个人电脑有一定的使用门槛，学会上网对于很多人来说仍然存在困难。个人电脑难以搬动，使得人们在路上、车上、地铁上等使用场景内仍然会阅读报纸。因此，

"双轨制"时期是传统报刊和门户网站良好的合作时期，传统报刊仍旧掌握内容生产和分发的绝对优势，而互联网则进一步放大了分发效果。

但这一时代很快就过去了，因为移动互联网时代到来了。

本质上，门户网站的分发与报纸的分发是一样的，都是"中心式分发"的模式，简单来说，就是"我说什么你就听什么，我说多少你就听多少"。当时网站编辑的工作流程和报纸编辑的工作流程几乎是一样的，就是把不同的新闻内容放在不同的版位或网站推荐位。事实上，这种分发逻辑仍然是由门户网站的编辑来决定用户看到什么，而不是用户自己决定。然而，门户网站的"中心式分发"又伴随着内容的海量增加，这就会造成用户的选择障碍。

而在移动互联网时代，信息的分发打破了以往线性传播、中心式分发的传统，出现了非中心式的信息分发模式。

和传统媒体汇集大量信息后再由专业人员进行把关生产的流程不同，非中心式分发将这一筛选过程更多地交给机器来完成，从而把内容生产和内容分发这两个环节分离开来，允许同时接入更多的内容生产者，这也使得非中心式分发具备了比传统媒体时代大幅扩张资讯市场容量的可能性。

提 要

影响内容生产和分发的三个因素是，受教育人口的数量与质量、技术进步、内容生产和分发的构成机制。

1.2 社交型分发与算法型分发

非中心式分发意味着用户整体使用习惯的彻底变化。非中心式分发需要发送的内容千人千面，因而需要整个内容生产规模极大地扩充。在传统媒体上，一个报纸版面容纳6～10篇稿子，对开的报纸总文字量在5 000字左右；一个时长一小时的电视新闻栏目大约容纳20至30个新闻短片，总画面量在2 000幅上下。但是非中心式分发面对着庞大的用户的个性迥异的需求，要把不同的内容分发给不同的用户，就需要海量的内容。

因而，非中心式分发的发布逻辑就推动了资讯的爆发性增长，很多自媒体生产者迈入了内容生产的行列。以今日头条为例，截止到2016年底，这个软件有48亿的日阅读量，1亿的日活跃量，每个用户的平均使用时长是76分钟。换算成纯文字，每天至少需要几百万字的体量。

非中心式分发主要分为两种类型：一是依托于社交网络进行传播的社交型分发，二是基于智能算法对于信息和人进行匹配的算法型分发。

社交型分发主要依托于社交网络进行传播：使用者的朋友、家人、同事等所有在社交网络上被其关注的人帮其推荐、过滤信息，由于他们在爱好、兴趣、场景上与使用者有一定共同性，从而提高了信息分发的效率。在社交型分发中，人与人的交往关系成为信息传播的重要因素，原本由媒体从业者掌握的信息分发权威被打破，使用者在社交范围内看到的评论、转发形成了一种信息筛选机制。

社交型分发模式最大的价值在于，它在传播史上第一次真正地实现了信息分发的千人千面。不同的人通过各自不同的社交网络，获得了属于自己的更为个性化的信息世界。

脸书（Facebook）就是社交分发模式的代表性企业。Facebook 创立于 2004 年，仅仅成立一年后用户数就突破 10 亿。2010 年 Facebook 访问量超过 Google，而 Google 一直被看作是传统分发时代“人找信息”的绝对权威。这一事件可以看作是社交型分发模式挑战中心式分发的拐点性事件。

而在国内，社交型分发的典型代表就是微信朋友圈。在微信朋友圈里，用户可以通过自主选择关注人，看到他们真正感兴趣的信息。每位用户看到的内容都是与自己兴趣相关的，是和其他人不一样的。

随着社交分发平台的不断膨胀，这种分发模式也产生了一些问题，例如极少部分名人、有成熟市场经验的组织逐渐垄断了社交分发平台上大部分的流量，他们成为新闻内容分发的第二个节点，起到意见领袖的作用，能够在一定程度上掌握信息流动的方向。

同时，随着用户的数量不断增长，以及用户社交关系不断膨胀，基于社交关系的推荐质量也不断降低。以微信为例，一个人的微信上只有同学、朋友时和这个人的微信上添加了大量同事、远方亲属、偶尔在工作中有交集的陌生人时，他所能看到的内容是大相径庭的。在社交传播中，社交面越窄的人，社交信息圈中的信息推送效率就越低，信息的来源和种类也会变得相对集中和狭窄，于是造成“信息茧房”现象。

“信息茧房”是指人们的信息领域会习惯性地被自己的兴趣引导，从而将自己的生活桎梏于像蚕茧一般的“茧房”中的现象。这一概念是凯斯·桑斯坦在《信息乌托邦》一书中提出的。通常来说，用户的阅读兴趣不可能涵盖所有的知识领域，长期只接触自己感兴趣的信息而缺乏对其他领域的接触与认识，会限制用户对社会的全面认知，将用户禁锢在有限的领域内。更有甚者，由于信息技术提供了更自我的思想空间和任何领域的巨量知识，信息茧房还可能进一步使人成为与世隔绝的孤立者。

这时，随着计算机应用程序能力的不断提升，出现了算法型分发。算法型分发的核心逻辑是根据用户的行为数据进行个性化推荐，试图做到更精准。和社交分发平台相比，算法型分发对流量的分配独立于人类的各种社会关系之外，信息的分配权不被社交范围限制；源于计算机的高效，算法型分发能够处理的信息量比社交型分发更大，甚至几乎没有上限，可以无限扩充。

在算法的驱动下，整个信息世界大一统的秩序被打破。算法型分发实现了对于海量信息价值的重新评估和有效适配。信息价值不再有统一的标准，不再有重要性的绝对的高低之分。对刚生下宝宝的妈妈来说，婴儿的黄疸数值比举世瞩目的英国脱欧更重要；对旅游者来说，当地的景点攻略比当地的经济运行更重要。算法型分发使得每个人都可以关注自己更喜欢的领域、更喜爱的新闻，打破了过往“千人一面”的分发模式。

算法型分发在国内的典型代表是今日头条。移动互联网时代，人手一部手机，上网人数迅速增加，连在互联网时代很少上网的中老年人都开始上网了。这带来了用户数的直线增长。另外，在移动互联网时代，无处不在的网络信号使得用户的在线时长提升了。过去用来填补车上、地铁上、如厕、电梯间候梯等零碎时间的是传统报刊，如今全部让位给了手机。

算法型分发同样可以使用在广告上。某种意义上，广告只要在正确的时间出现在对的人面前，它就是有用的信息，用户非但不会反感，还会非常乐于接受。如果利用大数据的统计，得知这个用户正有某种特定需求，如装修、旅游、育儿等，向他推送这样的相关广告，用户甚至会把这类广告看作有用的资讯。使用算法对用户进行精准推送后，广告将会获得更加精准高效的投放效果。根据第三方监测机构易观的统计数据，2016 年，在全球资讯信息分发市场上算法推送的内容已经超过50%。算法型信息分发成为分发市场上的最大份额。

这种基于个人兴趣而产生的算法型分发模式一经出现就站在了风口浪尖上。不过，迄今为止，现有的算法还不足够准确，不足以完全呼应人们的信息需求。另外，用机器智能去完全替代人的“把关”，这样的资讯“守门人”是否可以完全信赖也成了现实存在的问题。与此同时，在很多算法分发平台上，为了吸引人们阅读而出现的“标题党”现象也引发了人们的忧虑。

值得注意的是，算法型分发和社交型分发并不是截然对立的，事实上，现在两种分发技术正在呈现交汇融合的状况。Facebook 是主流社交平台中最早开始布局算法推荐机制的。从 2016 年到现在，用“社交＋算法”的双重模式，Facebook 成为世界范围内的信息分发霸主。而“社交＋算法”这种叠加的分发方式，也标志着信息分发史上迎来了一个新的拐点。

提 要

非中心式分发主要包括算法型分发和社交型分发两种形式。

1.3 分发模式中的“冷启动”和“热启动”

对于新闻内容的生产者而言，算法型分发和社交型分发这两种不同的非中心式分发方式，其内生的增长动力是完全不同的。

从分发和内容生产的角度来说，在社交分发平台上，一个账号的关注者越多，他分发出去的内容受到的关注就更多。所以，关注者的数量对于社交型分发来说至关重要。正因如此，如何积累和获得关注者（粉丝），就成了社交分发平台上的新闻内容生产者最关注的事情。

与之不同的是，算法分发平台上的内容生产和内容分发是彻底分离了的。内容的生产权掌握在所有有生产能力的人手里，包括媒体、自媒体。内容分发掌握在拥有更高技术能力和更大赋能的大平台手里。平台凭借它们所获得的分发地位，依靠算法，可以把内容分发得更充分。内容生产者将新闻内容提交到算法分发平台上，会得到多大范围的推广，有多少人实际阅读，又有多少人能够彻底读完，很大程度上源于平台的赋能。

算法分发平台将一则新闻内容推送得越广，放的位置越靠前，看到的人就会越多。因此，对于算法平台上的内容生产者来说，了解算法原则，熟悉平台推荐规律，并在此基础上生产出令用户喜爱和平台愿意推送的作品，是他最关注的事情。

这是非中心式分发的两大模式的根本区别。为了进一步理解这一区别，我们可以从计算机领域借鉴引入一对相关的概念：冷启动和热启动。

在社交分发平台上，所有内容生产者最初始的状态都是冷启动的，在每个内容生产者刚刚设立一个微博账号、开通一个微信公众号的时候，他的关注者都是零，要通过内容本身的吸引力、对于账号的全面市场运营等手段一步步积累关注者，使得自己的知名度越来越高。

在算法分发平台上，内容生产者最初始的状态是热启动的。即使是头一天刚刚在今日头条平台上发送的第一则新闻，如果内容足够吸引人，获得平台的大力推荐的话，单条新闻从零起步的阅读数量就可能达到上百万甚至上千万。运营这样一个算法分发账号，就要更加立足于算法分发规律，使得自己生产的新闻内容能够被平台推送给更多的用户。

因此，我们可以得出这样的结论："冷启动"平台和"热启动"平台的相同之处就在于能把不同的内容分发给不同的人来看，每个人都能看到不同的内容，千人千面。

同时，这两个平台也有一些不同点，如表 1－1 所示。

首先，"热启动"平台的优势在于，内容生产者有更高的辨识度。而"冷启动"平台的优势在于，内容生产者能够在短期内触及更多的用户。

其次，"冷启动"平台的信息发送相对更加随机，但可辨识度略低。谁能提供给用户最想看的内容，平台就会率先把谁的内容推送出去。人们首先看到的是信息本身，而不是信息提供者是谁。而"热启动"平台上的关注者关注的都是现实中的熟人——家人、朋友、同事、同学等，以及本人感兴趣的著名账号，可辨识度高，人们既关注信息，同时也关注发出这个信息的人是谁。

最后一个不同点是对于信息分发的细分精准度有所不同。对于信息的分类，大到经济、文化、军事、体育等类别，小到具体的某个明星、某个事件、某部电影，可以区分出不同的信息精准度。我们借用摄影领域的"颗粒度"一词作为衡量标准，"颗粒度"越细，对用户的真实需求的解读就越精准。

例如，张艺谋、张艺谋的电影和张艺谋的某一部电影是从大到小的三个范围，"张艺谋"颗粒度最大，不仅包括张艺谋的电影，还包括他的生活、家庭等新闻。"张艺谋的某一部电影"颗粒度最小。如果一个用户喜欢张艺谋的某一部电影，他可能不会喜欢张艺谋的全部电影，也可能不关注张艺谋本人的新闻。在这里，"热启动"平台难以有效地实现最精准的颗粒度辨识，一个账号发布的内容可能非常广泛，而"冷启动"平台可以通过算法，实现对某个具体信息的精准划分。

表 1－1　"冷启动"和"热启动"平台的不同点

	用户辨识度	短期内阅读量培养	信息细分度
"冷启动"平台	低	高	高
"热启动"平台	高	低	低

提 要

在非中心式分发中，算法型分发属于“冷启动”，社交型分发属于“热启动”。

第2节 算法推荐与新闻价值

长期以来，传统媒体的新闻工作者根据数百年的职业操作和经营，总结出了“新闻价值”的定义。新闻价值是很长时间以来在新闻业从事新闻生产时内在遵循、总结、提炼出来的经验，是新闻工作者用来指导每天新闻的生产、选择、制作的方针。

在算法分发时代，鉴于内容容量的极大扩充和个性化分发导致的“千人千面”，和传统媒体时代相比，新闻价值随之出现了调整。

2.1 传统新闻价值的定义与时代变化

1833年，当时的著名报人普利策要求记者用采访来填满自己的报纸，要做有特色的、戏剧性的、浪漫的、动人心魄的、独一无二的、奇妙的、幽默的、别出心裁的内容，这是普利策在报业实践了十几年后总结出来的新闻规律，他认为符合上述要求的就是有价值的新闻。1903年在美国出版的《实用新闻学》在20世纪20年代有了中文版，里面提出的新闻价值是，新闻必引起社会全体之兴趣。到了20世纪20年代，美国新闻学著作对新闻价值已经有了比较完整的论述，大致的框架一直沿用至今。

传统新闻价值理论为“五要素说”，以美国希伯特和麦克道尔的理论为代表，即新闻报道需要符合时效性（或作时新性、及时性）、接近性、显著性、重要性、冲突性五种特性。

时效性指新闻报道应该是新近发生的事实。接近性指新闻报道的内容要在地理上和心理上接近读者。显著性与新闻报道事件的知名度相关，新闻事件主体的知名度越高，则显著性越强。重要性和事件与人们利益的相关性有关，事件越是与人们生活息息相关，则越重要。冲突性可以表现为竞技、论战、贸易摩擦、外交斡旋、谈判、战争等充满矛盾冲突的事件。

我国学术界对新闻价值的阐述通常不包含“冲突性”，而将“趣味性”包括在内。趣味性要求新闻事件有趣、非常态，能够吸引人。

对于新闻价值，也有“八要素说”，由梅尔文·门彻提出，包含时效性、冲击性、显赫性、接近性、冲突性、异常性、当下性、必要性。其中，“显赫性”与上述“五要素说”中的“显著性”可归为同一种要素。异常性指事件明显偏离常规。此外经常被提及的新闻价值要素还有独家性、人情味等。

然而随着网络时代的到来，由技术变革带来的媒介变革，一方面使得人人都能成为自媒体，发布消息、传播新闻，另一方面算法技术带来的新闻分发方式的转变也给传统的新闻行业带来巨大冲击。除此以外，数据新闻、图片新闻、视频新闻等新的形式的崛起与兴盛，也在影响着新闻行业。在此种情况下，传统的新闻价值观

的部分要素在如今的环境下已然失效或者效能降低，被新的要素取代。

新闻价值评判因素的变化不仅是由一个因素向另一个因素转变的过程，更是一种复杂的统合过程。

杜骏飞在《Internet：被解放的新闻价值观》中谈到，随着时代的变迁和网络新闻实践中认知的不断积淀，对现有的新闻价值观做理论修正的必要性日益明显。首先，作为传统新闻思想核心的、关于“客观性”的价值，在网络新闻环境下，正在向“客观-主观性”的综合型价值观方向发展。其次，传统的新闻价值系统中诸种较为公认的元素或指向，在泛传播的条件下，正由单调的偏倚而走向辩证的统合。而这些“统合”包括以下几种：异常性与寻常性的统合；影响性与交响性的统合；及时性与全时性的统合；冲突性与冲击性的统合；显要性与需要性的统合；接近性与亲近性的统合；人情性与人群性的统合。①

例如，杜骏飞认为，Internet 环境下，对于接受心理的控制是新闻分众化作业的首要问题，而空间性则早已被介质特征消解。在新闻价值方面，从前我们所确认的关于“接近性”的单一原则，转化为“接近-亲近性”的统合原则。赛博空间以其虚拟性消解了受众以往所依赖的集群法则，并正在试图使信息消费的指向从物理空间重新回到人本身。

而在《网络语境下新闻价值的客观存在与主观认知》一文中，孙愈中认为，新闻价值既存在于变动的客观事实本身，又与记者和受众的主观认知有密切关系。网络语境下，无论是传播者还是接受者对新闻价值的认知都在不断变化。客观事实具有不同的新闻价值，存在着满足受众信息需求的特殊属性。记者对其是否报道与如何报道，受制于新闻敏感和主观判断；受众对其的选择、理解和接受则取决于关系、利益和兴趣。具体来说有以下几个方面：(1) 记者的新闻敏感差异决定了报道对象的取舍；(2) 受众需求、偏好的变化影响着事实信息关注；(3) 媒体在精准化传播时应兼顾舆论导向把握。

在传统新闻业中最重要的是时效性。时间越近，新闻越重要。而技术的发展使得新闻从发生到成为报道所需要的时间不断被压缩。报纸能够报道出前一天的新闻，已经是最快的速度。登在报纸上的消息，从“日前”“昨日”到一些晚报可以做到“今日上午”。而后因为广播电视业的发展，有了直播，人们可以实时跟随事件发展看到正在发生的一切。2017 年，新华社的微信公众号因为一句“刚刚，沙特王储被废了”火了一段时间（见图 1-1 和图 1-2）。在这背后仍然是新闻价值在起作用，因为在传统的新闻价值判断体系下，对新闻价值的最高评价就是时效性强。

传统新闻价值里第二重要的是重要性。人们会关心飞机失事、美国总统选举、党的十九大召开，因为这些事足够重大，对人们的生活会产生重大影响。因此，一个新闻事件的重要性越高、影响人群越广，它越重要。

第三个是显著性。美国总统小布什吃了一块饼干，不小心噎住了，被送去急救，第二天会占据很多报纸的头版头条。同一天，非洲哪个村子因为疟疾死了很多人，却不会被放在这样重要的位置，因为这个村子里没有这么著名的人。这就是显著性在新闻中的作用。

---

① 杜骏飞. Internet：被解放的新闻价值观. 现代传播，2002 (1).

图 1－1 “新华社”微信公众号文章《刚刚，沙特王储被废了》截图

图 1－2 “新华社”微信公众号文章《刚刚，沙特王储被废了》评论截图

第四个是接近性。接近性分为两个方面，第一方面是心理层面上的接近性。一则新闻，与新闻人物有相同经历、心情、遭遇的人会更加注意。例如幼儿园虐童案、北大教授性侵事件等都会成为社会热点，就是因为自己家里有孩子、亲友有孩子的人大多会关心这个话题，这是相当大的受众规模。第二方面是在地域上的接近性。新闻的发生地越接近受众，越容易受到关注。人们总是关注身边的事情更多。一个小区进贼了，可能很多人一开始不会关心这个新闻，但是如果仔细一看，是自己家所在的这个小区，就一定会很关心，这就是接近性的作用。

一个较为极端的关于灾难性新闻报道的阐释是，灾难事件死亡人数的多少与事件发生距离的远近成定比。例如，某个遥远国家因洪水死亡上千人的新闻，其价值相当于本国边远地区淹死上百个人的新闻，又相当于本州内淹死十人的新闻，还相当于本地淹死一人的新闻。因此媒介对于不得不报道的外地新闻和遥远的国际新闻，通常会千方百计地突出与当地目标受众相关的因素，使其带上地方性的色彩。①

最后一个是趣味性，有些新闻并没有什么影响，单纯因为好玩而受到人们的关注。

然而，在算法推荐或社交分发下，传播渠道变化后，和信息传播不发达的时代相比，人们对新闻的需求逐渐发生了变化。

杰克·富勒认为："技术打破了地域上的限制，增强了人与人之间的联系，也就意味着'共同体'的范围不断增大，而新闻本身与共同体之间共有的一种感情，一套兴趣、品味和价值观也变得多元化，更加普遍和广泛。"②

按照杰克·富勒的观点，互联网时代，新闻价值以"人"作为基本点，考量标准发生了转变。受众、新闻人、媒介，这三者之间的身份界定也越来越模糊，这三个主体之间的相互影响对于新闻价值的变化起到了主导的作用。

新媒介赋权不仅是一种技术赋权，更是一种传播赋权和意义赋权。人们在运用新媒介技术的过程中，也体验着互动传播的过程所带来的参与、意义连接和自我效能感的提升，在其中形成新的身份认同、集体意识和社会团结感。新媒体在提供社会表达空间、整合多方资源、形成相关利益联结、催生社会行动等方面发挥着比传统媒体更显著的作用。

首要的一点是"时效性"的变化。随着媒介的不断发展，"时新性"转变为"迫切性"。在新媒体环境下的新闻实践活动中，"时新性"不再是首要的、前提性的新闻价值标准。新闻报道的重点将从时间维度的"新"转变为受众体验的"迫切"。这并不代表新闻的时效性遭到了否定，只不过将关注点侧重放在了"受众消费时效性"的角度，突出新闻产品首先要满足受众体验的"迫切性"。这背后的根本是媒体与受众传统的"传-受"关系被突破重构，受众权利进一步被释放，使得新媒体的新闻生产呈现出"以用户为导向"的特点。

在以纸媒为代表的传统媒体时代，时效性被看作衡量新闻价值最重要的标准。由于在报纸（广播、电视）上展现的内容不可能实时更新，传统媒体又无法做到双向互动性，因而报纸新闻从业人员在组织和传播内容时无法过多地调查和顾及受众的个人偏好，而是要自己通过长时间的观察和思考提炼出新闻价值。在这种背景下，"快"就成了能够体现新闻工作专业价值的一个首要选择，并逐渐成为传统新闻媒体在传播中最基本甚至最本质的特征。

移动终端成为人们普遍使用的新传播载体后，给新闻价值取向带来了直接的变化。其中最重要的是及时性，从"近期"向"实时"的转变是网络新闻的一大特点。

其次是"接近性"的变化。传统新闻价值定义中的"接近性"包括两个方面——"地理接近性"与"心理接近性"。在新媒体环境中，"地理接近性"被弱化，"心理接近性"得到延续。在互联网连通全球的当今，地域已经不再是区别信息的一个重要标签。由地域所带来的信息的重要性的差别在逐渐缩小，甚至对很多

---

① 徐耀魁．西方新闻理论评析．北京：新华出版社，1998.

② 富勒．信息时代的新闻价值观．北京：新华出版社，1999.

受众来说，他们更好奇遥远地区发生的新闻。而与此同时，受众更看重心理、情感方面的共鸣。互联网时代是“后真相时代”，网络舆情中，比“真相”更占据显著地位的是“情绪”。一个新闻事件在心理上更接近读者，则往往更具备新闻价值。

在这种条件下，“接近性”将超越传统理解，“全面贴近用户”，表现在以下四个方面：第一，远距离未必不接近；第二，地域接近性更加精准；第三，实现“地域接近性”价值的形式发生变化，例如搜索引擎会标注地域标签，以提高搜索率；第四，触碰用户内心世界，实现无缝对接。

再次，“知识性”成为普遍认同的新闻价值。

传播学四大奠基人之一拉斯韦尔在1948年发表的《传播在社会中的结构与功能》中提出了传播的三大功能说。传播的功能之一即社会遗产传承功能。人类社会的发展与进步建立在继承和创新的基础之上，前人的智慧通过口头传播、文字、图片和符号等各种方式记录下来并传给后代，后代在前人的基础上做进一步完善、发展和创造。

在过去传统媒体的新闻选题当中，因为版面紧张、播出时段有限，其对于事实能成为新闻的选拔有严格的要求。知识与背景材料能成为新闻报道内容的概率很小。但是随着传媒业的发展以及“互联网+”时代的到来，一系列的改变促使知识与背景性的材料也具有了新闻价值。

最后，媒介变革对新闻价值造成的影响，除了改变了传统新闻价值的标准，也使得一些新的新闻价值进入新闻生产的考量范畴。

学者常江与杨奇光认为，新时代的新闻价值应当包括“可卷入”与“可视化”。可卷入指的是，新闻报道在满足受众知晓事实的基本需求后，能否通过丰富的形式吸引受众参与到新闻故事中；可视化则要求注重新闻的表现形式，“好不好看”“好看的效果是否实现”成为考量的重要问题。

提　要

新技术的发展使得过去的新闻价值发生了变化，一部分旧标准发生改变，一部分新标准增加进来。

2.2　新时代的新闻价值标准

2013年，美国新闻记者编辑协会经过长时间的大量跟踪调查得出一个结论，人们在新时代更加关注具备这三个因素的新闻：关联性、实用性和兴趣度。

列在首位的“关联性”与在原本新闻价值中排列在第四位的接近性相似而又有不同，关联性更强调新闻事件与用户之间的情感和心理联系。但值得注意的是，在以社交网络为背景的新媒体传播环境中，“关联性”变成了新闻价值中最重要的衡量内容。这可以解释近年来的很多爆炸性新闻。

2016年4月5日，女网友弯弯在微博自曝通过携程预订如家旗下北京望京798和颐酒店，3日晚在酒店遭陌生男尾随挟持、强行拖拽、掐脖……整个过程持续6分钟。安保人员、酒店人员未阻止，保洁人员只是看着却不出手相救，此后，一名

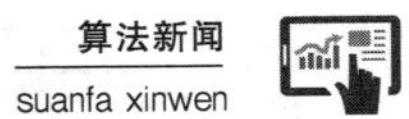

路过的女房客出手相救，男子逃走。事件发生之后，女子向酒店经理投诉但后者态度恶劣；投诉携程未收到反馈；派出所录完笔录无下文。当晚女子因为害怕住酒店被男子同伙报复，不得不借住在朋友家中。同一天晚上，女网友弯弯在微博上写出了事件全过程，之后成为全国关注的新闻热点。

如果放在传统媒体时期，很难想象一个由普通旅客偶然遇到的侵害事件会造成这样大的影响。而在新媒体时期，人们更加关注那些和自己相关的事情。以这件事情为例，每个有过单身出差经历的女性，或者家人、亲友中有单身出差女性的人都会关注这件事情的进展，它会让有这样经历的人看到，在北京这个大都市住在一个高端商务酒店都会发生这样的事情，那么自己的出行安全会不会同样受到危害？这样的共情心理使得这条新闻从一条普通的社会新闻升级成了很多人关注的新闻。

第二个是实用性，即新闻对于受众改变生活现状是否具有直接的指导借鉴意义。实用性新闻既不像重要性突出的硬新闻那样关系到国家大事、人类命运，也不像趣味性强的软新闻只带来当下的情感满足，而是一种可以带来立竿见影的现实利益的一种信息。这一条标准很难从原来的新闻价值中找到对应的表述。

实用性变得重要，是因为新闻借助新媒体技术在传播观念、传播方式和交流互动等方面发生了新的变化，大众的阅读兴趣更加集中在那些软性的新闻上，趣味性、人情味等因素在新闻中的价值就相应增大了。

传统媒体互动性很差，更多的是一个发布工具，由媒体来告诉受众内容。而现在，受众变成了用户，会有更多的实用性要求，传-受双方有更多的互动和交流。用户会更加主动地选择内容，而社交和算法推荐这两种方式能够将小众垂直的内容更加准确地送到用户手中，这使得一些实用的信息进行商业化变现成为可能。因此，新媒体环境下的“实用性”成了一个很重要的新闻衡量标准。很多自媒体号采用的创业路径是先提供一些好的、优雅的生活方式或一些高端小众的日用品，等积累了足够多的粉丝就开始做电子商务。这在2014年前后一度形成了一个有规模的内容创业潮。它们在传统意义上没有太多的新闻性，但是能够形成一个商业的闭环。

第三个是兴趣度，即一则新闻能否满足阅读者的好奇心，能否响应他在快速的生活节奏下的需求。这和传统新闻价值中的趣味性比较接近。

从这三点得出的结论是，因为技术带来的改变，地域的区隔被消解，互联网使世界变为平的，传统时效性和重大性的意义从一定程度上被消解。在媒体与受众的关系中，受众的地位被提升到了一个空前重要的位置。在这种信息爆炸、大量资讯充斥的前提下，人们即使获取一则很重大的新闻，也会更加关心这则新闻与自己是不是有什么直接联系。与心理相关的新闻价值权重向上提升了，显得更加重要。

故而，新媒体在进行新闻生产与传播时，必须将用户（而非传统意义上的受众）放在优先位置进行考量。

在算法技术的应用之下，“定制新闻”便应运而生。新闻生产从一开始的由传统媒体进行把控，到现在已转变为了以受众为中心。技术的飞速发展对新闻生产的形式与内容提出了新的要求。新闻媒体必须及时跟进新闻事件，综合运用多种媒体形式（文字、图片、视频、数据），提升新闻内容质量，才能使得自身不会被淹没在自媒体的大潮中。

提 要

关联性、实用性和兴趣度成为新媒体时代人们衡量新闻价值的三个标准。

第3节 算法分发的基本流程对内容生产的驱动型改变

任何一种新的分发方式都会倒逼内容生产产生与之相适应的变化。因此，我们需要弄清楚两个基础性的问题：一是算法分发秉承什么原理，二是它会给内容生产带来哪些变化。

而要弄清楚这两个问题，首先需要回答的一个疑问是，既然具备这么多的优点，为什么在更早的时候不能诞生出算法分发这个模式？这是因为，要实现算法分发，必须具备两个前提条件：一是有足够的信息源，二是构建更加精准的算法框架。

3.1 算法分发的基本原理

分发是整个资讯传播生态中直接触达终端用户的最后一环，它受到上游生态的强大制约。信息源与信息分发的最终效果密切相关：从数量上，是否有足够多的信息可供抓取；从质量上，这些信息是否有足够的品质令用户满意。这与算法分发平台的存亡息息相关。如果信息不够多，即使具备再强的分发技术，也是巧妇难为无米之炊。与此同时，分发环节也在向前追溯，改变着整个传播的生态。近年来，各个分发平台不断扩展内容生产的范围，从最早的图文资讯扩展到音频、视频、短视频，又不惜重金贴补自媒体，扶持优质原创内容，提升内容生产的数量与质量。

算法的精准度是算法分发的核心价值所在，直接关系着算法分发平台的生死存亡。如果精准度不够，由算法来分发的资讯到了用户手里，会让用户感觉有很多无效或者低劣的信息。最理想化的传播图景是分发平台上涵盖着所有用户需要的所有新闻内容、资讯和广告，同时也通过各种方式了解到用户所有的已知需求和潜在需求；平台实现所推送的每条信息都有用，每条资讯都被喜欢，每条广告都能达成收益的理想化状态；用户实现所有接收到的信息都需要，都想知道，都应该知道，既不匮乏，也不冗余，新闻资讯的质量也正好符合本人的接收品位。

为了达到这一最终追求的效果，算法分发的推荐系统进行了很多尝试。目前市场上所有算法平台所使用的算法分发主要分为三大主要类型。

3.1.1 协同过滤推荐（collaborative filtering recommendation）

它包含两种主要的推荐技术——基于记忆的（memory-based）协同过滤和基于模型的（model-based）协同过滤。前者假设如果两个用户过去对产品有相似的喜好，那么他们现在对产品仍有相似的喜好；后者则假设如果某个用户过去喜欢某种产品，那么该用户现在仍喜欢与此产品相似的产品。因此，前者利用用户历史数据在整个用户数据库中寻找相似的推荐项目进行推荐，后者通过用户历史数据构造预测模型，再通过模型进行预测并推荐。

两者结合之下，基于记忆的协同过滤可以有效挖掘用户的潜在需求，个性化程度高，在众多互联网平台得以应用，比如亚马逊、Netflix、Hulu、YouTube的推荐算法的基础都是该算法。但是基于记忆的协同过滤推荐依赖系统内整个用户历史数据库作为其推荐系统的原料，当数据严重稀缺时，会因为缺少历史数据而无法通过算法准确了解和把握用户需求，造成推荐精准度下降。而基于模型的推荐可以有效地解决这一问题，该算法根据训练集数据学习得出一个复杂的模型，来预测用户感兴趣的信息。

3.1.2 基于内容的推荐（content-based recommendation）

基于内容的推荐即根据用户历史项目进行文本信息特征抽取、过滤，生成模型，向用户推荐与历史项目内容相似的信息。它的优点之一就是解决了协同过滤中数据稀少时无法准确判断分发的问题。但如果长期只根据用户历史数据推荐信息，会造成过度个性化。同时，这种推荐忽视了用户的潜在需求，可能造成用户使用一段时间后发现收到的信息基本都是同类而放弃这个分发平台的现象。另外，该算法更擅长文字信息特征的提取与分析，而在音频、视频等非结构化数据的分析能力上存在缺陷，因此它多用于网页、文字新闻等文本类信息的推荐。

3.1.3 关联规则推荐

关联规则推荐即基于用户历史数据挖掘用户数据背后的关联，以分析用户的潜在需求，向用户推荐其可能感兴趣的信息。基于该算法的信息推荐流程主要分为两个步骤：(1) 根据当前用户阅读过的感兴趣的内容，通过规则推导出用户还没有阅读过的可能感兴趣的内容；(2) 根据规则的支持度（或重要程度），对这些内容排序并展现给用户。关联规则推荐的推荐效果依赖规则的数量和质量，但随着规则数量的增多，对系统的要求也会提高。

目前，随着移动互联网的兴起以及包含内容和关系的社交媒体（如Twitter、Facebook）的快速发展，某种单独的推荐算法已难以满足用户推荐、内容分类、话题挖掘等需要，因此，融合多种算法、关联更多数据的组合推荐系统得到发展与完善。在推荐系统的实践应用中，经常运用两种或几种推荐算法，以整合优点，弥补缺点，实现精准预测和推荐。

不过，虽然各个算法分发平台一直在进行各种努力，但人们所期待的能够“准确地将每一个人所需的信息推送给他，并且所推送的信息完全能够满足这个人的所有信息需求”这种乌托邦式的图景现在还远远没有实现。

提　要

要实现算法分发，必须具备两个前提条件：一是有足够的信息源，二是构建更加精准的算法框架。

3.2 算法分发的现实操作流程

假如将分发平台比喻成一个巨大的池子，将所有的新闻内容比喻成要注入这个池子里的水，在这个大池子里，这些新闻内容会来自传统媒体、自媒体、机构和政府部门等等不同的信息生产源。

在进入分发流程之前，平台首先要对这些新闻内容进行消重，把内容相似的东西消除掉。在信息过载时代，任何一个有广泛关注度的新闻诞生后，都会有很多重复的报道。例如，党的十九大将召开，所有的传统媒体都会刊发这个消息，《新京报》会报道，人民网会报道，中央电视台也会报道。同一个消息在某个媒体上只会出现一次。但是当这些来自不同媒体的同一个消息都汇入平台的“大池子”里，就需要对它们进行消重。如果没有这一个步骤，一个关心时政的用户就会看到很多完全相同的内容，无法实现信息和人的准确高效连接。

目前算法平台所使用的消重方法，有根据内容消重、根据标题消重、根据预览图片消重和根据相似组织消重，这些工作已经全部可以由机器来完成，机器会自动根据对相似内容的辨认，把完全重复的内容消除掉。

消重之后进入新闻内容的审核流程。新闻内容的审核流程是由算法和人工联手来完成的，但是机器审核的重点和人工编辑审核的重点完全不同。机器主要对新闻内容进行初步审核，把不合乎法律法规、社会道德规范，从新闻专业角度来衡量属于严重违规的内容剔除。而人工内容审核会着重看标题、正文、是否将广告包装成了推广的信息等等。

以今日头条为例，整个公司有近万名内容审核人员，这个数量可能比几百家传统媒体的检查校对人员还要多。在人工审核过程中，因为人是有主观性的，审核尺度不像机器那样整齐划一，因此在审核过程中还要使用复审策略。假如 A 审核员通过了 100 篇稿子，机器会从中抽 10 篇给 B 审核员看，看 B 审核员是否也能同样通过。如果 B 审核员也通过，机器就会认为 A 审核员的审核是没问题的。如果 B 审核员发现其中有 5 篇稿子不应该通过，那么这 5 篇稿子就属于两个审核员的判断不一致，就会被投入复审区，由专门设立的更高一级的审核员再来看，从而形成了一个非常复杂的、循环往复的审核过程。

新闻内容顺利通过重重审核的话，就会正式进入“大池子”等待推送分发。这一步由推荐引擎来完成。推荐引擎通过智能识别，把新闻内容推荐给不同的用户。

这一步骤下的推荐包含三个类别，分别是启动、扩大和限制。举例说，这篇新闻内容通过了审核，可以进入推荐程序了，但是要推给谁呢？每个用户的需求是不一样的。这时机器就需要采取种种有效的方式，尽可能准确地把内容匹配给适合的用户。

第一种是启动。在这个类别中又分为全新用户的偏好启动和老用户的偏好启动。

对于老用户，第一步，要把这个用户订阅账号的更新内容第一时间向他推荐。这一步推送的精准度很高。因为用户关注了这个账号，就已经足够说明他对这个内容感兴趣。即使用户对这个内容不满意，他也会认为是自己订阅错了，会随之取消订阅，而不会认为是平台的算法推荐出了问题。

第二步，要看这位用户的既往浏览数据。这个步骤下的信息颗粒度是很粗的，例如既然假设你曾经浏览过和张艺谋电影相关的内容，如果张艺谋有最新上线的电影，机器就会优先向你推送这一内容。此外，机器要从更加纵深的角度去收集这个

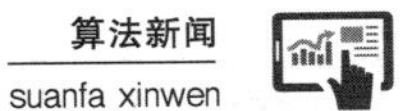

用户的兴趣点。例如，如果这位用户喜欢张艺谋，且过往浏览的都是张艺谋电影中现实类题材的内容，那么机器就会向他推荐其他导演的现实类题材的电影。

对于老用户，首先要进行相似人群的推荐。例如，当机器识别出某个用户非常喜欢某个方面的新闻内容，而这个用户有一名在平台上相互关注的好友，这个好友可能刚刚使用这个平台，还不能有效地推断出他的个人偏好。这时，系统就会自动筛选，找出与这个新用户相互关注的老用户，再对照老用户的个人偏好向新用户进行推荐。这一推荐过程可能会出现误差，但是比从零开始建立推荐目录的准确性更高。

其次是用系统框定一定数量的用户，假设有五千个人，系统向他们推荐一篇与张艺谋的《长城》相关的新闻内容，之后系统再通过这五千个人的阅读表现，如点击率、阅读时长等等，提炼出下一轮数据，再推给与这五千个人相似的其他更多人，不断地循环往复，这样通过反复试错，逐渐框定这名用户的阅读偏好。

扩大推荐是指对于某个点击率、阅读时长都明显高于平均水平的新闻内容，系统会将它自动筛选出来，并向更多的人进行推荐。但在扩大推荐的过程中，系统也会依据用户的反馈进行调整。

限制推荐是指某个点击率、阅读时长都明显低于平均水平的新闻内容，会被系统自动筛选出来，添加标注。这样的内容会被缩小推荐范围。

现在，几乎所有算法分发平台都给用户提供了评论的功能，用户可以选择自己是不是喜欢被推荐的内容，如果用户愿意参与，还可以填写具体的原因。这是可以用来直观统计的数据。如果喜欢的人很多，就会扩大推荐；如果不喜欢的人很多，就会限制推荐。不过，需要注意的是，做出扩大或限制推荐的决定，也是会经过人工复审的，因为有时候评论是来自价值观判断而不是针对新闻内容的质量本身，这样的评论就会被人工筛选出来，降权处理，不作为判断的主要依据。

如上就是算法推荐的一个基本过程，更加详细的原理和做法会在后面的章节里更清晰地介绍。算法推荐是分发革命的重要部分。在将算法用于分发后，内容生产和内容分发渐渐分离。而在分离的过程中，技术的进步使得可供选择的内容越来越多，市场上参与内容生产的人越来越多，市场上有获取资讯需求的用户越来越多。最终，会促使整个资讯市场上的内容越来越多，用户越来越多，从业者也越来越多。

提 要

推荐引擎通过智能识别，用启动、扩大和限制等方法进行计算，把新闻内容推荐给不同的用户。

3.3 算法分发对内容生产的改变

算法分发的发展过程会改变很多传统媒体对于内容的生产动能。

算法推荐对内容的需求，最首要的就是数量上必须有保证。换句话说，只有池子足够大、池子里的水足够多，才能对应广大用户发送他们所喜爱的文章。现在，每天在算法分发平台上更新的内容都有百万条之多。这样才能保证当机器识别出某个用户对哪方面内容格外钟爱后，就会向他推送由此筛选出来的文章。其次是质量，在算法分发平台上关于质量的衡量标准和传统媒体正相反，传统媒体是要选优，平台是要砍掉差的，把明显违反法律法规、社会秩序或者是有明显漏洞的内容砍掉。至于通过了审核的海量内容，就完全交由用户自己来做出明确的判断。由于千人千面，需求不同，同一条内容既会有用户非常喜爱，也会有用户给出反对意见，这样就形成了内容分发的个性化。

在这个过程中，内容生产也被倒推着发生了非常多的变化。首要的一点就是从业者人数和内容生产数量的极大提升。算法分发乃至非中心式分发的最重要的一个愿景就是，所有人生产给所有人看。当教育水平在不断地提升，越来越多的人开始有内容生产的能力，有表达的能力，并通过这种能力获得了很好的分发，收获很多反馈。最终，内容生产和内容分发的极大分离，生成在市场上充分竞争和良性循环的结果。

其次，内容生产的方式方法也会发生巨大的变化。关于这些，我们会在后面的章节里更为详细地介绍。在这里先举一个很小的例子：有的算法分发平台为了方便内容生产者，开发了“双标题功能”。在移动终端上，标题是人们选择是不是要打开这一条内容的唯一判断标准，标题的重要性在内容生产领域被提到了前所未有的高度。正是在这个前提下，“双标题功能”应运而生。

此前数百年的传统媒体时代，一篇新闻内容只有一个标题，报社的编辑每天最主要的工作就是为重要版面选择一则头条消息，并精心制作标题。编辑选择的好坏，会直接影响到第二天这份报纸的实际销量。因为最重要的版面尤其是头版的头条消息，会被所有读者默认为是最重要的。如果看到头条觉得不感兴趣，读者会觉得这份报纸最重磅的新闻也不过如此。所以，自从有新闻或者传播以来，就有一个词一直跟随着所有的内容创作者，即“覆水难收”。当决定之后，就没有办法再更改了。

但在“双标题功能”的支撑下，同一篇新闻内容可以有两个标题，形式是“A 标题＋内容”和“B 标题＋内容”，假设内容生产者写了一则新家庭电子用品的功能介绍，机器就可以帮助这位生产者进行标题的二次筛选。这个过程具体为：机器把“A 标题＋内容”推荐给关注这个内容领域的五千个用户，再把“B 标题＋同样的内容”推荐给关注这个内容领域的另外五千个用户。之后，来看这两组五千个用户的相关阅读数据，包括点击、停留时长、评论、转发和阅读等。

当机器将这些用户行为数据统计收集起来，就会发现，A 和 B 两个标题究竟哪个更受人们的喜爱。之后，机器会自动把“更受喜爱的标题＋新闻内容”推荐给更多的目标用户。最终结果是，同样一篇新闻内容因为有不同的标题，最终在算法的辅助下吸引了更多的用户。这不仅对内容生产者来说是一件很有价值的事情，也打破了有大众传播以来就一直实行的新闻内容和标题必须一一配搭的状况。从这个意义上讲，这个小的形式变化对整个传播造成了一定的生态联动。这就是在算法推荐的平台上能够不断生成对内容生产者有价值的工具，来帮助他们进行创作。

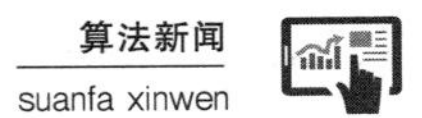

提 要

算法推荐平台上能够不断生成例如“双标题”等对内容生产者有价值的工具，有助于内容生产的不断创新。

第 4 节 算法分发的价值观之辩

4.1 “技术中立论”和“平台责任论”之争

在信息纷繁多元的移动互联网时代，与已经经历了数百年市场历练的传统媒体相比，算法分发仍然有待市场的多重规范。在算法分发平台上，哪些新闻内容能够进入传播渠道、用户阅读什么样的内容，都由算法说了算，平台以单篇文章带来的点击率来评判文章的价值，而忽略文章本身带来的社会效果。对于平台媒体来说，新闻内容带来的流量比质量更重要。在这种信息传播模式下，用户接收的信息越来越同质化、窄化，沉浸在自己构建的拟态环境中，对真实性的认知偏差越来越大。

同时，算法分发平台的特征还扩大了两个领域的媒介道德争议。第一个领域，是将对价值观的审判权从传统的记者、编辑手中挪到了计算机工程师手中。机器无法决定哪条新闻更重要，但是为机器制定计算规则的人可以。他所设定的算法原则以及原则中所使用的加权、降权标准，都将影响一条新闻的接收范围和程度。第二个领域，是将媒介失范的决定权从媒介工作者传递给了受众。此前在非人工智能时代，发布信息的权力在媒体工作者手里。如果一家媒体发布的新闻普遍低俗、虚假，这家媒体就会被打上“价值观不正确”的标签，逐渐丧失权威性和公信力。而在算法分发的背景下，受众的选择直接影响到他未来能够看到什么类型的新闻，用户去主动获取信息并设定信息获取的模式。在想要吸引更多受众的利益驱动下，越来越多的内容生产者会选择生产反映受众选择倾向的内容，最终导致了内容朝着用户想看的方向发展。

此前，在以报纸、广播、电视为代表的工业化时代和以互联网、移动 App 为代表的信息化时代，因为信息分发完全由编辑来进行主观性操作，因而对于媒介的道德和伦理争论主要集中于媒体报道的具体内容，例如虚假新闻、媒介审判、对未成年人的报道、有偿新闻等。而到了以社交型分发和算法型分发为代表的人工智能时代，传统的以编辑为中心的信息审核模式被计算机取代，也就带来了新的媒介伦理问题：算法技术是否应该遵循传统编辑对新闻价值的选择，是否应该重视新闻本身所肩负的社会性职能。换言之，算法究竟只是一个纯技术性的平台，还是一个必须注入公共性职能的大型传媒机构。

目前，对此的观点争议主要包括两种声音。一种是“技术中立论”，这种观点认为，信息分发平台实际起到的只是一种中介作用，我们所使用的算法技术也好，社交分发技术也好，都是中性的，并无好坏之分，平台只是给大家提供一个去接触新闻的工具，因此是完全中立的。平台从内容生产者手中获取内容，再通过机器算法或者社交分发等方式对信息进行筛选，推荐给适合的用户。在这个过程中，平台所起到的只是传递作用，一个更加公正有效的平台不应该对信息进行任何的主观性判断。另一种则是“平台责任论”，这种观点认为，一家平台只要做着“一对多”的公共传播，只要它面对的用户数量达到一定规模，就天然地具备了公共属性，就必须扛起引领价值观的社会责任，将主流价值观融入对内容产品的分发中，机器与算法是冰冷的，但是在内容和推送中要体现价值观。

2016年，两种观点的代表者曾借助媒体，进行了一场隔空喊话式的争论。

【知识窗】 技术中立论 VS. 平台责任论

2016年12月23日，《人民日报》以“本报评论部”的名义发表名为《算法盛行更需“总编辑”》的评论员文章。

早晨起床，看新闻客户端，关注天下事；中午休息，登录社群网站，讨论新鲜事；晚上睡前，刷刷朋友圈，了解身边事……这是中国网民的普通一天，也是互联网时代舆情生成过程的一个切片。信息的生产、扩散、接收，观点的表达、传播、汇聚，就像是浪与浪的激荡、云与云的交汇，让舆论场风生水起。

连接一切的豪迈宣言，开放共享的技术架构，把信息时代变成了舆情时代。来自人民网舆情监测室《2016年中国互联网舆情分析报告》的数据显示，2016年我国微信用户已达8.46亿，微博月活跃用户达到2.82亿，微信公众号早已是千万级别。互联网技术的力量、计算机算法的红利，提升你我互动交流的效率，也让我们有了更宽的视野、更深的思考。人人都有麦克风，小事也能成为“现象级”，背后是技术和媒介的强大支撑。

然而，每一枚硬币都有两面。技术让信息蓄水池迎来供给侧的开闸放水而日渐丰沛之时，也难免泥沙俱下。技术可以是生产力、发动机，但目前也还难以胜任瞭望者、把关人的角色，网络世界的信息与观点，因而既生繁花，亦长稗草。年初引发大讨论的“上海女孩逃离江西农村”事件，最终证明只是一场子虚乌有的闹剧；年末一再反转的罗尔事件，让许多“爱心”伤了心，也促使我们重新审视舆论场中的是非曲直。一个去中心化的传播机制，在扩大公众表达权的同时，也在滋生着谣言和假新闻，让建立在此基础上的舆情表达总有几分尴尬。

打开水闸，不仅需要滤网，也需要导流。算法主导的信息分配机制，高效地打造了一个“私人定制”的时代。然而换个角度看，技术、算法与其说是引领者，不如说是迎合者；与其说是提供思考的导师，不如说是强化偏见的囚徒。运用大数据分析，“越用越懂你”的智能新闻客户端给每位用户推送专属消息；依托于社交网络，朋友圈不停上演“英雄所见略同”的默契。2016年，微信公众号新推出置顶功能，一些自动聚合类资讯客户端继续强势崛起，都固化着这样的信息传播的闭环。在某种程度上，新技术和新架构可能为我们架设了通往新天地的轨道，却也可能让轨道上的列车只能通往特定的目的地。当“迎合”成为信息资源分配的主题，沿途的风景和多样的可能性，也就只能一闪而过了。

技术为用户量身打造信息，开启了符合读者口味的一扇窗，却关上了多元化的一道道门。我们或可名之为“孤岛效应”——在自我重复、自我肯定、自我强化中，公众的知识、思想逐渐固化，成为海面上的一座座孤岛。只看自己喜欢的、只读自己认同的，难免会带来固执己见、故步自封的危险。小区围栏拆不拆、网络约车坐不坐、高速路上救狗行不行……2016年，舆论空间的冲突仍时有发生。难怪有网友概括：一句不拢就脸红，一言不合就开撕。概括得虽然有些简单，却也让人思考：互联网的开放就一定带来心灵的开放吗？技术上的专断是否会强化人们的情绪化气质？信息极大丰富的时代我们应该如何去认识与表达？

必须承认，虚假信息也好，争吵掐架也好，根源于社会发展的深层土壤，不能让算法“背锅”。但毋庸置疑的是，全面、权威的信息，深入、理性的观点，才是社会舆论与心态最稳固的基础。如若唯“眼球”马首是瞻、让算法主导一切，优质的内容、理性的辨析，就可能被边缘化而成为可有可无的下脚料。说到底，技术和算法终究是工具，是末；思考的乐趣、价值的塑造、知识的完善，才是目标，是本。算法主导的时代，更需要把关、主导、引领的“总编辑”，更需要有态度、有理想、有担当的“看门人”。

德国哲学家韦伯曾经区分了工具理性和价值理性，前者意味着发挥技术的最大效用，后者则强调价值、伦理的重要性。社会的进步，离不开先进技术的开拓者，更离不开基本价值的守望者，毕竟，我们将抵达的未来，不仅是信息自由流动的丰饶之海，更是构筑全新文明的坚固之岸。

在此之前的2016年12月14日，财经网发表了对今日头条负责人张一鸣的专访——《对话张一鸣：世界不是只有你和你的对手》（节选）。

《财经》：今日头条有没有价值观？

张一鸣：企业都要有社会责任感，我们要做对社会有益而不是有害的事。

企业和媒体的区别在于：媒体是要有价值观的，它要教育人、输出主张，这个我们不提倡。因为我们不是媒体，我们更关注信息的吞吐量和信息的多元。我们会承担企业的社会责任，但我们不想教育用户。世界是多样化的，我不能准确判断这个好还是坏，是高雅还是庸俗。我也许有我的判断，但我不想强加我的判断给头条。如果我在现实生活中也没有说服别人，为什么我要通过我的平台说服别人？

《财经》：媒体是有价值观的，而你们是最大的媒体聚合平台。

张一鸣：如果你是个邮局，你不同意《××时报》的价值观，但邮局能不发行《××时报》吗？多数人认为他的价值观就是主流价值观，他们总是习惯围绕价值观，而不是围绕事实。这是我反对的。同时，我们确实不应该介入（价值观）纷争中去，我也没这个能力。

如果你非要问我头条的价值观是什么，我认为是提高分发效率、满足用户的信息需求，这是最重要的。

《财经》：你对社会、商业、政治、文化是否有自己的观点？

张一鸣：我有自己的观点，但我不会强加自己的观点给头条。

《财经》：你的观点、想法跟头条的算法、规则完全没有关系吗？

张一鸣：我是我，产品是产品。

CEO的职责为什么是把自己的喜好加到产品上？CEO的责任是为公司创造效益，为员工提供薪水，为社会提供产品服务——这是企业的目标，而我做的事要最有利于这个目标。公司的价值观可能不是我的价值观，公司的价值观也不受我的价值观影响，公司的价值观是我理性地根据公司的愿景来定的。

《财经》：头条之前有个很赚钱的和医疗相关的业务，但你毅然叫停了。这是不是也是价值观在干涉产品？

张一鸣：不做医疗广告是因为目前民营医院很多服务差或者经营违法违规，而我们很难区分把关。这和我个人的善恶观无关，更多是与企业发展长短期和“延迟满足感”有关。

我们认为流量是重要的，流量的信用度同样重要。如果你的流量信用度低，你的商业转化率就会低。这个问题是长期、缓慢的。所以推一个有问题、低质量的广告实际是杀鸡取卵。同时我们和百度不一样，我们不按关键词切分流量，而是按广告位加用户时长，我们不把这个位置卖给医疗广告主还可以卖给其他人。所以我们不做医疗广告压力不会这么大。

我们打击低俗也是这个目的，因为低俗会直接导致我们的广告没人信。只不过这恰好跟大家的善恶观是吻合的。

《财经》：头条是这个时代最强势的媒体平台之一，每天有7 000多万人花76分钟在今日头条上。如果你们可以通过内容来给用户以正确的引导，为什么不呢？

张一鸣：我在克制，同时我觉得平台的责任也是克制。因为你不知道你自己什么时候是对的，多数情况下你不克制带来的伤害更大。同时，我们要努力提高自己的能力，因为基本上可以不做恶的人都是有能力的人。

我们的内容首先是满足多样性，满足对公共事件、议题的传播，满足一部分人群比如高知分子的需求，同时我们要求内容不要对低端用户有负面影响，所以我们坚决抵制虚假、诈骗、血腥、暴力、刻意标题党。

在满足了这些前提后，用户看八卦、娱乐、笑话等内容又有什么问题呢？历史上精英们一直在试图让大众拥有很高的精神追求，但社会整体从来没有达到过这个目标。以前的媒体精英意识不到这一点，他们认为自己特别希望导向的才是特别重要的。但多数人的强烈主张，从历史上看，多数没有产生多大价值。

少数精英追求效率，实现自我认知，他们活在现实中。但大部分人是需要围绕一个东西转的。不管这些东西是宗教、小说、爱情还是今日头条，用户是需要一些沉迷的，我不认为打德州、喝红酒和看八卦、视频有多大区别。

《财经》：头条是一家技术公司还是一家媒体公司？

张一鸣：我们不是个媒体公司，是因为我们不创造内容，我们不发表观点。

我们是一家科技公司，但和大家想的不一样的是，我们是为了解决问题（信息分发问题）而创办的，充分认识问题比如何解决问题更重要。你认识到一个问题、认识到这个问题的规模和意义，这本身就是一半的答案。

《财经》：今日头条需要总编辑吗？

张一鸣：之前一位同事手动推送了一条三星新产品发布的新闻，我问他为什么要推这条新闻，他的回答是，这么重要的新闻我们怎么能没有。他认为这条新闻很重要，可是它真的对广大大众重要吗？多数人会认为他觉得对的就是对的，正是因为我知道这个倾向，所以我们要努力克制这个倾向。

如果头条有主编，他不可避免会按照自己的喜好去选择内容，而我们做的就是不选择。

《财经》：百度和头条都是纯技术思路创办的公司，有人认为纯技术公司都是唯机器论，机器的算法决定一切。

张一鸣：我不想强调纯机器，因为是不是纯机器不重要。我们的目的就是满足用户需求，机器能更有效地满足就用机器满足，机器不能就用人满足，我不固执或者不依附。

《财经》：你曾提到今日头条的内容是由算法决定的，是“人工不干预”的，但算法事实上就是以人的行为来影响机器。

张一鸣：我们并不否认我们在干预内容。违背法律法规就必须干预，但我们不干预用户喜好，不干预在社会和法律容忍下的多样性内容。

《财经》：你认为头条的算法应该是引导人性还是迎合人性？

张一鸣：我不觉得算法要和人性挂钩。这就像以前哈雷彗星飞过，大家说这到底有什么意义？是要出现地震还是出现鼠疫？其实和这个都没关系。我们做技术的时候也一样——我们没有说要模拟人性，也没有说要引导人性。你们文化人给了我们太多深刻的命题。

可以看到的是，在时隔一周发表的两篇新闻上，双方各持一种观点。《人民日报》评论的标题无疑针对张一鸣“今日头条不需要总编辑”的说法，针锋相对地表示“技术和算法终究是工具，是末；思考的乐趣、价值的塑造、知识的完善，才是目标，是本。算法主导的时代，更需要把关、主导、引领的‘总编辑’，更需要有态度、有理想、有担当的‘看门人’”。

而此前张一鸣在采访中则表示，平台“不生产内容，不发表观点”，只是纯粹进行信息的搬运，根据用户的喜好推送给他们想看的内容。

这两种观点各执一词，两方的支持者都认为本方是正确的。但是在实际运行中，却出现了越来越多的问题，显示出对于平台进行规范的必要性和迫切性。

提 要

算法分发平台扩大了两个领域的媒介道德争议。第一个领域是将对价值观的审判权从传统的记者、编辑手中挪到了计算机工程师手中。第二个领域是将媒介失范的决定权从媒介工作者传递给了受众。

4.2 算法分发对媒介伦理的重构

2017 年 3 月 18 日《卫报》的报道证明，Facebook 间接干预了前一年的美国总统大选结果。

2014 年，英国剑桥大学心理学教授亚历山大·科根推出了一款 App，名为“这是你的数字化生活”，它向 Facebook 用户提供个性分析测试，在 Facebook 上的推介语是“心理学家用于做研究的 App”。结果这个 App 成了 Facebook 泄密的源头。科根通过这一应用软件获取了 2.7 万人及其所有 Facebook 好友的居住地等信息以及他们“点赞”的内容，因而实际共掌握了 5 000 多万用户的数据。

此后，这些数据被一个名为“剑桥分析”的公司掌握，该公司利用这些数据操纵信息的分发，从而控制事情走向。进一步的调查表明，英国脱欧和美国大选都在一定程度上受到了影响。

在 2016 年的肯考迪亚峰会上，“剑桥分析”CEO 得意地宣布了“剑桥分析”的工作模式：他们将搜集来的大量个人信息通过大数据技术进行计算，基于心理测量学上著名的 OCEAN 人格模型理论，根据已知的数据建立人格特征轮廓，再将人格特征与住所、收入、职业等信息进行结合分析。

图 1－3 展示了 OCEAN 人格模型，包括开放性（openness）、尽责性（consci-

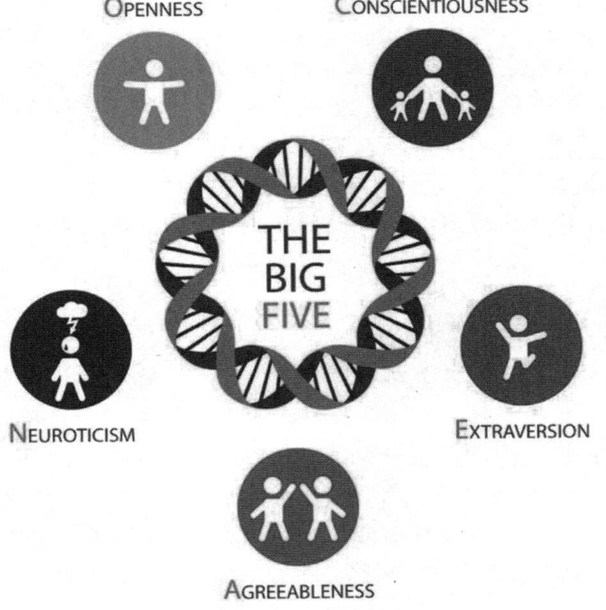

图 1－3 OCEAN 人格模型

entiousness)、外向性（extraversion)、亲和性（agreeableness)、神经质（neuroticism）等五大类人格特征。

这时，如果有一条事关禁枪的法案即将表决，而“拥枪派”雇用“剑桥分析”来帮助他们取得胜利，“剑桥分析”会怎样做呢？他们会把入室抢劫、暴力案件等新闻发送给一个神经质的人，让他心生警惕，想要自己拥枪自卫。而对于传统、谨慎的人，“剑桥分析”会推送给他一个关于美国持枪的历史介绍，帮助他将拥枪认定为一种美国人自由独立精神的象征。

图1-4是“剑桥分析”CEO演讲的视频截图：同样的拥枪主张怎样迎合不同人的心理。

图1-4 “剑桥分析”CEO演讲的视频截图

而针对美国大选，“剑桥分析”根据每个用户的日常喜好、性格特点、教育水平，预测他们的政治倾向，进行新闻的精准推送，达到洗脑的目的。例如，根据某个用户在社交网络上的留言和点赞情况，推测出他是一个喜欢枪的人，所以就在推送中出现“希拉里将要禁枪”的内容；再比如，大数据推测某个用户是一个认为严格的移民政策会让美国变得更好的人，就会向他推送“特朗普要求在美国和墨西哥之间筑墙”和“希拉里要给任何移民绿卡”的内容。最终，这些有选择性的内容间接促成了特朗普的当选。

因此，Facebook CEO扎克伯格接受了美国国会长达两天的质询，在质询中，他本人也承认，大数据和算法分发会在很大程度上对人们产生影响。

算法技术虽然提高了内容分发的精准度和传播效率，但把关权的转移带来了价值观混淆、公共性降低等媒介伦理的新问题，要通过建立健全法律监管、完善算法体系、提升算法透明度等方式对媒介伦理进行重构。

Facebook的例子证明了“技术中立论”在现实中难以立足。技术确实是中立的，这一点毫无质疑，就像一把刀，本身是没有行为能力的，全看用刀的人是用它来切菜还是杀人。可是使用者并不中立，如果不加节制地把一个很先进的技术放在所有人面前，那就相当于给了每个人一把刀，他既可以选择用来切菜，也可以选择用来杀人。

事实上，软件产品中已经事先被嵌入了权力结构，设定了“有限性、许可、特权和障碍”。编程的机器其实不是被使用者控制，而是真正的控制者。在这个时候，

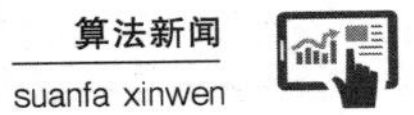

就要有一个站位更高的监督执法者来维护秩序：平台可以把“刀”提供给每一个用户，让他们得到便利，但同时也要保证用户在使用的时候合乎所在国家和地区的法律法规。

现在世界范围内的法律对算法分发平台所进行的审查都是事后审查，也就是发现问题后再进行惩戒和规范，因此无法挽回已经发生的恶劣结果。算法推荐对于普通公众来说过于高深莫测，算法平台有责任提高其透明度，将尽可能多的数据原理提供给用户，以增强公众对算法机制的了解与监督，促成平台和用户不断提高媒介素养。

因此，政府需要随着算法分发平台的不断强大，制定相应的法律法规对算法技术的应用进行监管，明确算法技术的使用范围及标准，形成健全合理的平台问责机制，通过明确可量化的问责标准，要求企业平台在新闻推送过程中承担社会责任，坚持正确舆论导向，尊重社会伦理，形成一个长期可持续的监管系统。

目前，一些互联网公司已经做出了调整。

2018 年 1 月 3 日，今日头条开始大规模增设内容审核编辑岗位，加强内容审核。所招聘的内容审核编辑主要就是进行内容的审查、预判、剔除违反有关规定的文章，为文章质量严格把关。

今日头条在招聘内容上显示，每个员工每天需要审核 1 000 条左右内容，负责监控审核今日头条平台内容是否违规。该职位要求热爱新闻，关心时事，具有良好的政治敏感度和鉴别力。目前，今日头条内容审核编辑团队人数已经超过 4 000 人，而据今日头条副总编辑徐一龙称，人数还会继续增加，预计很快突破 10 000 人。

2018 年 4 月 6 日，互联网短视频公司快手在某招聘网站发布的招聘信息显示，为了加强审核能力与内容上传量的匹配，快手将在现有 2 000 人的审核团队基础上，扩招 3 000 名审核人员，将审核人员的规模扩充到 5 000 人。

快手发布的招聘信息显示，快手招聘的这批内容审核编辑主要的工作内容是，根据有关法律、法规及公司审核制度，审核用户上传到快手的视频、图片、评论的合法性、合规性，对违规账号进行合理处置。

2018 年 3 月 25 日，扎克伯格在 7 家英国报纸和 3 家美国报纸上刊登了全版道歉广告，报上写道：

> 我们有责任保护你们的数据信息。如果我们未能做到，那我们还不值得……这是一种违背信任的行为，我很抱歉当时我们没有做更多的事，现在我们在采取措施确保此类事件不会再次发生。我们已经禁止了这类获取过多个人信息的 App。

在 4 月 10 日，他又出席了参议院司法委员会和商务委员会联合听证会；11 日再出席众议院能源和商务委员会听证会。据参议院提前发布的书面证词，扎克伯格揽下了此次事件的责任，并表示：

“我们没能从更宽广的角度认识自身责任，是大错。是我的错，我很抱歉。Facebook 由我创立，由我运营。它发生任何事情，我都负有责任。”

此外，扎克伯格还表示，已要求 Facebook 投入更多资金保障数据安全。这固然会“严重影响企业未来利润率”，但“我想明确我们的优先目标，即保护我们的（用户）群体比利润最大化更重要”。

提 要

算法平台有责任提高其透明度，并接受公众和监管机构对算法机制的了解与监督，促成平台和用户不断提高媒介素养。

【本章小结】

本章梳理了传统媒体和新媒体所经历的两种不同的内容分发形式，即中心式分发和非中心式分发。其后重点介绍了非中心式分发中的算法分发系统，并比较了算法分发和社交分发的异同点。通过学习，我们能够了解算法分发的基本原理，并了解这种分发形式对于整个传播体系尤其是内容生产环节带来的颠覆性变化。最终，本章以 Facebook 数据泄露等实际案例为例，介绍了随着内容分发形式变化而产生的新闻伦理争论，厘清了“平台责任论”和“技术中立论”的争论，树立了在新的分发形式下接触和吸收新闻信息的正确价值观。

【思考】

1. 如何看待算法分发的利与弊?
2. 如何看待算法平台的社会责任?

【训练】

从文献中寻找一次新旧媒体交替时的传播情况（例如在报纸时代出现广播，在报纸广播时代出现电视，等等），看一看传播媒介的更替给传播内容带来了哪些变化。

第 2 章　算法推荐原理

【本章学习要点】

为了理解算法分发系统的推荐原理，需要对其进行合理的抽象和模型化，即提取出算法分发系统的若干基本要素，并对这些要素的功能和相互作用进行梳理。第一个基本要素是用户，用户是算法分发系统服务的对象，对用户的理解和认知越透彻，内容分发的准确性和有效性就越有保障。第二个基本要素是内容，内容是算法分发系统的基本生产资料，对多种形式内容的分析、组织、存储和分发都需要科学的手段和方法。第三个基本要素便是算法，系统中的大量用户与海量内容是无法自行匹配的，这就需要推荐算法把用户和内容连接起来，在内容与用户之间发挥桥接沟通的作用，高效地把合适的内容推荐给合适的用户。同时，用户也通过自身的内容阅读行为和其他动作对算法的推荐过程进行反馈，此类行为数据也可以帮助修正推荐算法。

当前，报纸、杂志、电视等典型的中心式内容分发方式更多地被移动互联网时代手机客户端上的非中心式内容分发方式取代，内容分发已经从传统的中心式分发变迁为非中心式分发。一般地，非中心式分发有两种方式，即基于算法的内容分发和基于社交的内容分发。概括来说，基于算法的内容分发方式，就是使用算法或计算机程序来实现内容的分发和推送；而基于社交的内容分发，则是基于用户之间存在的在线社交关系——例如“关注”、互为“好友”等社会关系——进行的构建在社交关系基础上的内容分发和传递，如微博的转发、微信朋友圈广告、在线知识问答平台的问题推送等均属于基于社交的内容分发。本章重点阐述基于算法的内容分发，即算法推荐原理。

为了理解算法推荐原理，有必要厘清“算法”和“程序”这两个概念。目前，“算法分发”和“程序化分发”这两种提法均可指代基于算法的内容分发过程。然而从严格意义上来讲，“算法”和“程序”是不同的概念，并不完全相等。所谓“算法”，即指求解问题的计算方法或求解过程。以日常生活中的活动为例，做菜或烤制点心的“菜谱”就是一种算法。按照某个制作曲奇饼的菜谱配置原料、混合、搅拌、成形、放置、烤制，即可制作出曲奇饼成品。这样的一个菜谱就是制作曲奇饼的“算法”。如果对算法进行模型化的理解，则一个算法包括输入（制作曲奇饼的原材料）、计算过程（混合、成形、烤制等），以及最终的输出（曲奇饼成品）。表述算法的语言通常是自然语言或者有一定形式化规范的自然语言，能被一般读者理解。

然而，计算机并不能理解自然语言。如果我们直接把算法交给计算机，计算机不能直接运行算法并求得计算结果，所以我们需要把算法转换成计算机可以理解的机器语言（即“程序语言”），通过编程的方式把解决问题的具体计算步骤（即“算法”）转化成机器可以运行的机器代码，来达到我们的计算目标。

通常，由于语言表达具有一定的灵活性，在具体的语境下使用“算法分发”或者“程序化分发”这两种提法，均可指代基于算法的内容分发过程，也就是基于具体的内容推荐算法编写计算机程序来实现的一类非中心化的内容分发。本章重点阐述推荐算法的基本原理，其编程实现部分不再赘述。

第1节　算法分发系统概览

1.1　算法分发系统的起源和发展

我们常常会有这样的体验，在互联网上浏览内容时，随着鼠标不断点击网页上的一个个超链接，我们往往会不知不觉地陷入互联网海量的信息之中，甚至忘记了浏览网页的初衷；而浏览过大量的内容之后，有时甚至无法找到自己真正感兴趣的内容，浪费了宝贵的时间和精力。也就是说，随着互联网上信息量的大幅增长，用户在面对大量信息时无法从中获得对自己真正有用的那部分信息，对信息的使用效率反而降低了，出现了“信息过载”的问题。因此，如何在海量的内容中为用户选择并推荐有效用的内容就被提上议事日程，催生了多种推荐算法以及相应的推荐系统。

广义上，推荐系统的推荐领域并不局限于推荐数字化的内容（新闻、电子书籍、音视频节目等），而是根据用户的信息需求、兴趣等，将用户感兴趣的信息、商品等推荐给用户。在算法推荐系统出现之前，用户为了解决信息过载的问题，可以使用搜索引擎，通过指定一定的查询关键词，由搜索引擎返回相关文档和网页。与搜索引擎相比，推荐系统通过研究用户的兴趣偏好，进行个性化计算，由系统自动发现用户的兴趣点，从而更准确和主动地满足用户的信息需求。推荐系统现已广泛应用于多个领域，其中电子商务领域和数字化内容分发领域都是典型的使用场景，推荐算法和系统均有良好的发展和应用前景。

广义的推荐系统发源于20世纪90年代中期，至今经历了不到三十年的发展。1995年卡耐基·梅隆大学和斯坦福大学的学者分别提出了个性化导航系统和个性化推荐系统。同年，麻省理工学院的学者也提出了个性化导航智能体。1996年雅虎公司开放了网页的个性化入口My Yahoo，支持用户定制雅虎的个性化首页内容。1997年AT&T实验室提出了基于协作过滤的个性化推荐系统。1999年德国德累斯顿工业大学的研究团队实现了个性化电子商务原型系统。2000年搜索引擎CiteSeer增加了个性化推荐功能。2001年，IBM公司在其电子商务平台中增加个性化功能，支持商家开发个性化电子商务网站。2003年，谷歌公司通过用户的搜索关键词在搜索结果页面提供与关键词相关的广告，实现广告盈利。2007年，雅虎通过其掌握的海量用户信息（如用户的性别、年龄、收入水平、地理位置以及生活方式等）以及用户上网行为记录数据，为用户呈现个性化的广告。与国际上的行业发展同期，我国国内的搜索引擎如百度、搜狗等均在开发和实现个性化的广告投放和内容推荐。近年来，文本、音频、视频以及商品等的推荐系统都呈现出持续发力的态势，相关公司的业务量都在迅猛增长。目前学术界和业界对推荐系统的关注仍在持续。

需要指出的是，本章及本书所指的“算法分发系统”，特指在互联网上对数字

化内容进行个性化算法分发和推荐的计算机应用程序和系统。

1.2 算法分发系统的基本模型

对算法分发系统进行功能划分和适度抽象之后，可以得到如图 2-1 所示的基本模型。在用户一侧，算法推荐的目的是把合适的内容推送给用户，因此需要对用户进行合理的抽象和理解，主要是指提取用户的多方面特征，如社会人口属性、兴趣爱好、时空环境等等。算法推荐系统会记录并持续更新用户所属年龄段、受教育程度、职业、兴趣爱好、所处的位置、使用的设备、接入网络的环境等特征信息，而这些特征正是每个用户互不相同的个性化属性，是使用算法对用户进行内容推荐的重要依据。在推荐系统中与用户相对的另一侧是内容侧。系统同样需要对内容进行抽象建模并提取特征，包括内容的形式（如文本、音频、视频）、类别、主题、关键词等等，这些均属于内容的特征属性。

推荐系统对内容及其多种特征进行提取和组织，结合用户特征，传递给推荐逻辑以实现内容与用户的匹配和推荐。也就是说，在对用户和内容进行建模分析之后，就可以设计和实现多种分发算法，把系统内海量的内容通过分发算法推送给不同的用户。不同的分发算法对于推荐效果的时效性和有效性有不同的作用，直接影响推荐系统的性能，因此分发算法既是学术界的研究热点，也是各个算法推荐系统的重点竞争领域。本书的后续章节将对一些经典推荐算法进行详细介绍。

用户在使用算法推荐系统的过程中会不断地对算法推荐的效果进行反馈。这些反馈行为可以是隐性的也可以是显性的。比如，一个用户经常阅读系统推荐的内容，说明推荐的准确度比较高，能符合目标用户的需求；相反，如果推荐给用户的内容被阅读部分的比例并不高，则推荐的效果并不好，需要对推荐逻辑进行调整和修正。上述这两种用户反馈行为都是隐性的，用户并未进行额外的动作或提供额外的信息，推荐系统自身即可识别出用户对推荐逻辑的反馈。与之对应，用户也可以进行显性的反馈，比如对推荐的内容点击“喜欢”或“不喜欢”等反馈按钮，或对推荐内容进行评论，推荐算法通过识别用户评论的情感和语义表达可以了解用户对推荐效果的反馈。推荐系统通过对用户显性或隐性表达出来的兴趣进行深度的挖掘和学习，就可以逐步精确地判断每个用户的特点，进而改善推荐算法的效果。

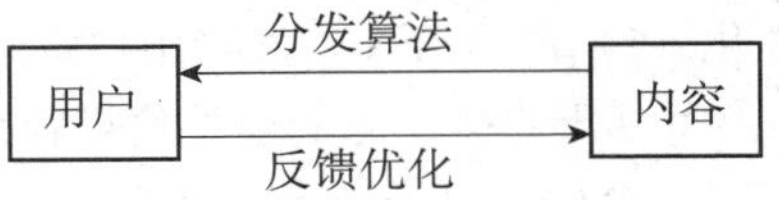

图 2-1 算法推荐系统的基本模型

算法推荐系统本质上就是要解决用户和内容的有效匹配问题。首先，需要识别算法的输入元素。分析发现，在用户的特征中，用户自身的兴趣爱好等特征相对比较稳定，而用户所处的时空环境则相对不稳定，容易发生变化，因此如果把时空环境作为独立变量从用户特征中提取出来，则推荐过程的输入要素可以整理为三类变量。第一类是用户特征（记为 x_{user}），包含用户的基本信息、年龄段、职业特征、阅读习惯等。第二类是环境特征（记为 x_{env}），主要指时间、空间、设备和网络等环境信息。其中，时间特征即是否为工作时间、是否为工作日或节假日；空间特征即是否在办公场所或休闲娱乐场所等；设备和网络特征即是否为大屏幕设备、数据网络是移动网络还是无线局域网络环境等等。系统进行内容推荐时会根据不同的环境特征对推荐内容进行调整，比如在非工作时段且无线网络情况下，可以考虑适当增加视频内容的推荐比例给用户。第三类是内容本身的特征（记为 $x_{content}$），如格式、主题等。

于是进一步抽象得到推荐过程的一种形式化表示：$y=f(x_{user}, x_{env}, x_{content})$。已知用户、环境和内容的所有特征信息，对该函数求解也就是执行内容与用户的匹配计算。计算结果有两种可能：y=推荐或 y=不推荐。当“y=推荐”时，系统即可将相关内容推送到相应用户的设备上；反之，当“y=不推荐”时，内容与用户并不匹配，不进行推送。

【例 2－1】系统给两个用户进行内容推荐，用户、环境和内容信息如表 2－1、表 2－2、表 2－3 所示。用户 A 是一个对数码产品感兴趣的男生，用户 B 是一个对网球话题感兴趣的女生，二人当前均在非工作时间，用户 B 的特征数据比用户 A 更完整一些。文章 1 是一则与 3D 打印相关的科技数码内容，文章 2 与网球、篮球和相应的两位运动员李娜和杜兰特有关。根据用户和内容的特征，推荐结果计算为：推荐文章 1 给用户 A，推荐文章 2 给用户 B。①

表 2－1　用户信息

用户	兴趣	职业	年龄	性别	机型	用户行为
用户 A	单反	学生	17	男		
用户 B	网球	白领	35	女	iPhone	阅读过《李娜的成功是个标杆》

表 2－2　环境信息

环境	时间	地理位置	网络	天气
用户 A	晚上		Wi-Fi	
用户 B	节假日	上海	4G	

表 2－3　内容信息

文章	标题	主题词	兴趣标签	热度	来源
文章 1	法国学生教你用 3D 打印技术造单反相机	科技数码	3D 打印	762 次阅读	流动科技生活
文章 2	李娜与杜兰特出席活动	国际，体育运动	网球，NBA	1 788 次阅读	武汉晨报

提　要

算法推荐模型的基本要素包括“用户”“内容”“分发算法”，算法推荐系统本质上就是要解决用户和内容的有效匹配问题。

① 用户、环境和内容信息三者在系统里均可能有缺失数据，推荐系统在缺失数据的情况下也可以进行内容分发；数据越充分，推荐计算效果越好。表格所示仅为部分特征信息，真实的推荐系统会记录更全面的特征信息。

第2节　用户的建模和分析

2.1　用户画像的概念和作用

算法推荐系统给不同的用户提供个性化的内容推荐服务，因此需要建立用户模型，对每个用户都有深入的了解和刻画。“用户画像”（user profile/user portrait）就是一种常用的用户建模方式。系统可以根据用户画像中描述的用户个性特征和兴趣爱好，为用户推荐个性化的内容。为了理解用户画像这一概念，可以比照现实生活中人物画像的例子。图2-2《戴珍珠耳环的少女》即为一幅人物画像，描绘了一位年轻女子的样貌、着装风格、精神状态等。这样的画像可以让观众对所描绘的人物有直观且比较丰富的了解。推荐系统中的用户画像也起到类似的作用，其目的是让推荐系统更深入地了解用户，有的放矢地进行个性化推荐。

在推荐系统中，用户画像就是根据用户的社会人口属性、生活习惯、消费行为等特征抽取出来的标签化用户模型。构建用户画像的核心工作是给用户“打标签”，其中“标签”是通过分析用户信息得来的高度精练的特征标识。如例2-1中，“单反”“17岁”“学生”“男”等都是用户A的标签，这些标签集合起来就构成了用户A的画像。通过给用户加不同的标签即可从多个维度来描述用户的个性化特征，给用户加的标签越多，推荐系统对用户的描述就越精确。仍然以图2-2为例，如果以图中少女作为一个用户，“珍珠耳环”这一标签具有一定的辨识度和个性化特征，就可以作为此用户的一个标签，并体现其兴趣特点。同时，“17世纪”“荷兰”等标签亦可列入该用户的用户画像中。

形成了标签化的用户画像之后，推荐系统就可以从内容库中选择与某个用户标签相关的内容推送到用户一侧。因此，将用户的个性化特征识别为用户标签，对于推荐系统描述用户是非常有帮助的，标签的类型越精确，推荐的效果越好。

图2-2　《戴珍珠耳环的少女》，荷兰画家约翰内斯·维米尔1665年创作

用户画像在多个领域都有广泛的应用，并不局限于算法分发系统。涉及用户画像的领域通常与销售、推荐和个性化服务相关。以下简要介绍用户画像的一般作用。

● 精准营销：分析产品的潜在用户，定向特定群体。例如，推广一款新手机时，选择用户画像中具有“数码产品”“手机”等标签的用户并对其以往的购买行为进行分析，从中提取出购买愿望最强烈的一部分用户进行推广营销，可以达到精准营销的效果。又如，在内容推荐领域，假设系统中有一则关于花样滑冰的新闻，则可以定向推送给画像包含“花样滑冰”或某些花样滑冰运动员名字的用户。

● 用户统计：统计用户的使用和购买行为。例如，统计国内大学生个人购买书籍总量前十的大学，由此分析和解读国内大学生的书籍阅读行为特征和趋势。

● 数据挖掘，智能推荐：利用关联规则计算，进行商业智能创新。例如，某商场可以通过大量的顾客购买记录生成各种关联规则，比如分析喜欢红酒的人通常喜欢什么运动品牌，也许对酒的品味与对运动品牌的喜爱程度存在某种关联，而这种关联一旦被确定，就可以用来进行商品组合的智能推荐。对算法推荐系统做一定的扩展，假设通过数据挖掘发现用户在观看算法推荐系统推荐的综艺类视频节目时，往往同时会购买零食和啤酒，则可以在内容推荐的基础上加入商品广告进行推荐，以实现更多的商业价值。

● 效果评估，完善产品运营，提升服务质量：可以通过构建测试用户的方法实现效果评估，这些测试用户对推荐内容是否采纳和阅读的行为是确定的。为了测试推荐算法的效果，可以对这些行为已知的测试用户使用不同的算法进行推荐，并评测不同算法的推荐结果，达到改善算法性能的目的。假设测试用户 A 仅对篮球和网球主题的内容感兴趣，推荐算法 1 为其推荐了 5 篇篮球新闻、3 篇网球新闻和 3 篇财经新闻，推荐算法 2 为其推荐了 1 篇篮球新闻和 9 篇国际新闻，则以用户 A 为测试用户的情况下，推荐算法 1 的推荐效果要明显优于推荐算法 2。

● 服务/产品的私人定制：个性化服务某类群体甚至每一位用户。当前，用户对个性化服务的要求越来越高，而只有在充分理解每一个用户的基础上，才有可能提供个性化的服务，因此用户画像越个性化、越准确，给用户提供的个性化服务才会越完善。

提 要

用户画像是根据用户的社会人口属性、生活习惯、消费行为等特征抽取出来的标签化用户模型。

2.2 如何构建用户画像

用户画像的构建过程可以分为三个阶段（参见图 2-3）。

第一阶段进行基础数据的收集。重点采集用户的个人信息、网络使用行为等方面的数据。具体包括：(1) 用户的社会人口属性，如性别、年龄、职业、收入、教育程度等；(2) 网络行为数据，如用户使用各种网络服务和应用的频率、时长、用户使用的设备（手机、平板电脑等）、网络情况（移动数据网络、无线局域网络）

等；(3) 服务行为数据，即用户在某一个软件或应用中的行为交互数据（如早上读文本类内容、晚上观看视频类内容等）；(4) 用户内容偏好，即用户的兴趣爱好（如财经、体育、国际新闻等）；(5) 用户交易数据，即用户对商品和内容的购买行为（如购买视频网站的会员）；(6) 推荐系统需要的其他基础数据。

第二阶段对采集到的基础数据进行分析和挖掘，实现用户行为的建模。第一阶段采集到的数据是未经处理的原始数据，往往没有规整的结构，需要对其进行清洗、归类等预处理工作。通过文本挖掘、自然语言处理、机器学习等，把无结构的数据整理为结构化的用户行为数据。同时，一方面使用分类算法，对用户行为进行归类处理，发现用户感兴趣的主题和关键词，提高数据的可用度；另一方面，使用聚类算法对兴趣爱好相同的用户进行聚类，则推荐相关内容时可以统一推送给某一类用户，而不必在全部用户集合里面逐个搜索对此类内容感兴趣的用户，提高系统效率。

第三阶段是为每个用户构建个性化的用户画像，这是对前两个阶段采集数据的进一步提炼和抽象。根据系统需求，把收集到的用户数据进行分类整理，归类为基本属性、购买能力、行为特征、兴趣爱好、心理特征、社交网络等等。

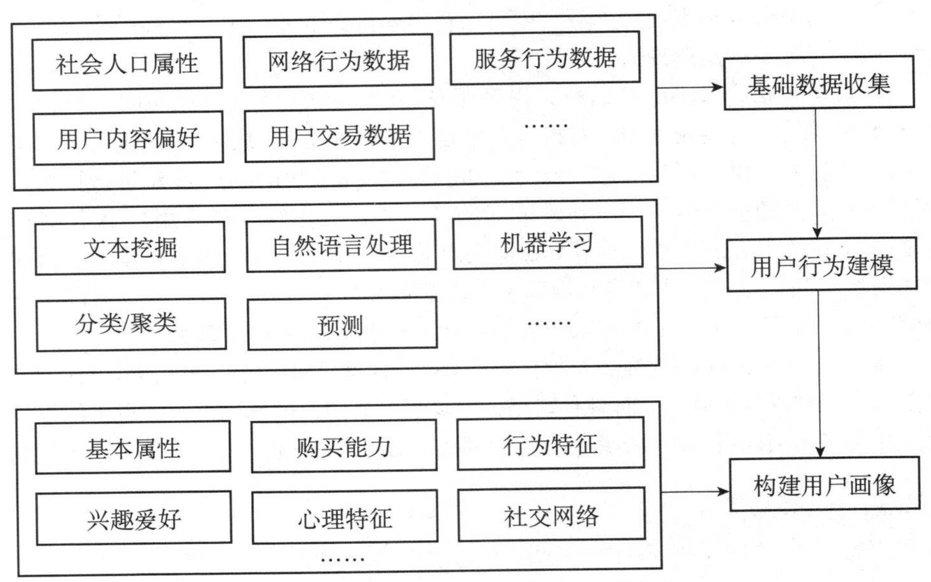

图 2-3 构建用户画像

需要指出的是，用户画像的构建并不是孤立静态的单次过程，推荐系统会根据用户的行为数据不断更新用户画像，以达到提高刻画用户特征准确度的目的，最终目标是提高推荐的准确度和有效性。此外，本节给出的流程是算法推荐系统构建用户画像过程的一个简化的抽象版本，在真实的算法推荐系统中，常常需要数百甚至上千个维度（标签）来刻画具体用户。

【例 2-2】已知某算法推荐系统在新用户注册时要求用户提供一些基础信息，如性别、所属年龄段、兴趣爱好等，以及用户在其他服务如微博、微信中的账号信息。假设某新用户（女，36 岁，爱好健身和茶艺）刚刚在系统中注册（系统账号为 X0504），则该用户的基础信息在注册时即可被采集到。同时，通过该用户提供的其他服务中的账号，推荐系统也可以在对应的服务中采集公开的数据，比如用户提供了自己的微博账号，则系统可以读取用户发布的微博，供第二阶段使用。此外，一些环境特征并不需要用户主动提供，如手机机型等信息均可直接通过程序读取。

接下来，通过自然语言处理、文本挖掘等技术，系统识别出新用户对不同类别内容的兴趣，即可将其作为第三阶段用户画像“兴趣爱好”的有效标签。此外，假设可以读取到新用户在电商服务平台的消费记录，如用户经常购买玩具，则机器学习算法可以推测出这个用户可能有孩子并且有对玩具的消费和使用需求，则可以在第三阶段为用户添加与“消费和购买能力”相关的标签。在这里，机器学习和文本挖掘等算法的精度直接影响推荐算法的性能。比如，经过推理系统发现该用户购买的是适合5到8岁儿童的乐高玩具，则可进一步将用户购买能力的标签细化为“学龄儿童”相关，而非粗略的“子女”相关。标签越细致，算法的推荐效果会越好。

在新用户注册阶段，此用户的画像为：{系统账号：X0504，昵称：无，年龄：36岁，手机机型：小米，爱好：健身｜茶艺，消费习惯：学龄儿童玩具……}。随着用户不断使用算法推荐系统，其在系统中的行为轨迹也不断被记录并触发用户画像的更新。假设注册后的一段使用时间内，该用户一直位于北京，阅读了较多的新闻、美食和数码产品类内容，并且视频类内容全部是在晚上9点以后观看的，则系统会根据用户的这些行为更新其画像为：{系统账号：X0504，昵称：无，年龄：36岁，手机机型：小米，爱好：健身｜茶艺｜新闻｜美食｜数码产品，消费习惯：学龄儿童玩具，行为特征：晚上9点后看视频……}。

提 要

用户画像的构建过程分为“基础数据收集”“用户行为建模”“构建用户画像”三个阶段。

2.3 用户画像标签体系

前一小节介绍了如何收集用户数据并以标签构建用户画像的过程，本小节进一步阐述算法推荐系统里常见的用户画像标签体系。一般地，算法推荐系统建立用户画像标签体系可以参考以下格式：

（1）身份特征：性别、年龄、职业、常驻地点、电子邮箱……

（2）主题兴趣特征：感兴趣的类别和主题、感兴趣的关键词、感兴趣的内容来源、基于兴趣的用户聚类、消费习惯……

（3）垂直兴趣特征：科技、体育、金融、财经、娱乐……

（4）行为特征：分时段的行为特征、分位置的行为特征、阅读内容……

需要注意的是，上述标签体系仅仅是一个概述性的标签体系，在具体的算法推荐系统中，每一类特征都会对应数量较大的标签实例。比如垂直兴趣特征中的“科技”这个特征，又可以逐级细分为：消费者科技→数码产品科技→单反相机→某品牌→某型号。而系统中的每个用户画像则是从标签体系中抽取不同的标签来具体表述当前用户的个性化特点。

【例2-3】假设某算法推荐系统已经构建了用户标签体系，如表2-4所示：

表 2-4　用户标签体系

性别	女，男
年龄	……18……36……
职业	学生，销售，生产，教师……
常驻地点	北京，上海，杭州……
兴趣	音乐，单反，科技，网球，股票，健身，NBA……
机型	iPhone，小米，VIVO……
用户行为	《比特币价格分析》《最适合暑假的十部电影》《社交媒体》，全时段浏览视频内容，只看文字内容……

则此系统中每个用户的画像就是来自用户标签体系中的若干标签的组合。回顾例 2-2 用户账号为 X0504 的用户，其用户画像即为“女”“36”“小米”“健身”等标签的组合。系统进行内容推荐时，遇到与用户的标签匹配或相似的内容，就可以进行相应的推送，如根据用户兴趣中的“新闻”标签推送实时新闻到用户侧。

个体用户的兴趣爱好并不是均匀分布的，如果直接按照匹配原则，即只要内容与用户的兴趣爱好标签匹配就进行内容推荐，则推荐效果的用户体验并不好，用户并没有感觉系统是按照自己的兴趣偏好分布来定制推荐内容的。因此，为了刻画用户的兴趣分布，可以在用户画像中为不同的标签设置不同的权重，并将其作为算法推荐的重要依据。

【例 2-4】仍以例 2-2 的账号为 X0504 的用户为例，其兴趣爱好为“健身、茶艺、新闻、美食、数码产品”，假设此用户最喜欢阅读“茶艺”和“数码产品”两类内容，二者在其日常阅读活动中占比分别为 40%和 30%，而“美食”类内容仅占其日常阅读量的 10%，则系统在推荐内容时就需要根据用户的兴趣爱好进行优化调整，按照权重比例进行推送而不是遇到与该用户兴趣标签匹配的文章就进行推送。优化后的推送逻辑是，推送较多的“茶艺”和“数码产品”类内容和适量的“美食”类内容，而不是反过来。比如每 10 篇推送内容中，“茶艺”和“数码产品”两类约各推荐 4 篇和 3 篇，“美食”类内容推荐 1 篇即可。

提　要

每个用户画像就是若干标签的集合，根据用户的兴趣特点，可以对用户画像的标签设置不同的权重，以改善算法推荐的效果。

2.4　用户画像的“冷启动”

对于新加入系统的用户，系统通常只能要求新用户提供一些身份特征之类的基础信息。在新用户注册时试图获得全面的用户兴趣和个性特征的过程比较烦琐，例如让用户回答大量的兴趣偏好调查问题，这样容易导致用户丧失兴趣而不再尝试注册使用新系统。这样难免会限制系统对新用户的了解，使得新用户的用户画像包含的有效标签十分有限，系统对用户个性化特征和兴趣爱好的刻画能力不足。如何给系统并不了解的新用户提供有效的内容推荐，通常被称为新用户的“冷启动”问题。不同的算法推荐系统有不同的冷启动策略，本节介绍两种策略供读者参考。

策略一：根据外部服务的历史行为数据扩充新用户的画像。当前，在不同的互联网应用之间往往会开放一些编程接口，用以编程读取各个系统中可以公开的数据。比如用户在一个新的算法推荐系统注册时，可以通过微博或者微信授权直接使用微博或微信账号登录新系统，从而免去重新注册一个新账号的过程。在这种情况下，算法推荐系统可以根据用户的授权读取用户在微博、微信等平台的公开数据如昵称、发布内容、阅读历史等等，如此便可在不需要用户直接提供个人兴趣爱好信息的情况下，使用自然语言处理和机器学习等算法，根据用户在其他服务中的行为数据提取用户的兴趣特征，扩充用户画像的标签数量，达到尽快完善用户画像的目的。

此外，算法推荐系统也可以合理地获取用户使用的设备类型（手机机型等）、网络类型、地理位置等数据，用以充实新用户画像。

【例 2-5】假设算法推荐系统通过微博授权获取了一个新用户，通过读取该用户在微博的关注列表，系统发现该用户关注的大 V 用户（即微博认证用户）主要是财经类和地产类用户，则系统可以推断出新用户可能对财经行业和房地产行业比较感兴趣，因此可以尝试添加“财经”和“房地产”类标签到新用户的画像中，同时记录用户的手机机型等信息，将其一并添加到新用户的画像中，进行内容推荐和动作反馈修正。

策略二：用户分类和聚类。尽管个体用户都有“千人千面”的兴趣特点，但在一定程度上仍可以对用户进行分类和聚类，而针对同一类用户的推荐对此类用户中的所有个体的推荐均有一定的有效性和合理性。具体地，对于新注册使用系统的用户，可以使用其基本信息标签（如性别、年龄、手机机型、网络特征、地理位置）查找系统已有用户中与新用户相似度较高的用户，把新用户归类为这些用户所属的类别中，从而使用相应的用户类别的内容推荐规则进行有针对性的推荐，并依据用户的阅读行为及时反馈，形成新用户自己的画像标签集合。

【例 2-6】假设算法推荐系统通过直接注册获取了一个新用户，根据其提供的基本信息形成的初始画像为：{系统账号：X0505，昵称：无，年龄：18 岁，性别：男，手机机型：iPhone，位置：中关村大街 59 号}。则系统使用推理算法估算出该用户可能是中国人民大学的学生或学校附近的人，于是可以尝试把“中国人民大学学生”这一标签加入 X0505 用户的画像中并对其进行内容推荐。

提 要

算法推荐系统的新用户存在“冷启动”问题，可以设计不同的策略，尽快完善新用户的用户画像。

2.5 用户画像的设置和调整策略

当新用户注册成功后，系统根据一定的冷启动策略为用户生成初始的用户画

像。在随后的使用过程中，用户的画像并不是一成不变的，而应随着用户的阅读行为以及阅读行为体现出的对系统推荐的反馈进行调整。一方面，尚未记录在用户画像中的标签被不断添加；另一方面，某些无效的标签也需要随时删除。此外，标签的权重也应该随用户的环境、兴趣转变而及时更新。本小节介绍为用户画像设置和调整标签的若干策略。

策略一：过滤噪声数据。在用户与推荐系统的交互过程中，并不是所有的点击和阅读动作都是有效的。对某个用户而言，如果他对系统推荐的某个内容仅仅是点击标题而并不阅读，或是很快地结束阅读，则说明用户对此内容的兴趣并不高，这可能是因为系统识别的用户兴趣与用户的真实兴趣有偏差，或是存在一定的标题党内容，导致用户虽然点击了内容却不存在实质的阅读或观看动作。用户的这类短时间、非常规阅读行为数据可被视为噪声数据，使用噪声数据提取出的标签并不能有效地帮助系统更新用户画像的标签。标题党内容或不相关内容的推荐对于用户而言都不具有正面效用，因此，需要识别出用户的无效阅读行为，将相应推荐内容对应的标签作为噪声数据过滤掉或者降低其在用户画像中的权重，提高推荐的准确度，提升用户体验。

策略二：适度降低热点标签的权重。使用算法进行程序化的内容推荐，需要特别注意热点话题和内容的处理。从群体心理和群体行为的角度，出于一定的社交需求的考量，大部分用户在接收到热门话题内容推荐时，会或多或少地点击查阅，以保持与他人的同步。因此，热点内容的点击率往往会越来越高，体现出“热者愈热”的特点。但是系统无法准确地知道当前用户是否真的对推荐的热点内容感兴趣，因此，热点内容对应的标签在用户画像中的占比值得商榷。通常，对于用户在热门内容上的动作，系统需要对相应的标签做一些降权处理。

例如，在2018年足球世界杯期间，用户或多或少会点击一些关于世界杯的新闻。其中有对足球运动一贯感兴趣的球迷用户，他们在世界杯比赛结束后仍然会查看与足球运动相关的其他内容；也有对足球话题兴趣并不浓厚的用户，他们在世界杯期间由于周围的其他人和整个舆论环境都在谈论世界杯而愿意对世界杯和足球比赛进行一定的了解。当世界杯成为大家普遍谈论的热点话题时，某个用户点击了与世界杯相关的内容，则“足球”“世界杯”等标签在用户画像中的权重不宜无限量地增长，而应该受到一定的降权处理，使得此类热门标签的权重值保持在合理的区间内。否则，如果一味增加用户画像中的热门标签的权重值，则会导致推荐内容紧随热点话题变化，而忽略了用户个体的兴趣差异。

策略三：重视标签的时间敏感度。用户的兴趣爱好往往会随着时间而改变，伴随用户在算法推荐系统内动作的积累，用户某些历史行为对应的特征值权重应当随着时间流逝而衰减，新动作贡献的标签权重应当及时增加。比如一个中学生用户高考进入异地大学后，其地理位置、身份特征都有所改变，其关心的话题也从高中时最关注高考改变为更关注大学阶段的学习和生活，因此，针对用户身份、兴趣的改变，系统需要逐渐把用户画像中与高考相关标签的权重降低甚至去掉，同时加入与新城市、大学生活相关的新标签，并调整权重值。这是推荐系统随着用户自身的演进而演进的一个合理的过程。

策略四：调整负向操作权重。推荐系统根据用户画像的标签给用户推荐适配的内容，理想的情况是推送的内容都会得到用户的阅读和观看。如果一篇内容推荐给某个用户之后，用户完全没有点击查阅，则此篇推荐内容可能并不是该用户感兴趣的类别。假设这类内容对应的标签在这个用户画像标签集合里原有的权重值为 w，经过几次推送和用户反馈（不点击），系统发现基于这个标签进行推荐的内容对用户而言并不是有效的推荐，因此基于这个标签产生的推荐动作对用户的参考意义并不大，可以考虑将其在用户画像中的权重值 w 逐步降低，从而体现出用户对相应标签的兴趣。

策略五：综合考虑全局背景。对于某个给定的特征标签，需要考虑其人均点击情况。此处系统不仅要考察单个用户的点击情况，还需要关注特定标签对应的内容被推荐给多个用户后的人均点击情况或驻留情况是怎么样的，然后对相应的标签做一些权重调整。例如，在某些极端情况下，某个特征标签的内容推送只有个位数的用户点击数，则需考虑降低此类内容在系统中的优先级，把有限的计算资源分配在人均点击率更高的特征标签上，因为对后者的推荐更容易产生更多的阅读量。

提　要

对用户画像的设置和调整可以采取过滤噪声数据、适度降低热点标签权重、重视标签的时间敏感度、调整负向操作权重以及考虑全局背景等策略。

第3节　内容的建模和分析——以文本型内容为例

在上一节我们提到形成标签化用户画像之后，推荐系统就可以依据用户画像中的标签从内容库中选择相关内容推送到用户一侧。而如何判断哪些内容与哪些标签相关、关联程度如何，进而做出选择性的个性化推荐，就涉及系统对于内容的建模、分析和管理，本节以文本型内容为例介绍相关知识。

3.1　内容的预处理

系统在进入对内容的建模和分析阶段之前，需要进行适当的准备工作，即内容的预处理过程，其目的是完成内容的规范化和标准化的准备过程。在基础的格式清理等数据清洗工作之后，“去除重复文章”和“文章审核”是两个必要的预处理过程。

“去除重复文章”简称“消重”，包括内容消重、标题消重和相似主题消重。出于提高存储、运行效率和吸引用户的考虑，推荐系统不宜持续给用户推荐相同或相似的内容，这会导致推荐内容的单一化倾向，容易使用户产生审美疲劳。

首先是内容消重，如果内容库中的若干篇文章都是关于同一事件或主题的相同或相似版本，则系统可以依据一定的规则，选取并保留一份主要版本进行内容推荐，而不必将相似的内容重复地保存在系统中或者重复地推荐给用户。比如一篇报道“印度尼西亚龙目岛地震”的文章，只需保存一份权威报道即可，从而减轻系统的存储代价和推荐算法的计算代价。

除了内容消重之外，系统对文章的标题和文中包含的图片也可以进行类似的消

重处理，也是出于一样的考量。使用程序化的手段分析标题文字的相似度和图片的相似度，系统可以对标题高度相似的文章和图片高度重合的文章进行删减。

此外，系统也可以进行相似主题文章的消重。内容、标题的相似性可以从文字部分直观地体现出来，而相似主题的识别则涉及对自然语言的理解。通过使用主题相似度判别算法，某些直观上文字重合度并不高的内容也能被识别为同一主题，而这类文章也不宜重复推荐给相同用户。在推荐之前完成相似主题文章的消重工作，同样是为了达到减轻系统存储代价和推荐算法计算代价的目的，同时也避免了系统重复推荐类似内容导致的风险。

对内容库的文章进行消重处理之后，还需要对文章进行合理的审核，把不合法、不合规或者质量低俗的内容排除在推荐内容之外，才能进入文章推荐阶段。首先需要对文章的标题、正文进行合规性的审查，确保通过系统发布的文章符合相应的法律法规要求。其次进行文章的质量审核，使用如关键词过滤等程序化的手段检查文章是否为广告文、软文或者是进行恶意推广的文章，一旦识别出此类文章，系统应该进行拦截处理，避免不良内容的扩散。

在消重和文章审核等预处理步骤之外，不同的算法推荐系统会根据自身的系统运行需求添加其他的预处理过程，本节不再赘述。经过合理的预处理之后，合法合规的高质量内容进入系统的算法推荐模块，由推荐逻辑进行文章和用户的匹配后，推送至用户一侧。

3.2　文本型内容的建模和分析

目前算法推荐系统可以处理的文件类型既包括文本型，也包括图片、音频、视频等类型，其中文本型的内容最早产生并广泛地存在于主流算法推荐系统中，因此本小节以文本型内容为例介绍内容的建模和分析。

文本型内容的建模和分析是计算科学的一个重要的分支，涉及的技术包括自然语言处理、数据挖掘、机器学习等。从理解算法推荐系统的角度入手，文本型内容的建模主要研究怎样表示文本、怎样提取文本内容中的特征并利用这些特征进行针对不同用户的个性化推荐。人类对自然语言的认知和理解是从字、词、语句、段落等概念层次展开的；而对于计算机而言，文本型内容就是一种非结构化的或长或短的字符串，其中的每个字符在计算机系统内部由二进制格式的编码表示。计算机本身并不理解这些字符的含义，也无法提取某篇文章的特征值，因此需要设计合理的文本表示和特征选取方法。

对文本型数据的建模是文本挖掘和信息检索的一个基本问题，只有把非结构化的文字性内容转化为结构化的、可以量化处理的数据，才可能运用各种分析和推荐算法实现内容的分析和推荐。

为了使计算机程序能“理解”① 文本内容，需要从文本中抽取出每篇文章特有的特征词并进行量化，来表达文本内容的含义。也就是说，把一串字符作为一个有多种特征的对象，把它的特征量化地提取出来，即可使用计算机进行有效的分析。

---

① 计算机程序无法像人类一样理解自然语言，这里“理解”的含义是指能提取出文字的特征并用其进行个性化推荐的计算。

对于一篇非结构化的文本型文章，可以仿照我们对用户建立的标签化用户画像来建立描述模型并提取特征。用户画像是一系列标签的集合，类似地，系统把文章的模型也建立为一系列特征值的集合。

首先需要把文章分为一些细粒度的基础结构，比如名词、动词等等；然后再对这些机器可处理的基础结构进行语义分析和理解，从而完成个性化推荐。以中文文本型内容为例，在文本的层面要进行的分析包括分词、词频统计等工作；在内容方面要进行的分析包括关键词挖掘、主题识别、情感分析、文本的分类和聚类等等。

中文的分词。在某些语言（如英语、法语等）的文字表达中，词和词之间天然就有分隔，因此计算机程序可以方便地识别出一篇文章中的所有单词；对于中文来说，每句话中的词并不能直观地被分隔出来，因此要分析中文文本，首先需要进行最基础的分词工作。通过分词和词频①统计，系统识别出文章中出现频率较高的词，为下一步的文本特征识别做好准备。

简化问题表述。假设以下两句话是内容库中的两篇文章："我在中国人民大学读书""我在上海人民公园赏花"。为了识别出两篇文章的特征，首先需要对其内容进行分词。其中，第一句话中的"中国人民大学"和第二句话中的"上海人民公园"都是专有名词，应该将其作为一个单词进行切分，分词后的两句话为："我/在/中国人民大学/读书""我/在/上海人民公园/赏花"。经过这样的划分，"中国人民大学"和"上海人民公园"分别是两篇文章的代表性词语，可以作为两篇文章的特征值。"中国人民大学"和"上海人民公园"分别指代一所大学和一座公园，同时，考虑"读书"和"赏花"是不同的行为，两篇文章的主题相差较远，字面意义和隐含的语义均不相似。而如果把"中国人民大学"切分为"中国""人民""大学"这三个词，把"上海人民公园"切分为"上海""人民""公园"这三个词，则两篇文章的相似度因为"人民"一词的重合而有所提高。可见，分词不准确会导致文章特征识别的不准确。假设有一名高中学生对中国人民大学感兴趣，其用户画像中有一个标签 L 是"中国人民大学"，那么按照"中国""人民""大学"三个词进行的分词结果，并不能识别出第一篇文章包含标签 L，也就无法推荐这篇文章给此用户。

因此，好的分词算法应该把单词对应的实体逐一合理地抽取出来，也就是说，经过第一步的分词之后，就可以把文章切成一个一个的特征。例如，"中国人民大学"和"读书"就是两个比较重要的特征，是第一篇文章能区别于其他文章之处。

词频统计。经过分词之后，还需要进行词频统计。词频统计就是计算每个词在一篇文章中出现的次数。需要注意的是，出现次数多的词并不一定能作为特征词，比如"我""的"这样的介词、代词、副词等，它们经常性地出现在各种文章里面，对于提取文章特征并无价值，因此计算和提取高频词的时候需要将其排除。经过这样的处理，计算出的高频词就是每一篇文章中有区分度的特征词。

---

① "词频"是指某个词在一篇文章中出现的次数，词出现的次数越多，词频越高。

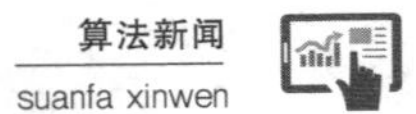

提 要

对文本型内容进行建模，就是把文章的特征值识别出来，形成一个特征值的集合来表示文章。可以使用分词和词频统计的方法提取文本型文章的特征词。

3.3 文本的向量模型

提取出文章的特征词之后，计算机需要对其进行形式化的表示和计算，因此出现了词和文件的向量模型。一般地，向量可以具有多个维度，如表示空间上的一个位置可以使用（经度，纬度，海拔）这样的三维向量来定位，向量的一个维度就是其某一种特征的表示和刻画。在文本建模中，一种对文本的抽象方法就是建立向量空间模型，使用多维向量来表述词和文本。

首先看词向量，假设某文章共有 N 个单词，则每个单词 w_i 都可以表示为一个 N 维向量：$w_i=(d_1, d_2, d_3, \cdots, d_N)$，其中 d_1，d_2，d_3，…，d_N 的取值是在此文章中单词 w_i 前后 k 个词中出现单词 w_1，w_2，w_3，…，w_N 的次数。不同类别和主题文章的特征词的词向量有区别，将每篇文章的特征词向量集合起来即可对此文本型文章进行形式化的表示。

【例 2-7】以“我在中国人民大学读书”为例，不区分词性，分词共有 4 个单词：“我”“在”“中国人民大学”“读书”。因此这 4 个单词的词向量均为四维向量。假设考虑每个单词前后两个词的距离，则相应词向量为，“我”：(0，1，1，0)，“在”：(1，0，1，1)，“中国人民大学”：(1，1，0，1)，“读书”：(0，1，1，0)。

有了向量模型的表示之后，就可以对文本进行分类、聚类等分析，并用于算法推荐了。此时，每篇文章都是一个词向量的集合，可以使用集合的相似度对文章进行一个聚类，把相似主题的文章聚合到一起，从而实现对于文本型内容的分类管理。

基于向量模型进行内容推荐时，就可以使用文本的词向量作为文本的标签，使用内容与用户的匹配算法进行匹配度的评价，满足匹配条件即可将文章推送给相应的用户。类似地，对于整篇文章，也可以为其建立多维文本向量，进行形式化的表示。由于技术细节不在本章讨论主题范围之内，在此不再赘述。

【例 2-8】假设内容库有若干篇“社交网络分析”的文章，则“社交网络分析”这个词向量在相应文章中的词频较高，于是便可据此将这些文章聚类到“社交网络分析”这个主题下面，并推荐给用户画像中具有与“社交网络分析”相似或相关标签的用户。

3.4 文本分析模型在推荐系统中的作用

尽管文本分析模型是作为对内容建模的工具进行介绍的，但实际上文本分析在用户侧、内容侧以及推荐逻辑三个方面都有应用。

首先，从用户分析的角度，文本分析模型可以帮助实现用户兴趣建模和更新。比如，系统可以收集到用户阅读过的所有文章，提取出其中的高频词，进而将其作为用户标签，反馈到用户画像中：增加现有标签的权值，或者添加标签。比如，给喜欢阅读“互联网”文章的用户打上“互联网”标签，给喜欢阅读“小米”手机新闻的用户打上“小米”标签。

其次，在内容组织方面，文本分析模型可以帮助系统优化内容的组织。一般地，推荐系统根据一定的分类体系对内容库中的文章进行分类组织，如果依靠人工分类，则每一篇新加入内容库的文章都需要消耗人力为其分类，而文本分析恰恰可以利用提取出的文章特征值，将文章分到相应的类别或内容组织频道中。比如，将与“网球”相关的内容添加至“网球频道”，将与“电影”相关的内容添加至“电影频道”，实现内容的自动化组织。

最后，最关键的应用就是算法推荐部分，文本分析模型可以帮助系统进行内容推荐。由于用户和内容都分别打上了标签，因此可以直接根据标签是否匹配来进行推荐。比如将与“高考”有关的内容推荐给有“高考”标签的用户等等。

【例 2－9】假设系统中有一篇标题为《法网男单四分之一决赛西里奇爆冷 1：3 憾负德尔波特罗》的文章。在内容组织方面使用文本分析模型，系统可将其自动归类为“体育新闻”以及“球类新闻”；提取文章的特征词，可以得到“法网”“西里奇”“德尔波特罗”“决赛”等等高频词。作为内容组织和推荐的依据。

上例是从类别和关键词的角度进行文本分析的，也可以从话题的角度对文本的特征进行建模。一个话题可以理解为内容比较相似、比较接近，或者有相关性的一些关键词的集合。一般地，推荐系统对内容库的组织可以通过使用聚类或者机器学习算法，自动地生成一定数量的话题。当需要归类新的文章时，就可以根据新文章与系统内话题的相似程度进行归类，从而完成内容的组织。

【例 2－10】假设系统中有一系列话题，如，话题 101：{法网，种子，发球，破发，首盘}，话题 204：{植物，叶片，果实，栽培}，等等。那么文章《法网男单四分之一决赛西里奇爆冷 1：3 憾负德尔波特罗》与话题 101 的相关度就显著高于其与话题 204 的相关度，因此可以将其归类为话题 101 相关内容。由于话题 101 是网球相关的话题，因此可以把这篇文章推荐给用户画像中具有“网球”及相似标签的用户。

可以说，没有文本特征，算法推荐系统中的推荐引擎是无法工作的。从技术的角度来看，用户画像和文本的向量模型都是提取不同维度的文本特征值，离开了用户画像中的标签和文本的向量，推荐系统就不能实现用户与文章的匹配，即个性化推荐。颗粒度越细的文本特征，其冷启动能力越强。例如，系统新获取了一个用户且此用户通过微博授权登录。假设此用户的公开微博都是关于“拜仁慕尼黑”这支足球队的内容，则推荐系统基于“拜仁慕尼黑”这个关键词给新用户进行内容推荐的效果就比基于“体育”这个范畴过大的关键词进行推荐的效果更好，命中率也会更高。

3.5 文本特征体系

本小节举例介绍算法推荐系统中的一种文本特征体系。根据不同的维度，文本

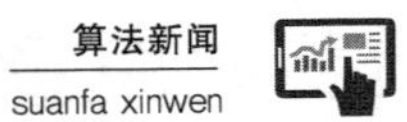

特征可以分为以下五类。

第一类是语义标签类特征。这类特征与文本的内容密切相关，从语义上体现文章的主题。譬如说，“冬奥会”“花样滑冰”“高考”等，均属于有确切含义的语义标签。一般可以根据主题或话题来组织语义标签，在系统中通常组织为如图 2-4 所示的树形或网状结构。语义标签类特征在算法推荐系统中是预定义好的，也会随着内容库的扩充而不断扩充。对于某篇文章而言，只要识别出来此文章与某个语义标签的匹配度大于系统指定的阈值即可给这篇文章打上相应标签。

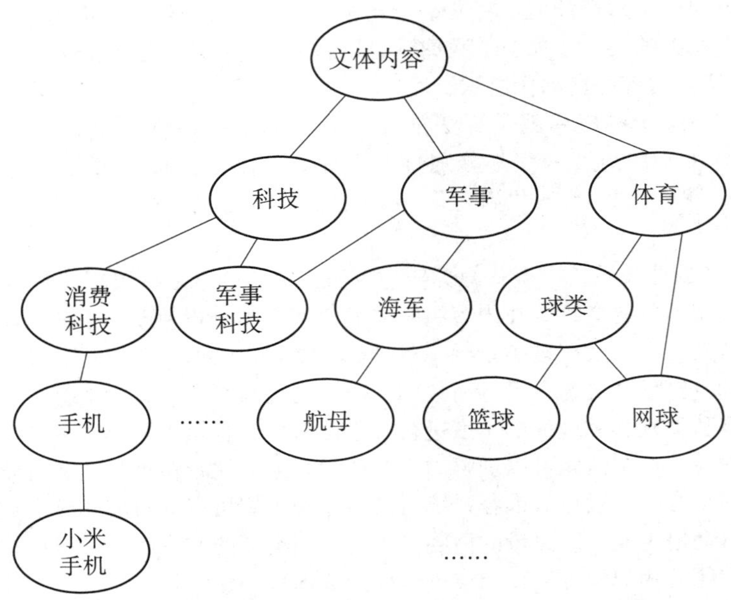

图 2-4 语义标签类特征组织示例

第二类是隐式语义特征。使用计算机算法对文本内容进行聚类和主题词挖掘时，生成的类别、主题和关键词具有一定的相关性，但是由于某些类别可解释性不强，因此不能明确地指出这些类别的具体语义，因此，我们把这种自动聚类生成的主题中的语义特征称为隐式语义特征。回顾例 2-10 的话题 101，其包含关键词为{法网，种子，发球，破发，首盘}，其中“法网”的特征就是隐式的语义特征，因为是机器算法聚类得出的关键词组合，所以并不能确定每个话题对应真实世界的一类概念或实体。事实上，这样的聚类方法也会同时产生{费德勒，李娜，大满贯，温网}等类似的话题，机器学习的算法会把这两类看似有一定相关性的关键词放到不同的话题里面。每个话题包含的是隐含主题，故称其对应的特征为隐式特征。

第三类特征标签关注文本相似度，称为文本相似度特征。此类特征与前文介绍的消重有一定关联。消重需要判断不同文章的标题、内容和主题是否相似，可以使用字符相似度、主题相似度等计算函数来进行计算，计算过程中使用到的文本特征均属于文本相似度特征。

第四类是文本的时间空间特征。譬如文章中提到的事件发生在什么时间、什么地点，时效性如何，由此可判断其是否为突发事件，或是发生了一段时间的事件，或是对时间不敏感的事件。某些内容对时效性要求不高，比如常识类的内容，则其时空特征就不需要进行特别的提取，或者时空特征并不能作为主要特征。而新闻类的内容则有突出的时间空间特征，可以用来作为内容组织和推荐的重要参考元素。

最后一类是与文章质量相关的特征。在线运营的算法推荐系统负有现实的社会责任，因此需要关注系统推荐内容的质量特征，如是否合法合规、是否符合社会公序良俗、内容是否低俗等。从商业和运作的角度来说，需要识别文章是否为软文、鸡汤文、恶意竞争的文章等等。通过抽取这些与质量相关的文本特征并拦截低质文章，算法推荐系统可以从源头上保障推荐内容的质量。

一般地，在一个算法推荐系统中可以综合使用以上语义标签类、隐式语义特征、相似度相关、时空相关、质量相关的文本特征体系，对文本实施类似用户画像的建模和分析，以期更加全面准确地刻画内容的特点。

提 要

文本特征从不同的维度可以分为语义标签类、隐式语义特征、相似度相关、时空相关、质量相关的特征，综合使用这些特征可以更全面地刻画推荐系统中的文本内容。

第 4 节　推荐算法

本章第 2 节和第 3 节分别介绍了标签化用户画像的构造和文本型内容的建模，在识别出用户和内容的特征之后，就需要设计合适的推荐算法对用户和内容进行匹配了。本节以协同过滤（collaborative filtering）算法为例介绍推荐算法的原理和使用，目的是帮助读者形成对算法推荐全过程的理解。本书的第 5 章将会继续介绍其他的推荐算法。

随着用户使用习惯、接受能力和欣赏水平的提高，算法推荐系统也在不断地发展和完善。学术界和业界提出了各种各样的推荐算法，单一的推荐算法已经不能很好地应对巨大的用户群体和内容数量，所以，真实的算法推荐系统往往需要使用若干种推荐算法和策略的组合，以实现更精准和有效的内容推荐。目前常用的典型推荐算法有 6 种：基于内容推荐、协同过滤推荐、基于规则推荐、基于效用推荐、基于知识推荐和组合推荐。

基于内容的推荐算法比较直观，原理是用户会有较大概率喜欢与自己关注过的文章在内容上类似的文章。比如用户阅读过一条题目为《2018 年大学排名》的新闻，基于内容的推荐算法根据内容的相似程度发现另一条题为《2018 中国顶尖大学排行榜》的新闻与用户以前观看的新闻在内容上面有很大关联性（有较多关键词重合），就可以把后者推荐给用户。

本节主要介绍协同过滤算法。

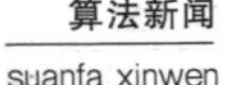

提 要

推荐算法可以分为基于内容推荐、协同过滤推荐、基于规则推荐、基于效用推荐、基于知识推荐和组合推荐等若干种类别。

4.1 协同过滤推荐算法

协同过滤算法是算法推荐系统发展历程中一个重要的基本算法，在电商和内容推荐领域均有广泛的应用。它的基本思路是，通过分析用户的历史行为（如购买行为、内容浏览行为、阅读行为等），建立用户的兴趣模型，随后再依据用户的兴趣特征给用户做出产品或内容的推荐。统一起见，本节对“产品”“内容”“文章”等概念不做具体区分，统一称为“项目”(item)。

“协同”有寻找相似性的含义，分为用户侧的协同和项目侧的协同。如果是用户侧的“协同”，那么推荐的核心在于用户之间的相似性，实现的是给兴趣相同或相似的用户进行推荐；如果是项目侧的“协同”，则推荐的核心在于项目的相似性，其目的是给曾经浏览过相似项目的用户群体进行相关推荐。因此，协同过滤算法就被分为基于用户的协同过滤和基于项目的协同过滤两类。

我们首先了解基于用户的协同过滤算法。这里的一个基本假设是，一个用户会喜欢和他有相似兴趣喜好的用户喜欢的项目。因此，为了给目标用户做推荐，首先应该找到与该用户在兴趣喜好上最相似的一组用户，然后再依据相似用户的浏览行为列表进行推荐。此处，两个用户相似是指这两个用户喜欢过的物品集合相似。基于用户的协同过滤算法关注用户之间的关系，有更强的社会属性，因此与新闻领域相关性很强，其早期应用就包括新闻的推荐。

假设推荐系统有三个用户 U_1、U_2 和 U_3 和一百个项目 I_1、I_2、I_3……I_{100}。用户 U_1 对前四个项目均感兴趣（例如用户 U_1 阅读了前四篇文章），用户 U_2 仅对第二个项目 I_2 感兴趣（阅读了第二篇文章），而用户 U_3 对 I_1、I_2、I_3 这三个项目均感兴趣（用户 U_3 阅读了前三篇文章）。因此用户 U_1 和 U_3 的相似度要高于用户 U_1 和 U_2 的相似度，即 U_1 和 U_3 的兴趣列表交集为 3 项 $\{I_1, I_2, I_3\}$，而 U_1 和 U_2 的兴趣列表交集仅有 1 项 $\{I_2\}$。因此可以根据用户 U_1 的兴趣列表 $\{I_1, I_2, I_3, I_4\}$ 给 U_3 推荐其尚未关注（或阅读）的项目 I_4。

在基于用户的协同过滤中，“协同”指的是用户之间的相似性带来的关联，也就是说如果用户感兴趣的项目集合相近，则他们的兴趣也相近，从而导致他们将来可能感兴趣的项目也是相似的。而“过滤”则是指使用与当前用户相似用户的兴趣集合，从全体项目的集合中过滤出当前用户可能感兴趣的一个较小的子集来进行推荐，从而降低系统运算复杂度，提高推荐的准确性。如上例中给用户 U_3 做推荐时，系统不必考察其未阅读的 97 篇内容（100－3），而只需考虑 U_1 的兴趣列表与 U_3 的差集即可。

与之对称，基于项目的协同过滤算法进行推荐的方向恰恰与基于用户的协同过滤相反，它的一个基本假设是用户会喜欢和他以前喜欢的项目相似的项目。这样的启发式规则在电子商务领域的推荐过程中比较常见。比如某用户在某购物网站上采购钢笔之后，网站上还会出现钢笔、签字笔等文具类产品的推荐，这就是基于项目之间的相似度进行的推荐。

事实上，基于项目的推荐算法最早就是由亚马逊推荐系统的专家提出来的，在商业上获得了很好的效益。作为电商企业，其物品的数据相对稳定，因此在计算物品的相似度时计算代价比较小，而且不必频繁更新。所以为了促进销售，一种行之有效的方法就是根据商品之间的相似程度来估算用户感兴趣的程度。

假设用户会喜欢与以前喜欢过的项目相似的项目，于是在推荐的时候，系统首先从这个用户的历史行为里检索到他之前喜欢过的项目的集合，然后从系统尚未给该用户推荐过的项目里面，找到相似的项目进行推荐。延续上文的例子，系统中用户 U_1 喜欢过的项目有 I_1、I_2、I_3 和 I_4，如何根据这样的历史行为从系统剩余的 96 个项目中再给用户 U_1 进行推荐呢？基于项目的协同过滤就会依据项目的相似度来查找，也就是找到与 I_1、I_2、I_3 和 I_4 这四个项目相似的项目并推荐给 U_1；而系统中与 I_1、I_2、I_3 和 I_4 不相似的项目，由于用户的历史行为没有表现出相关的兴趣，因此就不进行推荐。这就是基于项目的协同过滤算法的基本过程。

类似地，在基于项目的协同过滤算法中，要考虑项目的相似度这个概念，这是进行推荐的重要依据。在这里，项目的相似度是依据喜欢这些项目的用户集合的相似程度来定义的。例如，喜欢项目 I_{10} 的用户包括 U_1 到 U_5 五个用户，喜欢项目 I_{11} 的用户包括 U_1 到 U_6 六个用户，则喜欢项目 I_{10} 和 I_{11} 的用户集合重合度非常高，于是系统会认为项目 I_{10} 和 I_{11} 的相似度较高；又依据用户 U_6 对 I_{11} 感兴趣，就可以把与之相似的项目 I_{10} 推荐给用户 U_6。

在基于项目的协同过滤中，"协同"指的是项目之间相似性带来的关联，也就是说对项目感兴趣的用户集合相近，则项目之间的相似度就高，对一个项目有兴趣的用户，有可能对与其相似的项目感兴趣。而"过滤"则是指使用与当前项目相似项目的用户集合，从全体用户的集合中过滤出可能对当前项目感兴趣的一个较小的用户子集来进行推荐，从而降低系统运算复杂度，提高推荐的准确性。如上例中考虑给哪些用户推荐 I_{10} 时，系统不必考察所有用户，而只需考虑项目 I_{10} 的相似项目 I_{11} 对应的用户集合与项目 I_{10} 的用户集合的差集（即 $\{U_6\}$）即可。

提 要

协同过滤推荐算法是一种常见的个性化推荐算法，主要分为基于用户和基于项目的协同过滤两大类。

4.2 两种协同过滤算法的对比

本小节对基于用户的协同过滤推荐算法和基于项目的协同过滤推荐算法进行对照，以方便理解。基于用户的协同过滤，依据用户的相似度给用户推荐项目，其中对用户相似度的衡量来自用户喜欢过的项目集合的重合程度，重合度越高，用户相似度越高。基于项目的协同过滤算法与之恰好是对称的关系，是依据项目的相似度，给项目查找潜在的用户，其中对项目相似度的衡量来自喜欢这些项目的用户集

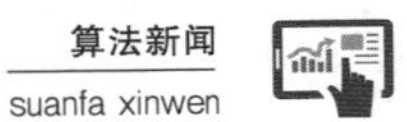

合的重合程度，重合度越高，项目相似度越高。

如前文所述，基于用户的协同过滤推荐算法早期应用于新闻推荐领域，其推荐效果比较好。这是因为从用户相似度的角度来讲，它有更高的社会化属性。例如，用户 A 的朋友（用户相似度高）都读过了最近的热门新闻，系统就可以据此把相关的热门新闻推荐给用户 A，此处暗含着人的社会化属性的需求。基于项目的协同过滤，则更多地考虑单个用户的个性化兴趣需求。比如用户 B 只喜欢购买玩具类商品，对书籍并不感兴趣，体现了强烈的个人喜好，与他所处的社交群体和社会网络的关系不大，所以从电商推荐的角度来说，更倾向于使用基于项目的协同过滤推荐。

当然，不论是基于用户的协同过滤推荐算法还是基于项目的协同过滤推荐算法，孤立地使用它们都可能存在一定的风险。例如某电商平台使用基于项目的推荐，假设用户 A 已经购买过几支钢笔，近期不再有购买需求，但是推荐算法根据物品的相似性仍然给用户 A 推荐钢笔，则并不能达到提高销售量的效果。而如果用户 A 购买过钢笔，他的朋友 B（与用户 A 相似度高）购买了笔记本，系统结合用户和物品的相似度（钢笔和笔记本都是文具类产品）给用户 A 推荐用户 B 购买的笔记本，则很有可能促成用户 A 购买笔记本的行为，实现销售转化。此时，综合使用用户和项目的协同过滤算法效果更好。

为了进一步理解算法的原理，我们可以横向对比基于内容的推荐算法和协同过滤算法。基于内容的推荐算法主要关注内容主题、关键词和话题的相似度，它关注的重点是内容与内容之间在语义上是否相似，并不考虑用户之间的社会关系和交互行为。基于内容的推荐需要“理解”内容，例如，用户 A 喜欢某一部科幻类电影，那么这部电影的类别、主题、风格、导演、演员等，都需要使用算法识别和标记出来。假设系统扫描到另一部科幻类电影，在内容上与用户 A 以前观看的科幻电影有足够的相似性，则可以将其推荐给用户 A。因此基于内容的推荐最关注的是内容本身。

以基于用户的协同过滤算法为例，系统并不需要介入用户感兴趣的物品或者内容内部去分析这些物品或内容本身的特征，而是对比不同用户感兴趣的项目集合。如果不同用户感兴趣的项目集合重合部分足够多，就认为这些用户的兴趣相似，从而就可以把项目集合的差集部分（不重合的部分）推荐给尚未阅读或是使用的用户。如前文所述，从推荐算法采纳的项目和用户特征的角度，可以提炼出若干类别的典型特征用于推荐算法的计算。比如相关性特征、环境特征、热度和协同特征等等。相关性特征可以用于基于内容推荐的算法。环境特征主要是指与时间、空间相关的特征，多用于基于场景和基于位置的推荐中，例如，给位于电影院附近的用户推送电影资讯。热度特征主要是指文章被阅读的次数。协同特征包括协同过滤算法中需要用到的用户相似度、点击行为相似度、兴趣相似度、主题相似度等等。

提 要

基于用户的协同过滤算法关注用户的相似性，强调用户之间的社会关系；基于项目的协同过滤算法关注项目的相似性，强调项目之间相似性中体现出的用户的个性化偏好。

4.3 推荐策略及推荐系统的数据依赖

在推荐算法的基础上，可以根据不同的常见需求综合使用一种或多种算法组合，下面简要介绍三种常见的推荐策略。

策略一：基于内容的推荐，亦称为基于用户画像的推荐，意思就是根据用户的历史点击记录，总结出用户的喜好（即用户画像），计算文章和内容与用户画像的相似度，将相似度高的项目推荐给用户。

策略二：协同过滤推荐，即找到相似的用户集合或相似的项目集合，给用户推荐其可能感兴趣的项目，或者把项目推荐给可能感兴趣的用户。

策略三：热度推荐，亦称热门推荐，根据一个预设的时间窗口，统计出在过去一段时间窗口内所有文章的点击量，把点击量高的文章推荐给用户。

为了进一步理解推荐算法和策略的运用，以下举例介绍一种基于用户兴趣标签的推荐策略，该策略从类别上从属于基于内容的推荐策略。

【例 2－11】已知推荐系统里用户 C 的用户画像中兴趣标签及其权重为：{“德甲”：0.3，“电商”：0.2，“O2O”：0.2，“娱乐”：0.1，“历史”：0.1，“军事”：0.1}。则基于用户兴趣标签的推荐策略就是从系统的内容库中提取出与这些关键词相关的主题中的内容。事实上，系统对内容库的组织也是按照不同的专题和关键词进行的，如图 2－5 所示，不同关键词的内容依照时间和热度等顺序依次排入不同的主题队列中。例如，在“德甲”队列中，存放着与德国足球甲级联赛相关的新闻、评论文章等内容。

在新一轮的内容推荐过程中，根据用户 C 的兴趣权重排序，与“德甲”相关的内容是他最感兴趣的内容，因此系统就可以从“德甲”这个队列里面提取出排序靠前且从未推荐给用户 C 的若干篇文章推荐给他。这样就完成了一次基于用户兴趣标签的推荐。

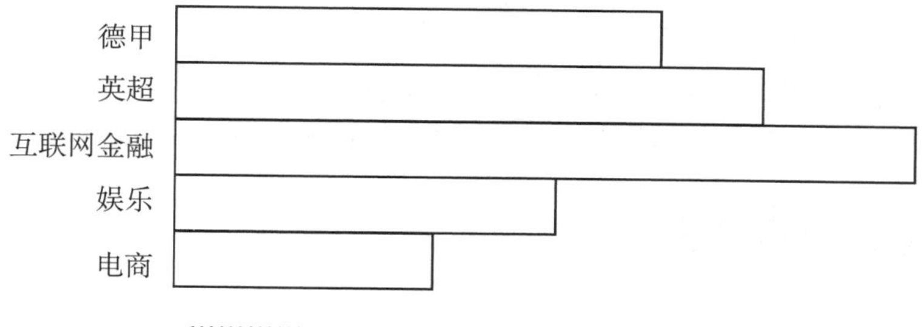

图 2－5　推荐系统内容组织队列

在算法推荐系统的运营过程中，用户画像和内容库中内容队列的组织都需要及时更新，使得算法能够基于最新的用户个性化需求和最新的文章列表来进行推荐。本书的第 3 章至第 5 章将会详细介绍算法推荐系统的数据更新模型和策略。

如果把一个真实运营的算法推荐系统中的算法和推荐策略比作一台持续运转的机器，那么数据就是保证这台机器持续加工生产的原材料，离开数据任何算法和策略都无法运转。对于推荐模型而言，其特征抽取需要利用用户和内容的各种标签，因此需要不断收集和更新两侧的数据；对于推荐策略而言，每一次推荐过程同样需要用户侧和内容侧的各种标签。基于用户数据和内容数据，对用户标签进行挖掘、

对内容进行分析，是搭建推荐系统的基石。

【本章小结】

本章介绍算法分发系统的原理和概念。一个简化的算法推荐系统包括“用户”“内容”“分发算法”以及用户对推荐算法的反馈优化。使用标签化的用户画像对系统用户建模，标签越细，系统对用户的个性化需求的刻画能力越强。本章以文本型内容为例，介绍了内容的建模和分析方法；以协同过滤的推荐算法为例，介绍了基于用户的协同过滤和基于项目的协同过滤，并比较了二者及其与基于内容的推荐算法的区别。此外，数据是一切推荐算法的基础，用户标签挖掘和内容分析是搭建推荐系统的基石。

【思考】

算法推荐系统在一定程度上解决了用户的信息过载问题，但是，当前也有一些质疑的声音，有人认为，由于算法推荐系统只给用户推荐其喜欢的内容，导致用户无法接触其他内容，从而形成“信息茧房”或者“信息孤岛”。你认为“信息茧房”与算法推荐系统有关吗？如果二者没有相关性，为什么？如果“信息茧房”的存在与算法推荐系统有关，可以通过怎样的方法解决？

【训练】

1. 一个算法推荐系统的基本要素有哪些？分别有什么特征？
2. 用户画像的“冷启动”问题可以通过哪些方法解决？
3. 请简述文本的预处理过程。
4. 请简述文本型内容的建模过程。
5. 基于用户的协同过滤推荐算法和基于项目的协同过滤推荐算法有何异同？

【推荐阅读】

1. RESNICK P. Grouplens: an open architecture for collaborative filtering of netnews//Proceedings of ACM 1994 Conference on Computer Supported Cooperative Work. Chapel Hill: ACM Press, 1994.

2. MANSISOOD H K. Survey on news recommendation. International Journal of Advanced Research in Electrical, Electronics and Instrumentation Engineering, 2014 (3).

第 3 章　用户画像的标签体系

【本章学习要点】

用户是算法分发系统服务的对象，对用户的理解和认识越透彻，内容分发的准确性和有效性就越有保障。计算机算法和程序使用计算模型对用户进行刻画，一种常用的模型就是标签化的“用户画像”。在系统中，可以使用具有一定预制结构的数据表来保存用户的标签，这种方法称为“结构化”的用户标签；与之对应，也可以使用无固定结构的标签集合来表示用户的个性化特征，这种方法称为“非结构化”的用户标签。算法推荐系统面对大量的用户时，需要合理地安排计算资源，对用户标签进行计算和更新，根据数据量的大小可以选择批量化计算或者流式计算框架完成计算任务。在计算框架的学习中，重点是理解不同框架的原理和适用范围，而不必拘泥于技术细节。

用户画像（user profile/user portrait）是根据用户的社会人口统计学信息、社交关系、兴趣爱好、偏好习惯和消费行为等信息而抽象出来的标签化画像。用户画像是基于对用户的分析获得的对用户的一种认知表达，也是后续数据分析加工和应用的起点。从认知心理学的角度，使用标签认知用户与使用概念认知世界的方式相似：通过一定的抽象和简化形成对客观事物的概念，可以帮助人们更好地认识世界；不同的概念就可以理解为人对客观事物打的标签。类似地，算法推荐系统通过识别用户身上的各种特征，以不同的标签标识来完成对用户的认知和理解。

广义的用户画像涵盖的范围很宽泛，只要是对用户的认知都可以被归为用户画像。例如，对于一名选修了“算法新闻”课程的学生，“选修‘算法新闻’课程”，即可以作为她的一个标签，而“学生”则是这个用户的另一个标签。

构建客户画像的核心工作是给客户贴“标签”。一方面可以直接从用户提供的基础数据和行为数据中提取各类标签；另一方面，也可以使用推理和数据挖掘的方法对用户标签进行扩充和完善。

本章重点讲述用户画像标签体系、用户画像的标签结构以及用户画像的构建和计算方法。

第 1 节　用户画像标签体系

上一章介绍了用户画像和标签的基本概念。一般地，对于算法推荐系统的每一个用户，系统会为其分配一个系统账户（也称“用户账号”“用户 ID”，ID 为英文单词 identification 即身份证明的缩写），此账户用于在系统中唯一标识每个不同的用户。相应地，使用标签对用户进行描述，就是为用户的系统账户添加多个关联至对应用户 ID 的标签，并且可以给标签设置不同的权重值来体现用户的兴趣分布。

从用户标签体系的发展上来说，依据是否使用结构化的数据来保存和组织用户画像，用户标签可以分为两个类型，一类是结构化的用户标签，另一类是非结构化的用户标签。

1.1 结构化数据和非结构化数据

所谓“结构化数据”①，是指数据的存储、呈现、运算和管理等按照预先定好的格式规范进行。结构化数据以固定格式存放于数据记录或文件中，如关系型数据库或电子表格。结构化数据依赖于数据模型，数据模型对业务数据的类别实现规范化，用于业务数据的记录、存储、处理和访问。建立数据模型包括定义哪些类型的数据以及数据的哪些属性需要进行何种存储和处理。例如，数据类型包括数值型、货币型、数字和字母、日期、地址等等；数据类型上的约束和限制包括用于存储数据属性的字符个数和长度、数据的取值是否来自有限取值域等等；数据的处理包括应用于不同数据类型的计算方法，比如对于数值型的数据进行算数操作、对于字符型数据进行连接操作②等。

结构化数据的优势在于能够方便地输入、存取、查询和分析。由于计算机系统中硬盘存储、内存缓存和处理的代价较高，关系型数据库和电子表格一度成为唯一有效的数据管理方式；而并不满足严格结构的数据则无法进入计算机系统被处理和分析。此外，对结构化数据的使用和处理存在一定的约束，当数据模型对应的真实数据有改变时，需要修改数据模型和相应的数据处理逻辑，才能在计算机系统中处理新版本的数据，而此类修改往往是系统性的，代价比较大。

“非结构化数据”③ 则是指不具有预定义的数据模型或无预定义格式的数据，例如，照片、图像、视频、流式数据、网页、PDF 文件、博客等等。由于此类数据格式的不规则和内容上的模糊性，传统的数据管理软件和程序并不能很好地对其进行分析和处理。

“半结构化数据”介于结构化数据和非结构化数据之间，其数据具有一定的结构，即可以使用标签或者其他类型的标记方式来识别出半结构化数据中的特定元素，但是数据本身并不具备严格的结构，因此缺乏结构严谨的数据模型。半结构化数据与非结构化数据之间并没有特别严格的界限。以文字处理软件为例，其创建的文档文件本身是非结构化的数据，在文档内容之外可以指定结构化的元数据，如文档的作者、创建日期等；电子邮件的文件格式中，既包括无结构的电子邮件消息本身，也包括发件人、收件人、发送日期和时间等一些固定格式的字段；图片、图像等非结构化数据也可以被标记上结构化的关键字段如作者、创建日期、位置、关键字等。

通常可以使用可扩展标记语言④（extensible markup language，XML）和其他标记语言来管理半结构化数据。数据挖掘、自然语言处理和文本分析等技术都提供了在非

---

① 参见 https：//www.webopedia.com/TERM/S/structured_data.html。

② 字符型数据的连接操作举例：用户 A 的姓名分别存储在“姓”和“名”两个数据属性里，为了构造用户的全名，就需要连接用户 A 的“姓”和“名”两个属性对应的值，如将“张”和“三”连接为“张三”。

③ 参见 https：//en.wikipedia.org/wiki/Unstructured_data。

④ 参见 http：//www.w3school.com.cn/xml/xml_intro.asp。

结构化数据和半结构化数据中发现规律和模式的手段，本节不再赘述技术细节。

提 要

结构化数据有严格的数据模型，数据的记录、存储、处理和访问按照预先定好的格式规范进行；非结构化数据不具有预定义的数据模型或预定义的格式；半结构化数据则介于以上二者之间，其数据具有一定结构但结构并不严格。

1.2 结构化标签用户画像

如上一小节所述，结构化数据具有格式规范、方便存储和管理的特点，因此某些算法推荐系统里采取结构化的手段对用户画像建立模型和管理。最常见的方法就是把用户特征数据存储到关系数据库的数据表里。本小节以构造一组逐渐细化的用户信息数据表为例，详细介绍结构化用户画像的原理和操作方式。

1.2.1 基本信息表

表3－1展示了用户基本信息表的数据模型。针对用户的基础信息，系统保存用户注册信息时将系统分配的用户账号作为用户的唯一身份标识，同时保存以及用户的姓名、性别、电子邮箱、生日、城市、国别等等。而当系统用这样的数据模型来存储用户基本信息时，就完成了用户信息的结构化存储，数据表的每一项数据属性都是用户的一个标签，参见表3－2的实例。

需要说明的是，根据实际需求，用户基本信息表中的字段可以分为必填项和选填项，例如“系统分配的用户账号”这类字段是唯一标识某一个用户的，因此必须填写；而用户姓名、电子邮箱等则属于选填项目（出于隐私方面的考虑，某些用户并不愿意提供这类信息，因此不能强制用户提供，否则容易造成用户流失）。此外，表3－1所示的数据属性为部分典型的用户基本信息，在具体的算法推荐系统中需要根据系统需求定义所需的全部数据属性。

表3－1　　用户基本信息表的结构

字段名	说明
ID	系统分配的用户账号
NAME	姓名
GENDER	性别
EMAIL	电子邮箱
BIRTHDAY	生日
CITY	所在城市
COUNTRY	所在国家
……	……

表 3-2　　加入用户数据的用户基本信息表

ID	NAME	GENDER	EMAIL	BIRTHDAY	CITY	COUNTRY
X0501	张三	男	Zhang. san@example. com	1998. 01. 01	北京	中国
X0504	(空)	女	(空)	2004. 08. 08	北京	中国
……	……	……	……	……	……	……

1.2.2　补充信息表

对基本信息表而言，系统分配的账号、用户姓名、电子邮箱等每一个数据属性都是用户的标签，但是基本信息表并没有展现足够个性化的用户特征。例如，用户的姓名对用户个性的刻画能力就很有限。由于基本信息表的刻画能力具有局限性，因此考虑对已有的用户标签进行扩展，这就需要添加新的补充信息表，更加详细地刻画用户特征。例如，表 3-3 所示即为一种可行的补充信息表。

表 3-3　　补充信息表的结构

字段名	说明
ID	系统分配的用户账号
LOGIN_FREQUENCY	每天登录系统的次数
LAST_VIEW	最近一次浏览内容的类别
INTEREST1	兴趣类别 1
INTEREST2	兴趣类别 2
INTEREST3	兴趣类别 3
AVG_TIME	平均驻留时间
……	……

在补充信息表里，第一项数据属性是系统分配的用户账号，这是为了在系统内通过唯一的“身份证”（即用户 ID）来区别每一个用户并且在不同的表格之间进行相同用户标签的关联。第二项是用户每天登录系统的次数，这项数据就是比较个性化的数据，每个用户每天登录系统的次数各不相同，体现出用户对系统的喜爱程度和用户黏性。第三项数据记录用户最近一次浏览内容的类别，比如用户查看的是财经新闻、体育新闻还是历史故事等，这些都是刻画能力很强的个性化数据。第四到第六项记录用户在最近一段时间内最感兴趣的三种内容类别，体现个性化浏览兴趣，假设某用户最喜欢的三个兴趣类别为“体育”“经济”“历史”，则可将其记录在表格中这个用户对应的条目下。第七项记录用户在算法推荐系统的平均驻留时间，即平均每次使用系统的时间，同样可以体现用户对系统的喜爱程度和用户黏性。

在补充信息表里记录的数据对于不同用户来说都是个性化的数据，用户之间的区分度较大。例如通过“平均驻留时间”的长短观察用户特点，每天花费若干小时的用户对系统的依赖程度显著高于每天仅登录系统几分钟的用户。从算法推荐系统的角度，一方面需要给前者提供更好的内容以留住用户，另一方面也需要研究怎样优化算法推荐的内容，更好地吸引后者。补充信息表里的数据相对于基本信息表而言，对用户的个性化刻画能力大大增强，对用户画像的刻画能力也相应地提高，用户对系统来说更加具象化。需要说明的是，表 3－3 为补充信息表的一种简化示例，在真实的算法推荐系统中，还需要设计更加科学和精细化的针对专门系统的表格模型。

算法推荐系统使用相关数据填充补充信息表同样也是对用户画像进行结构化存储。在表 3－4 给出的示例中，用户账号为 X0504 的用户每天登录系统 3 次，平均每次使用系统 36 分钟，她最后一次使用系统时查看的是“茶艺”类的内容，她最感兴趣的三类主题分别是“健身”“茶艺”“乐高玩具”。

表 3－4　加入数据的补充信息表

ID	LOGIN_FREQUENCY	LAST_VIEW	INTEREST1	INTEREST2	INTEREST3	AVG_TIME
X0501	5	数码	体育	数码	军事	50 分钟
X0504	3	茶艺	健身	茶艺	乐高玩具	36 分钟
……	……	……	……	……	……	……

系统通过用户的系统账号就可以把用户基本信息表和补充信息表里相应条目的内容组合起来并关联到同一个真实用户，这就是结构化标签的用户画像。以张三（系统账号为 X0501）为例，包含其基本信息和补充信息的完整用户画像如表 3－5 所示。

表 3－5　用户 X0501 的结构化用户画像

<table>
<tr><td>ID</td><td>NAME</td><td>GENDER</td><td colspan="2">EMAIL</td><td>BIRTHDAY</td><td>CITY</td><td>COUNTRY</td></tr>
<tr><td>X0501</td><td>张三</td><td>男</td><td colspan="2">Zhang. san@example. com</td><td>1998. 01. 01</td><td>北京</td><td>中国</td></tr>
<tr><td colspan="2">LOGIN_FREQUENCY</td><td>LAST_VIEW</td><td>INTEREST1</td><td>INTEREST2</td><td>INTEREST3</td><td colspan="2">AVG_TIME</td></tr>
<tr><td colspan="2">5</td><td>数码</td><td>体育</td><td>数码</td><td>军事</td><td colspan="2">50 分钟</td></tr>
</table>

1.2.3　细化信息表

在扩展信息表的基础上还可以进一步细化不同类别的用户标签，例如对用户的兴趣类别进行细化。假设在补充信息表中已经记录某用户最感兴趣的三类主题为“体育”“经济”“历史”，系统就可以根据这个记录为用户推荐相应的内容。但是系统并不知道用户的兴趣在这三类内容之间的分布，即在用户自身的兴趣中，哪一类主题是用户最感兴趣的，哪些则属于比较感兴趣的。此外，对于用户感兴趣的主题和内容，用户是否有内容来源、展现形式等的偏好，在补充信息表里尚未记录。因此可以在补充信息表的基础上对内容类别进一步建立数据表格来记录相关数据，即建立细化的兴趣类别表。假设系统中一共有 N 个兴趣类别，对于每个兴趣类别 k（k 的取值为 1，2，…，N）都可以建立这样的细化表格，以用户 ID 为唯一身份标识，在兴趣类别 k 上记录每个用户细化的行为特征，如平均阅读时间、兴趣权重等等。

表 3－6 给出了对用户在兴趣类别 k（如“体育”“财经”等）上的阅读行为进

行细化描述的一种示例。在细化表中，第一项数据属性是系统分配的用户账号，这同样是为了在系统之内通过唯一的“身份证”来区别每一个用户并且在不同的表格之间进行相同用户标签的关联。第二项数据记录用户平均每天用于阅读兴趣类别 k 内容的时间。第三项数据记录兴趣类别 k 在用户感兴趣的所有类别中的权重值，由于用户对不同类别内容的兴趣有偏好，兴趣分布并不是均匀的，依据这一数据属性可以对用户的兴趣类别进行排序并按比例分配推荐内容的兴趣类别分布，提升个性化推荐的效果。第四项和第五项分别记录用户在兴趣类别 k 上的阅读量排名第一的内容来源和类型。第六项和第七项分别记录用户在兴趣类别 k 上的阅读量排名第二的内容来源和类型。在细化表中可以根据系统需求记录多组用户在当前兴趣类别中感兴趣的内容来源和类型。例如记录某个用户在“体育”这个类别中最喜欢读的内容来源以及最感兴趣的媒体类别，比如喜欢读来自新华社的文本型内容。通过这样的细化表，系统对用户的刻画就能更加深入。随着系统不断地对用户行为进行记录和学习，相关的数据表也会随之不断完善。

表 3-6　细化表-兴趣类别 k（兴趣类别如“体育”“财经”……）

字段名	说明
ID	系统分配的用户账号
AVG_TIME	兴趣类别 k 内容的平均阅读时间/天
WEIGHT	兴趣权重值
SOURCE1	阅读量排名第一的内容来源
TYPE1	阅读量排名第一的内容类型
SOURCE2	阅读量排名第二的内容来源
TYPE2	阅读量排名第二的内容类型
……	……

表 3-7 以“体育”这个兴趣类别为例，展示了两个用户的兴趣类别细化表数据：账号为 X0501 的用户每天阅读体育类别内容的平均时间是 45 分钟，“体育”这个兴趣类别的内容在该用户感兴趣的全部兴趣类别中占比 15%，此用户最常阅读的是来自虎扑的文本型内容以及来自搜狐体育的视频内容；账号为 X0530 的用户每天阅读体育类别内容的平均时间是 30 分钟，“体育”类内容在该用户感兴趣的全部兴趣类别中占比 23%，此用户最常阅读的是来自网易体育的文本型内容以及来自新华社的图片内容。

表 3-7　兴趣类别 k（体育）的细化表片段

ID	AVG_TIME	WEIGHT	SOURCE1	TYPE1	SOURCE2	TYPE2
X0501	45 分钟	0.15	虎扑①	文本	搜狐体育②	视频
X0530	30 分钟	0.23	网易体育③	文本	新华社④	图片

① 虎扑是一个体育资讯类的综合网站，参见 https://www.hupu.com/。

② 搜狐体育是一个体育资讯及互动平台，参见 http://sports.sohu.com/。

③ 网易体育是一个综合体育门户网站，参见 http://sports.163.com/。

④ 新华通讯社，简称新华社，是中国的国家通讯社，参见 http://www.xinhuanet.com/。

添加了每个兴趣类别的细化表之后，用户画像就可以进一步完善。同样，系统通过用户账号把用户基本信息表、补充信息表以及相关的细化兴趣类别表里相应条目的内容组合起来，关联到同一个用户，就形成进一步完善的结构化标签用户画像。

表 3－8 展示了进一步完善的用户 X0501 的结构化用户画像。其中，“INTEREST1-AVG_TIME”所在行对应兴趣类别“体育”（INTEREST1）的细化数据，“INTEREST2-AVG_TIME”所在行对应兴趣类别“数码”（INTEREST2）的细化数据，“INTEREST3-AVG_TIME”所在行对兴趣类别“军事”（INTEREST3）的细化数据。部分数据从略，数据说明参见前文关于表 3－7 的介绍，此处不再赘述。

需要指出的是，本节给出的细化信息表仅是结构化用户画像数据模型中信息表的一个简单示例，在真实的算法推荐系统中，需要系统设计人员和业务分析人员根据系统需求，设计完善的数据模型和所有数据表，并交由系统实现人员完成相应数据表的存储、分析和处理等工作。

表 3－8　进一步完善的用户 X0501 的结构化用户画像

<table>
<tr><td>ID</td><td>NAME</td><td>GENDER</td><td colspan="2">EMAIL</td><td>BIRTHDAY</td><td>CITY</td><td>COUNTRY</td></tr>
<tr><td>X0501</td><td>张三</td><td>男</td><td colspan="2">Zhang.san@example.com</td><td>1998.01.01</td><td>北京</td><td>中国</td></tr>
<tr><td colspan="2">LOGIN_FREQUENCY</td><td>LAST_VIEW</td><td>INTEREST1</td><td>INTEREST2</td><td>INTEREST3</td><td colspan="2">AVG_TIME</td></tr>
<tr><td colspan="2">5</td><td>数码</td><td>体育</td><td>数码</td><td>军事</td><td colspan="2">50 分钟</td></tr>
<tr><td colspan="2">INTEREST1-AVG_TIME</td><td>INTEREST1-WEIGHT</td><td>INTEREST1-SOURCE1</td><td>INTEREST1-TYPE1</td><td>INTEREST1-SOURCE2</td><td colspan="2">INTEREST1-TYPE2</td></tr>
<tr><td colspan="2">45 分钟</td><td>0.15</td><td>虎扑</td><td>文本</td><td>搜狐体育</td><td colspan="2">视频</td></tr>
<tr><td colspan="2">INTEREST2-AVG_TIME</td><td>INTEREST2-WEIGHT</td><td>INTEREST2-SOURCE1</td><td>INTEREST2-TYPE1</td><td>INTEREST2-SOURCE2</td><td colspan="2">INTEREST2-TYPE2</td></tr>
<tr><td colspan="2">30 分钟</td><td>0.10</td><td>太平洋电脑网①</td><td>图文</td><td>中关村在线②</td><td colspan="2">图文</td></tr>
<tr><td colspan="2">INTEREST3-AVG_TIME</td><td>INTEREST3-WEIGHT</td><td>INTEREST3-SOURCE1</td><td>INTEREST3-TYPE1</td><td>INTEREST3-SOURCE2</td><td colspan="2">INTEREST3-TYPE2</td></tr>
<tr><td colspan="2">（从略）</td><td>（从略）</td><td>（从略）</td><td>（从略）</td><td>（从略）</td><td colspan="2">（从略）</td></tr>
</table>

通过对比可以发现，从基本信息表到补充信息表再到细化信息表，数据模型对用户个性化特征的刻画能力越来越细化，由最初的姓名、年龄，到用户的兴趣特征分布，再到用户在不同兴趣类别的内容上的行为方式捕捉，一步一步地实现了使用数据模型刻画用户特点的需要。除了本节示例的兴趣补充信息和细化信息之外，还可以从更多的角度来记录个性化的用户行为，如使用何种终端、使用何种网络、阅

① 太平洋电脑网是一个 IT 门户网站，参见 http://www.pconline.com.cn/。
② 中关村在线是一个 IT 门户网站，参见 http://www.zol.com.cn/。

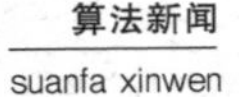

读行为在一天之内的分布等等。

提 要

算法推荐系统可以使用数据表来存储和表示结构化的用户画像，不同颗粒度的数据表对用户行为和兴趣的刻画力度有所不同。

1.2.4 结构化用户画像的优势和劣势

结构化用户画像的优势包括以下几个方面：

● 首先，结构化数据的数据模型严谨规范，数据的语义明确。如上小节所述，系统中每张数据表、每一列数据属性均是设计系统时由专业的设计和分析人员对系统需求进行全面分析后定义好的。在算法推荐系统的运行过程中，系统会有针对性地从用户的基本信息和行为数据中抓取符合数据模型定义的数据，并存储更新至相关数据表格，形成用户标签。此类信息含义明确，有较强的针对性。比如某个数据表里记录“每天登录的次数”，即为语义直观明确的预定义数据项，其在逻辑层面与人认识用户的视角是类似的。

● 其次，业界有多种标准化的数据库应用软件和程序支持结构化数据上的各种运算操作，如增加数据、删除数据、修改数据和查找数据等，并且提供优化性能、提高处理速度、保护数据安全等系统化提升运营效率的手段，帮助算法推荐系统提高服务水平和服务质量。

结构化用户画像的劣势体现在以下几个方面：

● 首先，结构化管理数据的方式能捕获的信息是有限的，只能局限于算法推荐系统已经设计好的数据表包含的数据属性，专用性比较强。由于系统最多只能记录已有数据表中能记录的数据，因此存在数据可用性上的局限。一旦遇到数据模型定义中未涉及但是对刻画用户画像有帮助的信息，系统就无法记录。即系统的用户刻画能力对数据模型具有强依赖性。

● 其次，可记录信息的有限性导致了系统的可扩展性较差。假设需要在系统中新增一个数据属性（即在数据表中新添加一列）来记录一种新的用户标签，则需要在系统中修改相应的数据表（可能会涉及多表的修改）的定义，这导致系统维护代价增大，灵活性降低。例如，需要在补充信息表中添加新的一列“用户最常登录的时段”，就需要系统设计和维护人员从结构上改变补充信息表。同时还需考虑，对于新添加的这一数据属性，数据表中原有的内容是否需要补充填充新属性要求的数据，如是否需要重新计算已记录的所有用户的最常登录时段。具体技术细节涉及数据库管理和维护的内容，此处不再赘述。

● 最后，由于算法推荐系统在初期不可能设计完备的数据模型，因此在系统投入运行之后，随着对用户行为的深入了解，系统分析人员需要不断识别出更多新的数据项并更新至数据模型，提高对用户的刻画能力。然而，修改数据模型是系统级别的修改，往往需要暂时中止系统提供的服务以部署新的数据模型和与之配套的新业务逻辑，这就会导致对用户行为进行记录分析的实时性降低，用户体验也相应变差。因此，在系统更新之前，原有的数据模型无法实时更新。

提 要

结构化用户画像的优势为：信息有针对性，专用性强，含义明确且有成熟的软件开发和运行、维护环境支持。其劣势为：系统可存储的信息有限，可扩展性差，不灵活，实时性差。

1.3 非结构化标签用户画像

1.3.1 非结构化用户画像模型

上一章的例2-2给出了这样一个用户画像：{系统账号：X0504，昵称：无，年龄：36岁，手机机型：小米，爱好：健身|茶艺|新闻|美食|数码产品，消费习惯：学龄儿童玩具，行为特征：晚上9点后看视频……}，这就是非结构化标签组合而成的用户画像。以“爱好”相关的标签为例，用户画像中并不需要预先设定每个用户有多少个固定数目的爱好标签，随着用户在系统中行为数据的积累，系统使用自然语言处理、数据挖掘和机器学习的手段对用户特征进行学习，不断提取出更多能表达用户爱好的标签，将它们随时添加到用户画像中。由于不同的用户兴趣爱好和行为特征分布并不相同，非结构化标签的用户画像可以对每个用户实现不同维度的个性化表示。

对算法推荐系统的非结构化标签用户画像进行抽象可以得到一种通用的表达格式：{用户ID：标签1，标签2，标签3……}。例如上例中的用户画像可以改写为：{X0504：36岁，小米手机，健身，茶艺，新闻，美食，数码产品，学龄儿童玩具，晚上9点后看视频……}，具体格式在不同的算法推荐系统实现中则各有异同。

提 要

非结构化标签用户画像的模型可以通用地表达为：{用户ID：标签1，标签2，标签3……}。

1.3.2 非结构化标签的权重

假设系统中的两个用户小蓝和小红各有两个标签，小蓝的标签是“苹果”和“蓝色”，小红的标签是“养生”和“红色”。对于这两个用户而言，其各自的两个标签是否同样重要？也许与“苹果”有关的内容是用户小蓝在一段时间内关注更多的内容，那么“苹果”这个标签对于给用户小蓝进行内容推荐的影响力就比“蓝色”标签的影响力更大一些，也就是说，根据“苹果”这个标签给小蓝推荐的内容比根据“蓝色”这个标签为其推荐的内容更重要。体现在算法推荐系统的实现上，

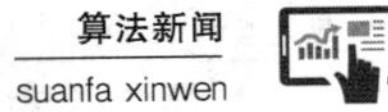

需要使用合适的方式来体现不同标签的影响力。一般地，可以通过设置标签的权重值来更集中地刻画在一段时间内用户的特征及其兴趣。

首先，从时效性上，依据用户近期行为获得的用户标签相比依据用户历史行为获得的标签，其重要性更高。例如一年前获得的标签和最近一周基于用户行为得到的标签，其重要程度就不相同。如一名高三年级的学生，关注的重点内容之一有可能体现为“高考”这个标签；而当他升入大学之后则可能更加关注体现为“双学位”“大学生创业比赛”等标签的内容。因此，标签的时效性会影响标签的重要性，所以可以考虑从时效上对标签的权重进行调整。

其次，从个性化的角度来说，每个用户都是不一样的，越是能将一个用户有效地区别于其他用户的标签，其重要性也就越高。例如，有 5 个用户都是学生用户，均具有“学生”这个标签，但是每个学生用户的兴趣点不一样，有的对法语感兴趣，有的对人工智能感兴趣，等等，根据这些个性化的标签给他们做有针对性的推荐，效果就会更好。

因此，需要引入权重的概念对标签进行量化的表达和处理。如例 3－1 所示的用户画像，“小米手机：0.052”表示对于用户 X0550 而言，“小米手机”这个标签的权重为 5.2%，而“健身”这一标签的权重则高达 15%。在真实的算法推荐系统中，一个用户的标签可以多达成百上千个，所有标签权重值的总和不超过 100%。这样的结构具有可扩展性。假设已经使用 1 000 个标签用于描述用户 X0550，而其新近又阅读了以前从未阅读过的兴趣类别的内容，则可以根据这个行为给用户 X0550 打上新的标签，同时降低已有标签的权重，以便继续满足所有标签权重值的总和不超过 100%的约束条件。

【例 3－1】一个加入标签权重的非结构化用户画像：{X0550：18 岁，小米手机：0.052，健身：0.150，HTML5：0.039，人工智能：0.024，北京：0.007，新媒体：0008，艺术：0.003，设计：0.047……}。

提 要

在非结构化用户画像中，为用户标签引入权重值，可以从用户兴趣的类别分布和时间分布等角度进一步细化地刻画用户特征。

1.3.3 非结构化用户画像的优势和挑战

非结构化用户画像的优势包括以下几个方面：

● 首先，相对于结构化数据而言，非结构化数据的可扩展性更强。由于并不会限制用户标签的数量和类别，因此捕获到用户的新标签时系统可以及时地给用户添加新标签，并且通过调整权重来体现新标签的重要性。

● 其次，基于良好的可扩展性，在用户级别对标签进行更新和修改并不需要系统级的修改，因此，用户画像可以更及时地得到更新，系统的时效性更好。

● 最后，随着标签数量增长和权重的及时更新，对用户的刻画都是个体级别的表述，因此对用户级的刻画能力更强，应用场景也更广泛。

使用非结构化用户画像面临的挑战主要体现在以下几个方面：

● 首先，使用非结构化用户画像时系统需要维护和管理的数据量更大，其计算量较之结构化数据也有所增加。对于结构化用户画像而言，表述用户的数据维度是确定的，因此数据量与用户数量呈线性相关。而非结构化用户画像中，每个用户的标签数目各不相同，并且通常一个用户会具有成百上千个标签，对于有千万或亿级用户的系统而言，获取和分析所有用户行为并完善用户画像的运算量将是非常大的。

● 其次，巨大的数据量需要有效的计算机制来支持，因此，非结构化用户画像对算法和硬件要求更高。结构化用户画像可以借助关系型数据库进行管理，关系型数据库经历了几十年的发展，已经有很完善的体系结构和技术方案。针对海量的非结构化用户画像数据，一方面需要在软件的角度设计合理的数据存储和管理方案，另一方面也需要硬件系统的支持，以实现大数据集情境下的计算。

【例 3－2】非结构化用户画像计算量的估算：假设算法推荐系统每天有 500 万活跃用户①，每个用户每天在系统中产生 200 条行为数据（如阅读类别、主题、使用的网络、使用的设备、接受推送的时间段等等），则系统每天至少需要记录 10 亿条行为数据。而每一条行为数据的处理又包括行为分类、关键词提取、用户标签的添加和删除、用户标签权重值计算等多种计算。此外还有一些额外的计算开销。以用户管理为例，当用户画像更新时，基于用户画像的用户分类和聚类等均需要重新计算。

提 要

非结构化用户画像的优势为：数据的可扩展性更强，系统的时效性更好，对用户的刻画能力更强，应用场景也更广泛。用好非结构化用户画像的挑战在于：数据量大导致系统的计算量大，对算法和硬件系统的要求高。

1.3.4 非结构化用户画像的计算和更新策略

由于系统中庞大的用户数量和用户行为数据，系统通常无法做到对每一个用户的每一条行为数据进行实时计算。一般来说，算法推荐系统采取的策略是进行定期的数据维护和更新，例如，以天、周或者月为单位采集一个周期内用户的行为数据，对用户画像进行标签更新。这种更新策略称为增量式的更新。以图 3－1 为例，假设用户 A 使用算法推荐系统已有三年，系统以周为单位进行用户画像更新，如果每一次用户画像更新都要取回三年来用户 A 的全部行为数据，则计算量较大。并且在上一周期已经计算过的内容又被取回重新计算了一次，这对于计算资源也是一种浪费。因此，应该对用户在一个计算周期内增量的行为数据进行计算，实现系统性能优化并提高效率。

假设算法推荐系统以设定的频率（如每周、每月等）在每个周期的固定时间更

① “活跃用户”的概念参见本章第 2 节。

新用户画像，则在最新一次计算中，计算程序需要获取这个周期内发生的所有用户行为数据，并提取出每个用户的标签。

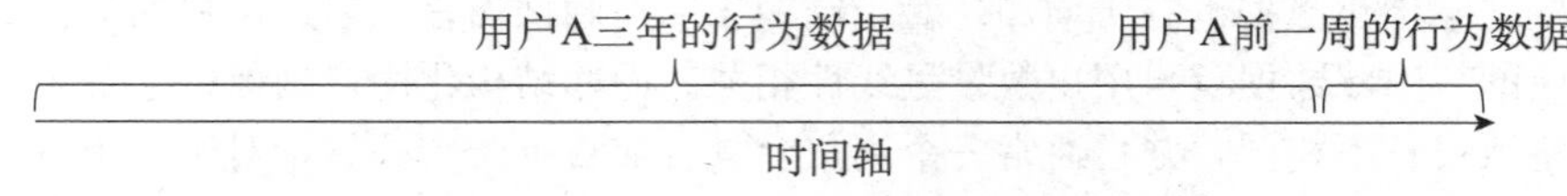

图 3-1 以“周”为周期更新用户画像

对于提取出的标签，可以分以下几种情况进行处理：

● 全新标签：如果本周期从某个用户的行为数据中提取出了新的标签，则需要把这些标签加入这个用户的画像里面。从时效性的角度，全新标签代表了用户近期关注的兴趣类别，其权重可以适当地设置得高一点。

● 已有标签：对于本周期用户行为数据中出现的原用户画像中已有的标签，由于用户在最近一个周期仍然体现出对这些标签对应内容的兴趣，其权重也可以有适当的提升，但是提升的幅度可低于新标签。

此外，还需要考虑在本计算周期并未出现的已有用户画像标签，对于这类标签也可以采取不同策略进行权重值的调整：

● 去掉未出现的已有标签：由于用户在本周期的增量行为数据并未包含这些标签，可以考虑直接把未出现的已有标签从用户画像中删除。

● 降低未出现的已有标签之权重：由于用户在一个计算周期内的行为数据未必能覆盖其全部的兴趣类别，因此直接删除用户画像中在本周期未出现的已有标签可能会导致对用户特征表述的失真，可以考虑把这些标签的权重降低，体现出其时效性的降低，同时在整体上对用户的特征仍保留一个更全面的画像。

根据实际运行情况，算法推荐系统可以综合运用以上策略。例如，增加新出现的标签权重，适当增加已有标签权重，逐渐降低不再出现标签的权重。实现定期使用用户行为数据更新用户画像的目的。

【例 3-3】 假设在上一个用户画像更新周期结束时用户 X0550 的画像为：{X0550：18 岁，小米手机：0.052，健身：0.150，HTML5：0.039，人工智能：0.024，北京：0.007，新媒体：0.008，艺术：0.003，设计：0.047……}。经过一周的行为数据积累，算法推荐系统在此用户的行为数据中提取出一个新标签“攀岩”，且该标签出现频率较高，因此系统将这个标签加入用户 X0550 的画像。假设用户已有的其他标签在本周的行为数据中并未出现，则适当降低它们的权重，更新用户画像为：{X0550：18 岁，攀岩：0.100，小米手机：0.042，健身：0.100，HTML5：0.020，人工智能：0.014，北京：0.005，新媒体：0.007，艺术：0.002，设计：0.037……}（详细计算从略）。

提 要

可以采用增量式的计算策略，定期取回用户在一个计算周期内的行为数据，挖掘出对应的用户画像标签，并根据其为新标签或已有标签为其调整用户画像中相应的权重值。

第2节 用户画像标签体系的计算

不论是结构化用户画像还是非结构化用户画像，一般来说，算法推荐系统面对的用户数据及用户行为都是海量的。因此，即便采用了增量式的计算策略，仍然需要设计高效的计算框架和手段来辅助用户画像标签体系的计算和维护过程。本节介绍用户标签体系的两种计算框架：批量计算框架和流式计算框架。

在进入具体的计算框架学习之前，首先介绍一组在计算用户画像标签体系过程中常用的概念。

活跃用户（active user）：会反复使用某个软件系统、网站、应用程序以及网络游戏等系统的用户。这部分用户通常会给系统带来更多的访问数、点击量和广告收入等等。活跃用户是衡量系统运营现状的重要指标。

日活跃用户（daily active user，DAU）：系统中每日的活跃用户。日活跃用户数记录每天有多少用户活跃使用系统。需要注意的是，对日活跃用户数的计数是以用户账号为单位的，而不是以一次用户访问或使用为单位。例如某活跃用户A当天多次使用系统，其对当天的日活跃用户数计数的贡献为1，而非其使用系统的次数。日活跃用户数体现了系统的用户黏性，是活跃用户相关的一个具体衡量指标。

月活跃用户（monthly active user，MAU）：系统中每月的活跃用户。同理，月活跃用户数也是以用户账号为计数单位，而非用户行为。“月活跃用户数”是活跃用户相关的一个具体衡量指标。

针对用户标签的计算主要是考察系统中现有的活跃用户。除了日活跃用户和月活跃用户之外，也可以使用周活跃用户等不同计数周期的活跃用户数量进行用户黏性和系统健康程度的衡量。

流失用户（lost user）：曾经使用过但最终不再使用某个软件、网站、应用程序以及网络游戏等系统的用户。流失用户通常用于衡量系统的运行风险，当流失用户数呈现增加趋势时说明系统自身的运营状况或者其外部环境存在风险（如竞争对手对用户的抢夺），流失用户是一个预警指标；当流失用户数稳定或者呈现减少趋势时，系统能够吸引用户和留住用户，系统运营状况良好。此外，对于流失用户的分析也可以帮助设计保留活跃用户和吸引新用户的营销和运营策略。

2.1 用户标签的批量计算框架

2.1.1 批量计算框架的基本原理

第一种用户标签的计算框架称为“批量计算框架”。其主要原理为：定期找出一定时间段内的全部活跃用户，对这部分活跃用户的行为数据进行用户标签的更新计算。由于这批活跃用户是按照一定时间段界定的，其用户数据也是批量取得并计算的，因此称为“批量计算框架”。例如，每日夜间批量取回过去两个月内所有活跃用户的行为数据，进行用户画像更新计算。对于指定计算时间段内的非活跃用户，由于其未在系统中产生新的行为数据，因此可认为其用户画像没有改变，故不对其进行用户标签的更新计算。对于长期不登录系统的（准）流失用户，系统可以另设管理模块进行流失用户清理和挽回，本节不再赘述。

【例 3-4】 批量计算框架下用户画像计算量的估算：假设算法推荐系统每天有 500 万活跃用户，每个用户每天在系统中产生 200 条行为数据（如阅读类别、主题、使用的网络、使用的设备、接受推送的时间段等等），系统以天为单位进行用户画像的批量更新计算，所使用的用户数据为每个活跃用户两个月之内的行为数据。则每一次批量计算时，系统至少需要处理 600 亿条行为数据（200 条数据/用户/天×500 万用户×60 天）。假设每次批量计算任务要控制在 10 小时以内，则至少需要每分钟计算 1 亿条用户数据才能满足要求，可见在这样的数据量下进行批量计算对系统的算法和计算力的要求都是非常高的。

由例 3-4 可知，批量计算框架对系统算法的效率和硬件计算力都提出了较高的要求，因此仅仅使用普通的服务器或者计算机群组无法满足这样的计算需求。

实际上，这样规模的用户行为数据已经属于大数据[①]的范畴，因此，需要使用分布式的大数据计算方式和处理手段。

2.1.2 批量计算框架的计算过程

图 3-2 给出了使用 Hadoop[②] 集群批量计算用户标签的一种计算方案。为了方便表述，本节将每一次定期执行批量计算用户标签的过程简称为执行一个"批量任务"。

第一步，订阅收集用户原始行为数据。

一般来说，出于效率和集约化操作的考量，具有多个用户的系统并不会单独处理用户在系统中每一次行为产生的数据，而是倾向于集中处理一批用户行为数据。因此，用户行为数据产生后，需要对其进行暂存处理，例如可以将其存储于用户原始行为日志中，等候相应的程序取出处理。也就是说，每当有用户通过用户界面（如网页或客户端程序等）与算法推荐系统发生交互动作时，系统都会把这些行为数据记录在日志中，参见例 3-5。

【例 3-5】 用户原始行为日志举例[③]：

Action_Log＝｛（X0501，20180501 11：20：00，退出系统，手机 App），

……，

（X0501，20180501 14：35：00，登录系统，网页版），

（X0501，20180501 14：36：00，点击推送文章《五一假期旅游景点推荐》，网页版），

（X0501，20180501 14：39：00，点击推送相关文章《劳动节加班工资怎么算》，网页版），

……，

---

① 有关"大数据"的概念和详细介绍参见本书"大数据与推荐系统"一章。

② Hadoop 是一种分布式系统基础架构，用户可以在不了解分布式底层细节的情况下，开发分布式程序，充分利用集群的计算能力进行高速运算和存储，参见 http://hadoop.apache.org/，https://baike.baidu.com/item/Hadoop/3526507。

③ 本例仅做示范，实际的算法推荐系统对用户行为的记录需要更加完善。此外，针对日志数据本身，也有专用的日志服务系统实现日志类数据采集、消费、投递及查询分析功能，如阿里云提供的日志服务（https://www.aliyun.com/product/sls?utm_content=se_1000079342），有兴趣的读者可以阅读相关文档。

（X0530，20180501 15：35：00，观看推送视频《世界乒乓球锦标赛开幕赛》，手机 App），

……}。

在例 3－5 的用户行为日志 Action _ Log 中，每一条记录对应一个用户在算法推荐系统中一次动作的摘要。例如（X0501，20180501 14：36：00，点击推送文章《五一假期旅游景点推荐》，网页版），表示系统账号为 X0501 的用户在 2018 年 5 月 1 日 14 点 36 分使用网页版的算法推荐系统，点击了系统推荐的文章《五一假期旅游景点推荐》。

第二步，用户行为日志数据导入分布式文件队列。

当到达批量处理的时间点时，负责取回用户原始行为数据的程序被启动。首先，程序按照系统设定采集频率，生成相应的活跃用户账户列表，例如，当天/当周的活跃用户列表。接下来，程序从用户原始行为日志中取出考察时间段（如从当天到当天前两个月这一时间段）内这些活跃用户的行为数据，作为下一步计算的输入数据。

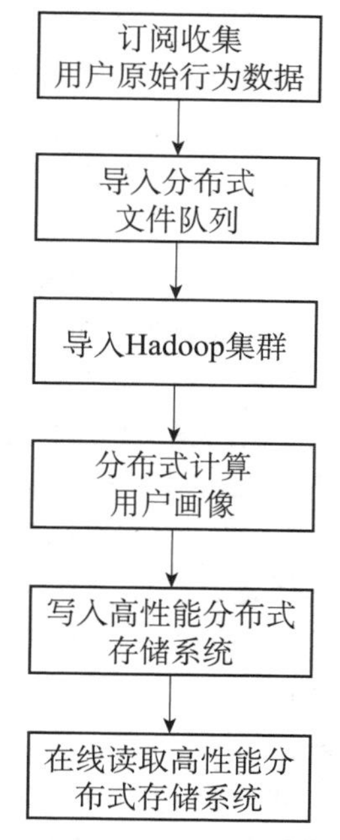

图 3－2 用户标签的批量计算框架

由例 3－4 的分析可知，指定时间段活跃用户的行为数据往往是规模较大的数据，因此无法全部加载到计算机的内存中用于计算。所以，在一个批量任务中，程序获取用户的行为日志数据之后，需要把它们存储在一个易于读取的介质中。因此在第二步，算法推荐系统的程序需要把指定时间段活跃用户的行为日志数据存放到分布式的日志文件队列中，例如 Kafka① 平台。

Kafka 平台是一种高吞吐量的分布式发布、订阅消息的系统。为了便于理解系统原理而不陷入技术细节，可以直观地把“订阅消息”理解为算法推荐系统的各个

① Kafka是由 Apache 软件基金会开发的开源处理平台，参见 http：//kafka.apache.org/，https：//baike.baidu.com/item/Kafka/17930165。

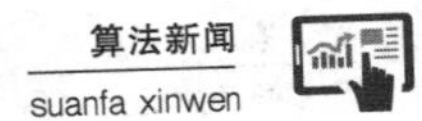

子模块向Kafka系统“注册”或“报告”，通知Kafka系统哪些模块或程序需要什么样的数据。当这些数据进入Kafka系统时，系统负责将其分发给订阅这些数据的模块。所以“发布消息”可以理解为Kafka平台把用户行为数据分发给订阅者，即需要使用这些数据进行计算的相应模块。

例如，用户画像更新程序可以向Kafka平台订阅活跃用户的行为数据，而Kafka平台可以将活跃用户的行为数据发布给订阅了这些数据的各个程序模块使用。

第三步，用户行为数据导入Hadoop集群。

Hadoop是一种分布式系统基础架构。“分布式计算”是一种计算方法，与集中式计算是相对的。随着计算技术的发展，有些应用需要非常巨大的计算能力才能完成，如果采用集中式计算，需要耗费相当长的时间。分布式计算将需要进行大量计算的数据分割成小块，分配至多台计算机分别计算，在汇总运算结果后统一合并得出计算结果。这样可以节约整体计算时间，大大提高计算效率。鉴于算法推荐系统用户数据的规模和复杂性，使用Hadoop架构是合理有效的方式。

具体看，Hadoop架构实现了分布式存储和分布式计算两个核心系统。其中，分布式文件系统（Hadoop distributed file system，HDFS）负责数据的存储和管理。一方面，HDFS有高容错性的特点，所以可以用来部署在低价的硬件上，进一步降低系统运营成本；另一方面，HDFS提供高吞吐量来访问应用程序的数据，适合那些有着超大数据集的应用程序。而分布式计算系统MapReduce① 则为海量的数据提供了计算框架（详见下文计算过程的第四步）。

因此，在批量任务的第三步，算法推荐系统的程序对用户行为数据进行分割后，分布式地存储至HDFS系统中，准备进入下一步用户画像更新计算。

第四步，分布式计算用户画像。

MapReduce是用于并行处理大数据集的计算框架。从原理上理解，MapReduce包括两个主要功能，分别是映射（Map）操作和归约（Reduce）操作，而这两种操作可以分别有许多实例在同时运行，即多个Map操作和多个Reduce操作，从而保证大数据集的并行处理能力。具体地，Map操作接收输入数据并将其转换为一个键/值对②列表，输入域中的每个元素对应一个键/值对。Reduce操作接收Map操作生成的列表，然后根据它们的键（为每个键生成一个键/值对）缩小键/值对列表，最终进行汇总计算得出结果。

对MapReduce计算框架可以进行简化理解，即把一堆杂乱无章的数据按照某种特征归纳起来并处理得到最终结果。Map阶段面对的是看起来杂乱无章、互不

---

① MapReduce是面向大数据并行处理的计算模型、框架和平台，参见https://baike.baidu.com/item/MapReduce/133425。

② “键/值对”是来自计算机程序语言的概念，其中“键”可类比于字典中的字或词，而“值”可类比于字典中字或词的解释。如有一个工作日名称英译汉的键/值对列表：{Monday：周一，Tuesday：周二，Wednesday：周三，Thursday：周四，Friday：周五}，则“Monday”“Tuesday”等工作日的英文名称为“键”，“周一”“周二”等相应的汉语翻译为“值”。假设需要进行英文对汉语的翻译，只需要根据给定的键（英文工作日名称），即可在列表中查到相应的值（汉语工作日名称）。又如一份某课程期末考试成绩的键/值对列表：{学生A：90，学生B：93，学生C：85……}，则是由学生姓名和分数组成的键/值对列表。在查询成绩时即可依照学生的姓名从列表中查询出其考试成绩。键/值对处理数据的能力很强，并不局限于特定的数据类型。

相关的数据，它解析每个数据，从中提取出键和值，也就是提取了数据的特征。接下来在 Reduce 阶段看到的都是已经归纳好的数据了，在此基础上可以做进一步的归约计算处理，并得到结果。例 3-6 给出一个具体的例子解释 MapReduce 计算框架的工作过程。

【例 3-6】 用户行为数据的 MapReduce 计算过程。

算法推荐系统使用 MapReduce 计算框架对输入的用户行为数据进行运算，提取用户行为中的用户画像标签。

例如输入数据是：（X0501，20180501 14：35：00，登录系统，网页版），（X0501，20180501 14：36：00，点击推送文章《五一假期旅游景点推荐》，网页版）。

在其上运行 Reduce 操作后，得到以下键/值对列表：（X0501，1），（20180501 14：35：00，1），（登录系统，1），（网页版，1），（X0501，1），（20180501 14：36：00，1），（点击推送文章《五一假期旅游景点推荐》，1），（网页版，1）。

此处，“键”是用户行为数据中出现的最小单位的实体，如用户系统账号、时间戳、用户行为描述等等；而“值”用于记录每个实体在这一批输入的用户行为数据中出现的次数。

对上述键/值对列表应用 Reduce 操作，把相同“键”的值累计求和，为每一个“键”归约出一个“实体：出现次数”格式的键/值对，得到：（X0501，2），（20180501 14：35：00，1），（登录系统，1），（网页版，2），（20180501 14：36：00，1），（点击推送文章《五一假期旅游景点推荐》，1）。

根据例 3-6 的输入数据，经过 MapReduce 处理可以发现，对于用户 X0501 而言，其使用网页版的算法推荐系统比较频繁，并且在这一次批量任务中，由用户行为“点击推送文章《五一假期旅游景点推荐》”推断用户关注“五一假期旅游景点”，因此提取出“五一假期旅游景点”作为本轮计算得出的用户 X0501 的标签。若此标签从未在用户 X0501 的画像中出现，则需要将其作为新标签添加；若该标签是已有标签，按照系统规则提升其权重值。MapReduce 计算框架对于其他用户行为日志数据的处理同理，因此可以将每个用户的行为数据映射归约出相应的用户标签。

第五步，写入高性能分布式存储系统。

当新一次批量任务完成用户标签计算之后，需要把新的计算结果合并到已有的用户画像中，以便形成更新的用户画像，并且把计算结果存储起来，方便系统中其他程序和模块使用。由于每一次批量任务计算结果的数据量较大，因此同样考虑采用分布式系统实现高效的存储。

具体地，首先需要把新一轮计算结果与上次计算结果结合起来，即对于在本轮中被计算标签的活跃用户，需要判别本轮计算出的是用户的新标签还是已有标签，然后在用户画像中做权重调整和更新。以下举例介绍如何更新用户画像标签及其权重。

【例 3-7】 假设上一次批量任务完成后用户 X0550 的画像为：{X0550：18 岁，小米手机：0.200，健身：0.150，HTML5：0.100，人工智能：0.100，北京：0.150，新媒体：0.050，艺术：0.150，设计：0.100}。此用户共有 8 个标签，所有标签的权重值之和为 100%。经过一周的行为数据积累，算法推荐系统在此用户

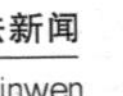

的行为数据中提取出一个新标签“攀岩”，且其出现频率较高（假设出现30次），因此需要在系统中将这个标签加入用户X0550的画像。同时，假设用户已有的其他标签在本周的行为数据中并未出现，则适当降低它们的权重。

令用户原有 n 个标签的权重值为 w_1，w_2，…，w_n；令用户新的 k 个标签出现次数为 f_1，f_2，f_3，…，f_k。则更新后，用户共有 $n+k$ 个标签，其权重值之和仍为100%。

具体的更新规则为：

● 对于 k 个新标签，将第 i 个标签的权重设为 $k/(n+k) * f_i/(f_1+f_2+\cdots+f_k)$。

● 对于已有的 n 个标签，更新第 j 个标签的权重为 $n/(n+k) * w_j$。

也就是说，新标签占用100%权重值的比例为 $k/(n+k)$，其中第 i 个新标签分得 $k/(n+k)$ 权重值的 $f_i/(f_1+f_2+\cdots+f_k)$；原有标签占用100%权重值的比例为 $n/(n+k)$，第 j 个原有标签的权重为原有权重值 w_j 的 $n/(n+k)$。

依据规则，本次批量计算用户X0550原有8个标签，新加1个标签，则新标签“攀岩”的权重值为：$1/(8+1) * 4/4=1/9\approx0.111$。对于原有的8个标签，以“小米手机”为例，更新其权重值为：$8/(8+1) * 0.20=8/9 * 0.200\approx0.178$。

因此，添加了新标签后，更新用户画像为：{X0550：18岁，攀岩：0.111，小米手机：0.178，健身：0.133，HTML5：0.089，人工智能：0.089，北京：0.133，新媒体：0.045，艺术：0.133，设计：0.089}。

更新后，全部9个标签的权重值之和仍为100%，新标签的权重为11.1%，原有8个标签的权重值均适当降低。

计算好新的用户画像后，由负责存储的程序模块将更新好的用户画像写入高性能的分布式存储系统（详见第六步）。

第六步，在线读取高性能分布式存储系统。

算法推荐系统的用户数据和内容数据都是大规模的数据，而商用级别的应用又要求较高的数据读取速度和可靠的数据安全性能，因此需要使用高性能的分布式存储系统进行数据的存储和管理。亚马逊①、YouTube②、当当网③、今日头条④等国内外的电子商务网站和算法推荐系统均采用高性能分布式存储系统完成数据存储和管理。通过高性能的分布式存储系统，用户画像得以被高速地读取使用，及时完成系统调用用户画像实现实时个性化推荐的任务。

以下简要介绍高性能分布式存储系统。

分布式存储系统⑤采用可扩展的系统结构将数据分散存储在网络中多台独立的设备上，利用多台存储服务器分担存储负荷，利用位置服务器定位存储信息实现数

---

① 亚马逊是一个电子商务网站，参见https：//www.amazon.com/。

② YouTube是一个视频观看分享网站，参见http：//www.youtube.com/。

③ 当当网是综合性网上购物商城，参见http：//www.dangdang.com/。

④ 今日头条是一款基于数据挖掘的推荐引擎产品，参见https：//www.toutiao.com/。

⑤ 分布式存储是一种数据存储技术，将数据分散存储在多台独立的设备上，参见https：//baike.baidu.com/item/%E5%88%86%E5%B8%83%E5%BC%8F%E5%AD%98%E5%82%A8/5557030?fr=aladdin。

据的读取。① 它在可靠性、可用性、存取效率和可扩展性方面，均优于传统的集中式网络存储。

从体系结构上看，目前主流的分布式存储系统通常包括主控服务器、多个数据服务器，以及多个客户端。主控服务器也称元数据服务器、名字服务器等，通常会配置备用主控服务器以便在故障时接管服务。数据服务器也称存储服务器、存储节点等。客户端可以是各种应用服务器，也可以是终端用户，是分布式系统中数据的使用者。

主控服务器的功能包括：

(1) 命名空间（name space）的维护：主控服务器负责维护整个文件系统的命名空间，并暴露给用户使用。命名空间也称名字空间，是文件系统文件目录的组织方式，是文件系统的重要组成部分，为用户提供可视化的、可理解的文件系统视图，从而解决或减少人类与计算机之间在数据存储上的语义间隔。命名空间的结构主要有典型目录树结构、扁平化结构和图结构等。图 3-3 即为 MacOS 操作系统下的文件系统目录结构片段示意图。

图 3-3 MacOS 操作系统中文件系统目录结构片段

(2) 数据服务器管理：主控服务器需要集中管理数据服务器。在接收到客户端的请求（即存储数据）时，主控服务器需要根据各个数据服务器的负载等信息选择一组（考虑到数据备份故需要一组）服务器为其服务；当主控服务器发现有数据服务器宕机②时，需要对一些副本数不足的文件（块）执行复制计划；当有新的数据服务器加入集群或是某个数据服务器负载过高时，主控服务器也可根据需要执行一些副本迁移计划。

在分配数据服务器时，基本的分配方法有随机选取、轮转、低负载优先等，也可以根据客户端的信息，将分配的数据服务器按照与客户端的远近排序，使得客户端优先选取离自己近的数据服务器进行数据存取。

(3) 服务调度：主控服务器最终的目的是服务好客户端的请求，通常的服务模型包括单线程、每请求一线程、线程池（通常配合任务队列）。单线程模型下，主控服务器只能顺序地服务请求，服务效率低，不能充分利用好系统资源。每请求一线程的方式虽能并发地处理请求，但系统资源的限制导致创建线程数存在限制，从而限制同时服务的请求数量；此外，线程太多，线程间的调度效率也存在问题。线程池的方式目前使用较多，通常由单独的线程接受请求，并将其加入任务队列中，而线程池中的线程则从任务队列中不断地取出任务进行处理。

(4) 配置备用服务器：主控服务器在整个分布式文件系统中的作用非常重要，为了避免单点问题，通常会为其配置备用服务器，以保证在主控服务器节点失效时

---

① 直观地理解，数据被分片存储在不同的存储服务器上，位置服务器则负责记录哪些数据分片存储在哪些存储服务器上，用于指引数据的读取。

② 宕机，指操作系统无法从一个严重系统错误中恢复过来，或系统硬件层面出问题，以致系统长时间无响应，而不得不重新启动计算机的现象。

接管其工作。

数据服务器的功能包括：

（1）数据本地存储：数据服务器负责文件数据在本地的持久化存储。最简单的方式是将客户的每个文件数据分配到一个单独的数据服务器上作为一个本地文件存储。对于小文件的存储，可以将多个文件的数据合并存储在一个数据块中，以便提高存储空间的利用率。对于大文件的存储，则可将文件存储到多个数据块上，多个块所在的数据服务器可以并行服务，这种需求通常不需要对本地存储做太多优化。

（2）状态维护：除了存储数据外，数据服务器还需要维护一些状态。首先它需要将自己的状态周期性地报告给主控服务器，使得主控服务器知道自己是否在正常工作。通常，报告的内容还包含数据服务器当前的负载状况（CPU、内存、磁盘存储空间、网络读取速度等，视具体需求而定），这些信息可以帮助主控服务器更好地制定负载均衡策略。

很多分布式文件系统如 HDFS 会提供监控系统，以便实时了解数据服务器或主控服务器的负载状况，管理员可根据监控信息进行故障预防。

（3）副本管理：为了保证数据的安全性，分布式文件系统中的文件会存储多个副本到数据服务器上，主要有 3 种方式。最简单的方式是客户端分别向多个数据服务器写同一份数据。第二种方式是客户端向主数据服务器写数据，主数据服务器再向其他数据服务器转发数据。第三种方式采用流水复制的方法，客户端向某个数据服务器写数据，该数据服务器向副本链中下一个数据服务器转发数据，下一个数据服务器把数据写在本地，以此类推，完成多份副本的复制。

在有节点宕机或节点间负载极不均匀的情况下，主控服务器会制订一些副本复制或迁移计划，而数据服务器实际执行这些计划，将副本转发或迁移至其他的数据服务器。数据服务器也可提供管理工具，在需要的情况下由管理员手动执行一些复制或迁移计划。

客户端的功能包括：

（1）接口：用户最终通过客户端调用文件系统提供的接口来存取数据。“接口”这一概念泛指实体之间隐藏内部细节而在外部交互的方式。例如，人与电脑或程序之间的接口是用户界面，计算机硬件组件间的接口叫硬件接口，计算机软件组件间的接口为软件接口。此处文件系统提供的接口实际上是客户端程序与分布式存储系统程序之间的软件接口，客户端通过此接口请求文件系统存储或读取数据，而不必自己实现分布式存储、读取数据的功能。

（2）数据缓存：分布式文件系统的文件存取要求客户端先连接主控服务器获取一些用于文件访问的元信息，这一过程一方面加重了主控服务器的负担，另一方面增加了客户端请求的响应延迟。为了加速文件存取过程并减小主控服务器的负担，可以将元信息进行缓存。例如，可根据业务特性将元数据缓存在本地内存或磁盘上。

（3）其他：客户端还可以根据需要支持一些扩展特性，如将数据进行加密，保证数据的安全性，将数据进行压缩后存储，降低存储空间的使用，或是在接口中封装一些访问统计行为，以支持系统对应用的行为进行监控和统计。

提 要

用户画像标签的批量计算框架工作流程为：

- 定期取回系统中的日/周/月活跃用户。
- 从用户行为记录中取回这些活跃用户在指定时间段内的行为数据。
- 在 Hadoop 集群上执行用户标签的批量计算，更新用户画像，保存结果并提供给系统中其他模块使用。

2.1.3 批量计算框架面临的挑战及其影响

概括而言，用户标签的批量计算框架的运行过程为：提取出一定时间段内（一天、一周等）的活跃用户列表，抽取这些用户在过去指定时间段内（一个月、两个月等）的动作数据，加载到分布式系统中计算，求得用户在最近一个计算周期内用户标签的更新情况并更新用户画像，随后把更新后的用户画像放到高性能分布式的存储系统里面，供个性化的推荐系统使用。

以上关于用户画像批量计算框架计算过程的介绍再次体现出算法推荐系统是一个非常复杂的系统。从个体用户的角度来看，使用算法推荐系统仅仅是在手机或平板电脑等终端设备上安装一个应用程序，运行后程序就会根据用户的个性化特征不定期地推送给用户一些消息和内容，并根据用户的使用行为进行推荐行为的调整和优化。然而，在手机应用程序背后的算法推荐系统无论是数据量还是计算规模都非常庞大，涉及的信息技术的种类和实现也非常多。比如，算法推荐系统中的用户行为日志系统本身就是一个非常庞大的子系统，用户在手机应用中每做一步操作都会产生日志系统中的一条记录，数据量非常庞大，处理起来也需要高效率的手段。

从系统实际运行的角度来讲，批量计算框架使用了高性能的分布式集群计算模型，充分体现出了对系统性能的考量。然而，批量计算框架还面临着数据量和计算任务暴增的问题，这主要来自以下几个因素的影响：

- 用户数量的增长。

根据用户的兴趣图谱，系统可以搭建不同的用户兴趣模型如回顾例 3-4，给定 500 万日活跃用户，200 条行为数据/用户/天，以天为单位进行用户画像的批量更新计算，计算周期为两个月，则每一次批量计算时系统至少需要处理 600 亿条行为数据。随着用户数量和行为数据量的增加，系统计算量也在不断增加，系统可能会出现过载的情况。此时，单纯依赖分布式大数据计算平台并不能有效地解决问题。

- 兴趣模型种类的增加。

对于用户的个性化推荐主要依赖系统对用户兴趣的理解程度，但是，并没有一种普适性的用户兴趣模型可以全方位地把握用户的兴趣特征。另外，用户的兴趣本身也并不是一成不变的，它有着从产生到持续再到消亡的一个过程。因此，需要开发和实现不同的用户兴趣模型，以便从多个角度理解和配合用户兴趣，试图推荐最符合用户兴趣特点的内容。

用户的兴趣分为长期兴趣和短期兴趣，在个性化推荐中，常用的用户兴趣表示方法包括：

（1）关键词列表表示法。

使用一个或者多个用户感兴趣的关键词构成的关键词序列来表示用户兴趣。例如某用户对攀岩十分感兴趣，则用户的兴趣模型可能表示成如下形式｛抱石比赛，自然岩壁攀登，中国人民大学攀岩馆｝。用户兴趣关键词的获取方式主要有用户主动提供和系统隐式自动获取两种。关键词列表模型是不加权重用户画像的一种简化实现方式。

（2）基于向量空间模型的表示方法。

向量空间模型（vector space model，VSM）表示法是使用较多且效果较好的特征表示法，目前已经成为自然语言处理中最常用的模型。基于 VSM 的表示法把用户的兴趣模型表示成一个 n 维的特征向量｛(t_1, w_1)，(t_2, w_2)，…，(t_n, w_n)｝。其中，兴趣项 t_i 是用户感兴趣的方面，w_i 是用户对 t_i 感兴趣的程度（兴趣度）。

模型中的兴趣项可以是项目（算法推荐系统推荐的内容）的特征描述词或者是表示用户兴趣的关键词。基于向量空间模型的表示法能够反映不同的兴趣项在用户兴趣模型中的重要程度，可以用于计算内容与用户的匹配程度。实际上本章介绍的带权重的非结构化用户画像就是基于向量空间模型的一种实现。

由于关键词存在语义的歧义性问题，而且随着用户兴趣项的增加，模型中会出现冗余，导致兴趣模型维数增加，增加了系统的计算和存储开销。

（3）基于神经网络的表示方法。

神经网络（neural networks，NN）是由大量简单的处理单元通过广泛的互相连接形成的复杂网络结构，具有较强的自适应、自组织、自学习能力。在网络结构稳定后，可以使用网络中相互关联的结构化信息表示用户兴趣模型。不同的神经网络模型其性能和适用范围各不相同，模型的训练和学习过程也较为复杂，此外神经网络模型的可解释性较差，因此其适用的范围较窄。

（4）基于本体的表示方法。

近年来本体（Ontology）从哲学界进入计算机领域，用于表达相关领域的基本术语和术语之间的关系，提供关于某一领域知识的共同理解。基于本体表示用户的兴趣模型是指将用户的兴趣爱好领域用一个本体来表示。由于本体既包含领域常用术语又能提供术语之间的关系，因此基于领域的术语对于用户兴趣有较好的描述能力。基于本体的用户兴趣模型以类人的思维方式理解用户的兴趣特征，在理论上是十分理想的用户模型表示方法，在实现上有助于知识共享。但是由于本体的构建需要专业的领域知识和大量人工劳动，构建成本大，因此并不常用。

在以上介绍的 4 种基本用户兴趣模型的基础上，学界和业界也在不断设计和开发新的用户兴趣模型，以适应算法推荐系统不断变化的内外部环境。在算法推荐系统的实践过程中，随着新的用户兴趣模型的实现和使用，所需的计算资源也不断增加，进一步导致了系统负载的增加。

● 其他批量处理任务的增加。

对于一个产品级的应用系统而言，通常会有多个子系统在同时运行，而用户画像的批量计算只是系统运行中的一个任务。在此之外，系统还需要计算其他批量任务，例如，内容库的质量检查、文本型和图片型内容的索引和标记等等。因此当其他批量处理任务的数目也在增加时，系统负载变得更加繁重。

庞大的数据量和计算任务使得批量计算框架面临如下困境：

- 当天完成批量处理任务越来越勉强。例如，系统运行初期，每天只需处理用户画像的批量计算，假设花费5小时。随着系统功能的不断完善和扩充，其他的批量计算任务不断加入工作队列中，系统每天要完成很多批量处理任务。系统负载增加导致系统每天完成批量处理任务的能力越来越勉强。
- 集群计算资源紧张，影响其他工作。对于顺序执行的批量任务来说，如果一天内所有批量任务的执行时间超过24小时，则系统就不可能完成全部的批量任务。即便可以增加服务器、存储等资源，在一定的规模和容量上限约束下，系统总体的计算资源也会越来越紧张，影响到其他计算任务的执行。
- 集中写入分布式存储系统的开销越来越大。计算量的增加导致计算结果的增加，为了把结果写到高性能分布式存储系统里面，写入系统所需开销也越来越大。
- 用户兴趣标签更新延迟越来越严重。如果用户画像更新计算任务没有按时完成，那么用户的兴趣标签更新会越来越慢，用户画像就不能及时准确体现用户的兴趣特点，导致推荐内容的针对性和可读性不强，影响用户体验和使用的积极性，最终影响算法推荐系统的商业运营。

随着计算量的增加，算法推荐系统使用批量处理框架完成用户画像的计算变得越来越勉强，系统的负载越来越大，因此，需要考虑是否有可能对系统进行改良，提高系统的计算效率和服务能力，从而提高用户黏性，保持用户在线率。

提 要

在用户画像的批量计算框架中，导致计算量和计算任务迅速增加的原因包括：用户数量的增长、用户兴趣模型种类的增加以及系统中其他批量处理任务的增加。

2.2 用户标签的流式计算框架

2.2.1 流式计算框架的基本原理

用户标签的流式计算框架是对批量计算框架的改良，其原理是系统以接近实时的在线处理方式计算刚刚产生的用户行为数据，从而避免大批用户行为数据积累后不得不进行的大规模离线式计算。在批量计算框架中使用Hadoop平台进行的计算是一种离线式的计算，当到达一定的时间点（如固定每天凌晨3点执行批量计算）或满足一定的触发条件（如已积累5 000万条未处理的用户行为数据）时，算法推荐系统中相关程序模块需要批量地收集和读取用户行为数据，进行专门的计算和存储，用户行为与其相应的计算结果并不是同步出现的，所以并不支持实时计算和更新用户画像标签。和离线计算相对的就是在线计算，也称实时计算，当用户在系统

中做出一个动作时，系统即启动计算过程，用户行为与其相应的计算结果几乎是同步出现的。

支持流式计算框架的流式计算平台与支持批量计算框架的离线计算平台采用不同的技术。在批量计算框架中我们介绍了Hadoop平台，与之对应，在实时计算中我们可以使用Storm①系统支持流式计算。Storm对于实时计算的意义相当于Hadoop对于批处理的意义。Storm适用于流数据处理，可以处理源源不断的消息，并将处理后的结果保存到持久化介质中。

从数据的存取来看，Hadoop是磁盘级计算，进行计算时，数据在磁盘上，需要读写磁盘；而Storm是内存级计算，数据直接通过网络导入内存，读写内存比读写磁盘速度快若干数量级。据统计，磁盘访问耗时是内存访问耗时的10^6个数量级②，所以Storm在数据存取速度上比Hadoop更快。

Storm采用网络直传和内存计算，从产生数据到产生运算结果所需时间必然比Hadoop通过HDFS传输少得多。当计算模型更适合流式计算时，Storm的流式处理省去了批处理中收集数据的时间，所以从计算上来看，Storm也快于Hadoop。

【例3-8】 Hadoop与Storm的对比。

在一个典型的场景中，系统有几千个日志生产方产生日志文件，需要先进行一些处理操作再将其存入数据库。如果使用Hadoop，则需要先存入HDFS，按每一分钟预处理一个日志文件的速度来算，当Hadoop正式开始计算时，一分钟时间已经过去了；随后的调度任务又需要花费一分钟，假设计算和存储到数据库花费较少时间（几秒），那么总体上从数据的产生到最终可以使用已经花费了至少两分钟。

而流式计算模式下，系统会启动一个专门程序一直监控日志数据的产生，产生一条数据就通过一个传输系统发给流式计算系统并直接处理，处理完之后直接写入数据库。每条数据从产生到写入数据库，在资源充足时可以在毫秒级别完成。

2.2.2 流式计算框架的计算过程

为了应对用户画像批量计算框架面临的问题和挑战，可以使用流式计算框架。图3-4给出了使用Storm系统支持流式计算用户标签的一种方案。

实际上，出于效率和性能的考虑，在具体实现中，流式计算框架也是积累一定批量的用户行为数据再进行用户画像的更新计算的，只不过相对于批量计算而言，流式计算每一批次收集的用户数据量比较小，比如收集到10万条用户行为数据就计算一次。回顾批量计算，以考虑当天所有活跃用户的两个月行为数据为例，数据的体量非常庞大。而流式计算使用的10万条用户行为数据则是一个相对轻量级的数据集，这对于采用大数据平台和分布式技术的推荐系统来说仍然是一个比较好实现的数量级。

流式计算框架采用小批量用户行为数据更新用户画像的原因在于：一方面，对每一条单独的用户行为数据进行计算并使用其更新用户画像会调用较多系统资源，并不经济；另一方面，从一条单独的用户行为数据求出的用户标签，其权重与用户

---

① Storm是一个分布式的、高容错的实时计算系统，参见http://storm.apache.org/。

② 参见https://cs61.seas.harvard.edu/wiki/2017/Storage1。

已有的使用多条行为数据形成的用户画像中各个标签的权重不具有可比性，从数量的角度上看对用户现有标签权重更新的贡献值较小，无法体现新的用户行为数据对用户画像的更新效果。例如，系统账号为 X0550 的用户现有用户画像为｛X0550：18 岁，小米手机：0.200，健身：0.150，HTML5：0.100，人工智能：0.100，北京：0.150，新媒体：0.050，艺术：0.150，设计：0.100｝，如果此时用户产生了一条行为数据（X0505，20180507 07：36：00，点击推送文章《周一早高峰拥堵情况》，手机 App），从这一条行为数据中，系统有可能提取出“早高峰”标签，然而，由于数据量极其有限，我们并不能判断此标签对 X0550 用户画像贡献有多大，即无法确切判断“早高峰”这一标签是否应加入用户画像，以及如果加入用户画像应该赋予其多大的权重值。因此，考虑在纯流式计算与规模效应之间采取一定的平衡，即在流式计算框架中积累一定批量的用户行为数据再进行用户画像的更新计算。

与批量计算框架类似，流式计算框架也包括 6 个计算步骤（见图 3－4），计算的基本流程相似，只是采取的技术和策略不同。以下介绍中对于在批量计算框架中已经详细介绍过的步骤不再赘述。

第一步，订阅收集用户原始行为数据。

第一步操作与批量计算框架相似。用户行为数据产生后，需要对其进行暂存处理，在这一步将用户原始的行为数据存储于行为日志中，等候相应的程序取出处理。

第二步，用户行为日志数据导入分布式文件队列。

第二步操作同样与批量计算框架类似。在这一步，系统将小批量活跃用户的行为日志数据存放到 Kafka 平台的分布式日志文件队列中。

第三步，用户行为数据导入 Storm 集群。

流式计算的特点从计算的第三步逐渐体现出来，小批量的用户行为数据流入 Storm 平台，以便进行在线计算。这使得支持内存级的数据读取速度以及实时的计算结果反馈成为可能。

第四步，从高性能存储系统读取行为数据。

与 Storm 平台配套，在底层使用高性能的存储系统，实时计算结果的写入和读取都实现内存级别的速度，保证了读取性能。

第五步，小批量更新用户模型。

如前文介绍，流式计算框架对用户模型采用小批量式的更新，使得系统中的用户画像以接近实时的效果体现用户最新的兴趣特征。与之对照，在批量计算框架中需要全部完成用户标签更新的计算，才能更新用户模型，由于批量计算任务通常至少以天为单位，因此用户画像更新不能实时体现出来。

第六步，线上直接读取高性能分布式存储系统。

采用 Storm 后，流式计算框架相当于一个在线的实时计算系统，所以当用户模型更新之后，系统可以支持内存级别的线上直接读取。算法推荐系统对用户的画像会实时地根据用户兴趣的改变而改变，因此，为用户推荐内容的准确性可以进一步提高，同时也就避免了批量计算框架中数据量和计算任务增加导致系统对用户数据的更新越来越慢、用户画像越来越不符合用户的特征这样的问题。

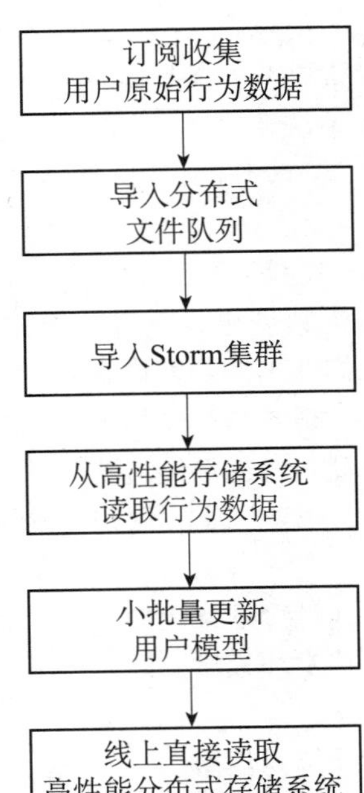

图 3-4 用户标签的流式计算框架

提 要

用户画像的流式计算框架具有如下几个特征：

- 使用 Storm 集群实时处理用户动作数据。
- 每收集一定量的用户数据就重新计算一次用户兴趣模型。
- 用大规模的高性能存储系统支持用户兴趣模型读写。
- 是（准）实时的用户画像计算框架。

【本章小结】

本章介绍如何认识和理解算法推荐系统服务的对象——用户，以及在算法推荐系统中如何使用计算的手段为用户建立模型。具体地，本章重点介绍了标签化的用户画像[①]。从模型和数据的特征来看，可以使用结构化标签的用户画像，以及非结构化标签的用户画像。前者具有严格的格式，数据模型的可解释性强；后者采用无固定结构的标签集合，对用户刻画的个性化和灵活性更高。由于算法推荐系统的用户群体往往较大，因此需要合理地安排计算资源计算用户标签、更新用户画像。根据数据量的大小和系统的容量，可以选择批量计算或者流式计算框架完成计算任

① 本章重点介绍用户画像本身，关于用户画像在算法推荐系统中的使用，参见本书第 5 章“智能推荐算法”。

务。其中，Hadoop 和 Storm 等大数据平台提供了有力的技术支持。

【思考】

在标签型的用户画像中，需要对用户标签的权重进行调整，以适配用户最新的兴趣偏好。请思考，针对用户标签的权重调整策略应如何平衡有限的计算资源与用户不断变化的兴趣偏好之间的矛盾?

【训练】

1. 什么是“非结构化用户画像”? 非结构化用户画像有什么特点?
2. 什么是“结构化用户画像”? 结构化用户画像有什么特点?
3. 用户标签的批量计算框架和流式计算框架分别适用于何种场景?

【推荐阅读】

1. 牛温佳，刘吉强，石川，等．用户网络行为画像：大数据中的用户网络行为画像分析与内容推荐应用．北京：电子工业出版社，2016.

2. 郭强，刘建国．在线社会网络的用户行为建模与分析．北京：科学出版社，2017.

第 4 章　文本型内容的建模与分析

【本章学习要点】

对文本型内容进行个性化的推荐是算法推荐系统的一项基本功能。首先需要对文本型内容建立合适的计算模型，构建多维度的文本型内容的表示体系。通常，使用自然语言生成的文本原始数据会有一定的噪声，因此在对文本型内容进行建模之前，需要进行必要的预处理，将数据规整化以满足后续计算的要求。从内容的角度来看，通过算法推荐平台呈现给用户的内容需要遵守相关的法律法规和社会公序良俗，因此系统要对内容的安全性和风险进行判断和甄别。针对系统中的合规内容进行个性化推荐时，可以使用系统内部建立的文本特征体系，对于每一条文本型内容，从中提取出可以表征其主要特点的特征来描述文本内容，用于计算内容与用户兴趣的匹配程度，指导算法推荐。知识图谱是一种基于语义的知识体系结构，使用知识图谱进行文本特征体系的建立具有较强的表达能力和可解释性，因此，大规模内容库特征的组织方式可以借助知识库和知识图谱来实现。

在真实系统中，数据达到可使用的标准具有一定的前置条件，其中之一就是对数据进行“预处理”以实现数据的规整化，包括去掉不可用、不适用以及重复数据等。此外，内容数据的质量也是一个需要重点关注的维度，从最基本的合法合规，到内容的有效性、准确性、信息量、趣味性等等，均需要在内容到达用户之前，以及内容呈现给用户的过程中，及时修正和改进。为了对用户进行内容推荐，算法推荐系统建立文本特征体系，利用内容的不同特征与用户画像的接近和匹配程度完成内容推荐。

本章重点讲述内容预处理和内容安全、文本特征体系的建立和使用，以及如何使用知识图谱辅助文本特征体系的建立。

第 1 节　内容预处理和内容安全

1.1　数据预处理

数据[①]预处理是数据科学（如数据挖掘等）的一个基本步骤。由于数据在采集、生成、存储和传输的过程中不可避免地会遇到人为失误或软硬件异常导致的错

① “数据”的概念并不局限于数值型的数据，从广义上来讲，以二进制格式存储于计算机系统中的内容均可称为数据，如一个网页、一张图片、一段视频等等。需要注意的是，“计算机程序”同样是存储于计算机系统中的二进制文件，由于其应用角度的区别，一般可以比较直观地区分出“数据”和“计算机程序”这两个概念的含义和范畴，因此本章不再赘述二者的区别。

误，例如人工输入的失误、多个不同数据源进行整合时产生的数据不一致性等等，因此原始数据本身并不适宜直接拿来处理和使用。在数据密集型的应用中使用来自现实世界的数据之前通常需要对其进行预处理，主要原因在于：

● 数据不完整：例如一篇新闻报道展示在网页上的时候因故缺失了发稿日期和时间等数据。

● 数据有噪声（noise）：含有错误数据，例如一份有关年度人均收入的报道中，由于人工录入失误，数据表格中某地区的年度平均工资显示为“－5 000元”。

● 数据不一致：相关的数据相互矛盾，例如“30岁的某某某，生于1998年”，如果以2018年为观察的时间点则其年龄和出生年份是不符合的。

● 数据有重复：包含重复的内容或极其相似的内容，这有可能是由于在数据生产时采用了来自不同数据源的数据，并且生产者并未做足够的内容审核和整理。

未经预处理的数据并不是很规整，其可用性会不可避免地受到制约，因此行业内通常把直接来自现实世界的数据称为“脏数据”（dirty data）。

脏数据的存在包含各种主客观因素。例如，不完整数据的出现主要是由于以下几种情况：首先，收集数据时有些数据就是不可获得的，例如对于儿童而言，“年度工资”这一个数据项并不存在；其次，由于设计阶段对数据使用的理解不足或设计失误，在使用数据时才发现在采集阶段并没有采集相关数据，造成数据缺失；再次，采集阶段指定为“可选”或“非必需”类别的数据，由于采集时并未被指定为必需项目，很有可能缺失；最后，出于隐私考虑或者技术能力限制，某些数据无法采集到，例如在调查问卷中，问卷填写者有可能拒绝填写年龄、性别、身份证号码等隐私数据。

噪声数据则主要产生于数据的采集、录入和传输过程中。例如针对某地一年之内平均气温变化进行的测量，由于采集器硬件失误导致气温记录不准确，产生的就是有噪声的数据；又如，在采集行人或者车辆的移动轨迹时，由于定位系统的误差导致移动轨迹偏离路网，也会产生噪声数据。不一致数据和重复数据则主要由于不同数据源对数据表述角度和维度不一致，导致描述同一事物的数据出现了重复。

因此，为了提高数据的可用性，在使用数据进行计算和进行内容生产之前，需要对数据进行一定的预处理，提高数据质量，进而提高内容生产的质量。

1.1.1 数据质量的衡量标准

为了提高数据质量，需要引入数据预处理的过程。那么，应该如何衡量数据质量呢？一般地，可以从以下8个角度对数据质量进行衡量。

1. 精确性

数据是否准确、精确。例如针对某市当年国内生产总值（GDP）变化的报道，GDP的绝对数值、同比和环比的增幅是否是来自权威统计部门的准确数据，就会影响数据的精确性。

2. 完整性

数据是否完整、完备。例如针对某高校某年的毕业生就业统计数据，要求包括全体毕业生“是否就业”“就业单位”“毕业院系”这三项数据，则统计数据需要完整地包含每一名毕业生的相关数据，否则数据就不完备。

3. 一致性

数据是否相互一致、是否存在矛盾或冲突项。例如关于某市工业企业年度用电量的统计数据，在年初使用“千瓦时”为单位进行记录，年底使用“万千瓦时”为单位进行记录，导致前后数量级不统一、不可比。又如，当年全市所有工业企业用电量总数与每家企业用电量的总和不一致。

4. 时效性/及时性

数据是否及时、在时间维度上进行表述时与当前的时间点是否一致。如前例，类似“30 岁的某某某，生于 1998 年”这样的表述，需要针对当前的时间点进行合理性检查。

5. 可信度

数据是否真实可信。通常，对于关系国计民生的数据，采用权威部门发布的数据更为真实可靠。例如，关于中国互联网发展状况的数据，由中国互联网络信息中心（CNNIC）① 发布的年度报告②是最为权威可信的。

6. 附加值

数据是否能够提供附加值，即从已有数据中是否可以发现和挖掘新的规律和新的知识、提供新价值。例如，从电商平台的海量个人消费数据中获取用户的个性化消费行为模式，就可以针对不同特点的用户进行个性化的产品推荐；此外，也可以针对某一类用户群体的消费行为进行消费行为预测和产品推荐，以获得更高的销售量和利润。

7. 可解释性

数据及基于数据的发现是否可以被合理地解释，能否在提供结论的基础上提供论据支撑。在大数据的背景下，数据挖掘算法能够提供某些数据共现的证据，但是，这些数据或现象之间的关联性或者因果关系有待考察和验证。对于数据挖掘的特定发现，需要提供合理的理论解释和论据支撑，从而为理解和阐释世界提供更大的价值。

8. 易获得性

数据本身是否容易获取、方便使用。为了从大量的数据中挖掘价值和规律，数据本身需要方便获取，如果采集和获取的门槛过高，则不适合对较大范围用户进行分析和使用。例如，相对于用户在社交媒体平台发布的博客、微博等公开数据，某行星的运行轨迹数据就是不易获取的数据，因此，前者的获取代价较低，而后者的获取代价则非常高（需要专业的天文测量设备），只适合专业科研人员使用。从存储的角度来看，数据是否可以及时可靠地从存储设备读取出来，也是其可用性的一个度量指标。对于存储在私有设备上的数据，其可用性就局限于私有设备的用户。

1.1.2 数据预处理的主要任务

使用数据科学的手段对数据进行预处理的过程可以依据其生产过程分为若干具体的任务，包括：

---

① 参见 http：//www.cnnic.net.cn。

② 例如，第 42 次《中国互联网络发展状况统计报告》（http：//www.cnnic.net.cn/hlwfzyj/hlwxzbg/hlwtjbg/201808/P020180820630889299840.pdf）。

1. 数据清洗

这一阶段的任务是处理不完整数据、噪声数据和不一致的数据。具体地，需要补齐缺失数据，对噪声数据进行平滑处理，删除不符合数据分布情况的异常值或极端值，并且对不同数据项之间存在的不一致情况进行协调处理，最终达到的效果是数据完整、一致、前后统一。以异常值为例，假设某北方城市（纬度高于北纬 45°）的气温统计数据中，某年度 12 月份的气温数据出现了大于 30℃的数据，则应将其判为异常数据并删除。

2. 数据集成

这一阶段主要完成不同来源的各个数据项的版本一致化处理，解决多来源数据的冲突问题。例如，某高校的学生管理系统中需要记录的学生信息包括“学号”“姓名”“籍贯”“联系电话”“院系”“专业”“宿舍号”等。对于一年级新生而言，学校可能有多个渠道获取以上各项信息，如采集自生源地教育主管部门，以及由新生在入学报到时进行基本信息的填写。以“联系电话”为例，假设某学生来自两个数据源的联系电话号码不同，则通常可以采用以学生自己报送的数据为准的规则进行数据一致化处理。

3. 数据整形

在这一阶段，对数据进行归一化处理和聚合处理，目的是将其改造为统一格式的规整数据，方便后续数据处理。归一化是把需要处理的数据通过一定的计算和转换，限制在一定范围内，使得原本不同量级或者不同种类的数据具有可比性。例如，对于个人收入和国家收入而言，二者属于不同的量级，为了对比个人收入变化与国家收入变化，可以把二者归一化到 0～1 的区间，再进行横向对比。假设数据集中个人收入的最大值为 100 万元，则某个人 80 万元的收入可以被归一化为 0.8（80 万元/100 万元）；同时，假设数据集中国家收入的最大值为 10 万亿元，则某个国家 3 万亿元的收入可以被归一化为 0.3（3 万亿元/10 万亿元）。假设某个时间段内，个人平均收入从 0.4 增至 0.6，国家收入从 0.2 增至 0.25，则说明此国家的个人收入增速大于国家收入增速。另外，通过多个来源和渠道获取的数据存在着一定的冗余性，因此，出于处理效率的考虑，需要对数据进行归约处理，即保证在与原数据量相同或接近的数据产出的情况下减少数据量。例如，一项针对消费者消费行为的调查，两个数据源都对每个消费者进行了客户编码，在聚合之后，可以对每个消费者使用一个同一的客户编码，而不需保留多个客户编码。

4. 数据归约

随着数据集合的增长，数据集本身可能会变得太大而无法合理处理。因此，需要考虑对数据集合进行归约（减缩）处理。例如，把数据拟合到模型中，使用模型代表数据集。假设某地感染某种疾病的人群与年龄呈线性相关的关系，则只需记录此线性模型，而不必把全体人群感染疾病的数据记录在案。此外，对于高维数据，可以考虑使用减少维度（即“降维”）的方法，去掉不需要的数据维度，减少数据量。

1.1.3 数据预处理在算法推荐系统中的应用举例：消除人名歧义

1. 动机

在算法推荐系统的内容库中，如果把内容中出现的人物视为一种标签，则基于

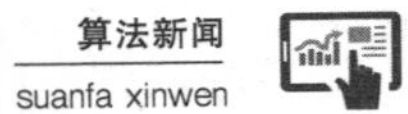

此类标签进行个性化推荐时首先需要算法推荐系统识别出不同文章中出现的人物。而现实生活中往往存在多个同名的人物，因此需要对文本型内容中出现的人名进行歧义消除，从语义的角度，识别出相应的人名对应的特定人物。

据统计，在中文姓名中，2005 年中国大约有 29.9 万个"张伟"。在英文中，以迈克尔·乔丹（Michael Jordan）这个名字为例，比较有名的人物就包括美国前职业篮球运动员迈克尔·乔丹和美国加利福尼亚州大学伯克利分校的迈克尔·乔丹教授。而这两个人物对应的行业或兴趣领域分别为"美国职业篮球"和"机器学习、统计、人工智能"，二者相关性非常低，所在的行业和职业几乎没有交集。可以设想，如果系统不进行人名消歧工作，为一个篮球迷推荐与"迈克尔·乔丹"有关的文章，推荐列表中将可能包含与"机器学习"有关的内容（与乔丹教授相关），这样会使用户摸不着头脑，降低用户使用算法推荐系统的获得感。

2. 解决方案

利用人名所在文章的前后文信息进行推理计算，通过人名出现位置的上下文语义来确定此人名对应的具体人物。例如，当"职业篮球""比赛""比分"等关键词出现在"迈克尔·乔丹"这一人名所在的文章中时，此人名有较大概率指代美国职业篮球运动员迈克尔·乔丹，此文章亦有较大概率与美国职业篮球运动相关。而当"教授""大学""人工智能""数据"等关键词出现在"迈克尔·乔丹"这一人名所在的文章中时，此人名有较大概率指代美国加利福尼亚州大学伯克利分校的迈克尔·乔丹教授，此文章亦有较大概率与计算科学、人工智能等专业领域相关。

针对人名消歧问题，数据科学领域的专家提出了多种解决方案。其基本思路是利用人与人之间、人与事件之间、事物之间的关系图谱和知识图谱进行推理，计算求解得出当前文章中出现的人名对应的确切人物。本章第 3 节将会进一步介绍知识图谱，此处不再赘述。

提　要

采集于现实世界的原始数据由于存在着不完整、有噪声、不一致、有重复等问题，需要对其进行预处理，以提高数据质量，保证后续内容生产和算法推荐的质量和效果。具体地，可以通过数据的清洗、集成、整形和归约几个主要步骤完成数据的预处理过程。

1.2　内容安全：风险识别模型及风险识别技术

1.2.1　确保内容安全的必要性和意义

算法推荐系统在将内容推送给受众的过程中，一方面，给受众提供了一种阅读选择，另一方面，由于其天然的文化属性，也会在受众当中产生一定的社会影响。例如，一些与健康医疗领域相关的谣言，如果任其扩散，将会导致受众受到误导，甚至影响大众的身心健康。以饮食健康为例，近年来社交网络上不断流传一些关于哪些食物不能一起食用的文章，例如"螃蟹和西红柿一起吃等于吃砒霜!"这样的陈述，往往会耸人听闻地提到同时食用某几种食物会导致食用者中毒。事实上，经过科学模拟实验和临床实验验证，以上两种食材同时食用并不会使人体内转化出有毒的无机砷，特别是俗称为砒霜的三价砷。兰州大学等研究机构对于“食物相克”进行的研究也提供了不支持此类谣言的证据[①]。

因此，作为内容推荐和呈现的平台，算法推荐系统需要承担保障内容安全的责任。所谓“内容安全”，通俗的理解就是，在平台上呈现出来的内容需要遵守所在国家的法律法规和社会的公序良俗。此外，在此基础上也需要对内容的质量有所考量，避免低俗低质的内容。算法推荐平台保障内容安全，一方面体现算法推荐平台对用户的责任，另一方面也是提高算法推荐系统自身质量的一种保障。

从影响力和影响范围的角度来看，随着算法推荐平台的不断发展，其用户数量也在持续积累。以 2018 年统计数据为例，国内短视频类内容推荐系统用户数最多的两个系统是“快手”[②] 和“抖音”[③]，二者的月活跃用户数分别达 2.12 亿和 1.26 亿。而文本及综合性内容的算法推荐平台则拥有数量更多的用户。受众越多，社会影响就会越大，平台承担的社会责任也就越大。如果不慎推送一些不合法、不合规的内容给用户，则会产生不良的社会影响。为此，在进行内容推荐之前，有必要对进入算法推荐平台的内容进行安全方面的审核和考察。

可以采取不同的维度对算法平台中的各种内容进行分类。

从生产者的角度来说，算法平台中的内容可以分为“用户生产内容”（user generated content，UGC）和“专业生产内容”（professional generated content，PGC）。UGC 是伴随着以提倡个性化为主要特点的 Web 2.0 概念兴起的，用户使用互联网的方式由原来的以下载为主变成下载和上传并重，用户的身份从以往消费者为主的角度转换为消费者加生产者的角度。社交网络、视频分享、微博客和播客等都是 UGC 的主要应用形式。PGC 是指由传统意义上的专家或者专业从业人员创作和制作的内容，如专业记者的深度报道等，与传统广电行业的作品不同，在传播方面，PGC 也需要按照互联网的传播特性进行调整。为了提高算法推荐平台内容的平均质量，有的平台会邀请专业人员入驻平台并进行 PGC 的生产。

从媒介类型的角度来说，算法平台的内容可以分为文本内容、音频内容、图片内容、视频内容以及综合型的内容。在业界，既有综合类的算法推荐平台，也有针对某种特定类型媒介形式的算法推荐平台。这些平台中又往往是同时存在 UGC 和 PGC 的。比如，优酷土豆[④]是最早发力于 PGC 的视频网站之一，其网站与多个 PGC 团队合作，着力于让优质内容形成品牌价值，再通过价值变现让创作者更专注内容创作。而快手等短视频共享平台则更多地以 UGC 为主，体现个体用户自身作为生产者的创造力，提高用户参与度和用户黏性。

以下，介绍相关的内容风险识别技术。

---

① 赵金生．部分相克食物组合的动物与人群试食研究．兰州：兰州大学，2010；岳莉．关于“食物相克”的文献回顾与人群认知调查．兰州：兰州大学，2010.

② “快手”是北京快手科技有限公司的短视频发布和分享平台，参见 http：//www.kuaishou.com/。

③ “抖音”（抖音短视频）是北京微播视界科技有限公司开发的短视频类内容共享平台，参见 http：//www.douyin.com/。

④ 优酷土豆股份有限公司是中国网络视频行业企业，旗下拥有视频网站优酷和土豆。

1.2.2 内容风险识别模型

从风险识别接入工作流程的时间节点来看，内容风险识别模型可以分为“先验模型”和“后验模型”。

1. 先验模型

所谓先验模型，是指算法推荐平台依据已有经验，对尚未进入推荐阶段的内容进行内容风险识别。已有经验以及相应的技术方案包括：

（1）人工标记的假新闻库、谣言库等。

使用人工审核的方法对系统中已有的内容进行审核和标记，形成假新闻库和谣言库等基准数据库。对于系统中的新内容，可以衡量其与假新闻库和谣言库中已识别出的基准文章之间的文本相似度，如果新内容与某些确定是假新闻或者谣言的文章具有较高相似度，则可将其标记为相应的风险内容。如果模型的准确度不够高，还可以在模型识别之后，加入人工交叉验证，确认风险内容识别的准确性。

（2）通过某些低质或风险内容共有的规则，训练机器学习模型进行判断。

如标题党类文章中，感叹号出现的次数往往多于正常文章的。同样，首先人工标记风险内容，其次使用这些标记数据作为机器学习模型的训练数据，训练模型，学习出低质或风险内容的对应特征。对于系统中的新内容，先验模型中的机器学习模型可以对其进行打分或归类，判定其是否为风险内容。

（3）使用知识图谱。

从人工标记的风险内容中提取元事件或元模型（如“某种食物和某种食物一起吃会中毒”），针对系统中的新内容，尝试识别新内容是否符合元事件或元模型的特点，并标记相关内容。

2. 后验模型

所谓后验模型，是指算法推荐平台针对用户对已经推荐给他们的内容呈现的反馈意见或反馈动作，对已推荐内容进行风险识别。例如用户在算法推荐平台上对虚假消息进行举报或评论，系统则可根据举报或评论数据，对内容进行撤回，避免其进一步扩散导致不良影响。或者，某些进入推荐的内容，其阅读量和传播力非常有限，也可以作为质量较低的一个可能表征，用于进行内容风险判别。

1.2.3 内容风险识别技术

本小节从用户生产内容和专业生产内容的维度介绍如何对内容风险进行识别处理。

首先，对于系统中新出现的内容，不论其是用户生产内容还是专业生产内容，都需要经过先验风险模型的判别，才能进入推荐阶段。因此，风险识别的第一步，就是把新内容放入“待审核”内容队列。即不论是平台自己组织专业人员生产的内容，或与平台无关的独立专业人员生产的内容，还是用户自发创作的内容，都排队等候风险模型处理。由于专业背景和工作性质的不同，专业生产内容在质量上通常比用户生产内容更加稳定。如果是纯用户生产的内容，由于算法推荐平台对生产者一方并不存在指导性或约束力，用户生产内容往往体现出更大的多样性和多种价值取向，质量波动较专业生产内容也更大，因此需要对其进行更加全面的风险评测。

1. 用户生产内容的风险识别模型

针对用户生产内容的风险识别模型，可以分为以下几类。

（1）违法违规内容识别模型。

检查内容中是否包含不符合国家和地区法律法规的内容，通常可以采用关键词过滤、语义过滤、基于规则、知识图谱等方式对内容进行违法违规的检测。例如针对一些鼓吹恐怖主义的内容，系统可以通过内容中是否出现恐怖主义相关关键词（如“ISIS”）以及利用规则判别其态度是否为支持恐怖主义，来决定此类内容是否为违法违规内容。当系统识别出违法违规内容时，可以对其进行标记，并从候选内容数据库中将其移除。此外，系统可以预留人工处理接口，当内容生产者对平台拦截其内容的行为进行申诉时，可以介入人工审核处理。

（2）谩骂攻击类型内容识别模型。

检查内容中是否包含对国家、机构或者个人的谩骂或攻击类词语和表述。如处于商业竞争地位的企业之间发布诋毁对方产品的内容，或出于博取受众关注的目的，某些内容中出现对某些个人（通常是知名人物）的谩骂攻击。同样，也可以采用关键词过滤、语义过滤或者基于规则等方式对内容进行谩骂攻击类型的检测。当系统识别出此类内容时，即对其进行标记，并从候选内容数据库中将其移除。

（3）色情和不当内容识别模型。

检查内容中是否有色情类或者其他不当内容，可以使用实体识别、关联规则或者深度学习等手段加以识别和标注，并从候选内容数据库中将其移除。

如果内容的生产者对平台拦截其内容进行申诉，则可以介入人工审核。如果人工审核确认相关内容确实为违法违规、谩骂攻击或者不当内容，则可给出相关的解释。如果经过人工审核发现申诉内容系误判为违法违规等情况，则可以由人工审核方进行内容标记的更改，将相关内容标记为合法内容，并引入候选内容数据库。

2. 对用户生产内容进行尝试性推荐

如果用户生产内容在上述风险识别模型的判别下存在一定的内容风险，但是尚未达到违法违规、谩骂攻击或者不当内容的程度，可以考虑对其进行小范围推广。此时，内容受众的反馈动作对内容安全的判别会起到主导作用。对于某一篇文章，系统可以观察和记录在小范围推广的情况下，此文的有效阅读量是否满足一定的数量要求，以及用户在接受系统推荐后，对此文的评价如何，如是否点赞或者举报此文。此外，也可以考察用户对此文的分享次数是否满足一定的数量要求。通过一系列的考察指标，由小范围用户对文章的反馈做出内容风险的判定。如果某一篇文章的有效阅读量很低，或者有用户对其进行举报，则系统可以判定此文未通过风险识别模型审核，应该将其从候选内容数据库中移除。反之，某一篇小范围推广的文章，假设其有效阅读量和用户的正反馈行为（点赞、分享、正常评论等）都满足要求，则其内容是被用户认可的，可以作为合法文章进入候选内容数据库。

3. 用户/专业生产内容的风险审核

专业生产内容以及通过风险识别模型的用户生产内容，仍然需要进一步的风险审核。因为内容库过于庞大，直接采取人工审核的方式并不现实，所以仍要使用多种风险识别技术，帮助系统识别出可能的违规内容。例如，通过深度学习的算法对内容（图片、文本、评论等）进行风险判别。下面举例说明在内容风险审核这一步

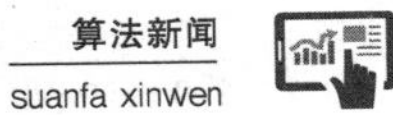

可以采取的方法和手段。

（1）低俗内容审核模型。

可以采用机器学习的方法训练低俗内容审核模型。具体地，首先对文本（图片、视频等同理）内容及其评论进行分析和标注，由人工标出哪些内容是低俗的，哪些不是低俗的，形成训练样本库。通常，训练样本库越大，训练出的模型越准确。在业界通常使用规模百万级以上的训练数据库。接下来，训练机器学习算法，使之可以从训练样本库中学习低俗内容和不低俗内容分别具有什么样的特征，以此为标准形成低俗内容审核模型。于是，对于系统中新出现的内容即可进行判别。除了文本型内容，低俗内容审核模型也可以扩展用于审核图片类内容。

（2）谩骂、人身威胁型内容审核模型。

在文本和评论中，可能会出现措辞不当或过激的内容，甚至有可能出现带有人身威胁和攻击的内容，对此类内容可以使用谩骂、人身威胁型内容审核模型来识别。同样地，也可以采用机器学习的方法训练谩骂、人身威胁型内容审核模型。此时，仍然需要数据量较大（如百万级）的训练样本数据库，才能保证审核模型自身达到足够的精准程度。

（3）色情类内容鉴别模型。

除了文本，色情类内容往往也借助图片等媒体形式存在和传播，因此，可以有针对性地对其样本数据库采用图片样本的集合。机器学习算法通过分析和提取正例（被标记为色情类的图片）和反例（被标记为正常类的图片）的特征，形成色情类内容鉴别模型，对系统中未标记的图片进行鉴别。对于不合规图片需要打好标签，并确保其不可进入候选推荐内容库。

（4）恐怖、暴力型内容审核模型。

针对可能出现的涉及恐怖、暴力等主题的内容，可以使用恐怖、暴力型内容审核模型进行识别。同样可以采用机器学习的方法训练相关内容审核模型对审核队列的内容进行判断。

（5）标题党类内容鉴别模型。

在移动阅读的情境下，如何吸引用户的点击是内容生产方最关心的问题，因此，网站和算法推荐平台上都出现了一些标新立异或者耸人听闻的内容标题，试图吸引读者的注意力并提高点击率。如《震惊！你每天喝水喝对了吗?》《只保留一天！速看!》等“标题党”内容，此类内容往往没有什么真材实料，甚至会夹杂一些广告（也称为“软文”）。而这类文章的标题往往具有与正常文章不同的鲜明特征，例如，感叹号比较多，使用的情感类词语比较多，等等。因此，可以使用基于规则的方法对疑似标题党内容进行筛查并进行类别标记。

在算法推荐系统中使用多种风险内容审核模型，一方面，可以批量地识别相关内容，保证内容的质量；另一方面，也可以从源头阻断此类内容对读者的阅读体验和可能的心理上的负面影响。此外，也可以避免人工审核者面对大量此类内容时的心理压力。

4. 用户/专业生产内容的大范围推广

不论是用户生产内容还是专业生产内容，经过以上内容安全审核的步骤之后，在算法层面，其安全性已经得到了验证，因此可以进行正常的针对全体用户的大范围推广。例如用户创作的一篇古诗鉴赏文章提交到算法推荐系统后，需要经过违法违规内容识别模型、谩骂攻击内容识别模型、色情和不当内容内容识别模型的识别等若干步骤，才能进入候选推荐内容库，并经由算法推荐模块根据兴趣匹配、热度等推荐标准推送给相关用户。

5. 质量复核

当内容进入大范围推广阶段时，系统仍然需要执行内容风险控制，即启动后验模型进行内容安全审核。针对已经被大范围推广的内容，系统需要从以下几个维度进行质量考察：

（1）阅读量。

一般来说，一篇质量较好的内容的阅读量总会达到一定的数量级，如果系统中某些内容的阅读量偏低，可能的原因包括：是比较冷门的专业领域的文章，受众人群小，例如“挖掘机的维修”；是过时的内容或者受众普遍不关心的话题，例如将很久以前的热点话题找出来炒冷饭的文章；是质量较低的内容，如标题党、广告软文等等，随着用户品位的逐渐提高，曾经一度盛行并且引来较大点击量的标题党类文章已经能被用户识别出来，因此此类文章即使通过了算法的内容安全审核模型，仍然不会获得有效的点击数和阅读数。

（2）点赞数和分享转发数。

同上，如果一篇文章言之有物，则在算法推荐平台上，此文的点赞数（如果平台提供此功能的话）和分享转发至其他互联网平台的数量应当会有体现；反之，如果点赞数和分享转发数较低，则需要考虑此文是由于冷门还是质量较低导致出现此种情况。

（3）评论的质量指向。

在某些情况下，以上介绍的各种针对正文的内容安全判别模型都认为某篇文章是一篇质量正常的文章，但是系统可以根据文章的评论进行进一步确认，如果评论中出现低质指向的评论，如“假的”“毫无逻辑”等，系统就可以利用这类评论进行文章低质与否的判别。

根据以上几个维度，如果某些文章被系统识别为“疑似低质”文章，则需要进入人工审核或者算法自动复核，再次对其质量进行评估，并采取相应的处理措施。

1.2.4 泛低质内容识别技术

通过以上小节介绍的内容风险识别模型和技术，可以实现违法违规内容、低俗内容、标题党内容等不合规内容的发现和识别，在此基础上，为了进一步提升算法推荐平台内容的质量，还应当考虑“泛低质内容”的处理和应对。此类内容往往不会涉及违法、违规等情况，但是实际上内容质量堪忧，如题文不符、拼凑内容等，影响平台用户的阅读体验，通常称之为泛低质内容。

对于泛低质内容，系统也可以对其进行识别和标记。比如，系统可以对文章的评论进行情感分析。情感分析是自然语言处理（natural language processing，NLP）的一个分支领域，自然语言处理是计算机科学、信息工程和人工智能等学科的研究热点，关注重点是如何使用计算机分析和处理大量的人类语言（自然语言）数据。其中，文本情感极性的判断是情感分析的一个重要组成部分，如正面（积极）、负面（消极）以及中性情感的分类和量化分析。例如，对文本的情感极性进行［－1，1］区间的量化打分：情感极性值为负数时体现负面情绪，取－1 时体现最强的负

面情绪；情感极性值为正数时体现正面情绪，取＋1时体现最强的正面情绪；0则表示中性情绪。在算法推荐系统中，可以根据评论的情感极性判断读者对内容的接受程度。更进一步，情感计算也可以区分文本体现出来的情绪类别，如“快乐”“焦虑”“愤怒”“忧伤”等，并根据这些情感类别，对内容的质量进行判断和分析。

假设一篇文章已经通过了前述小节的风险判断模型，则算法认为它是一个可以推荐的文章，并将其推送给可能感兴趣的用户。推荐后，系统继续扫描文章评论，可以依据评论特征判断其是否为泛低质内容。例如系统发现有些评论是“拼凑的吧”“这么烂的内容还能发出来?!”等等，从这些评论可知用户对内容的情感体验是负面的，并且评价不高（即内容质量不好）。因此，这类评论就可以触发泛低质内容的识别模型，以后验的方式，反推出内容质量的优劣，进行低质内容的排查和撤回等操作。

1.2.5 内容安全模型小结

一般地，在算法推荐平台系统中，内容的创作者可以是普通用户，也可以是专业人员，或者是二者的结合（对应的内容为UGC，PGC，PUGC）。进入算法推荐平台的内容，需要经过一定的内容安全审核，才能进入内容推荐阶段，此为先验模型审核阶段。使用人工标记基准数据加算法识别的方法，可以把较大比例的违法违规、不当内容等文章识别出来，避免其进入推荐环节。

通过了先验模型的内容可以进入推荐候选内容库。对内容的推荐分为两种，一种是小范围的推荐，对应仍存疑的内容，因此系统对其进行小范围的推荐。另一种是大范围的推荐，如果小范围的推荐没有问题，则与不存疑内容一同进入大范围推荐。

内容经过推荐之后，系统仍需要持续关注，使用后验模型识别一些低质和泛低质的内容，对其进行质量的再次审核，此时往往需要人工介入来识别内容的质量问题。

1.3 风险识别模型的质量测评

算法推荐平台以计算的手段识别存在风险的内容，从效果上，需要对计算模型的质量进行测评，衡量风险识别模型的能力，即识别风险内容的准确程度。

假设在一个N篇文章的集合中，有N1篇是不合格的文章（如违法违规、标题党、低质内容等等），需要算法对其进行识别和标记。从计算结果上看，不同风险识别模型的质量区别在于，哪些模型能够尽可能准确地识别出不合格的文章，并且不会误判正常文章为不合规文章，即“准”。从计算性能上看，不同风险识别模型的性能区别主要在于哪些模型能够更快地完成计算任务，即“快”。又快又准的模型是最理想的模型。由于性能方面的讨论涉及算法的优化、并行计算等方面内容，与本章内容不直接相关，因此在这一小节我们主要讨论“准”的问题。通常，在信息检索领域，我们使用“准确率”和“召回率”两个指标对算法模型的质量进行定量测评。

- 准确率（precision）：算法检索出的相关文档数与检索出的文档总数的比率，衡量的是检索系统的查准率。对应一个特定的内容风险识别模型M，给定一个文档集合D，M识别出的全部不合格文章数，即为“检索出的文档总数”。其中，真正不合格的文档数目，对应“相关文档数”这一数量。准确率衡量的是，模型所有标记为不合格的文档中，究竟有多大比例真的是不合格文档。

- 召回率（recall）：算法检索出的相关文档数和文档库中所有的相关文档数的比率，衡量的是检索系统的查全率。依上例，“文档库中所有的相关文档数”是指文档集合D中所有的不合格文档数目。召回率衡量的是，模型召回的真正的不合格文档数，占据整个文档集合中全部不合格文档数的比例。

以表4-1为例，具体计算方法为：

表4-1　准确率、召回率计算方法示例

	相关文档数	不相关文档数
算法检索出	A	B
算法未检索出	C	D

A：算法检索出的相关文档数（即，算法标记为“不合格”文档，实际上也确实是“不合格”文档的文档个数）。

B：系统检索出的不相关文档数（即，算法标记为“不合格”文档，但本身并非“不合格”文档的文档个数）。

C：相关但是系统未检索出的文档数（即，本身为“不合格”文档，但并未被算法标记为“不合格”文档的文档个数）。

D：不相关且没有被系统检索出的文档数（即，本身为“合格”文档，且算法也标记其为“不合格”文档的文档个数）。

则，准确率为P＝A/（A＋B），召回率为R＝A/（A＋C）。对应到风险识别模型M，A是模型标记出的不合格文档数，B是模型标记为不合格但实际为合格文档的文档数，A＋B是系统集合中全部不合格文档数，A＋C是模型标记出的全部不合格文档数，C是模型没有标记出来的不合格文档数。

【例4-1】算法平台的训练数据集中共有1 000篇文章，其中400篇是不合格文章。假设模型M1标记了500篇不合格文章，其中确实为不合格文章的数量是380篇。因此，模型M1的准确率为380/500＝76%，模型M1的召回率为380/400＝95%。模型M1的召回率高，说明它能够把绝大多数确实为不合格文章的内容识别出来，但是其准确率较低，说明其在识别不合格文章的过程中，误判了一批合格的文章为不合格文章。假设模型M2标记了100篇不合格文章，其中确实为不合格文章的数量是99篇。因此，模型M2的准确率为99/100＝99%，模型M2的召回率为99/400＝24.75%。模型M2的准确率高，说明它标记为不合格文章的，绝大多数确实是不合格文章，但是其召回率较低，说明其在识别不合格文章的过程中，遗漏了一批本应该被标记为不合格的文章。

“准确率”和“召回率”是一对矛盾的指标。在极端的情况下，把一个文档集合的全部文档都标记为不合格，自然会包括所有真正为不合格的文档，召回率为100%。但是，准确率就无法保证，尤其是文档集合中合格文档也占据一定比例的时候（此时，算法的目标是识别并标记“不合格”文档）。为了提高准确率，模型对文档的判别越来越严格，严苛到某些已经是不合格的文档都被算法作为合格文档

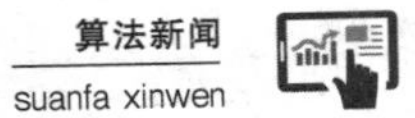

而“放过”了，这会导致模型仅仅能识别出不合格文档的一个子集，此时，准确率会逐渐趋近100%，但是召回率却被牺牲了。

从应用的角度来看，需要结合应用场景本身的特点，综合考虑两个指标的调优。对于更看重召回率的问题，例如算法通过摄像头实时拍摄的驾驶员人脸信息识别其是否酒后驾车，出于交通安全的考量，宁可让算法误判某个驾驶员为酒驾并介入交警及时做人工核查，也不宜错过潜在的酒后驾车者，发生安全隐患。对于更看重准确率的问题，比如在数字图书馆系统中按照书籍关键词搜索书目，搜索结果的准确性对于读者查找目标书籍具有更大的影响，则应该着重提高准确率，尽可能保证给出的书籍都是与读者搜索的关键词相关的书目。

1.4 内容安全之人工审核

直观地理解“算法”推荐平台，可能会形成一种认识，认为推荐平台应该实现流程的全部自动化。实际上，我们对比人脑和计算机程序的运行，会发现计算机的自动化或者“智能”还是机械的智能，即机器只能根据人的编程，实现一个归纳学习的过程；对于人类来说，人脑除了可以归纳学习，还可以进行演绎推理。此外，在“意会”的层面，例如同样内容在不同语境下含义的区别，机器就很难识别，仍然需要借助于人的力量进行识别和判断。例如反语、反讽等，如“那可真是太谢谢您了!”这句话，在正常的语气中是表达感谢，在反语的情况下则可能会表示对对方的嘲讽和蔑视等情绪。人往往可以根据上下文以及对话发生的具体场景做出判断，而计算机程序却很难区分出其中的异同。而在另外一些情况下，算法或许可以进行识别和判断，但是其运行时间往往过长，或是消耗的算力太大，比如对大量实时直播视频进行内容安全的判断，技术难度仍旧很大。因此，对内容安全引入人工审核可以实现算法与人工的互补。

事实上，对内容的人工审核并不是某一家或某几家公司的个案式操作，人工审核广泛存在于行业内多个算法推荐平台系统中。在2017年5月，脸书首席执行官扎克伯格在其脸书网个人账号发文称，在已有4 500人的基础上，下一年要继续招聘3 000人审核每周数百万计对脸书不良内容的报告，并研究如何加快不良内容的发现和报告过程。此前，脸书上出现了视频直播的暴力、性侵、杀人等恶性内容，有的内容在出现数小时后才被删除，但是阅读和浏览量已达数万、数十万，造成了恶劣影响。因此，该公司拟加强人工审核团队以应对几个月来连续出现的影响较大的不良内容。

在算法推荐平台上，用户生成和专业生成的内容经过多轮风险模型审核之后，即使进入了大范围推广的阶段，系统如果发现低质指向评论，或者阅读量等指标没有达标的话，仍然可以启动人工审核的机制，对其内容进行质量判断，撤回不良内容。人机结合仍然是目前业界保证内容质量的一个合理模式。

第2节　文本特征体系的建立和使用

本书第2章“算法推荐原理”概要介绍了算法推荐系统中的文本特征体系，本节对文本特征体系进行梳理，并详细阐述语义标签类特征的原理和使用。

2.1 什么是文本特征体系

即便是在计算机多媒体技术不断发展的今天，文本型内容仍然是人类自然语言的一个主要记录和表现形式。针对算法推荐平台中存在的大量文本型内容，对文本型数据的建模就成为一个基本问题，只有把非结构化的文字性内容转化为结构化的、可以量化处理的数据，才能运用相关算法实现内容的分析和推荐。

从计算的角度看，如何使用数字化的手段表示文本内容是算法推荐的前置条件。对于读者而言，对一篇文章的认知可以从行业领域、立意、关键词、主题、行文方式、故事梗概、人物特征、具体内容等多个角度来理解。对于算法和计算机程序，则需要从文本中抽取出每篇文章的特征并进行量化，来表达文本内容的多方面特点，例如高频词、行业领域、时间空间维度等方面的特征。对于计算机算法而言，一篇文本型文章就是一个“字符串”，即一个字符序列。因此，把一串字符视为一个有多种特征的对象，把它的特征量化地提取出来，即可使用计算机进行有效的分析。

算法推荐系统将用户建模为标签化用户画像，使用多种标签描述每个用户；与之类似，对于非结构化的文本型文章，系统则将其建模为一系列特征值的集合。以下对相关特征的概念及含义进行梳理。

算法推荐系统可能包含的文本特征包括五种。

2.1.1 语义标签类特征

所谓“语义”，是指语言所蕴含的意义。语义可以理解为数据对应的现实世界中的对象所代表概念的含义，以及这些含义之间的关系。也就是说，语义是数据在某个领域上的解释和逻辑表示。语义标签类特征与文本的内容密切相关，一个语义标签往往对应人类认知世界的某个概念。

通常可以使用树形或网状结构按照语义标签的逻辑抽象级别对其进行组织。例如，对新闻类文本进行语义标签设计时，最顶层的语义标签是“新闻”，对应现实世界中的所有新闻实例；对“新闻”进行细分，可以分为“时政新闻”“体育新闻”“财经新闻”“社会新闻”等等，对应相应类别的新闻实例；对“体育新闻”进行细分，可以分为“篮球新闻”“足球新闻”“田径新闻”等等，对应更加细分类别的新闻实例。这些语义标签均属于具体的、可解释的含义，并且，从上层语义标签到下层语义标签，其抽象程度逐渐减弱，范畴和含义逐渐明确，这与人脑认识客观世界所构建的知识体系也是相匹配的。

语义标签体系的构建需要领域知识，例如一个电影的算法推荐平台需要根据行业通用的规则对电影进行分类，这就需要相关的领域知识。一些推荐平台依据“场景”“情绪”“形式”这三个维度对电影的类别进行划分。从“场景”（影片发生的地点）的角度，可以将电影分为犯罪片、黑色电影、历史片、科幻片、体育片、战争片、西部片等；从“情绪”的角度，可以分为动作片、冒险片、喜剧片、剧情片、幻想片、恐怖片、推理片、爱情片、惊悚片等；从“形式”的角度，可以分为动画片、传记片、纪录片、实验电影、音乐片、短片等。按照互联网电影资料库（Internet movie database，IMDb）的分类方式，则可将电影分为喜剧、剧情、家庭、动画、浪漫、动作、幻想、冒险、科幻、犯罪、体育、纪录片、战争、历史、传记、神秘、黑色电影、恐怖、惊悚等等。

无论采取何种分类，均需要对分类对象（电影）有足够的研究和理解。而在通用的算法推荐平台上，用户和专业生成的内容往往涉及国家、社会、个人等各个领域，因此，对应的语义标签体系也需要尽可能完善，以期覆盖绝大多数内容，即对于平台中的一篇文章或内容，总能找到相应的语义标签对该文章或内容进行特征表示。因此，构建语义标签系统是一个算法推荐平台自然语言处理实力的体现。此外，需要注意的是，语义标签系统也需要不断演进和进化。在使用语义标签系统对平台内容进行表示的过程中，如果发现某些领域的标签分类不合理或者不够细化，则可以按照相关领域的知识结构对语义标签系统进行改进。

【例 4－2】 对于一篇题为《我国首艘深海载人潜水器蛟龙号 创造“中国深度”新纪录》[①] 的新闻，其语义标签可以包括“载人潜水”“深海探测”“中国深海潜水”“科技部”“中国船舶重工集团公司”等等。如果“蛟龙号”是一个从未在系统中出现的语义标签，则可以在语义标签系统中添加该标签。添加标签后，对于涉及“蛟龙号”的文章，均可附加这一语义标签作为特征。

从上例可见，使用语义类标签对文章进行特征描述的可解释性很强。具体的使用方式为，算法推荐平台根据预定义好的语义标签系统，识别出与文章相关性大于某个阈值的显式语义标签，通过每个标签的明确含义体现文章的具体特点。

2.1.2 隐式语义特征

隐式语义特征是与语义特征相对的概念，主要包括话题（或称“类别”）特征和关键词特征。这里“话题”的概念与一般意义上的话题有区别，是指使用数据挖掘算法对文本内容进行聚类而聚合出的类别。通常，这些类别内部的文本都具有某种相关性或相似性，但由于是算法自动聚类生成的类别，因此，每一个话题为何包含特定内容、话题之间的异同等，其可解释性较语义特征则显得不够明确。例如，在一个体育新闻语料库中，由算法聚类出若干类话题，其中某一个话题包含的关键词有破发、发球局、种子、破发点、首盘等等，而另一个话题包含的关键词有冠军、夺冠、决赛、奖杯等等。前一组关键词与“发球局”相关性较高，而后一组关键词则与“夺冠”的相关性更高，然而，前一组中的“破发点”“首盘”等关键词与“夺冠”也不无关系。因此，两组关键词如何划归至两个话题、这两个话题为何如此界定并不能明确地得到解释。

关键词特征主要是使用文本分析技术从文本中提取的能够表示文本中心概念的词语。相比成体系的语义特征而言，关键词特征在相应文章出现之前并无法预先设定或构建，因此我们将其归类为隐式语义特征。

2.1.3 文本相似度特征

文本相似度特征要衡量哪些文章说的是同一件事，哪些文章内容基本一样。可以从关键词的相似度、主题相似度等角度进行衡量。从算法的角度来看，可以把文章建模为多个词向量，上下文越相似的词，其词向量的相似程度越高，因此，基于词向量相似度可以考察文本型内容的相似度。

---

① 参见 http：//politics. gmw. cn/2018-11/30/content _ 32074081. htm。

在自然语言处理中我们使用“向量”来表示语言的基本单位“词”。具体地，对于一个包含 N 个词的词表，每一个词都可以使用一个 N 维向量表示，向量中只有一个维度的值为 1，其余维度为 0，这个维度就代表了当前的词。例如：如果 N 维中的第一维对应词是“笔记本”，则“笔记本”的词向量就是（1，0，0，0，…），如果 N 维中的第三维对应词是“苹果”，则“苹果”的词向量就是（0，0，1，0，…）。由于词表的维度通常非常高（如中文的常用词约为 2.8 万），而每个词仅仅对应其中的一个维度，因此提出了对高维词向量进行降维处理的方法，如 Word2vec① 等，使用维数较少的向量即可有效表示每个词。在词向量的基础上，又提出了衡量词向量相似度的方法，例如，两个词向量的相同维度上的值越接近，则两个词的相似程度越高。例如，向量（1，2，3）与（1，4，3）的相似度高于向量（1，2，3）与（0，9，9）的相似度。使用真实单词来理解这个概念，比如“自行车”和“单车”这两个词通常在上下文语境中是可以互换的，因此，为二者生成的词向量在各个维度上的数值都非常接近，也就是说其对应的词向量相似度较高。词向量表示也广泛地应用于新闻文本的分类等场景，同样，根据不同新闻中包含的词向量的相似程度，可以判别新闻文章是否属于同一类别，从而完成分类。

此外，也可以使用文档级别的文档向量相似度对文本的相似程度进行衡量。原理是把一个文档数量化为一个向量，对不同文档的相似程度衡量则转换为文档向量的相似度衡量。

2.1.4 时空特征

时空特征是指可以从文章中提取出来的时间、空间信息，例如文章中的事情发生在哪里、是否有时效性、是否是时间空间敏感型内容等等。通常，新闻类内容的时间、空间特征比较明显。与区域或位置相关的内容，例如旅游目的地风土人情介绍、旅游攻略等，则可以使用其空间特征进行目标人群推送。

2.1.5 质量相关特征

从前文介绍的内容风险识别模型可以了解到，算法推荐平台的内容质量并不均衡，某些内容可能涉嫌暴力、恐怖、低俗指向甚至违法违规，此外也可能存在嵌入广告、鸡汤文、恶意竞争的文章等等，这些都需要使用质量相关的特征进行表述。算法推荐系统通过风险识别模型，审核相关文章并对其进行质量特征标记，拦截低质文章，从源头上保障推荐内容的质量。

2.2 为何需要使用文本特征体系

针对文本型内容，算法推荐平台可以抽取出多种文本特征对文本进行标记。从系统建设的角度，由于数据挖掘算法的日渐成熟，算法推荐系统在技术上能最快实现的文本特征是隐式语义特征。

对于隐式语义特征而言，通过实现数据挖掘算法（如分类、聚类算法等），其对算法推荐系统已有的内容进行分类，形成有一定相关性的类别（“话题”），每个类别有若干个主题词，即辨别出了每个话题的隐式语义特征。尽管对于某些类别而

---

① 参见 https：//en. wikipedia. org/wiki/Word2vec。

言无法严格界定其对应客观世界的何种概念或实体，但是由于数据挖掘算法本身是根据一定的文本相关性、相似度来计算的，同一个类别内部的文本相关性都很高，使用这些文本的关键词或者词向量、文档向量与用户兴趣标签进行匹配，可以获得较好的推荐效果。

在真实的算法推荐平台中，根据已有文本内容库的大小，可以挖掘出成百上千甚至更多数量的话题。回顾例 2-10，话题 101 为｛法网，种子，发球，破发，首盘｝，即此话题下的文章都是与该话题的 5 个主题词相关的。实际上，系统中也可能有另一个话题 102 为｛冠军，夺冠，决赛，奖杯｝，它同样是与体育比赛相关的。一篇文章被分类至前一个话题还是后一个话题则取决于其与哪个话题的相关程度更高。所以，使用算法从文章库中发现的话题本身看起来是具有一定的语义的，但是如果想从我们认识客观世界的知识框架体系来解释和阐释则并不一定能有一个明晰的定义。

我们看到，话题 101 与网球相关，话题 102 也与网球有一定的关系。在算法推荐系统的运行中，系统基于这样的话题分类能取得比较好的推荐效果，但是如果想从语义的角度来理解它，则面临解释性不强的困境。因此，需要明确的有语义的标签系统来帮助我们对整个算法推荐系统的运行有更好的理解。构建语义标签体系存在一定的实现门槛，需要多个专业领域的知识以及大量的人力物力，对现存知识体系进行建模；从系统实现的角度，语义标签体系在计算机系统内部的组织、索引、查询、更新等均需要系统级的有力支撑。

因此，语义标签类的特征是给每个文章打上显式语义标签，每个标签都来自系统预先构建好的语义标签系统，具有明确的意义。相当于在算法推荐系统里面模拟人对客观世界的认知，进行建模。对于读者来说，面对一篇文章时往往会在潜意识里对其领域、主题等进行归类，例如文章介绍艺术范畴的音乐，以及音乐范畴内的古典音乐等。在算法的世界，从逻辑层面构建与用户认知客观世界接近的语义标签体系，这些标签对用户而言都是有意义、说得通的，因此，基于语义标签，依据算法推荐系统掌握的用户兴趣对用户进行内容推荐，是符合认知规律的操作，推荐结果的可解释性也更强。

对于时间、空间、文本质量等文本特征，由于其显著区别于某些隐式语义特征，因此算法推荐系统可以将其专门提取出来，进行文档特征标记，并以此为参考进行推荐。实际上，不同的算法推荐系统提取文本特征的角度和具体的算法实现都会有所区别，从原理上理解文本特征与推荐过程以及推荐效果的相关性才是本节的学习重点。

2.3 语义标签体系的建设和使用

尽管隐式语义特征已经可以帮助算法推荐系统实现用户与内容的匹配从而完成内容推荐，一个完备的算法推荐系统仍然需要建设语义标签体系。这是具有现实意义的。从系统建设的角度，一个算法推荐平台往往会有不同类别内容的分类（或称“频道”）。例如，在视频类网站爱奇艺①的首页，可以看到该网站对视频内容的分类为：娱乐、电影、电视剧、动漫、生活、音乐、体育、综艺、科技等等。这些分

① 参见 http://www.iqiyi.com/。

类都是按照用户的兴趣表达进行组织的，具有确实的语义含义。此时平台与用户双方的默契是，用户通过点击相关类别的超链接就能查找到此类别对应的内容，而不会混入其他不相关内容。也就是说，平台与用户双方的沟通建立在二者对语义体系的共同认识之上，可以很容易相互理解。而如果仅仅使用隐式语义标签的话，平台无法确切地告诉用户某话题究竟应对什么类别的内容，双方沟通成本提高。从开发者和运营者的角度，往往也需要有一套明确定义、方便理解的文本语义标签体系来对平台的全部内容进行组织和管理。实际上，语义特征体系和语义标签的效果是检验一个公司自然语言处理技术的试金石，只有在此领域具有足够的实力才能建设一个完善的语义标签系统。

2.3.1 语义标签体系的建设

在算法推荐系统里面可以采用逐级细化的方式构建语义标签体系。以图 2-4 为例，上层的“科技”是一个较大的概念，下一层的“消费科技”则缩小了范围，包括与消费者、消费品相关的科技，其中“手机”又是一种更加具体的消费科技类产品，而“小米手机”则是手机类产品的一个品牌，这就是一种对语义特征分层处理的方式。

具体地，语义标签可以分为三个层级。第一层是用于分类的特征，第二层是概念类特征，第三层是实体类特征。

用于分类的特征主要用于：第一，用户画像构建，即使用分类特征描述用户，这样，用户和内容分别都采用统一的特征体系，能更方便地匹配用户和内容。例如“纪录片”，这个特征可以表述电影的一种分类。一方面，以其为语义标签，描述纪录片影片；另一方面，用户画像里包括“纪录片”这个语义标签的用户则很有可能接受纪录片类内容的推荐。第二，“频道”内容的构建和过滤。例如“脱口秀”这一分类特征把与脱口秀类节目相关的内容划分至“脱口秀”频道，同时也过滤了非脱口秀类的节目。

概念类特征可以用于过滤频道内容以及支持标签搜索等。其中，频道内容的过滤与分类特征的使用类似。标签搜索是指，依据某个语义标签，从内容库中查找包含这个语义特征的内容。

实体类特征则是具体到实体级别的语义标签，相对概念类特征而言，更加具象。例如“小米手机”就是一个实体特征，而“手机”则是概念特征。一般来说，从文章库中提取出的能够对应具体事物的特征通常都被放到实体类特征这一层。

如果不进行语义特征的分层处理，而是把所有已知的概念、实体都放到一起构建一个语义标签体系，这样不是更简单直接吗？算法推荐系统对语义标签进行分层，是因为语义标签体系中每个层级表达概念的颗粒度是不一样的，对标签的要求也不一样：

● 对于分类标签这个层级，需要所有的类别覆盖比较全面。希望为算法推荐平台中的每一篇文章找到推荐系统里一个合适的分类，以便进行内容的推荐。因此，对于语义特征的分类体系而言，要求覆盖的类别尽量全，相应地对精确性的要求则可以适当放宽。

● 对于概念体系，各种概念标签主要是负责表达精确但又比较抽象的语义，例如“水果”“球类”等。因此，对于概念标签而言，要求其内涵准确，但是受制于领域知识和可用的人力物力资源，其覆盖的全面性随着系统的演进而完善即可。

● 在实体体系这一层，每个语义标签对应的是具体的实体，通常能够覆盖各个领域热门的人物、机构、作品、产品即可，而并不一定要做到全面覆盖客观世界的全部实体。

2.3.2 语义标签的使用

与给每个用户维护一份用户画像类似，算法推荐系统为每一篇文章也维护一份文章的“档案”。根据文章内容的特征，进行语义标签标记之后，对每一篇内容的表述如下例所示。

【例 4-3】我们分析一篇题为《英超-贝尔纳多进球 斯特林破门 曼城 3-1 夺 6 连胜》① 的新闻，文章头两段文字为：

> 北京时间 12 月 1 日 23：00（英国当地时间 15：00），2018/19 赛季英超第 14 轮一场焦点战在伊蒂哈德球场展开争夺，曼城主场 3 比 1 力克伯恩茅斯，贝尔纳多先拔头筹，威尔逊扳平，斯特林和京多安进球。曼城夺得联赛 6 连胜继续领跑。
>
> 曼城历史上 12 次对阵伯恩茅斯取得 10 胜 2 平保持不败，曼城近 6 场对阵伯恩茅斯取得全胜且仅丢 2 球。阿圭罗因轻伤缺阵，斯通斯被安排轮休。达尼洛、奥塔门迪、贝尔纳多、京多安和热苏斯轮换出场。

根据语义标签系统，将此文章的一级分类归类为“体育”，二级分类归类为“体育/足球”。从概念特征的角度，可以使用“体育/足球/英格兰足球超级联赛”这个标签表达此文内容的概念语义。在实体体系这一层，算法推荐平台为文章识别出“2018/19 赛季”“伊蒂哈德球场”“曼彻斯特城足球俱乐部”“伯恩茅斯足球俱乐部”“贝尔纳多·席尔瓦”“詹姆斯·威尔逊”“拉希姆·斯特林”等实体语义标签。通过这三个层次语义标签的组合，系统即可比较全面地表示这篇文章的特征。

此外，与给用户画像标签赋予不同的权重值来表达用户的兴趣分布类似，文章档案中的语义标签也可以被赋予不同的权重。如上例中新闻的实体语义标签，可以根据这些实体在文中出现的次数以及与文章主题的相关程度进行相应的权重打分。比如“贝尔纳多·席尔瓦”这个语义标签，由于其代表的球员是曼城队的主力队员并且在文中多次出现，则权重设置上应高于那些名字在文中仅出现一次的球员。

● 实体词识别算法。

实体类的语义标签也称为“实体词”。在准确分类的基础上，对每篇文章中具体的实体词进行精准识别是用以支撑算法推荐流程的基本要求。下面延续例 4-3 的分析，介绍如何从文章《英超-贝尔纳多进球 斯特林破门 曼城 3-1 夺 6 连胜》中识别出实体词。

首先需要对文本进行分词和词性标注。在本书第 2 章我们曾经介绍过，对于中文的文本内容来说，由于词之间没有类似英语单词之间的空格分隔，因此需要从句子中分隔出一个一个的单词，用于后续的实体词匹配。此外，还需要对分隔出的词进行词性标注，这些都是文本预处理的基本操作。例如“曼城历史上 12 次对阵伯

---

① 搜狐体育．英超-贝尔纳多进球 斯特林破门 曼城 3-1 夺 6 连胜．(2018-12-01)[2018-12-29]．http：//sports. sina. com. cn/g/pl/2018-12-01/doc-ihpevhcm7084271. shtml.

恩茅斯取得10胜2平保持不败，曼城近6场对阵伯恩茅斯取得全胜且仅丢2球”这句话，经过分词后，得到：曼城/历史上/12/次/对阵/伯恩茅斯/取得/10/胜/2/平/保持/不败/，曼城/近/6/场/对阵/伯恩茅斯/取得/全胜/且/仅/丢/2/球。其中“曼城”的词性标记为“名词”，“对阵”的词性标记为“动词”，等等。

其次是从语义特征体系中抽取可能的候选实体词，也就是实体这一层的语义标签。例如词“英超”对应的实体语义标签是“英格兰足球超级联赛”，而“曼城”这个词对应的实体语义标签则有可能是“曼彻斯特城足球俱乐部”或“曼彻斯特市”等等。此处，“曼城”对应的语义标签存在多种可能性，即存在歧义，因此需要进一步处理。

接下来，针对文章中词对应的多个候选实体词进行歧义消除，即选择一个最合适的实体词，去掉其他候选实体词。对于本文中出现的“曼城”，算法根据其上下文语义特征，确认其表示的是“曼彻斯特城足球俱乐部”这个实体，消除歧义。对全文其他词与候选语义标签，采用同样的方法建立二者的对应关系。

最后，针对文章中识别出的全部语义标签，计算其与文章的相关性，即权重值。例如，本文与各语义标签的相关性可以量化表示为{“英格兰足球超级联赛”：0.998，“曼彻斯特城足球俱乐部”：0.989，“伯恩茅斯足球俱乐部”：0973，“贝尔纳多·席尔瓦”：0.825，“詹姆斯·威尔逊”：0.812……}。

通过以上步骤，把文章中实体型的语义标签抽取出来之后，即可基于实体词进行推荐。例如，把带有“英格兰足球超级联赛”标签的内容推荐给用户画像中含相同标签的用户。

提　要

构建好“分类”“概念”“实体”三层语义标签体系后，算法推荐系统在内容侧通过分词、候选实体词选择、候选实体词去除歧义等步骤，对内容进行语义标签特征的抽取，完成内容的分类。随后依据内容分类和用户兴趣的匹配实现内容推荐。语义标签是一类非常重要的特征，需要掌握语义标签体系的建立，以及为什么要对语义标签进行分层，分层的意义和作用。

第3节　知识图谱

3.1　知识图谱简介

知识图谱（knowledge graph）或称知识库（knowledge base）是支持语义标签系统的技术平台，用于存储计算机系统中的结构化以及半结构化数据。最早的知识库起源于专家系统。所谓“专家系统”是指在人工智能领域中模拟人类专家进行决策的计算机系统，基于系统已有的“知识”（确定的规则），专家系统可以进行复杂问题的推理，实现决策。专家系统起源于20世纪70年代，繁盛于20世纪80年代，是早期人工智能真正成功的一种实现。

大规模知识库的构建是近年来学术界和业界广泛关注的热点，通常知识库会包含上亿级别的数据。能够支持成体系的语义标签系统是一个公司的技术水平和实力的体现。

常见的知识库系统有 YAGO①、DBpedia②、Freebase③ 等。YAGO（Yet Another Great Ontology）是一个开源的知识库系统，通过自动地抽取维基百科和其他数据源的知识构建而成。截至 2012 年，YAGO 包含超过 1 000 万实体以及这些实体上超过 1.2 亿条的事实数据。DBpedia 是一个从维基百科上抽取结构化数据形成的知识库系统，支持用户对维基百科上资源的关系和特征进行语义查询。Freebase 是一个大型的由社区用户合作建立的知识库。Freebase 主要由社区用户提供和搭建，其数据有多种来源，包括个人用户提交的维基百科条目。Freebase 的目标是搭建一个全球的信息资源系统，使得人和机器均可以有效地获取通用的信息。

在工业界，谷歌公司也在建立知识图谱，主要用于为用户提供从多种数据来源获取的与搜索结果相关的知识和信息。基于这一知识图谱，从 2012 年开始谷歌搜索引擎会在搜索结果页面上给搜索结果附加一个“信息盒”，提供关于搜索结果的更多信息。实际上，谷歌的知识图谱有一部分就来自 Freebase。谷歌知识图谱启动后，其可以覆盖的信息容量在不断扩大，经过 7 个月数据量就扩展为初始时的 3 倍：5.7 亿个实体和 180 亿条事实数据。截至 2016 年 5 月，该知识图谱可以回答谷歌搜索引擎每月 1 000 亿次搜索的约三分之一问题，也有批评意见指出谷歌知识图谱在回答问题时没有指出数据来源。

除了通用的知识库之外，细分的行业领域也构建了不同的知识库。例如 UMLS（Unified Medical Language System）④ 是生物医药领域搭建的知识库，提供生物医药领域多种术语系统之间的统一和对应关系。

3.2 知识图谱的应用

对知识图谱的一个直观理解就是计算机系统模仿人对客观世界的建模。例如知识图谱可以模拟百科全书的分类对“动物”这个领域进行建模。于是可以将“动物”分成“脊椎动物”和“无脊椎动物”，“脊椎动物”类别下又有“哺乳动物”“爬行动物”“两栖动物”等，“哺乳动物”又可以分为“原兽亚纲”“后兽下纲”等等。这种从概括、抽象到具体、详细的分类体系符合人对客观世界进行建模的过程。对于知识库来说，其目的和作用就是提供机器可识别的对客观世界的刻画模式。

3.2.1 提供更精准的搜索结果

当计算机实现了与人类似的理解世界的体系，那么其产品推荐和内容推荐的质量以及可理解性都会有所提高。例如在信息搜索领域，如果搜索引擎能够建立一个比较完备的知识库，容纳互联网上海量网页内容背后对应的实体，则其搜索结果的有效性会大幅提高。

---

① 参见 https://en.wikipedia.org/wiki/YAGO_（database）。
② 参见 https://en.wikipedia.org/wiki/DBpedia。
③ 参见 https://en.wikipedia.org/wiki/Freebase。
④ 参见 https://en.wikipedia.org/wiki/Unified_Medical_Language_System。

【例4-4】假设用户在搜索引擎中查询“中国首都的气候”。搜索引擎首先需要识别出此次查询中的两个关键词：“中国首都”和“气候”。对于完全依靠关键词匹配的搜索引擎，一个简化的搜索结果的形成过程大致是：查找互联网上页面包含“中国首都”或“气候”字样的网页，然后返回同时包含两个关键词的网页。然而这样的搜索结果会忽略包含与“北京”的气候相关的网页，因此搜索结果会缺失相关内容。

在知识库的支持下，搜索引擎首先把关键词对应到知识库的实体，因此搜索引擎会了解到“中国首都”是“北京”，二者对应的实体是等价的。于是，在返回搜索结果时会包含与“北京的气候”有关的页面，使得搜索结果更加全面。

3.2.2 支持更准确的数据分析

在新闻传播领域，知识库也在逐渐发挥更多作用，如支持更准确的数据分析等。以新闻事实核查为例，虚假消息和谣言在互联网上的泛滥导致受众对真相认知的缺失，特别是一些与健康相关的谣言更是甚嚣尘上，迷信者众，对人民群众的身心健康造成了不良影响。因此迫切需要有效的识别机制来应对数量庞大的虚假消息和谣言。因为知识库中保存了真实有效的实体及其关系数据，因此知识库可以帮助实现这个目标。

例如有自媒体发布了题目为《重大突破！昨日，美国FDA正式上市“广谱”抗癌药，治愈率高达75%》的消息，在2018年11月被第三方机构“丁香医生”进行了辟谣。美国新上市的广谱抗癌药Vitrakvi是一款适用于孩子和成人、能针对多种实体肿瘤的广谱抗癌药。但是，文章中“75%的治愈率”是误读，且这款药仅适用于出现NTRK基因融合突变的实体肿瘤，应用范围有限。因此“治愈率高达75%”的陈述失实。

使用知识库对以上内容进行假消息判断，系统首先从知识库中查找广谱抗癌药Vitrakvi对应的实体，以及该药品的应用范围和治愈率。随后，依据这些方面的数据与原文进行比对，则可以判断此自媒体消息为虚假消息。

3.2.3 促进更有效的决策支持

知识库还可以辅助进行更有效的决策支持，例如检测药物的副作用。对于每一款药物，可以通过药物的成分识别，从知识库中了解成分（实体）与药物的副作用（实体）之间的关系。通过实体和实体之间的关系，建立成分与副作用之间的联系。对于某种新药，就可以根据从知识库里抽取和建立的副作用关系进行判断，支持与药物功能相关的决策和判断，从而不必依赖个体专家的专业领域知识。

提要

知识库/知识图谱往往非常庞大，涉及多领域的专业知识，包含实体及其相互关系，其数据量通常为上亿级别。算法推荐系统的语义标签体系往往依赖知识库进行构建。能够建立语义标签体系体现了算法推荐平台公司的技术水平和实力。

【本章小结】

本章介绍算法推荐系统对文本型内容进行个性化推荐时所需要的文本型内容的建模与分析、计算手段。由于使用自然语言生成的文本原始数据往往会存在不规范的现象和一定的噪声数据，因此必要的预处理是文本建模的前置条件，即将数据规整化以满足后续计算的要求。从内容安全的角度，算法推荐平台需要对内容的安全性和风险进行判断和甄别，以确保呈现给用户的内容能够遵循相关的法律法规和社会公序良俗。针对系统中的合规内容进行个性化推荐时，算法推荐系统可以通过语义特征、隐式语义特征、时空特征、质量相关特征等维度计算内容与用户兴趣的匹配程度，指导算法推荐。知识图谱是一种语义相关的知识体系结构，使用知识图谱进行文本特征体系的建立具有较强的表达能力和可解释性，因此，大规模内容库特征的组织方式可以借助知识库和知识图谱来实现。

【思考】

如果你准备搭建一个算法推荐系统并预期借此营利，请思考你更愿意搭建垂直领域的算法推荐系统还是多领域的算法推荐系统？建设二者需要的文本特征体系会有何异同？

【训练】

1. 在一篇文章中，对文中提及的人名进行歧义消除，即确定特定人名对应的人物，这属于数据预处理的哪一个步骤？
2. 在算法推荐系统中，确保内容安全的必要性和意义是什么？
3. 在算法推荐系统中，内容风险识别技术有哪些？
4. 什么是文本特征体系？为什么需要使用文本特征体系？

【推荐阅读】

1. 朝乐门．数据科学．北京：清华大学出版社，2016.
2. https：//en. wikipedia. org/wiki/Knowledge _ base.

第 5 章　智能推荐算法

【本章学习要点】

本章围绕智能推荐算法的起源、发展、应用和评估展开介绍。首先介绍智能推荐系统的发端，即智能推荐系统得以发源和发展的多种前置技术条件和准备，包括大数据技术、机器学习算法、移动互联网的发展以及用户特点的变化。接下来，以关联规则推荐算法为例，具体介绍智能推荐算法的原理和过程、可能的改进及其演进方向。关联规则推荐算法在智能推荐算法体系中发端较早，掌握和理解关联规则推荐算法对于学习推荐算法的后起之秀有知识储备和借鉴的意义。本章在最后介绍如何对推荐算法进行评估，帮助算法推荐系统筛选最合适的算法。针对一个具体的推荐算法，一方面可以从用户侧寻求关于推荐质量的具象反馈，另一方面也可以设计一系列推荐质量评估标准，包括在线评估和离线评估的标准，对推荐算法的水平进行量化评估。

大数据技术的广泛应用、机器学习算法的突破、移动互联网的升级以及用户习惯的改变催生和伴随着智能推荐系统的出现和发展。在现有推荐算法不断升级的当下，回顾早期基础的推荐算法（如关联规则推荐算法）仍然有借鉴和了解算法原理的意义。了解了不同的算法原理之后，如何对其进行评估，则需要诉诸若干评估标准和方法，达到量化地理解算法水平的目的。本章重点介绍智能推荐系统的发端、关联规则推荐算法原理以及推荐算法的评估方法。

第 1 节　智能推荐系统的发端

目前，接入互联网的设备特别是通过移动互联网接入的移动终端设备之上，各种各样的应用软件层出不穷。例如，新闻资讯类应用软件有“新华社”“网易新闻”“今日头条”“百度新闻”等等，视频内容类应用软件有“爱奇艺”“腾讯视频”“优酷”“咪咕视频”等等，短视频内容类应用软件有“快手”“抖音”“一条”等等，其他垂直领域的应用软件更是数不胜数。对这些应用软件的现状和趋势进行分析和梳理，我们发现一个不容忽视的趋势就是智能推荐系统正在热火朝天地发展和壮大，越来越多的应用软件系统引入智能推荐算法，用以实现更好的个性化内容呈现和精准送达。

那么存在怎样的技术准备和前置条件来支持这些智能推荐算法以及智能推荐系统呢？我们梳理出四个主要条件。

第一个条件是大数据技术的发展以及开源大数据处理平台的普及。从理解用户的角度来看，系统需要收集和掌握足够多的用户数据才可能从中分析和发掘出用户特点；从理解内容的角度来看，这些智能推荐系统自身需要储备足够多的内容数据并对其进行特征提取和分析，才可能实现对不同用户的“千人千面”的个性化内容送达。实现上，智能推荐系统需要有硬件的处理能力和软件的处理算法：从硬件的角度，需要支持海量数据的安全存储、快速读写；从软件的角度，需要支持海量数据的分析、计算和处理。因此，开源大数据平台的普及是一个必要的基础条件。

第二个条件是机器学习算法的突破。面对海量数据，依靠人工的手段来分析、计算和挖掘数据中的规律已经变得不再现实，因此需要利用大规模的机器学习算法来应对数据量的爆炸式增长并且从中提取出有价值的内容。例如，从海量的用户人口学数据和海量的用户行为数据里边提取出用户特征、兴趣，才能更好地进行有针对性的内容推荐。

第三个条件是移动互联网的繁荣发展。随着移动互联网技术的不断升级，网络上可以承载的应用类别日渐丰富。通信网络已经从最早的语音通信网络升级到了目前的第四代通信网络①，越来越多的应用迁移到手机终端上，使得用户可以随时随地通过移动互联网使用算法智能推荐平台的应用。只有底层的移动互联网基础设施得到繁荣发展，才有可能在高速的移动互联网上实现对各种各样应用业务的支撑。此为算法智能推荐平台得以发展的通信基础设施必要条件。

最后一个条件是用户习惯的改变。针对海量的内容，用户以往主动寻找内容的信息获取方式逐渐不再适用，而逐渐转向接受算法推荐系统给自己推送的内容。

1.1 开源大数据处理平台的普及

1.1.1 为什么是“大数据”

对于任何一个算法推荐系统，一旦失去数据——不论是用户数据还是内容数据——一切都是无源之水，无本之木。随着大数据的积累以及大数据技术的发展，人们认识和理解世界的方式也在随之更新。

1998年度图灵奖②的获得者吉姆·格雷（Jim Gray）在2007年的一次演讲中介绍了科学研究范式的变迁。其中，第一范式为实证式（empirical）研究，大约起源于数千年之前，主要依据人们对客观世界的观察和感知描述自然现象。第二范式为理论式（theoretical）研究，大约起源于数百年前，使用模型和归纳概括的手段认知世界。第三范式为计算式（computational）研究，起源于数十年前，即20世纪中后期，随着计算机科学技术的发展而兴起。第四范式为数据式（data-exploration）研究，一般认为起源于吉姆·格雷提出此范式并被学界普遍接受的2007年。新的研究范式下，数据来自设备采集数或者模拟器生成，由相关软件处理后，形成存储于计算机系统内的信息和知识，并使用数据管理工具和统计学手段进行研究分析。

---

① 第四代通信网络遵循第四代移动电话行动通信标准，指的是第四代移动通信技术，其英文缩写为4G。4G集3G与WLAN于一体，能够快速地传输数据、高质量音频、视频和图像等。4G能够以100Mbps以上的速度下载，满足用户对于无线服务的需求。

② 图灵奖（Turing Award），全称“A. M. 图灵奖”（A. M Turing Award），由美国计算机协会于1966年设立，专门奖励对计算机事业做出重要贡献的个人。其名称来自计算机科学的先驱、英国科学家、数学家艾伦·图灵（Alan M. Turing）。图灵奖是计算机界最负盛名的一个奖项，有“计算机界的诺贝尔奖”之称。

在当前的时间节点上，大数据不论是对于自然科学及人文社会科学，还是对于工业界，均具有重要意义。从数据的产生来看，每一个个体用户，都是大数据的贡献者，都为海量数据的生成提供了源数据，例如经由电子邮件系统收发的电子邮件、在无线通信网络上拨打和接听电话、在万维网上点击和浏览网页、在社交媒体发表个人观点、共享图片以及音频视频内容等，均会产生大量的用户数据。此外，各种产业级的应用系统也在不断生成和记录大数据，例如世界各地的天气信息、城市路网的交通数据、工厂的用电量、电子商务平台的购买和评论记录等等。

那么，我们通常讲的“大数据”，从数据量级的角度来说到底有多“大”呢？在办公领域，以电子邮件系统为例，全球范围内每秒会发出数百万封电子邮件。在视频分享和推荐领域，YouTube网站的流量数据总量超过百亿，每天新增总播放时长达数万小时的视频，并且其单日浏览量也达数亿甚至数十亿。在社交媒体领域，截至2017年底，新浪微博月阅读量超百亿的垂直领域达25个，微博内容存量已超过千亿，微博搜索月活跃用户近1亿（参见微博数据中心《2017微博用户发展报告》）。在电子商务领域，2018年“双11”电商购物节期间，来自商务部的数据显示，全国网络零售交易额超过3 000亿元。在网络应用领域，谷歌搜索引擎每天需要处理24PB级别的数据。在算法智能推荐系统领域，截至2017年12月，今日头条系统一共有3亿用户，日活跃用户量超过3 000万，系统的日均点击量大概是5亿次，每个用户的平均使用时长为47分钟。通过以上多个领域的统计数据可以了解到大数据的数据量级正在不断突破极限，社会生活的方方面面都有海量大数据的身影。

1.1.2 支撑大数据的硬件平台

针对海量的数据，需要相应的硬件来完成这些数据的采集、存储和计算。从数据体量的角度，目前的大数据量级已经达到了PB级别。PB是英文Petabyte的缩写，其中B是英文byte的缩写，即“字节”。通常，个人电脑硬盘的存储容量是GB（Gigabyte，吉字节，又称“千兆”）级别的，如256GB、512GB等。此处，1GB=1 024MB，1MB（Megabyte，兆字节，简称“兆”）=1 024KB，1KB（Kilobyte，千字节）=1 024B。由于大数据的量级呈现几何方式的增长，传统的硬件架构已经很难满足需求。巨大的PB级别数据量级对于数据的采集和存储都提出了新的要求，通俗地讲，就是要求大数据系统既能存得下数据又能快速读写，并且在足够短的时间里完成计算。

通常，存储系统的升级并不仅仅指存储容量升级，系统对其他资源也有额外的需求，如I/O[①]带宽和计算能力。如果没有足够的I/O带宽，将出现用户或服务器的访问瓶颈；如果没有足够的计算能力，常用的存储功能如快照、复制等服务都将受到限制。也就是说，为了支持海量数据的存储和计算，需要高性能的计算和存储设备完成大数据上的分析和计算任务，因此，大数据计算系统的硬件会体现出大存储容量、多主机、多CPU[②]、高速运算、高速I/O、数百GB内存等特点。

---

① I/O是技术术语，指输入/输出（input/output），简单理解就是把数据输入计算机系统的存储设备以及从计算机系统的存储设备输出数据。

② 中央处理器（central processing unit，CPU）是超大规模集成电路，是一台计算机的运算核心和控制核心，其主要功能是解释计算机指令以及处理计算机软件中的数据。

为了应对不断增长的数据，目前常见的大数据系统扩展方式有纵向扩展和横向扩展两种。其中，纵向扩展主要是利用已有的存储系统架构，通过不断增加存储容量来满足数据增长的需求。由于纵向扩展的方式仅仅增加容量，而并没有相应地增加带宽和计算能力，因此，整个存储系统很快就会达到性能瓶颈，需要继续扩展。这会导致系统升级越来越昂贵。为了解决这个问题，可以采用横向扩展的方式进行系统升级，即通过增加独立的设备来提高系统的运算能力。通常以节点为单位向系统添加新的硬件资源，每个节点往往包含存储容量、计算处理能力和 I/O 带宽，应用系统可以根据业务需求增加不同的服务器和存储能力。

计算机中所有程序的运行都是在内存中进行的，因此内存的性能对计算机的影响非常大。内存（memory）也称内存储器，其作用是暂时存放 CPU 中的运算数据以及与硬盘等外部存储器交换的数据。计算机执行运算时 CPU 会把需要运算的数据调到内存中进行运算，运算完成后 CPU 再将结果传送出来存储至硬盘。由于存储至硬盘存储器里的数据量已经达到了 PB 级别，对应的内存容量需求也需要按比例增加，即需要达到百 GB 的容量甚至更高。

实力较强的机构可以自行实现大数据支撑系统，一些中小型的机构也可以租用商业化的大数据计算中心和云计算平台来实现其大数据业务的基础设施搭建。

1.1.3 大数据的软件计算框架

在硬件条件的基础之上，从软件方面来说，大数据系统还需要实现大数据的计算框架。从软件功能的角度，存在“存储”和“计算”这两种类型的大数据计算框架。

1. 大数据存储框架（Hadoop+HDFS）

第一类是大数据的存储框架。目前，开源的大数据存储平台主要是基于 Hadoop 平台实现的。本书第 3 章“用户画像的标签体系”曾经介绍过 Hadoop 平台，Hadoop 是一种分布式系统基础架构，用户可以在不了解分布式底层细节的情况下，开发分布式程序，充分利用集群的计算能力进行高速运算和存储。由于数据量特别巨大，因此单点存储变得不再可行。基于 Hadoop 技术的大数据存储平台实现了海量数据的分布式存储，在存储方面实现了一个分布式的文件存储系统 HDFS，即 Hadoop 分布式文件系统（Hadoop distribute file system）。针对海量数据的分布存储，可以降低存储设备的单点压力，提高存储的容错能力。因此，大数据系统的内部实现可以由 Hadoop 平台加上分布式文件系统来支撑存储功能。

2. 大数据计算框架

第二类是大数据的计算框架。针对系统中已存储的大数据，还需要对其进行计算来挖掘数据价值，实现大数据应用。

（1）离线计算（MapReduce）。

早期的大数据计算框架技术主要采取离线计算的方式。在运算过程中，首先通过对计算任务的分解，把数据集切分为多个分片；随后，每一次运算从硬盘加载一部分数据分片并分配到集群中不同的机器上进行计算，其中，需要把一些必要的中间结果保存到硬盘上（HDFS）；然后再由后续的运算模块把中间结果读到内存，再进行合并计算，求出结果后，将其写到硬盘，完成一次离线的分布式计算。

离线计算适用于单次计算任务对完成时间的要求不高并且单次计算任务通常不

需要反复执行的计算场景，如机器学习模型的训练。假设算法推荐系统中要采用深度神经网络对视频内容进行特征学习（即训练模型），由于系统对于训练模型这一任务并不要求实时完成，因此可以采用离线的计算框架完成任务。

（2）在线计算（Spark）。

随着对计算性能要求的提高，某些在大数据集合上的计算也需要达到实时或者准实时的标准。为了实现在线级别的大数据计算，可以在 Hadoop 和 HDFS 平台的基础上搭建 Spark 计算平台。Spark 是快速通用的大规模数据计算引擎。与离线计算不同的是，在线计算的中间输出结果可以保存在内存中，从而不再需要读写 HDFS，有效地减少 I/O，提高系统效率，因此 Spark 能更好地适用于需要重复进行的计算场景。

从底层存储来看，以上离线计算和在线计算的大数据框架在存储层面，都是在 Hadoop 分布式文件系统上存储的。二者的区别在于计算过程是否需要反复读取硬盘数据，从而区分出在线计算和离线计算两种情况。

提 要

为了处理和计算来自各行各业的大数据，大数据的硬件、软件技术手段应运而生并不断向前演进，服务于大数据的存储、分析和价值发现。

1.2 机器学习算法的突破

由于体量庞大，支持大数据的系统需要具备高性能的计算平台、海量的存储以及高速的读取等软硬件技术条件。以往人工的手段（如实证式、理论式）以及早期的计算式手段都遇到了瓶颈，已无法应对这样的数据量级。因此，需要更高水平的算力支持。机器学习恰好可以帮助我们实现数据驱动的科研和工程范式。

1.2.1 机器学习算法的基本原理

机器学习是一门研究算法的学科，简单地讲就是研究如何让计算机根据以往的经验去适应新的环境。这里“以往的经验”指的是历史数据；“适应”指的是通过对历史数据的研究分析，建立一种映射关系，参见图 5－1 的函数 $f(x)$；“新的环境”是指新产生的需要计算的数据。当新数据输入机器学习建立的函数中时，会产生符合历史数据规律的新输出。机器学习本质上是研究自学习算法的科学，这些算法用于帮助机器进行自我学习来解决问题。

在本书第 2 章曾经介绍过“算法”和“程序”这两个概念的异同。“算法”是一个比较抽象的概念，算法本身用于描述计算任务，即需要经过哪些步骤来实现某个计算任务。回到“机器学习”，机器学习算法需要根据已有的数据不断“学习”，总结出一定规律，适应新的数据，即这些规律能够适用于绝大多数新产生的数据。这样的过程与人类通过已有经验总结规律并将其应用于未来的环境是相似的，因此称其为“机器学习”。所谓适应新环境，是指机器学习算法产生的函数 $f(x)$ 面对新的输入数据时，也具有一定的认识和处理能力，并输出相应的计算结果，而并非束手无策。

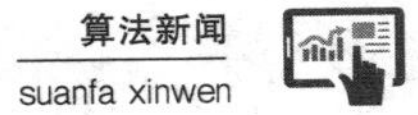

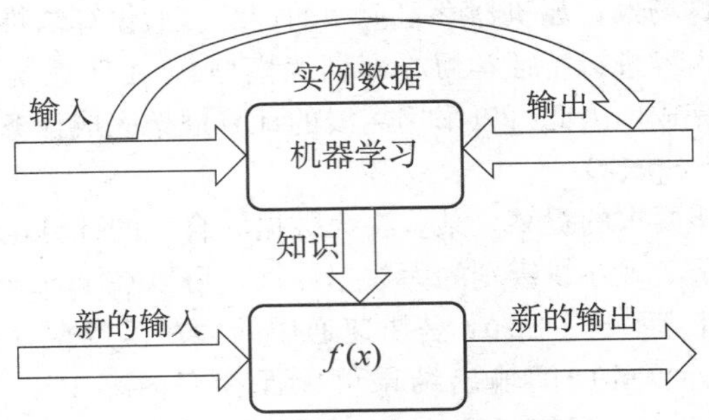

图 5-1 机器学习算法模型

对比人类学习和机器学习的过程。假设某人要学习整数的四则运算，显然无法通过穷尽所有整数上的加减乘除操作完成学习，而只能是通过部分整数之间的四则运算，推而广之掌握四则运算的规律，就可以计算任意整数之间的加减乘除运算了。与之对应，在算法的领域，机器学习算法出现之前，计算机程序往往是基于过程或基于规则的。所谓的“基于过程”，是指人类需要明确指出运算过程的每一个具体步骤，才能完成一次计算；所谓的“基于规则”，是指人类需要告诉计算机面对何种输入应该产生何种输出，即“规则”。在机器学习算法诞生和繁荣之前，计算机程序是比较固定的，相当于人类语言到程序语言之间的“直译”，必须首先是人类具有了相关知识，才能实现运算的自动化。面对海量的大数据，人脑已经无法完整处理并从中归纳推理出规律和知识，因此需要机器学习算法的支持。下面以图 5-1 为例说明机器学习算法的原理。

在图 5-1 中，左侧两个箭头表示数据对算法的输入，既包括已有的输入数据，也包括未来可能产生的输入数据；右侧两个箭头表示输出的数据，既包括历史上的输出数据，也包括未来由机器学习算法计算生成的输出数据；最上方的箭头则是对算法的抽象。

在机器学习的训练阶段，我们提供给机器学习算法一些输入数据以及由这些输入数据产生的输出数据（即“实例数据”），机器学习算法会试图学习输入数据是如何变成输出数据的，即图中的函数 $f(x)$ 。在训练阶段，可以把系统中已有的大数据作为实例数据，对机器学习的算法进行训练。输入数据的种类越丰富，数据量越大，对于模型的训练效果就越好。

训练好机器学习模型之后，模型就具有了相关领域的知识和推理能力。当模型面对后续新的输入数据时，机器学习算法模型就可以利用它学到的这些知识，进行推理计算，提供新的输出。这就是一个简化的机器学习算法训练和使用过程，其本质是帮助机器来进行自我学习。

假设我们想训练一个机器学习模型识别出图片中的动物，其中的一类动物是猫。于是，我们可以提供给机器学习算法一定数量的已经标注为“猫”的图片，如图 5-2 所示的小猫图片，需要尽可能包括正面、侧面、背面等多种角度。对于机器学习算法来说，这些图片就是已有数据中的输入数据，我们使用这样的一些数据来训练动物识别器，而其对应的已知输出数据则是对这些图片所含动物类别的标记，对应于此类输入图片，机器学习算法已知其标记均为“猫”。

机器学习算法会从多张猫的图片中学习其共性特征，例如两只尖耳朵，两只眼睛，有毛，有尾巴，等等（“尖耳朵”“眼睛”“毛”“尾巴”是为了文字表述方便而阐述的特征，实际上在机器学习算法中它们对应的是若干个维度的数值属性）。机器学习算法把“猫”的这些特征识别出来，认为满足这些特征的图片都是含有猫的图片，就完成了模拟人类进行归纳总结的过程。模型训练好之后，算法再遇到满足此类特征的图片，即可识别其为含有猫的图片，就完成了演绎推理的过程。

图 5－2 含有猫的图片

对于机器学习算法来说，为了提高模型的准确度，需要提供足够的训练数据。所谓“足够”，一方面是数据量大，另一方面是能覆盖尽量多的可能性。例如图 5－2 所示三张图中的猫都是尖耳朵并且有毛的猫，如果全部训练数据都是类似品种的猫的图片，那么训练完成后，如果识别算法遇到了折耳猫或是无毛猫的图片，识别的准确度就会受到影响，并不一定能将其正确标注。

因此，对机器学习模型进行训练时，需要提供数量和类别都足够丰富的数据，才能保证训练出的模型具有较高的可用性。

1.2.2 常见的机器学习算法

常见的机器学习算法大致包含以下几种类型：无监督的机器学习、有监督的机器学习、基于对抗生成网络的机器学习和基于卷积神经网络的机器学习。下面以一个文本分类的任务为例，简要介绍这些机器学习算法。文本分类任务的已有数据是一个新闻语料文档集，包括多篇多种类别的新闻，如体育新闻、财经新闻、时政新闻等。

第一类是无监督的机器学习算法，在计算机领域也称为“聚类”算法。针对新闻文本分类任务，算法事先并不知道每一篇新闻文档的类别是什么，以及共有多少种类别，此时把语料库的文档全部送到机器学习算法中，让它对输入数据进行自学习，区分并生成若干种可能的新闻文档类别，这种情况下的机器学习算法就是无监督的机器学习。也就是说，训练过程没有显式的训练数据，并无可以参考的“新闻文档”到“新闻类别”的映射关系。这时，机器学习算法试图自动地从混杂的新闻文档数据里面汇聚出一些相互有区别的新闻类别来，所以也称其为“聚类”算法。

第二类是有监督的机器学习算法，它与无监督的机器学习算法是相对的。所谓有监督的学习是指给算法提供一定数量的训练数据。此时需要事先标记好一定数量的新闻文本，即每一篇新闻是什么类型的，例如娱乐新闻、国际新闻等等。在这种情况下，文档库中共有多少种新闻类别以及每种新闻的分类是什么都是预先指定好的。因此，这类机器学习算法也称为“分类”算法，对应的模型称为“分类器”。利用已经标记好的新闻文档及其所属分类数据，就可以对分类器进行训练。在训练过程中分类器会学习每个类别新闻的特征。每一类新闻文档的特征各不相同，例如财经新闻中数字出现的可能性更高，网球类新闻中“破发”“发球局”“抢七”等词语出现的频率较高，等等。当分类器把每一种新闻类别的特征都学习好之后，即完成了对分类器的训练。随后，对于新的输入数据，即类别未知的新闻文档，就不需要进行人工的新闻分类了，分类器就可以自动地给新的文档找到相应的类别并对文档进行类别标记。

第三种机器学习算法是基于对抗生成网络的算法。其原理是，对于已经训练到一定程度的模型，实现者会尝试输入一些反例。例如故意标记一篇社会新闻文档D为国际新闻，如果模型已经训练到足够准确，那么模型就可以直接识别出文档D并不是标记的那种类型（国际新闻）。这时候算法模型可以更加专注于了解文档D为什么不是国际新闻类的新闻，把相关的特点抽出来，放到对抗生成网络里，就能更好地帮助算法模型认识到文档的哪些特征能更好地表征所属类别的特点。所以在模型训练过程中，把一些反例输入模型，让算法在反例输入的情况下，对抗反例数据，提高自己的学习能力。

第四类算法是基于卷积神经网络的算法。以上三种机器学习算法通过识别和学习文本特征，能够达到对文本数据较好的处理效果。对于图像数据来说，算法并不能很好地仿照文本数据特征进行描述。对于人类用户而言，可以直观地看出一幅图片有什么特征；但是计算机算法对于图像的理解却不能达到人类这样直观的处理。因此，基于卷积神经网络的算法可以实现对图像数据的有效分析和处理。

卷积神经网络的原理如下。对于一幅图像来说，可以将其分成 $m \times n$ 个像素或者 $m \times n$ 个小格子。最简单的方法就是认为这幅图像一共有 $m \times n$ 个特征（每个像素或小格子是一个特征）。如果图像比较大，图像就被建模为高维特征对象，相应的处理算法需要面对高维数据，运算量大，对算力的要求高，导致效率受到限制。因此，考虑如何对高维数据进行抽象，使用一个比较小的矩阵，来表述这幅图的特征。可以采用的方法是，把位置临近的若干个格子聚合起来，例如将每 $k \times k$ 个格子提炼为一个特征（k 小于 m 和 n）。通过这样的处理，就可以把数据特征的维度降低，从而在较低维度数据上进行机器学习模型的训练。

提　要

目前已知的多种机器学习算法（如有监督的学习、无监督的学习、对抗生成网络算法以及卷积神经网络算法等）在算法推荐系统均有一定程度的应用。在真实系统中，往往是综合考虑具体的情况和应用场景，综合使用几种算法，以达到更好的效果。

1.3 移动互联网的繁荣

2018年8月，中国互联网络信息中心在北京发布第42次《中国互联网络发展状况统计报告》。截至2018年6月30日，中国网民规模达8.02亿，其中手机网民规模已达7.88亿，网民通过手机接入互联网的比例高达98.3%。截至2018年5月，我国市场上监测到的移动应用程序在架数量为415万款，排名前三的应用类别依次是游戏类应用、生活服务类应用和电子商务类应用。截至 2018 年 6 月，我国网络新闻用户规模为 6.63 亿，半年增长率为 2.5%，网民使用比例为 82.7%。其中，手机网络新闻用户规模达到 6.31 亿，占手机网民的 80.1%，半年增长率为 1.9%。从极光大数据发布的《2018 年 Q2 移动互联网行业数据研究报告》来看，中国移动网民每日平均有 4.2 小时花费在手机应用程序的使用上。其中，花费在社交网络类、网络视频类和新闻资讯类手机应用程序的时长分别为 94.3 分钟、58.9 分钟和 20.6 分钟。可见，移动互联网及其上承载的应用已经广泛地深入人们衣食住行的方方面面。

对互联网以及移动互联网业务的发展进行梳理可见，其大致呈现如下脉络。1980 年到 1990 年的个人电脑时代，互联网上开始出现一些简单的搜索引擎，回应用户的网络导航需求，如雅虎等搜索引擎可以提供静态的导航信息。1990 年到 2000 年通常被称为 Web 1.0① 时代，针对互联网上的应用需求，谷歌公司发布了谷歌搜索引擎，通过分析用户搜索的信息更好地满足用户需求。2000 年到 2010 年通常被称为 Web 2.0② 时代，基于 Web 2.0 技术出现了语义网络以及其上的语义搜索技术。脸书等在线社交媒体逐渐兴起，用户可以创造内容并上传至脸书等在线社交媒体平台，这给互联网用户创造了自我表达和在线连接等新需求。此外，不同用户对内容有不同的兴趣，也就因此产生了更多新的不同需求。我们现在日常常用的系统，比如说微博或者头条，它们就更偏向于基于社交和算法的个性化推荐，整个系统可以发展到这个地步是和前面的这些先驱系统有着必然的联系的，它是这样的发展的历史脉络。在中国，也出现了微博、微信等新的社交媒体平台。因此，有人将 2010 年至 2020 年阶段称为 Web 3.0③ 时代。在这一阶段，移动互联网的业务品类和流量均呈现大爆发。大数据及大数据技术平台提供了对移动互联网各种新业务的有效支持，多种个性化的算法推荐系统也应运而生并广泛流传。

1.4 用户习惯的改变

从用户的角度看，智能推荐系统迅速发展的一个重要原因在于用户习惯的改变。

改变发生的第一个原因是内容分发的去中心化。在以往中心化内容分发的模式下，用户可见可读的内容是由数量有限的内容提供方呈现的，用户可选择的余地较小，因此，智能推荐系统产生的基础条件并不具备，也就不存在智能的个性化推荐。

第二个原因是大数据基础上的个性化内容需求。随着内容非中心分发形式的发展，呈献给用户的内容品类和数量均在快速增长。由于每个用户的兴趣和关注点各

---

① Web 1.0 是万维网的早期形态，实现内容的数字化和互联网化，主要是由每个网站自己生产内容。

② Web 2.0 是相对于 Web 1.0 的新时代，是指利用万维网平台，由用户主导而生成内容的互联网产品模式。

③ Web 3.0 的常见解释为，网站内的信息可以直接和其他网站相关信息进行交互，能通过第三方信息平台同时对多家网站的信息进行整合使用，用户在互联网上拥有自己的数据，并能在不同网站上使用。

不相同，因此在海量内容池基础上对内容提出个性化需求具有了数据准备。

第三个因素是内容获取方式的改变。以往的阅读和观看习惯通常是用户主动寻找感兴趣的内容，这也被称为“拉”（pull）模式，即用户寻找内容。面对海量的内容数据，用户很难从中选出真正满足自己兴趣和需求的内容，因此出现了算法推荐系统，它主动从海量内容中进行过滤筛选，为用户推送其感兴趣的内容，因此也被称为“推”（push）模式，即系统推送内容给用户。

智能推荐系统和用户在不断改变和“驯化”对方，用户习惯的改变既是这个过程的一个原因，也是其中一个结果。

第 2 节　关联规则推荐算法

在物质条件、技术条件、用户群体形成和用户习惯养成的基础上，想要真正搭建一个算法推荐平台，需要实现具体的推荐算法。本节以关联规则推荐算法为例进行阐述。

2.1　关联规则推荐算法的起源、应用和发展

2.1.1　关联规则推荐算法的起源

关于关联规则算法的起源，人们普遍认为它源于“啤酒和纸尿裤”的故事。在20世纪80年代，美国连锁超市沃尔玛公司有一些销售人员想对销售记录进行分析，以改进商品的销量。经过数据分析，他们发现很多销售小票上都同时出现了“啤酒”和“纸尿裤”这两样商品。而直观上看，“啤酒”和“纸尿裤”是两种完全不同的商品，其属性、受众和使用场景都非常不一样，其共现似乎与一般的消费行为是相悖的。那么，它们为什么会频繁地出现在同一次购买记录里呢？分析人员推论认为，对于有婴幼儿的家庭，如果由父亲去超市进行日用品采购，则纸尿裤通常是列在采购清单的；同时，父亲们也顺便给自己购买了啤酒，因此导致这两种看起来不相关的商品能频繁出现在同一次购买中。针对这样的发现，超市排货架的人员可以进行货品摆放的调整，把啤酒和纸尿裤放到靠近的位置，来提高两种商品的销售额度。

“啤酒和纸尿裤”的故事是典型的关联规则应用的例子。通过计算，对于存在较高关联性的若干类产品、项目或内容，可以给相关用户或者受众进行推荐，以达到更好的推荐效果。其中，“共同出现”就是一种关联规则。关联规则推荐算法可以抽象表达为，如果给用户成功推荐了某个对象X，是否还可以给他推荐与X存在关联关系的另一个对象Y，并且用户对Y的接受程度超过一定的阈值。例如对于内容推荐来说，用户对内容Y的接受程度超过一定的阈值是指推荐内容Y给用户时，用户阅读它的概率超过某个指定的值，即用户有很大可能阅读内容Y。因此，关联规则推荐算法的主要功能是从已知数据中提取出存在相关性的一组对象，即关联规则，用以支撑算法推荐。

2.1.2　关联规则推荐算法的应用

关联规则推荐（关联规则发现）也称“购物篮分析”。购物篮分析的名字沿用

了“啤酒和纸尿裤”的案例，目的是想了解用户究竟会把哪些商品放入自己的购物篮，也就是哪些商品之间更具有相关性，故此得名。如果能够发现不同商品的关联性，则能够帮助零售商了解哪些种类的商品能够同时且频繁地出现在顾客的购买计划里，就可以帮助零售商建立更好的营销策略。推而广之，在零售领域之外，电子商务、内容推荐等等，面临的也是同样的情境。因此广义上讲，“购物篮分析”的目的就是研究事物之间的关联性和依存性。

关联规则分析在金融、搜索引擎算法优化以及智能推荐等多个领域均有广泛的应用。例如，在金融行业可以考虑理财产品与银行零售客户的交叉销售分析。研究向银行的哪些零售客户推荐哪些理财产品能达到产品推荐的最优化，这就需要进行银行零售产品与理财产品的关联分析。在搜索引擎算法优化领域，用户在搜索框输入部分搜索关键词时，搜索引擎即可推荐可能的完整搜索关键词，这样的过程称为“搜索词推荐”。搜索词推荐正是利用了关联规则，在系统中检索与用户已经输入的关键词存在关联性的词语进行搜索关键词补齐。例如，在搜索引擎中输入“算法”时，搜索引擎会尝试将输入的搜索关键词补齐为“算法工程师”“算法导论”“算法推荐”等，这正是因为“工程师”“导论”等词与“算法”关联性高。

回到算法推荐系统的领域，例如，基于用户兴趣的实时新闻推荐系统就可以应用关联规则的技术对用户实时推荐其可能感兴趣的新闻。即哪些新闻与用户已读新闻的关联性更高，就将其推送给用户。因此关联规则推荐的应用场景为，算法试图发现不同的商品或者内容之间的关联关系，并且根据用户的喜好，利用这些关系来对这些内容和产品进行打包推荐。

2.1.3 关联规则推荐算法的发展

1993年计算机科学家拉凯什·阿格拉瓦（Rakesh Agrawal）[①] 等人首先提出了关联规则的概念并给出了一个相应的关联规则挖掘算法。由于该算法的性能并不太好，在1994年阿格拉瓦等人提出了著名的Apriori算法[②]，该算法是一个经典的关联规则发现算法。随后在学界也有很多研究人员投入对关联规则推荐算法的研究中，提出了Apriori算法的改进版本以及其他新的关联规则挖掘算法。著名的华人计算机科学家韩家炜[③]教授也在数据挖掘、关联规则推荐等相关领域做出了杰出贡献。

提 要

> 关联规则推荐算法起源于业界对于商品销售相关性的分析研究，其基本原理是，有一定关联性（相关性）的商品更容易被消费者同时购买。当前，关联规则分析在算法推荐、搜索引擎乃至金融行业等多个领域都有广泛应用。

---

① 参见https：//en.wikipedia.org/wiki/Rakesh_Agrawal_（computer_scientist）。

② 参见https：//en.wikipedia.org/wiki/Apriori_algorithm。

③ 参见https：//en.wikipedia.org/wiki/Jiawei_Han。

2.2 关联规则推荐算法的概念和原理

本小节以内容推荐的场景为例，介绍与关联规则推荐算法相关的概念，帮助读者理解后续章节介绍的算法原理。

2.2.1 支持度

[**概念**] 支持度（Support）：在一定时间段内，A 和 B 两条内容在用户使用系统阅读内容时同时出现的概率，即 A 与 B 同时被阅读的概率。以 A 表示内容 A 的阅读数，B 表示内容 B 的阅读数，计算支持度的公式为：

$$\text{Support}(A \cap B)=\frac{\text{Freq}(A \cap B)}{N}$$

由于用户的阅读行为是线性的，即每个用户在同一时间点只能阅读一篇文章，因此将总阅读数 N 理解为一段时间内所有用户使用算法推荐系统次数的总和。支持度计算公式中，$A \cap B$ 表示内容 A 和 B 在用户使用一次算法推荐系统的过程中被阅读，$\text{Freq}(A \cap B)$ 表示 N 次总阅读数中，A 和 B 同时被阅读的次数。

支持度的概念表示两种内容有多大的可能性被同时阅读，与集合论中“交集”的概念有相似之处。计算 A、B 两个内容同时被阅读的情况在总体的阅读量中占多少，就相当于计算集合 A（内容 A 的阅读次数）与集合 B（内容 B 的阅读次数）交集部分占总共阅读量的比例。

【例 5-1】 假设某个算法推荐系统一天之内总的阅读量是 10 000 次，即所有用户总共使用算法推荐系统 10 000 次。用户既读了国际新闻，也读了财经新闻，两类新闻的阅读量是 2 000 次；用户既读了国际新闻又读了旅游类文章的阅读量是 1 000 次。则可使用这些数字计算每两种内容之间的关联支持度。

国际新闻和财经新闻的关联支持度为：2 000/10 000=20%。

国际新闻和旅游类文章的关联支持度为：1 000/10 000=10%。

根据以上数据，我们发现国际新闻和财经新闻的支持度比国际新闻和旅游类文章的支持度更高，因此，对于该算法推荐系统及其用户群体，国际新闻和财经新闻的关联度更高。对于阅读过国际新闻的用户，相对旅游类文章而言，可以为其推荐数量更多的财经新闻。这就是“支持度”这个概念的应用。

2.2.2 置信度

[**概念**] 置信度（Confidence，也称“可信度”）：用户读完内容 A 之后再读内容 B 的条件概率会有多大。计算置信度的公式为：

$$\text{Confidence}=\frac{\text{Freq}(A \cap B)}{\text{Freq}(A)}$$

其中，$\text{Freq}(A \cap B)$ 的含义与支持度公式中的相同，表示内容 A 和 B 同时被阅读的次数，$\text{Freq}(A)$ 则表示内容 A 被阅读的次数。

从集合的角度理解，图 5-3 中圆形 A 表示阅读内容 A 的用户集合（以及次数），圆形 B 表示阅读内容 B 的用户集合（以及次数），则置信度考虑的是图中交集部分 C 在集合 A 里的占比有多大，即用户先读 A 再读 B 的概率有多大。因此，计算置信度公式的分母就不再是整体的阅读量而是内容 A 的阅读量。如果 A 和 B 之间的置信度较大，则表示读过 A 内容的用户会有较大可能去读 B 内容，这就是

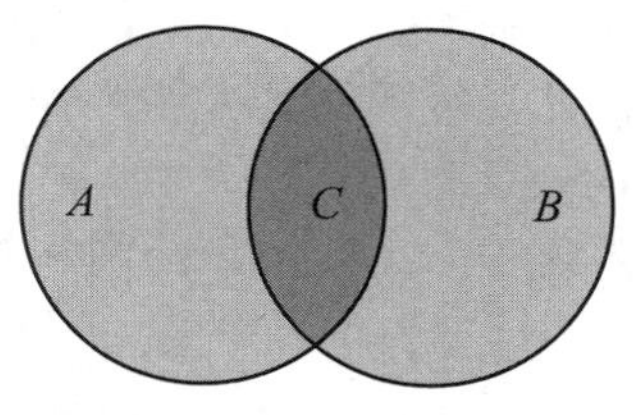

$C=A\cap B$

图5-3 从集合的角度理解置信度

置信度的含义。

【例5-2】使用一天的数据计算某个算法推荐系统的置信度，假设一天之内国际新闻的阅读量为4 000次，读了国际新闻之后再读外汇市场新闻的阅读量是2 000次，读了国际新闻以后再读旅游文章的阅读量是1 000次。则可使用这些数字计算内容之间的关联置信度。

先读国际新闻再读外汇市场新闻的置信度为：2 000/4 000=50%。

先读国际新闻再读旅游文章的置信度为：1 000/4 000=25%。

从置信度数据上来看，对于该算法推荐系统及其用户群体，国际新闻与外汇市场新闻的关联性比国际新闻与旅游文章的关联性更强。从算法推荐系统的角度出发，给读过国际新闻的人推荐外汇类内容的信心更高，即用户更有可能阅读外汇类内容。相对地，如果给读过国际新闻的用户推荐旅游类内容的话则系统的信心会低一些。

对比以上两个概念，支持度关注内容A和B相对于总体内容库来说共同被阅读的概率有多大；置信度则关注已知用户读了某类内容，系统给用户推荐其他类内容时，系统对所推荐内容被阅读的信心有多大。从统计规律上来看，通常支持度和置信度都较高的关联规则才是用户感兴趣的。如果某两类内容之间的支持度和置信度都比较低，那么从关联规则推荐的角度来讲，二者就不具有被相关推荐的价值。

2.2.3 提升度

[概念]提升度（Lift)：用户先阅读内容A对用户阅读内容B的概率的提升作用。计算公式如下：

$$\text{Lift}=\frac{\text{Support}(A\cap B)}{\text{Support}(A)*\text{Support}(B)}$$

对公式进行变形，得到 $\text{Lift}=\text{Support}(A\cap B)\ /\text{Support}(A)\ /\text{Support}(B)$，改写后公式的含义为$A$和$B$交集的支持度先除以$A$的支持度再除以$B$的支持度。$\text{Support}(A\cap B)\ /\text{Support}(A)$的含义是读了内容$A$之后用户有多大可能读内容$B$（即$A$对$B$的影响），于是$A$对$B$的影响占内容$B$的所有阅读量的比例，即为$A$对$B$的提升。

提升度用于判断规则是否真的有实际价值。即使用规则后（给阅读A的用户推荐B），被推荐内容（B）在其实际阅读中的次数是否高于内容（B）单独被阅读的次数。通俗地讲，就是读了A的用户去接受推荐阅读B，占据全部阅读内容B用户的比例。相当于在系统中，先给用户推荐内容A，再为其推荐内容B，是否会对阅读B的总体用户数有提升。如果使用规则导致B的阅读次数增多，则A与B的关联规则对推荐效果有提升作用。

一般来说大于 1 表明关联规则有效，小于 1 则说明关联规则的效果不好，这就是提升度这个指标的含义。因此，对于关联规则推荐算法，可以使用支持度、置信度和提升度来衡量关联规则的效果。

【例 5-3】 某算法推荐系统中，已知国际新闻和外汇市场新闻的关联支持度是 20%。

如果国际新闻自身的支持度是 40%（国际新闻这一类内容在全部内容里被阅读的量占 40%），外汇市场新闻的支持度是 30%，此时，国际新闻对外汇市场新闻的提升度为：20%/（40%＊30%）＝0.166 7。提升度小于 1，因此国际新闻对外汇市场新闻并没有很好的提升作用，即国际新闻和外汇市场新闻二者之间相关性较低，不能组合成一个关联规则。

如果国际新闻的支持度是 4%，外汇市场新闻的支持度是 3%（可以理解为当天系统内文章非常多，阅读量非常大，则这两个小类的阅读量占比均较小），则国际新闻对外汇市场新闻的提升度为：20%/（4%＊3%）＝1.667。提升度大于 1，说明国际新闻和外汇市场新闻的关联规则推荐是有用的。此时，系统给阅读了国际新闻的用户再推荐外汇市场新闻，将会提高外汇市场新闻的整体阅读量。

2.3 关联规则挖掘：Apriori 算法

2.3.1 两阶段式关联规则挖掘算法

使用算法求得关联规则之后，可以用支持度、置信度和提升度来量化地衡量这些规则。那么如何挖掘出这些规则呢？本小节介绍一个“两阶段”的关联规则挖掘算法，第一阶段先从资料集合中找出所有的高频项目[①]集合（frequent item sets），第二阶段再由这些高频项目集合生成关联规则（association rules）。高频项目对推荐有参考意义，所谓“高频”是指出现的次数多，例如，对文章来说就是被阅读的次数多。同在一个高频项目集合的项目，相互之间存在关联性，因此可以生成关联规则。

第一阶段是从原始资料集中找出所有的高频项目集合。所以第一步我们要从我们所有已知的资料集合中找出所有的高频项目。仍然使用支持度来衡量一个由若干项目组成的集合出现的频率，以一个包含 A、B 两个项目的集合 S 为例，若 S 的支持度大于等于所设定的最小支持度门槛值，则 S 就是高频项目集。算法逐个查找并产生包含 1、2、3 乃至更多个项目的高频项目集合，直到无法再找到更长的高频项目集合为止。

第二阶段是产生关联规则。例如，高频项目集合 $\{A, B\}$ 产生规则 AB，如果项目 A、B 之间的置信度大于系统要求的最小置信度，则称 AB 为关联规则。

所以两阶段算法的过程是，第一步寻找经常一起出现的项目，第二步验证项目之间的置信度并确认关联规则。

2.3.2 Apriori 算法

基于两阶段算法的思路，阿格拉瓦等人提出了 Apriori 算法，它是目前最有影

① 这里项目（item）指代零售商品、搜索关键词、算法推荐系统中的内容等等。

响力的关联规则挖掘算法。第一步算法产生频繁的项集，第二步会产生只包含频繁项的关联规则，因此重点是频繁项集和规则。

对于用户某一次打开算法推荐系统应用的行为，系统记录如表 5－1 所示的用户阅读数据。例如，用户阅读行为 001 中，相应用户在本次使用系统时阅读了编号为 1、3、4 的这三篇文章；用户阅读行为 002 中，相应用户阅读了编号为 2、3、5 的这三篇文章。假设最小支持度定为 2。

表 5－1　算法推荐系统用户行为数据片段

用户行为序号	同一次使用算法推荐系统中用户阅读的文章编号
001	1，3，4
002	2，3，5
003	1，2，3，5
004	2，5

首先检查长度为 1 的频繁项目集合（即包含一个元素的频繁项目集合）。把表 5－1 改造为表 5－2 所示的长度为 1 的阅读项目集合。

表 5－2　长度为 1 的阅读项目集合

用户行为序号	长度为 1 的阅读项目集合
001	｛｛1｝，｛3｝，｛4｝｝
002	｛｛2｝，｛3｝，｛5｝｝
003	｛｛1｝，｛2｝，｛3｝，｛5｝｝
004	｛｛2｝，｛5｝｝

集合｛1｝，｛2｝，｛3｝，｛5｝出现的次数都大于等于最小支持度 2。也就是说在表 5－1 的数据集上，这些文章被阅读的次数不少于两次。而集合｛4｝仅在编号为 001 的用户阅读中出现一次，因此将其排除出频繁项目，今后长度大于 1 的集合也不可能包含文章 4 了。于是生成了长度为 1 的频繁项目集合，也就是，只考察一个项目时，哪些长度为 1 的集合能满足最小支持度的要求，参见表 5－3。

表 5－3　长度为 1 的频繁项目集合

项目集合	支持度
｛1｝	2
｛2｝	3
｛3｝	3
｛5｝	3

对于集合｛｛1｝，｛2｝，｛3｝，｛5｝｝，在其基础上可以进一步组合出来长度为 2 即包含两个项目的频繁项目集合。使用组合的方式得出如表 5－4 所示的可能的长度为 2 的候选频繁项目集合。

表 5-4　长度为 2 的候选频繁项目集合

项目集合	支持度
{1，2}	1
{1，3}	2
{1，5}	1
{2，3}	2
{2，5}	3
{3，5}	2

对于项目集合 {1，2} 和 {1，5}，文章 1 和 2 只在 003 这次阅读里面共同出现过，文章 1 和 5 也只在 003 这次阅读里面出现过，两组的支持度都小于 2，因此不可能作为频繁项目集合，舍弃之。后续扩展出的长度为 3、4、5 乃至更多的频繁项目集合也不可能包含文章 1 和 2 或者文章 1 和 5 同时出现的情况。及时舍弃不满足要求的候选频繁项目集合对于提升算法效率是一个有效的方法。

由表 5-4 长度为 2 的候选频繁项目集合，得出包括两个项目的频繁项目集合，如表 5-5 所示。最小支持度为 2 的前提下，它们是频繁的。

表 5-5　长度为 2 的频繁项目集合

项目集合	支持度
{1，3}	2
{2，3}	2
{2，5}	3
{3，5}	2

接下来尝试生成长度为 3 的频繁项集了。把表 5-5 左列四组数据进行组合，组合出不重复的包含三个元素的集合。例如 {1，2，3}、{1，3，5}，由于 {1，2} 和 {1，5} 的支持度小于 2，在它们的基础上再扩展不可能扩展出频繁项目集合，因此舍弃之。只有 {2，3，5} 这三项满足同时被阅读的关联支持度不小于 2，即阅读行为 002 和 003。因此 {2，3，5} 是一个频繁项集。

再往后扩展，表 5-1 示例数据中，不存在长度为 4 的频繁项集。只有 003 这次阅读涉及 4 篇文章，编号为 1、2、3、5，但是 {1，2，3，5} 这个集合的支持度仅为 1，所以包含 4 个条目的频繁项集是不存在的。

因此文章 2、3、5 是频繁共现的，基于这一规则，系统就可以进行关联推荐。譬如可以给读了文章 2 和 3 的用户推荐文章 5，或者给读了文章 2 和 5 的用户推荐文章 3，等等。

在历史数据的基础上，Apriori 算法按照指定的最小支持度，逐步扩展出长度为 1、2、3 乃至更多的频繁项集，直至无法扩展。也就是，首先考察哪些文章会被频繁地阅读，然后考察哪两篇文章在一起会被频繁地阅读，再考察哪三篇文章在一起会被频繁地阅读，依此类推，逐渐挖掘出同时频繁出现的数篇文章。在此基础上，得出关联规则。

2.3.3 Apriori 算法的改进

Apriori 算法在逻辑上非常清晰，由频繁项集推出关联规则，简单明了，也很方便实现。其存在的问题是需要反复去检查表 5－1 中的用户阅读行为数据，影响算法执行效率。此外，该算法使用唯一的最小支持度，例如上一小节例子中指定最小支持度为 2。因此算法缺乏一定的灵活性，适用的领域受到一定限制。基于以上考虑，1994 年之后，其他计算机科学家对 Apriori 算法进行了一些改进，以达到提升效率和扩展适用范围的目的。

其中一种改进的算法是从数据划分的角度开展的。上一小节的例子只有 4 条数据，而实际上真实系统中数据量是非常大的。因此采取分而治之的策略，先把数据划分成小的分片，然后再对各个小的数据分片进行并行计算，例如划分到不同的 CPU 或不同的机器上去做计算。这种基于划分的算法就是把大的任务分解成小的任务，通过并行来提高效率。

另外韩家炜教授等人提出一种名为 FP-Growth 的算法。真实系统中频繁项集特别多，导致计算中间结果的存储过程非常耗时耗力，FP-Growth 算法把所有的中间项集都进行统一存储，省去了反复地生成频繁项集的步骤，解决了中间项的存储问题，达到了提高效率的目的。

2.4 关联规则在推荐系统的应用

关联规则推荐背后的逻辑是不同的事物之间是有一定相关性的，这个相关性可以用支持度、置信度和提升度这三个值来进行量化衡量。有了这样的指标之后，学术界提出了两阶段的算法：第一步把频繁出现的项目找出来，第二步考察这些频繁出现的项目之间是不是存在关联性，并依此进行推荐。

关联规则挖掘的应用过程（参见图 5－4）是这样的：首先需要积累用户的行为数据，否则一切无从谈起。在用户行为数据的基础上，进行关联规则的挖掘。使用的算法包括 Apriori 或者其他改进的算法。使用提升度来衡量挖掘出的关联规则是否有用。形成有效规则之后，即可将其应用到推荐过程中。根据不同用户的标签，推荐与他们的标签存在关联关系的内容。由于不同用户的标签是不一样的，因此其被关联规则推荐的内容也是不一样的，这就实现了个性化推荐。

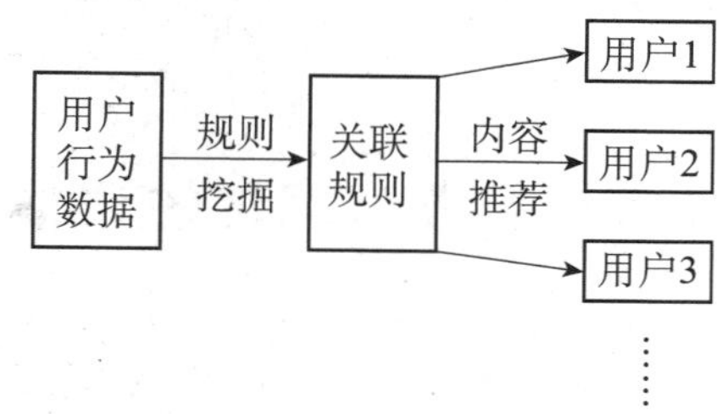

图 5－4 关联规则在推荐系统的应用

2.5 关于关联规则推荐算法的讨论

2.5.1 关联规则推荐算法与协同过滤算法的异同

本小节对比和归纳关联规则推荐算法与协同过滤算法有何异同。

首先，两种算法的背后都有“集体智慧”。通过集体的大规模行为数据，寻找和挖掘相关性和关联性。对于协同过滤来说，它使用大量的用户行为数据先把相似的用户挖掘出来（协同）。对于每个用户而言，它预测每个用户可能感兴趣的内容（过滤），在过滤这一步加入了个性化处理。因此协同过滤算法注重“集体智慧＋个性化”。而关联规则推荐关注的是可以从集体或者说大多数人的行为中得出何种规律，重点在于“集体智慧”。

其次，协同过滤的出发点是兴趣（用户的偏好），它从兴趣相似的用户这一角度出发，给用户进行推荐。协同过滤的一个基本假设是，如果一个人在 A 问题上和另一个人持同样的观点或者有同样的兴趣，那么对于 B 问题，这两个人之间持相同观点或者有相同兴趣的可能就比第一个人跟随机的另一个人之间持相同观点或者有相同兴趣的可能性高。所以协同过滤算法是从兴趣和偏好这个角度来考虑的。关联规则推荐算法主要关注用户行为。基于用户的行为数据来挖掘统计意义上相关的关联规则。协同过滤是先把集群用户的特征抽取出来，然后再进行每个用户的个性化推荐，这种方式可以称作间接的推荐。而关联规则则是挖掘出来规则之后，就直接应用于推荐。

最后，两种算法的出发点和计算过程不同，但是二者也可以组合使用，实现更加精准的推荐。

2.5.2　关联规则推荐算法再讨论

本小节对关联规则推荐算法进行进一步梳理和讨论。

首先，关联规则推荐算法是从大量数据上进行相关挖掘，因此其计算量较大。但是可以使用离线计算的方式挖掘关联规则，因此计算量大的问题不会对算法的应用造成太大影响。

其次，关联规则推荐算法需要采集用户数据，所以不可避免地就会存在冷启动和用户数据稀疏性的问题。对于新用户或者行为数据较少的用户，如果想对此类用户进行关联推荐，就会存在数据量不足的问题。

另外，系统中的热门项目，容易存在被过度推荐的问题，这是因为关联规则的挖掘是基于项目的频繁程度生成的。热门项目往往会出现在频繁项目集合中，如果进行调配的话，就会存在热门项目被过度推荐的“强者愈强”的现象。在真实系统中，通过对热门项目降低权重，可以一定程度上缓解关联规则推荐中热门项目被过度推荐的问题。

第 3 节　推荐算法的评估

我们已经学习了协同过滤算法、关联规则推荐算法，对于这些推荐算法来说，是否有一些指标可以衡量其优劣？本节介绍对推荐算法进行评估的方法，包括在线评估和离线评估两种。

3.1　推荐算法的在线评估：AB 测试

所谓“在线”评估，是指在推荐算法系统运行（“在线”）时对系统进行质量的评测，本小节以 AB 测试为例介绍推荐算法的在线评估。

3.1.1 AB测试的方法和目的

AB测试是一种真实的线上测试。在同一时间段内在系统中运行多种被测试方案，这些方案之间只有一个变量不同，因此可以对比这一个变量对于系统的作用。在AB测试中，需要提前设定明确的评价指标体系。

AB测试将真实的线上用户进行随机分组，对不同分组提供不同的被测试方案。在一次实验之中，特定用户只能接触一个方案。AB测试的目的是通过科学的实验设计，把用户分成不同的样本，通过导流把用户导向不同的流量中去，通过每一个小流量的测试来获得具有代表性的实验结果，然后再试图把实验结果推广到全网运行。

3.1.2 AB测试实例分析

例如，某个网站进行了改版，对于改版的效果就可以通过线上的AB测试来测评。可以邀请用户进入AB测试，对于这些用户来说，一部分用户只能看到改版后的网站，不妨称其为版本A；而另一部分用户则只能看到改版前的网站，称其为版本B。假设改版前后两个版本之间优劣衡量的指标体系是网站的广告转化率，则可以比较阅读版本A的用户和阅读版本B的用户中点击广告页面用户数的占比情况，这就是一个比较典型的AB测试。

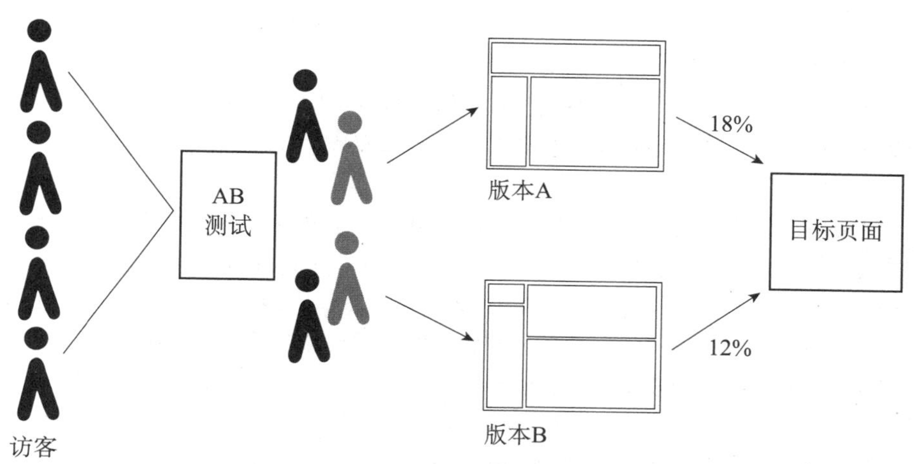

图5-5 AB测试示例

以图5-5为例，被测试系统的网页布局进行了调整，见图中的“版本A”和“版本B”，其中，版本A是新版，版本B是旧版。通过给随机的网页访客呈现不同版本，得出统计数据：看到新版本网页的访客中会有18%的用户点击目标广告页面，而看到旧版本网页的访客中仅有12%的用户点击目标广告页面。因此，通过真实的AB测试结果数据可以验证页面布局的更新对于广告引流确实是有帮助的。

在AB测试的过程中，对用户而言，看到版本A的用户并不知悉版本B的存在，因此对他们来说，这次阅读的体验是连续的、不被打断或干扰的过程。从系统实现的角度，系统的开发和测试人员则了解多个测试版本的存在。图5-5示例中的评价指标是广告页面的点击率和到达率，通过两个版本的测试数据得出结论，衡量不同版本对这个指标的改善，最终达到大范围推广的指导作用。图5-5中版本

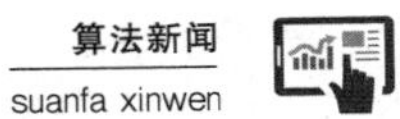

A 的目标网页点击率更高，因此可以将其对应的网页页面布局进行大范围的推广。

3.1.3 AB 测试应用场景

每种测试方式各有其使用场景，对于 AB 测试来说，其典型的应用场景如下。

1. 优化用户体验

计算机系统与用户交互的中介称为“用户接口”或“用户界面”，目前多以图形用户界面为主。对于用户来说，对系统功能最直观的体验就是用户界面是否好用。为了优化用户体验，可以根据既往的用户体验数据构建界面优化的假设，并使用 AB 测试进行验证，了解界面元素如何影响用户行为。例如，算法推荐系统可以对一些内容频道的版块进行调整，在 AB 测试中，给某些用户呈现改版的内容频道，给另一些用户呈现旧版块，依据用户的阅读点击数据衡量界面的改变对用户行为会有什么样的影响。

2. 优化转化率

在电子商务领域有一个重要的概念“转化率”，通俗地理解就是用户的真实购买行为在用户点击网上某款商品行为数的占比情况。对于电子商务网站的商家，转化率的优化是一个重要目标。商家可以通过改进用户的体验来提高某个目标的转化率，例如通过 AB 测试来尝试和验证调整标题、图片等等页面元素是否可以优化转化率。

3. 优化在线广告

对于在线广告，可以设计不同的版本投放给多组用户，统计哪个版本的广告更能吸引用户点击，什么样的设计能够把访客转化为客户，达到在线广告的优化。

4. 优化算法

以智能推荐算法为例，想要衡量不同的算法对于推荐效果的提升作用，也可以使用 AB 测试。但是，发布不同算法的时候，存在一个定向发布的问题。如想让两类用户看到不同的页面，那么需要自定义用户标签，对算法产品发布进行分类展现，以提升产品转化率、留存率等。例如某电商平台在冬季促销保暖衣物，想要给南方用户和北方用户呈现不同的页面，则需要给用户加一些标签。于是可以给带有“南方”标签的用户推广一种页面，给带有“北方”标签的用户推广另一种页面。通过不同分类的展现，计算不同版本针对不同人群的转化率、留存率。一些算法推荐平台允许作者给同一篇文章起两个标题，分别呈现给不同的受众，观察哪种风格的标题能获得更多的点击和阅读量，这也是 AB 测试的一种变形。

对于关联规则推荐的测试也是同理。例如，系统通过两阶段方法挖掘出两条关联规则 A 和 B，对应的推荐策略分别为版本 A 和版本 B。则可以对比两条规则下，用户点击和阅读量的变化，寻找一条更优的规则。

3.1.4 AB 测试的测评指标

为了评价 AB 测试本身的质量，可以使用一些指标进行定量的衡量。

1. 点击率

点击率是指在系统推荐给某个用户的内容中被点击内容的占比。假设系统一共向某个用户推荐了 n 条内容，但是用户未必全部点击和查看，令用户点击的内容数

为 m，则在这次测试的过程中，这个用户的点击率为 $p_i=\frac{m}{n}$。

考察系统的全部用户，假设用户总数为 U，则一次 AB 测试中所有用户的平均点击率为 $P(U)=\frac{1}{U}\sum_u P_u$，即全部用户的平均点击率。

点击率越高，就有越多的系统推荐内容被用户点击和阅读，算法推荐系统的效果就越好。

2. 转换率

对于商品来说，转换率是指系统推荐商品的销售额与总销售额的比率。这个指标衡量系统的推荐行为有没有提升总的销售额。

对于内容来说，转换率就是系统推荐内容的点击量或阅读时长与总体的点击量或者是阅读时长的比例。如果系统的推荐能够提高点击量和阅读时长，则在总体的点击量和阅读时长上，被推荐内容的占比就会更高，转换率也就更高。则 AB 测试中对应的一个版本对推荐性能的提高效果更好。也就是说，转换率越高，推荐效果越好。

进行 AB 测试时，以下几点经验值得借鉴。首先，测试组和对照组之间应该具有唯一变量，也就是说两者只有一处不同。只有这样才能定位出不同版本之间区别的根源。前文介绍的“相同内容两个标题”这样的测试方案，标题就是唯一的变量，因此，不同标题导致的点击数差异就可以体现标题质量的高下。其次，在实验组内部，可以进一步细分小组，例如依据用户年龄段分组。这样，可以更精确地分析数据波动带来的影响。另外，对于不同的分组，要尽量保证组间数据的随机分布。如果每组的用户有显著差异，则测试结果的差异究竟是来源于 AB 版本不同的影响还是来自分组差异的影响就不好区分了。

提 要

AB 测试对多组用户提供多个版本的系统进行对比，同一个用户只能看到一个版本，通过被试用户的行为数据统计不同版本的优劣，选择点击率、转换率等指标更高的版本作为优化版本大规模推广。

3.2 推荐算法的离线评估

针对推荐算法的质量评测，也有一些离线评估指标。这里“离线”是指不需要直接从正在运行的系统中取得评估数据，而是从系统运行一段时间积累的数据得出分析结果。通常会有一些标记好的数据集，即我们认为的标准答案来评估推荐算法。

3.2.1 离线评估：准确度指标

我们已经介绍过的“准确率”和“召回率”都是衡量算法推荐系统质量的指标。通俗地讲，准确率衡量查得准不准，即算法推荐的内容是不是用户感兴趣的内

容；召回率考察查得全不全，即算法推荐的内容是不是能够全部覆盖用户兴趣点的内容。例如系统共有100篇文章，某个用户对其中20篇感兴趣。假设算法能把这20篇文章都准确地推送给该用户，则算法的查准率和查全率都达到了100%。如果算法把100篇文章都推荐给用户，那么用户真正感兴趣的20篇内容自然也包含在内，查全率达到100%，但是查准率却只有20%。

由于准确率和召回率有时会出现调优上的矛盾，因此把准确率和召回率结合起来，形成一个综合考察的标准F Measure（或称F Score），F Measure是准确率和召回率的加权调和平均。例如，F1 Measure是一个常用的F Measure（参数为2时的加权调和平均），$F1=\frac{2*P*R}{P+R}$，如果F1的值较大，则算法的查全和查准都较高。

3.2.2 离线评估：非准确度指标

不论是准确率、召回率还是F1，它们都是具体的数值精确的度量指标。针对推荐算法质量的离线评估还有一些非准确度指标，从不同的维度来衡量推荐的效果。

1. 个体多样性

“个体多样性”衡量用户的推荐列表内的所有项目的平均相似度。这个指标的数值越大，说明给用户的推荐列表内的项目之间总体平均的相似度越低，也就是系统整体的个体多样性越高。

假设某用户从某电商网站购买了一台平板电脑，随后该网站根据用户的购买记录，持续给用户推荐其他品牌和型号的平板电脑，那么该电商网站的个体多样性就低，即推荐的项目之间相似程度太高了，没有变化。这也是早期很多电商网站的推荐功能被诟病的问题之一。而且个人用户往往也不会购买与自己刚购买的产品极度接近的商品。如果该电商网站能够根据用户已经购买平板电脑这个事实，了解到用户需要的可能是个人电子办公设备类的产品，并尝试给用户推荐与平板电脑相关产品，如蓝牙键盘、无线耳机、移动硬盘等产品，那么这样的推荐算法对应的个体多样性就能相应地改进。

针对内容的算法推荐系统也是同理。假如系统中某用户刚阅读了一条关于2018年12月法国巴黎骚乱的国际新闻，如果算法推荐系统持续推送这一事件的新闻，那么此系统的个体多样性就不会很高。所以个体多样性是从系统推荐内容或项目的相似度的角度来衡量系统性能的。针对同一个用户，推荐内容的相似度越大，个体多样性就越差；针对同一个用户，推荐内容的相似度越小，则系统提供给用户的信息是多种多样的，用户能获取的信息品类也就越多。

2. 新颖性

“新颖性”用来衡量推荐列表中项目的平均流行度。例如算法推荐系统在用户兴趣标签之外，还会给用户推荐一些当前最流行的新闻，因为热点新闻往往会受到大多数人的关注。但是如果持续只推荐最流行的新闻而不考虑用户兴趣，那么系统用户个人兴趣的关注度就会降下来，长久来看内容不能与用户兴趣匹配，可能会降低用户黏性甚至失去用户。

因此，从新颖性出发，系统要综合考虑用户的个性化兴趣爱好以及当前一些热点内容。仅仅考虑二者之一是不够的。

综上，从用户这个级别来说，可以使用“个体多样性”和“新颖性”这两个指标对推荐算法的质量进行离线的评估。

3. 整体多样性

从系统级别进行推荐的离线评估也有一些非准确度的指标。对应“个体多样性”，在系统这一级相应地就有“整体多样性”这个指标。整体多样性也是衡量推荐列表之间的相似度。用户级的个体多样性是衡量推荐给用户的一个列表里每一个项目之间的相似度，那么系统的整体多样性就是衡量系统给不同用户的推荐列表之间的重叠程度有多大。

举一个极端情况下的例子，一个最不个性化的系统就是给每个用户推荐的内容都一样，那么这个系统的整体多样性就很差。而质量比较好的系统应该是针对每一个用户构建各有异同的推荐列表，推荐内容中既包含一些流行的热点内容以及最新发生的新闻，也包含针对用户的兴趣进行个性化筛选的内容。

因此，系统整体多样性越高，则每个用户的内容推荐列表的相似度越低，真正体现出了内容的个性化推荐。

4. 覆盖率

“覆盖率”是测量推荐系统推荐给用户的全部项目占系统内所有项目的比例。对于算法推荐系统而言，其希望平台上所有的内容都尽可能有足够多的曝光量和阅读量，因此并不希望仅有极个别或者一小部分内容被推送给用户。当然，前提是推送的内容经过了预处理和内容安全的审核，符合内容安全的要求。

综上，从系统这个级别来说，可以使用“整体多样性”和“覆盖率”这两个指标对推荐算法的质量进行离线评估。主要的思路就是给用户推荐尽可能广泛的内容，推荐文章的类别、内容等也要尽可能覆盖到内容库中绝大多数内容。此外，一个好的推荐系统也不应该仅仅停留在提高点击率、转化率、收入等指标上，从更高一层的意义上，对一个推荐系统来说，能够帮助建立一个良好的生态环境对于系统和用户双方都是有益的。例如给更多的内容增加曝光机会，促进用户的交互、讨论，促进用户兴趣的拓展，等等，使得用户在使用算法推荐系统时真正有所收获，而不是简单地消磨时光。

提 要

可以使用离线评估的指标评价算法推荐的质量，例如针对用户级别的“个体多样性”“新颖性”，针对系统级别的“整体多样性”“覆盖率”等。对于算法推荐系统来说，除了在技术上提升这些指标之外，还可以在指标之上，走得更远一些。

【本章小结】

本章围绕智能推荐算法的起源、发展、应用和评估展开介绍。智能推荐系统得

以兴起和繁荣离不开多种前置技术条件的支持和社会历史条件的准备。具体地，包括大数据技术、机器学习算法、移动互联网的发展以及用户行为和习惯的改变。关联规则推荐算法在智能推荐算法体系中发端较早，掌握和理解关联规则推荐算法对于我们学习推荐算法的后起之秀有知识储备和借鉴的意义。本章以关联规则推荐算法为例，具体介绍智能推荐算法的原理和过程。通过讲解 Apriori 算法，介绍了两阶段的高频项目集合生成以及规则发现算法，并介绍了关联规则推荐算法可能的改进及其演进方向。作为对比，本章比较了关联规则推荐算法与协同过滤算法的异同。本章在最后介绍如何对推荐算法进行评估，给算法推荐系统提供算法选择的依据。在线的 AB 测试可以考察同一变量的不同情况对算法效果的影响，离线的准确度及非准确度衡量指标亦能够提供针对推荐算法水平的量化评估。

【思考】

当前一些短视频类移动应用软件成为互联网应用新的增长点，具有用户黏性高、使用时间长等特点。甚至出现有些用户为了防止沉迷而主动卸载相关软件的现象。请尝试使用两种及以上短视频内容移动应用，对比分析：此类软件使用何种推荐算法和策略？算法推荐的内容是否是你感兴趣的内容，如果不是，你会继续使用该软件吗？在何种情况下你愿意主动结束观看短视频推送并且关闭软件？

【训练】

1. 试述以下场景中，协同过滤算法、关联规则推荐算法、其他算法或多种算法的结合，哪个为最佳实践，并论证观点。

场景一：在一个知识分享和问答社区，给老用户推送社区中的一个新问题，试图引导该用户对问题进行解答。场景二：在一个视频网站，给用户推荐可能感兴趣的电视剧，试图尽量提高推荐列表的观看率。

2. 简述关联规则推荐的基本过程。

3. 对推荐算法进行评估有哪些方法？其评估方案和标准是怎样的？

4. 到本章为止已经学习了“协同过滤算法”“关联规则推荐算法”以及“基于内容的推荐算法”，请尝试比较这几种算法的异同及其适用场景。

【推荐阅读】

1. 项亮．推荐系统实践．北京：人民邮电出版社，2012.

2. 闫泽华．内容算法：把内容变成价值的效率系统．北京：中信出版社，2018.

第 6 章　大数据与推荐系统

【本章学习要点】

本章介绍大数据的基本原理和概念，大数据在算法推荐系统的应用，深度学习和神经网络的原理及其在算法推荐系统的应用。本章对大数据产生的历史条件与意义、概念和技术平台进行梳理，介绍大数据的基本原理以及云计算与大数据的关系，在大数据的基础上，配合相关的硬件和软件平台，介绍大数据在算法推荐系统的典型应用以及算法推荐系统在内容和用户两个维度上的数据依赖。在大数据繁荣发展的同时，深度学习和神经网络算法得以发展，本章从概念和原理上介绍在算法推荐系统里如何应用深度学习和神经网络算法。

在大数据技术及其软硬件平台蓬勃发展的过程中，智能推荐系统从中受益，用户侧大数据帮助系统更好地认识和理解用户的兴趣爱好，内容侧大数据提供了丰富多样的内容选择，满足用户的个性化需求。另外，正是因为海量数据的存在，深度学习算法可以被反复训练和完善，提供更加高效和准确的个性化匹配。本章重点介绍大数据的基本原理和概念，大数据在算法推荐系统的应用，深度学习和神经网络的原理及其在算法推荐系统的应用。

第 1 节　详解大数据

智能算法推荐系统需要基于海量数据进行与推荐相关的计算，没有数据，一切算法都是无源之水。有观点认为，数据是新时代的石油，是 21 世纪最为珍贵的财产。在前面章节的基础上，本节对大数据的背景和意义、定义和挑战、平台基础架构以及大数据与云计算进行详细介绍。

1.1　大数据的背景与意义

1.1.1　大数据时代的来临

“大数据”这个概念已经走进了社会生活的方方面面，本书第 5 章介绍智能推荐系统的发端时，将大数据以及开源大数据处理平台的普及作为智能推荐系统得以发展的一个技术准备进行了介绍。关于“大数据”，可以从“数据”“人”“设备”这几个维度来理解。

1. 数据

从“数据”这个维度看，数据的类型和数据量在大数据时代均发生了变化。早期计算机可以处理的数据称为“结构化”数据。本书前文介绍的结构化用户标签就是一种结构化数据。结构化数据也称作行数据，使用二维表结构来表达数据的逻辑

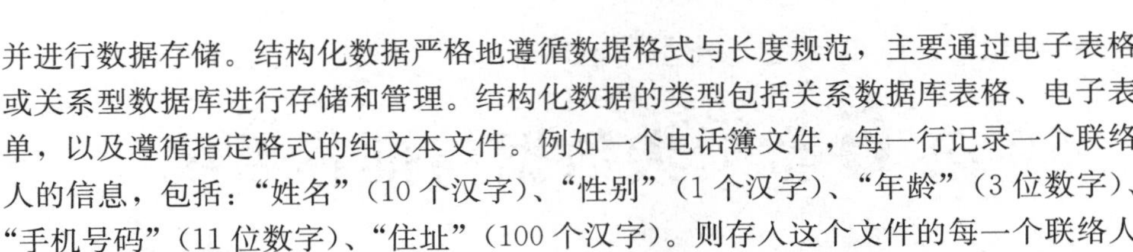

并进行数据存储。结构化数据严格地遵循数据格式与长度规范，主要通过电子表格或关系型数据库进行存储和管理。结构化数据的类型包括关系数据库表格、电子表单，以及遵循指定格式的纯文本文件。例如一个电话簿文件，每一行记录一个联络人的信息，包括："姓名"（10个汉字）、"性别"（1个汉字）、"年龄"（3位数字）、"手机号码"（11位数字）、"住址"（100个汉字）。则存入这个文件的每一个联络人的数据对应文件中遵守如上格式的一行数据，这也是一种结构化数据的存储和展现形式。

随着计算机应用系统的发展，出现了半结构化的数据。和普通的纯文本相比，半结构化数据具有一定的结构性，但和具有严格理论模型的关系数据库的数据相比，对数据结构的要求略宽松。譬如一些系统日志文件，尽管日志文件的数据也需要遵循一定的规范，但是对格式的要求并没结构化数据那样严格。例如，系统日志记录每个用户的行为，每一行日志文件就是一个用户的一个动作。例如，每一行第一列数据为时间戳，第二列数据为用户账号，第三列数据可以记录用户行为，第四列可以记录其他补充信息，甚至还可以往后扩充第五列、第六列等等，因此每一行的结构并不是完全相同的。

随着互联网的发展，在以上两种类型的数据之外，又出现了无结构化数据，例如网页、电子邮件、流媒体数据、即时通信的消息数据以及多文本格式（rich text format，RTF）的文档。对于电子邮件，从格式上来说，电子邮件具有"发件人""收件人""标题""正文"等基本结构，将其归类为无结构化数据是从邮件内容的角度进行分类的。从内容的角度，用户可以在邮件的任何位置放置文本、图片、音频等多种格式的数据，因此其结构并不固定。对于短视频、多媒体格式数据等的归类也是从内容的角度出发的。由于无结构化数据放宽了对数据格式的要求，因此其应用较之前两种类型的数据更加广泛，相应的数据量也迅速增长。例如，中国信息通信研究院等机构在2018年发布的《中国互联网行业发展态势暨景气指数报告》提到，2017年短视频凭借时长短、门槛低、传播广的特点，逐步成为移动互联时代数字内容的主流表现形式。阿里、腾讯等企业大力布局短视频业务，2017年中国网络短视频带宽总量同比上年每月均保持翻番增长。数据结构的演化最终发展到了"大数据"的层级，数据的量、数据的种类和格式，这些都在不断扩展。

2. 人（用户）

从"用户"这一维度观察，早期计算机系统和数据的使用者主要来自科学计算的领域，计算任务和用户人群结构都比较单一，计算所需数据多需要专用设备采集和生成，数据量与当前的大数据相比属于"小"数据。随着个人电脑和互联网的普及，用户的知识获取需求得以释放和满足。例如用户可以通过万维网查找其感兴趣的内容。随后，用户在网络上的行为变得更加个人化，各种社交需求也映射到了网络空间，出现了各种各样的社交媒体。用户在社交媒体上的自我表达和互动交流产生了海量的异构数据。

3. 设备

从设备的角度，随着硬件制造水平的不断提升，目前计算和存储设备的能力正在不断冲击硬件制造工艺所能达到的极限。在21世纪初，一台个人笔记本电脑的硬盘容量为几 GB 到十几 GB；而本书撰写（2018 年）前后，一台普通的笔记本电脑的硬盘容量已经达到几百甚至上千 GB 的量级。在个人电脑之外，一些更小的设备比如手机、车载传感器、物联网设备等等，其制造工艺也在飞速发展，通过这些设备产生的数据量更是呈现几何级数的增长，相应的处理模式也不再是单机的数量扩展或者简单的计算机集群的叠加。

提 要

在大数据时代来临之时，所涉及的行业和产业面临的是一个具有新量级、新处理模式以及新业务智能的全新领域。在大数据基础上的价值发现和价值挖掘是当前大数据领域新的增长点。

1.1.2 大数据的典型应用

1. 搜索引擎

互联网上的数据量在不断增长，用户无法依靠人工的方法在网上查找到感兴趣的内容，于是搜索引擎顺势而生。搜索引擎使用网络爬虫技术，不断对互联网上网页的内容及其关键词进行索引和记录存储。当用户提交搜索关键词时，搜索引擎根据自身数据库的记录，返回与用户查询匹配的网页作为搜索结果呈现。本书第 5 章关于智能推荐系统发端的介绍中提到了大数据技术平台，其中分布式文件系统就是搜索引擎巨头谷歌公司提出的支持大数据存储的文件系统。由此可见，有关大数据技术的发展往往源于产业界的一线需求驱动。

2. 电子商务

电子商务的迅速发展同样得益于大数据产业的进步。早期，正是由于具备了足够多的用户购买行为数据，亚马逊才能够设计和实施基于用户兴趣的协同过滤算法，为用户推荐其可能感兴趣的商品。在我国，电子商务行业的发展突飞猛进，2018 年是电商领域创立“双 11”购物节的十周年。早期“双 11”购物节时，电商网站曾经遭遇过由于访问量和交易量太大而导致的网站服务暂时不可用等系统异常，经过了十年的发展，电商网站的系统从硬件到软件都经历了多轮升级优化。2018 年“双 11”的交易量和销售量再创新高，全网最终销售额 3 143 亿元，远超 2017 年“双 11”的 2 539 亿元，增长 23.8%。用户体验也同步提升，访问卡顿、页面丢失等情况已经不再出现，系统可以容纳海量的交易和物流数据。

3. 智能推荐

智能算法推荐系统已经从早期的文本内容推荐升级到图片、视频等多媒体数据的个性化推荐，策略上也对基础的协同过滤算法和关联规则挖掘等进行了升级和改进：吸收了人工智能和机器学习算法的最新进展，使用复杂的神经网络算法学习内容的特征，用于更精准的个性化推荐。

4. 零售行业

除了在互联网领域的应用，大数据在其他行业中也有广泛应用，例如在零售

业。关联规则推荐算法就来自连锁超市沃尔玛的经营和销售分析。对于连锁超市、日用消费品行业，大数据同样能帮助企业提高利润率。例如，瓶装水的销售公司可以通过已有的销售大数据了解不同地区消费者对水瓶规格的需求情况，并以此为依据进行不同规格瓶装水的销售调配，进而提高利润。

5. 政府公共服务及其他行业

对于政府部门、医疗行业和制造业来说，各国政府、相关企业都在使用大数据帮助自己降低成本，提高利润。以政府投入为例，2012 年美国政府率先启动“大数据研究与发展计划”，正式从国家战略高度推动大数据发展，该计划涉及美国国防部、美国国防部高级研究计划局、美国能源部、美国国家卫生研究院、美国国家科学基金、美国地质勘探局等 6 个联邦政府部门，宣布将投资 2 亿多美元，用以大力推进大数据的收集、访问、组织和开发利用等相关技术的发展，进而大幅提高从海量复杂的数据中提炼信息和获取知识的能力与水平。英国将大数据列为战略性技术，给予高度关注。2012 年 5 月，英国建立了世界首个非营利的“开放数据研究所”（The Open Data Institute），英国政府通过利用和挖掘公开数据的商业潜力，为英国公共部门、学术机构等方面的创新发展提供“孵化环境”，同时为国家可持续发展政策提供进一步的帮助。

1.1.3 大数据应用系统

当前，大数据产生和应用于各行各业的多个领域。从应用系统来看，在互联网领域，包括在线社交网络、电子商务、即时通信工具等等。在物联网领域，移动设备和传感器都可以作为一个物联网的终端来进行内容的采集。例如布置在城市里进行空气质量数据采集的采集器，或者进行空间计算和气象计算时的数据采集器。大量的低成本量采集器帮助数据需求方实现大数据的积累，支持后续计算。

在书籍、历史文献电子化和社会信息交互领域，大数据应用系统也层出不穷。据报道，谷歌公司曾经扫描了几十万本纸质书，尝试对其进行数字化。按照传统的做法，需要雇用很多人来逐字输入以完成纸质书的电子化，形成数字版以利于复制、保存以及供人检索。谷歌公司想出了一个更有效率的办法，他们将所有扫描后的图片版电子书裁成一个个单词片段，并在用于网站防止机器注册时显示的验证码中显示这些单词片段，也就是说，人们在输入验证码的同时就完成了图片版电子书数字化过程。除了完成项目本身的人员、资源投入以外，不需要消耗任何额外的社会成本就完成了这项大工程。

1.2 大数据的定义与挑战

1.2.1 大数据研究的源起

一般认为“大数据”（big data）这一概念在学术界起源于《自然》杂志。2008 年《自然》杂志发布了“大数据”专刊，通常以此作为“大数据”这个概念以及这一研究领域在学术界的起点。随后，在 2011 年，《科学》杂志也推出了“处理数据”（Dealing with Data）专刊。图灵奖获得者吉姆·格雷在 2007 年曾预测“大数据探索式”的科学研究方式将成为继实证、理论、计算之后的第四个方式。

在产业界，大数据技术和业务的创新者和领军者包括亚马逊、IBM、甲骨文、谷歌等公司。这些公司出于自身业务发展和实践经验，提出了各自领域的大数据计算平台。例如亚马逊公司的云服务平台 AWS（Amazon Web Services）① 能够提供计算能力、数据库存储、内容交付以及其他功能来帮助实现业务扩展和增长。甲骨文公司的大数据业务解决方案②通过业务分析、客户体验、快数据和社交云解决方案，支持基于大数据的创新，提高运营效率。

各国政府也积极跟进和布局大数据基础研究。美国政府曾经出资两亿美元支持大数据研究与发展计划。日本政府在 2013 年发布了《创建最尖端 IT 国家宣言》，全面阐述了 2013 年至 2020 年间以发展开放公共数据和大数据为核心的国家战略，强调"提升日本竞争力，大数据应用不可或缺"。战略中包括了向民间开放公共数据、促进大数据的广泛应用等政策。为此，日本政府大量投资用于大数据研发，包括开发高速网络基础设施和试验高效的数据中心运营系统、数据分析应用项目，以此增加日本工业竞争力、拓展新行业。

我国的"十二五"规划提出全面地推动信息化。"十二五"以来，我国大数据产业从无到有，全国各地发展大数据积极性较高，行业应用得到快速推广。"国家大数据战略"被写进了备受关注的"十三五"规划。规划提出，目标到 2020 年，技术先进、应用繁荣、保障有力的大数据产业体系基本形成。大数据相关产品和服务业务收入突破 1 万亿元，年均复合增长率保持 30%左右，加快建设数据强国，为实现制造强国和网络强国提供强大的产业支撑。

1.2.2 大数据的概念和特点

尽管"大数据"这个概念以及相应的算法和技术已经广泛传播并应用，但是给"大数据"下一个简单明晰的定义却不是一件简单的事。到目前为止并没有一个被广泛接受的精确定义。维基百科上对于"大数据"的解释是："大数据是通过传统的数据库技术和数据处理工具已经不能处理的庞大而复杂的数据集合。"③ 也就是说，大数据本身无法直接放入传统数据库由传统的数据处理工具进行管理和分析，因此需要新的大数据技术平台来应对大数据带来的挑战。以下尝试识别大数据的几个典型特征，可以从这些特征维度来界定大数据这个概念。

1. 大数据的"4V"维度特征

（1）规模（volume）。

大数据的数据量级或规模超出了既有系统能够处理的水平。

（2）速度（velocity）。

大数据的产生速度非常快，每时每刻都有大量的数据在应用系统中生成和积累。

（3）价值（value）。

大数据具有价值挖掘的潜力，但是大数据也存在价值密度低的问题，即，海量

① 参见 https://aws.amazon.com/cn/what-is-aws/。

② 参见 https://www.oracle.com/cn/big-data/solutions/business.html。

③ Big data is a term used to refer to data sets that are too large or complex for traditional data-processing application software to adequately deal with. 参见 https://en.wikipedia.org/wiki/Big_data。

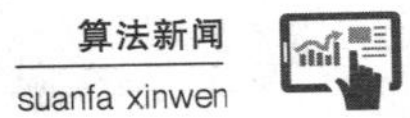

数据中有相当多的无效或不相关数据，它们对于实现价值挖掘的贡献度较低。

(4) 多样性（variety)。

大数据的类型多种多样，存在各种格式和形式的数据。这一方面带来了进一步挖掘数据价值的空间，另一方面也对大数据系统提出了处理多源异构数据的新要求。所谓“多源异构”数据是指有多个来源且数据结构不相同的数据。

2. 以计算我国当月 CPI 为例说明“4V”具体特征

以上是大数据的“4V”维度特征，下面以计算我国当月 CPI 指数为例说明大数据这 4 个维度的具体特性。CPI 是“居民消费价格指数”（consumer price index）的简称。CPI 是在特定时段内度量一组代表性消费商品及服务项目的价格水平随时间变动的相对数，用来反映居民家庭购买消费商品及服务的价格水平的变动情况。CPI 同人民群众的生活密切相关，同时在整个国民经济价格体系中也具有重要的地位，是进行经济分析和决策、价格总水平监测和调控及国民经济核算的重要指标。其变动率在一定程度上反映了通货膨胀或紧缩的程度。

为了计算 CPI，首先需要获取一组代表性消费商品及服务项目的价格。从统计范围来看，CPI 的计算涵盖全国城乡居民生活消费的食品烟酒、衣着、居住、生活用品及服务、交通和通信、教育文化和娱乐、医疗保健、其他用品和服务等 8 大类 262 个基本分类的商品与服务价格。在调查方法上，一般是采用抽样调查方法抽选确定调查网点，指派专人每月按时到调查网点采集原始价格。数据来源包括全国 31 个省（区、市）的 8 万余家价格调查点，包括商场（店）、超市、农贸市场、服务网点和互联网电商等。

首先，从数据量来说，上述 CPI 的单次统计数据以及积累的历史数据已经可以纳入大数据的范畴了。借助大数据的思路和方法，在数据采集上，可以借助数字化直连的方式，从支持电子化上传的采集点直接采集数据，省去定时定点的人力采集。对于互联网电商来说，由于其数据天然就是数字化的数据，这样的转变是更加便捷的。以淘宝网为例，2018 年手机淘宝的日活跃用户数已达 2.6 亿左右，全平台的商品数目超过 10 亿，日消费额超过 20 亿元人民币。也就是说，我们面对的是上亿用户、上亿商品和数十亿交易额，是海量的数据。

其次，从数据的产生速度来看，淘宝等电商网站每分钟的订单均已达到数万条。为了了解居民对消费品价格的态度和观点，可以采集社交网络数据作为辅助研究。在社交网络上，数据的生成速度与电商平台不分伯仲。例如，用户在新浪微博上每分钟发布数万条微博，微博内容存量已超过千亿。

这些迅速增长且规模巨大的数据对于计算 CPI 是否都有使用价值呢？答案是否定的。从价值密度来看，大数据存在“价值密度低”的问题。例如，我们想从消费者在电商平台上对商品的评价以及社交网站上的发声进行意见采集，往往会遇到这些数据无法贡献真实有效内容的困境。比如在电商平台上消费者对某个商品的评价中，会出现部分数据仅仅为“好评”但是却没有具体评价内容的情况，因此此类数据无法深入挖掘。

最后，计算 CPI 的数据有多个来源，数据的类型多种多样。例如：来自国家信息中心的权威经济数据，来自电子商务网站的多种商品价格数据，来自证券交易所的股票、期货交易数据等结构化的数据，以及商品评论、社交网站消息等非结构化的数据。每种数据的格式、存储和解读都各不相同，因此进一步提出了对大数据分析和处理的要求。

结合以上 CPI 计算的例子，我们发现大数据的特征是：数据规模大、数据生成速度快、数据价值密度不高、数据类型多样，也就是本小节介绍的“4V”。通常认为，数据满足“4V”的特征就可以将其纳入大数据的范畴，或者说它是一个大数据能解决的问题。

提 要

“大数据”不等于“海量数据”。对大数据特征的描述可以简称为“4V”，包括数据规模（volume）大、数据生成速度（velocity）快、数据价值（value）密度不高、数据类型（variety）多样。

1.2.3 大数据的研究意义

针对大数据的研究在自然科学、社会科学以及日常社会生活中都有切实的意义。

1. 辅助社会管理

2009 年美国爆发甲型 H1N1 流感，美国国家疾控中心收集到的数据与流感实际传播数据相比有 1 至 2 周的延迟。针对这一情况，谷歌公司的工程师利用大数据的分析手段，分析谷歌搜索引擎中每天数十亿条用户搜索查询日志，测试了 4.5 亿个数学模型，建立了较为准确的 H1N1 流感预测模型，比美国国家疾控中心更加及时准确地获知全球流感传播趋势。良好的流感预报和预警模型可以帮助预防和阻断更多的人受到流感传染。

2. 推动科技进步

以往由于技术水平受限使得数据的获取和计算不能实现的问题在大数据时代已经有所改观，例如海啸预警。海啸是一种灾难性的海浪，通常由震源在海底 50 千米以内、里氏震级 6.5 级以上的海底地震引起。海啸到达海岸之后，摧毁堤岸、淹没陆地、夺走生命财产，破坏力极大。如果能够利用地震波传播速度与海啸传播速度差别造成的时间差分析地震波资料，快速准确地测定出地震参数，并与预先布设在可能产生海啸的海域中的压强计的记录相配合，就有可能判断出该地震是否会激发海啸，以及海啸的规模有多大。然后，根据实测数据以及可能遭受海啸袭击地区的地形地貌特征等相关资料，模拟计算海啸到达海岸的时间及强度，将海啸预警信息及时传送给可能遭受袭击的沿海地区居民。这样，就有可能在海啸袭击时，拯救生命和避免财产损失。在这一过程中，数据的测量、采集，短时间内的大规模计算等等，均需要应用大数据技术。

3. 支持商业决策

现代社会的商业竞争中信息往往瞬息万变，企业的决策者在制订计划和实施决策时需要尽可能地扩大信息来源，确定最合理的方案。因此，数据驱动的商业智能成为商业决策的一个重要组成部分。商业智能是指利用现代数据仓库技术、线上分

析处理技术、数据挖掘和数据展现技术进行数据分析以实现商业价值。商业智能将企业已有数据转化为知识，帮助企业做出明智的业务经营决策。商业智能使用的数据包括来自企业业务系统的订单、库存、交易账目、客户和供应商以及企业外部环境中的各种数据。基于企业内外部的大数据，商业智能可以辅助操作层、战术层和战略层的业务经营决策。

4. 促进民生改善

大数据在促进民生改善方面也有应用。例如城市的智能交通系统、路网的导航应用软件、网约车服务等等。

1.2.4 大数据面临的问题与挑战

从数据规模的量变出发，演化出数据的生成速度、数据的价值和类型等 3 个维度的质变，形成了"大数据"。也就是说，大数据并不仅仅是数据量的积累，更是量变发生到一定阶段之后引发的质变。其中，一个显著现象是环境的变化。以往应对数据量增长的方式无非是硬件系统扩容（例如增加内存和 CPU 等）以及软件系统升级（例如从处理 MB 规模数据升级为处理 GB 规模数据）。但是，这样增加资源的方式逐渐变得不适用了。面临的关键问题就是，可以使用的资源是受限的。进入大数据时代之前，我们的计算能力充足，能够应付增长的数据；进入大数据时代之后，现有的计算能力的增长速度已经赶不上数据增长的速度了，大数据的问题变成了资源受限的计算问题，发生了质变。

2012 年 IDC 公司报告称，大数据增长的速度已经超过了摩尔定律[①]描述的硬件性能提升的速度，也就是说数据增长速度超过了资源增长速度。因此大数据计算将在资源受限的环境下完成。此时，有关计算可行性的判定变得非常重要。大数据上的计算方法也相应地发生了改变。在资源充足的环境下，可以进行严格计算，它关注的是一个计算问题的最优解。进入大数据时代，问题变成了计算的可行性判定，就是说在大数据的情境下，对某个问题的完全计算是否还能执行。这时候，方法就从严格计算迁移到了近似计算。因此，也有人说，在大数据的环境下，近似已经不再是一种妥协的办法，它是一种更好的选择。

提 要

大数据时代，计算环境由资源充足转变为资源受限，计算的视角也由探索优化转变为可行性判定，因此，计算方法也从严格计算转向了近似计算。

1.3 大数据平台基础架构

大数据时代已经到来，大数据带来的挑战是显著的。以下从技术平台的角度介

① 摩尔定律的大意是，当价格不变的时候，集成电路上能放的元器件数目大概每一年半到两年会增加一倍，也就是说硬件的性能大概是一年半到两年就会提升一倍。

绍如何处理和分析大数据并从中获得价值。[①]

1.3.1 硬件平台

从应对数据规模的角度，仍然需要提高硬件处理能力，完成海量数据的采集、存储和分析处理。从存储规模上，需要建设 PB 级的数据机房，配合高速运算的多 CPU、高速的输入输出设备，以及数百 GB 的内存容量。

1.3.2 软件平台

大数据软件平台框架包括存储框架和计算框架。存储框架底层基于分布式的文件存储系统。这是由于巨量数据已经无法保存在一台或几台机器上，而是需要进行分布式的存储。对于计算框架来说，如果计算任务的实时性要求不高，例如训练一个机器学习模型，则可以采用离线计算的方式，把问题切分成每个机器都能计算的子任务，分配到多台机器执行计算，最后汇总计算结果。针对实时计算任务，则需要将其搭建在实时的计算平台上面完成。除了存储和计算任务之外，还需要引入数据采集软件实现数据的生成和采集。大数据平台的软件部分主要是实现数据的采集、存储、计算和分析。

1.4 云计算与大数据

“云计算”和“大数据”这两个概念经常会成对出现，本小节对二者间的异同进行简要梳理。

云计算是一种通过互联网以服务的方式提供动态可伸缩的虚拟化资源的计算模式。动态可伸缩是指根据用户的需求提供规模可变的资源。例如，用户的某个计算任务需要 100 台主机完成，则可以租用云计算平台的 100 台虚拟主机；如果仅需要 10 台主机，那么就租用 10 台虚拟主机。这样即可实现提供按需的可伸缩虚拟化资源。对于用户来说，这些虚拟主机在物理上的位置等均不必关心，因此用户面对的资源称为虚拟化资源。云计算是继大型主机、个人电脑和互联网之后 IT 领域的又一次重大变革。在产业界，亚马逊公司和谷歌公司在云计算领域做出了先驱性的工作。

对于云计算而言，核心问题是如何不断改进支持云计算的技术，以及从技术的角度如何把计算的成本降下来。从大数据的角度来讲则更关注业务逻辑的实现，以及从数据中能发掘什么价值。

第 2 节 大数据与算法推荐系统

大数据与智能推荐系统有什么关系？大数据可以从哪些方面支撑算法推荐系统的业务呢？本节针对推荐系统的数据依赖、用户侧大数据、内容侧大数据以及相关技术展开介绍。

---

① 上一章已经从硬件和软件的角度介绍过大数据技术平台，因此本章仅做概要介绍。

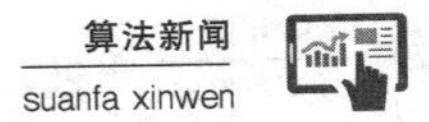

2.1 推荐系统的数据依赖

2.1.1 大数据在个性化推荐系统中的应用

内容的智能推荐系统是个性化推荐系统的一个细分类别，个性化推荐系统囊括的范围更广，例如商品推荐、社会关系推荐等，本小节从个性化推荐系统的视角分析大数据在其中的典型应用。

1. 研究用户

从理解用户的角度，大数据可以用于“用户行为分析”“用户消费心理分析”“社交网络分析”等任务。

“用户行为分析”是指系统获取用户使用行为的有关数据并进行统计、分析，从中发现用户使用习惯的规律，并将这些规律用于改进智能推荐算法。用户行为包含时间、地点、人物、动作、内容这些基本要素。通常可以把用户行为定义为行为事件，例如用户阅读一篇文章就是一个事件，哪一个用户账号、什么时间、什么位置、何种网络（移动数据网络或无线网络）、阅读推送文章还是自主搜索文章、文章的内容是什么，这就是一个用户行为事件的重点数据。不同的系统可以根据业务特征定义多种用户行为事件，例如新用户注册、内容频道的选择、推送文章的阅读、进行评论或点赞等等。通常推荐系统的日志模块可以记录并提取用户行为事件，获取了用户行为数据之后，就可以形成用户画像。用户行为数据越多、越准确，用户画像数据越准确，个性化推荐的效果就越好。

“用户消费心理分析”是从心理层面分析和掌握用户的内在需求，从而改进推荐效果的一种方法。对于一些电商平台或是付费类的内容推荐平台，由于涉及用户的支付行为，因此需要分析用户在何种心理情境下更容易发生消费行为，识别出影响用户消费的心理环境因素，并以此为参考进行个性化的产品和内容推荐。

“社交网络分析”关注在线社交网络中的个体、个体之间的关系（好友、同事、关注/被关注）和相互作用，以及在此之上的社群发现、情感分析、话题挖掘等等。通过社交网络分析，个性化推荐系统可以识别目标人群并进行有针对性的精准推荐。也可以使用基于影响力的分析寻找意见领袖，借助意见领袖完成内容的推广或产品的销售。

2. 研究产品

从原理上讲，推荐系统就是要完成用户与产品的匹配。从理解产品的角度，大数据可以对产品进行“特征挖掘”“对比分析”“预测分析”等研究。

以文本内容为例，可以使用数据挖掘的手段，提取文本类内容的关键词、主题、摘要、分类、话题、语义等，作为与用户画像中的用户标签匹配的依据。产品的对比分析主要关注产品的异同，通过大数据多维度的描述，寻找产品之间的细微差别，实现细分人群的精准推荐。

对于产品的预测分析，可以从产品的基本数据指标（如新增用户数、活跃用户数、用户留存率、产品的使用时长、用户的地域分布等）对产品的未来使用情况进行预测。可以使用的计算模型包括：

（1）直方图（频率分布）分析。

将变量的数值范围等分为若干区间，统计该变量在各个区间上出现的频率，并用矩形条的长度表示频率的高低。

（2）时间序列图（趋势）分析。

描述变量在一段时间内变化波动的趋势和规律，如某个频道内容的阅读量大体在什么范围内波动、是否具有波动较大的时期或时点等。

（3）散点图（相关性及数据分布）分析。

在回归分析中，数据点在直角坐标系平面上的分布图。散点图表示因变量随自变量变化的趋势，可以选择合适的函数对数据点进行拟合。

此外还有算术平均分析、移动平均分析等计算模型，具体技术细节不再赘述。

2.1.2 推荐系统的数据依赖

正是由于具备了大量的用户数据和产品数据，推荐系统才能实现智能的个性化推荐，因此，大数据是推荐系统业务的基本“原料”。

推荐模型（例如协同过滤、关联规则推荐）需要使用各种“特征”进行内容与用户的匹配计算，因此，内容分析和用户标签挖掘是搭建推荐系统的基石。具体来说，特征抽取来自用户侧和内容侧的各种标签。此时，推荐模型面临的往往是上亿或者上十亿的特征。这些特征既包括语义上可解释的性别、年龄、兴趣等维度，也包括机器学习算法如深度神经网络中提取的算法特征，能涵盖一切可以帮助推荐算法做判断的信息，并且这些特征的数量还在不断增加。

针对每个用户，系统如果直接使用推荐模型从海量内容中进行内容选择和推荐，由于面对的是内容库的几十亿的特征，将会面临计算开销过大、成本过高的问题。因此需要考虑对算法进行优化，使用多种内容筛选机制进行候选内容的过滤。例如可以设置依据性别、年龄段、兴趣、行业的过滤策略。对于一个20岁的女生，一种简单的筛选策略是，首先根据性别选出女生感兴趣的内容，假设内容库中针对不同性别的内容各占一半，则可以直接排除一半内容；其次根据年龄段筛选出相应年龄段感兴趣的内容，进一步缩小候选内容库；随后根据该用户的个性化特征继续筛除她不感兴趣的内容，最终达到快速筛选出用户感兴趣内容的目的。最终的效果大致为一次给一个用户推荐几条、几十条内容这样的量级。

因此，算法推荐系统在海量数据的基础上，使用推荐模型和内容筛选策略相结合的手段，实现推荐性能的提升。

2.2 用户侧大数据：用户标签的计算

2.2.1 用户标签数据的分类和策略

推荐系统在用户一侧主要关注用户标签大数据。依据用户标签类别，可以进行如下分类：

- 兴趣类标签：例如兴趣的类别、主题、关键词，内容的来源，基于兴趣用户聚类的类别标签等。
- 身份类标签：如性别、年龄、常住地点等。
- 行为标签：主要是用户使用推荐系统的行为特点，例如哪个时间段使用更频繁，关注哪种类型的内容。

推荐系统是如何生成这些标签的呢？可以使用如下策略：

● 过滤噪声数据：对于用户停留时间短的点击和阅读，不进行标签提取；用户可能由于误操作或是标题党内容误导而进行了点击，因此用户的真实兴趣并不高，将其认为是噪声数据。

● 降低热门标签权重：对于用户在热门文章上的点击、阅读等动作做降权处理，也就是这些热门文章对应的标签热度在系统中并不会持续线性增长。例如，对于热点新闻，用户可能出于信息获取的角度去阅读，并不能表示此类文章是他的真实兴趣。

● 时间衰减：随着用户动作的增加，老的特征权重会随时间衰减，用户新动作贡献的特征权重会更大。

通过以上这些策略，系统从用户侧提取用户标签数据，形成用户侧的大数据。

2.2.2 用户标签数据的计算

如图 6－1 所示，根据系统需要，用户标签数据的采集可以使用批量计算或流式计算，从用户行为原始日志中进行标签的提取，并将其提供给算法推荐系统。

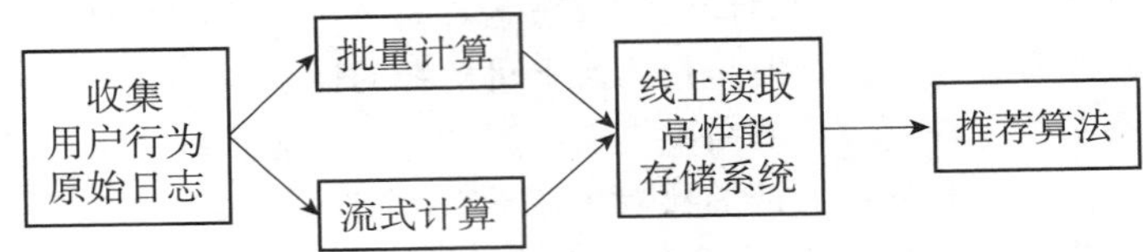

图 6－1 用户标签大数据采集的计算流程

算法推荐系统将用户的每一个操作收集记录在用户行为原始日志中，例如用户的每一次点击、阅读、评论、分享等等。原始日志数据量巨大，记录所有用户的数字踪迹。系统使用批量计算或流式计算的方式从原始日志中提取用户行为体现出的用户标签。流式计算的优势在于可以大大降低计算资源开销，综合考评的数据能够节省 80％的 CPU 时间开销，对于一个中大型的内容算法推荐平台，几十台机器就可以支撑每天数千万用户的兴趣模型更新。此外，流式计算可以接近实时地更新用户兴趣模型。对于用户来说，系统能够根据他们最新的兴趣进行内容推送，这样的用户体验是更加流畅和更加个性化的，用户体验更好。

一般来说，系统可以混合使用流式计算和批量计算。可以使用流式计算更新大部分的用户画像，例如用户兴趣标签以及某些垂直领域的用户特征对时效性比较敏感，就尽量使用流式计算实时地跟上用户的脚步。对于年龄、常住地等相对静态的数据，其对时效性不太敏感，则可以放到批量平台上进行计算。

2.3 内容侧大数据：组织和分类

我们已经了解内容侧的数据量非常庞大，因此算法推荐系统关心的核心问题是如何对内容进行组织并对其进行有效的分类，服务于内容的高效取回。在本书有关内容的介绍中，我们提到的语义标签体系就是一种能够合理组织内容的体系。文本内容通常都是采用典型的层次化分类方法进行组织的。通过一层一层的分类器，系统将内容从抽象到具象进行依据语义（含义）的分类和组织。例如，系统要给某个用户推荐“英国近代史”类的内容，就先去查找历史类的内容，进而查找近代史、西方近代史、英国近代史的内容，从而筛选出与“英国近代史”这个标签相关的内容。这里“历史”“近代史”“西方近代史”“英国近代史”就是逐层递进、逐渐具象化的分类器。层次化的内容分类方法符合人的思维方式，从系统实现来说也更有逻辑性。

第3节　深度学习和神经网络

在大数据的基础上再回到推荐算法。我们已经介绍了协同过滤、关联规则推荐等基础的推荐算法，本节介绍当前关注度和使用率持续上升的“机器学习算法”中的“深度神经网络”算法，从概念、原理和使用等维度，进行知识梳理。具体地，解读神经网络系统、深度学习与神经网络之间的关系，对于使用深度神经网络算法进行推荐这一过程进行思考和研判。

3.1　深度学习的概念和应用

3.1.1　信息处理系统的两种模式

从广义上讲，算法推荐系统属于信息系统的范畴。当前信息系统的智能程度正在逐步升级，出现了智能搜索、智能机器人、智能商务系统等多方面的应用。然而，大数据和个性化推荐两方面结合起来，对信息系统的智能度提出了更高的挑战。

由于大数据的存在，出现了信息超载的问题。用户在面对特别庞杂的数据时已经无法直接找到想要的内容，因此需要有效的搜索过滤算法或有效的推荐算法来帮助用户寻找需要的内容。

在个性化推荐这一侧，需要设计有效获取数据的算法。信息处理和获取一般存在两种模式。一种是“拉”模式，用户主动发起寻找数据的过程。最典型的应用就是搜索引擎，由用户提交查询，搜索引擎帮用户实现在网络上进行信息搜集和计算的过程。另一种是“推”模式，它对用户来说更加便捷和友好，用户并不需要提交各种查询关键词，由系统根据其对用户兴趣和需求的认知来进行智能化的推荐，实现信息推送。此时，系统需要更高的智能处理和学习能力，推荐系统越来越成为深度学习的一个重要应用领域。深度学习基于大量数据训练学习模型，用户并不需要显式地指明自己的兴趣爱好，深度学习方法就能够根据已有的用户行为数据提供优质的推荐。

3.1.2　深度学习

深度学习的概念源于人工神经网络的研究，最近几年是深度学习算法发展的黄金时期。深度学习算法在很多领域（如图像处理、语音识别、文字理解等）都取得了长足发展。深度学习的一个本质特征是，它试图对数据特征进行一些深层次的抽象挖掘。通过组合低层特征，形成更加抽象的高层，表示属性类别或特征，以发现数据的有效表示。相比而言，关联规则推荐可以认为是偏向于表层的，比如啤酒和纸尿裤在一次购物行为中一起出现，此类特征属于比较表层的数据特征。

深度学习具有优秀的自动提取特征的能力，能够学习多层次的抽象特征表示，

并对异质或跨域的内容信息进行学习，并可在一定程度上处理推荐系统冷启动问题。深度学习更关注的是直接分析数据，进入数据底层，利用模型考察能否通过大规模的学习把数据特征“学习”出来，以及特征之间到底有什么映射关系，随后就可以以此建立一些数据模型。深度学习的优势在于其领域无关性，其在图像、语言、文本领域都有应用。因此，深度学习算法的适用性更广，模型更加通用，未来有可能会在更多领域得到长足的发展。

【例 6-1】深度学习在推荐系统中的应用——“电影推荐”。

以视频内容网站为例，假设某用户在一个视频网站上观看了几部电影，则该网站就可以给用户进行后续的电影推荐。这是怎么实现的呢？网站可以使用“无监督的机器学习算法”①，基于电影海报向用户推荐电影。我们知道电影海报的特点非常鲜明，不同类别和主题的电影海报之间差异性很大，而同类电影的海报在风格上则存在着相似性。例如儿童电影海报色彩鲜明，犯罪电影海报则色调阴暗。假设用户在网站上观看了一部名为《盗火线》的电影，这是 1995 年的一部美国犯罪电影，则使用机器学习的电影推荐网站可以做到只分析这个电影的海报，就为用户推荐出相关的一系列电影。这些电影在类别、主题或内容上比较接近，也就是说，根据用户已有的历史行为而不是用户自己报告的兴趣（用户并没有直接指明他喜欢犯罪电影），只是通过无监督学习直接分析电影海报，就可以向用户推荐他感兴趣的其他电影，这就是机器学习的强大之处。

同样，假设用户观看的电影是《玩具总动员》，则从色彩、人物形象、故事情节来看，它与《盗火线》就截然不同了。此时，视频网站仍然可以依据《玩具总动员》的特点推荐《马达加斯加》《狐狸爸爸万岁》等动画片电影。

需要注意的是，上例主要阐述深度学习在电影特征相似度方面的学习能力，此时我们暂不考虑推荐内容的多样性。基于相似性，机器学习的算法通过分析电影海报图片本身的特征，就能找到相似的电影进行推荐了。

3.2 神经网络

3.2.1 深度学习与神经网络

深度学习与神经网络结合，形成了“深度神经网络”算法。抽象地说，它是把数据底层的一些特征组合起来，送到更加抽象的高层完成学习。这些特征有什么作用呢？特征是用于表示属性类别的，识别出类别特征就可以实现分类。例如某张图中明亮的颜色较多，这就是一种简化后的特征。实际上在神经网络的模型中会有多个“神经元”（也就是分类器）支持算法发现该图片亮色较多这个特征。

深度学习的一个优点是能够自动提取数据的特征，而不需要显式的告知。例如

---

① 机器学习算法可以分为“监督学习”和“无监督学习”。“监督学习”是指训练学习模型时存在标记好的样本数据，算法通过这些样本数据得出规律，推广至未标记的数据，即实现了从已知到未知的“学习”能力。例如，根据某报社已有的已经标记出类别的新闻文稿学习新闻的分类，对新撰写的新闻使用算法模型进行自动分类，这就是监督学习的应用。“无监督学习”的训练数据没有任何标签，无监督学习的任务是从给定的数据集中，把数据分成若干个不同的簇，也称聚类算法。例如，谷歌新闻每天去网络上收集成千上万类别未知的新闻，然后使用聚类的方式把相同主题的新闻放到一起，形成一个个新闻专题。

算法推荐系统中一个用户的年龄、性别、居住地等等，深度学习算法可以通过多样多层的抽象学习自动得出。同时它还可以对跨领域的信息进行学习。另外，对于系统冷启动的问题（系统如何向不熟悉的新用户推荐内容），深度学习也能较好地解决。

3.2.2 深度神经网络的研究和发展历史

早在 1943 年就有学者开始研究人工神经网络，最早人工神经网络只有一个神经元。到了 20 世纪 50 年代末的 1958 年，神经网络迎来了第一次兴起，这时它还是单层的神经网络，通过一系列神经元在同一层网络中进行计算。20 世纪 60 年代末到 20 世纪 70 年代初经历了人工智能的低谷期，科学家对人工智能有一点心灰意冷，行业内将 1969 年称作人工智能的冬天。在 20 世纪 70 年代到 80 年代初，整个学界对人工智能的研究仍然处于沉寂期。1986 年神经网络迎来了它的第二次研究高峰，这时候网络已经演变到了两层，前一层许多神经元的计算（分类）结果传送给后一层继续计算。2000 年前后，神经网络的研究又进入了一个低谷期，学术界投入的研究力量呈缩减态势。在最近十年，由于大数据的出现，软硬件处理能力提升，人工智能和多层的深度神经网络又迎来了一个蓬勃发展的时代。此时的神经网络已经演变为多层神经网络，这与计算能力和软硬件处理能力的提升是分不开的。

3.2.3 解读神经网络：分类器

本质上可以将神经网络理解为分类器，通过多层网络的神经元，对输入数据进行一次一次的分类，最终得出数据的类别、属性、主题等。其典型应用包括垃圾邮件判断、疾病判断、图片识别等。

例如，我们常用的电子邮件系统都提供垃圾邮件识别的功能，这就是邮件服务器使用神经网络对邮件类别进行判断的结果，将判定为垃圾邮件的电子邮件隔离至垃圾收件箱，减少对收件人的干扰。在疾病判断的场景下，神经网络通过对病例数据的特征进行学习和分类，实现对病例是否感染疾病的判定。在图像识别领域，神经网络对于互联网上海量的图片进行类别判断和标记，如是否为猫、狗、房屋等。这些均可以借助神经网络实现。

在算法层面，神经网络输入的是一些特征向量。垃圾邮件判别的对应输入是邮件中提取的词向量，疾病判断的对应输入是生化指标构成的向量，而图片识别的输入则是图片像素组成的向量。例如一张 200×200 像素的图片就可以理解为是 4 万个像素点构成的高维向量。

而神经网络的输出简单来说就是分类结果。比如一封电子邮件是否为垃圾邮件，一个病人是否感染某种疾病，一张图片是否为包含猫或狗的图片，这些都是分类及其结果。

3.2.4 解读神经网络：神经元

神经网络里最基本的元素叫作神经元，以下举例阐述神经元在神经网络中的作用。

假设有一批电子邮件，我们想把它们分类为“正常邮件”（*号标注）和“垃圾邮件”（+号标注）两类。我们把两类邮件数据做成了特征向量并且对应到二维平面的数据点，放到平面直角坐标系（见图 6-2）。如果我们想把这两类数据分开，就需要有一个分类器。在本例中，就是在平面中画一条直线，新的数据进来之后，将其特征向量转化为二维平面的数据点，能落在直线右边的就被认为是正常邮件，落到直线左边的就被认为是垃圾邮件。可见，一个神经元的作用就是分一次类，根据数据是否满足某个条件，将其分成“是”或“否”两类。

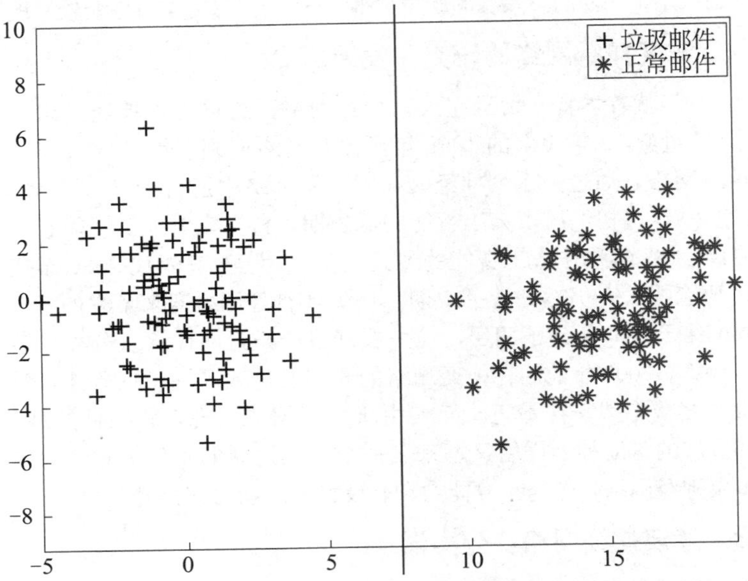

图 6－2　神经元的分类功能示意

对于二维数据来说，使用一条直线就可以把平面一分为二；对于三维空间来说，则需要使用不同的平面对三维空间进行分隔，实现分类。实际上，数据特征向量的维度远不止三维。因此要想对 n 维数据进行分类，则需要构造 $n-1$ 维的超平面（分类器）对 n 维空间进行分隔。

可见，神经元在本质上就是在某一个维度对数据进行分类的分类器。神经元之所以如此命名是来源于它与人脑中神经元的对比。人类大脑的信息处理系统接收生物电信号，然后发出“处理”或者“不处理”的生物电信号给其他神经元。仿照这个原理，在神经网络算法中，我们把基础的分类器叫作“神经元”。

图 6－2 示例的数据比较简单，使用一条直线就可以进行分类。更复杂和常见的情况是红色数据点与蓝色数据点并不容易直接区分开，此时一条直线（一个神经元）就不够用了，需要多条线进行细分，才能把红色和蓝色数据点间隔出来。因此需要很多个神经元一起工作。神经元数量过多时，为了进行功能区分，要对神经网络进行分层，底层神经元的组合计算结果输送给高层网络的神经元继续计算。对数据的每一次划分都使用了一个神经元，几百万、几千万神经元组合起来就组成了一个多层的深度神经网络，即可完成复杂的学习和计算任务。

提　要

神经网络的基础结构是神经元，神经元的作用就是对数据进行分类。面对复杂的大数据，我们需要很多神经元一起完成分类的任务。并且，单层的神经元网络也并不够用，因此算法逐渐演变到了多层神经网络这种结构。

3.2.5 神经网络的训练：反向传播

一个好的深度神经网络能够实现对数据的正确分类。例如对图片进行分类的任务，假设输入一张猫的图片，模型将其标记为狗的图片，那么这个神经网络模型的质量就不高。此时可以采用反向传播的方法对神经网络的模型进行修正。

如果某一次分类计算中，神经网络的输出值并不等于正确值，则算法从神经网络的最后一层回溯，逐层调整参数，直至相关神经元的参数都调整到能够正确分类本次输入数据。由于神经网络模型中参数的数量非常大，因此神经网络饱受诟病的一个特点就是调参数的过程不透明，可解释性不强，并且参数与数据集的相关性较大，不同的数据集对应的模型参数都各不相同。尽管如此，经过对数据的适配，深度神经网络仍然能够高质量地完成学习和分类任务，因此目前深度神经网络在学界和业界依然受到广泛关注和应用。

3.2.6 深度神经网络的应用案例

本小节举例说明大型的神经网络可以达到何种学习水平。2012 年加拿大多伦多大学的克里泽夫斯基（Krizhevsky）团队实现了一个 9 层的深度神经网络，包含 65 万神经元，6 000 万参数，即此神经网络中包含 65 万个分类器。对于一张输入图片，这个深度神经网络能够给出图片是它已经认识的一千个物体类别中的哪一种，例如输入的图片是一只美洲豹，还是一艘救生船。

模型第一层按照图片颜色和一些简单的纹理进行分类，把相似的图片放入同一个大类。例如，红色为主、绿色为主等等。模型第二层处理一些更加细化的纹理，例如花纹、刻度或者树叶叶子的脉络等。根据这些特征继续对输入的图片数据集进行分类，在纹理上相似的图片被归入一类。模型第三层的神经元已经能识别出来图片中烛光、蛋黄或是高光这样一些特点。模型第四层能够把狗脸和七星瓢虫以及圆形物体分别归类。此时，如果输入几张小狗的图片，这个模型已经可以对其进行正确的类型判断了。模型第五层实现了更加精确的分类，例如画、屋顶、键盘、鸟，这些类别的建模，等等。

通过构造多层多神经元的网络，深度神经网络能够从一个数据集中分类出不同特征的数据，其最终分类经过人类的解释后变得有意义了，也就实现了“学习”的目的。例如标记出神经网络分类出的一千类物体对应客观世界的什么实体，此后新的图片通过神经网络就可以被标记为对应类型的实体。

深度神经网络在算法推荐系统里得到了广泛的应用，对于视频推荐系统来说也不例外。视频网站 YouTube 是一个大型的视频上传、分享和发现的网站，用户数超过 10 亿。网站的任务就是从内容不断增长的视频库中给用户推荐个性化的内容。YouTube 的推荐系统由两层神经网络组成。第一层是候选视频集合生成网络，它从百万级的视频库中筛选出用户可能感兴趣的数百个候选视频集合。第二层是排序网络，它对候选视频集合中的几百个视频进行打分排序。基于当前用户的兴趣，选择得分最高的数十个视频推荐给用户，实现优质的推荐。

目前深度神经网络在业界的应用有大幅赶超协同过滤和关联规则推荐之势，这与大数据的积累、软硬件平台的升级以及神经网络算法的演进都是分不开的。

提 要

深度神经网络把不同神经元组织成一层一层的网络，每一个神经元的任务就是进行一次分类；把每层网络的神经元组合起来逐层递进，就可以训练出来深度学习分类模型。

3.3 思考与讨论

3.3.1 深度神经网络的难点和挑战

以上对深度神经网络进行了原理性的介绍，本小节讨论深度神经网络面对的难点和挑战。

深度神经网络面临的最大问题就是模型的参数特别多，随着网络层数的增加，参数值的训练和调优变得越来越困难。要想把模型训练好就需要大量的训练数据，而数据是否可以获得则受到具体问题、具体条件的制约。另外，对参数的调整也并不一定存在理论上可以验证的最合适、合理的方法。此外，对于具体应用而言，不存在标准的神经网络结构，也就是说，没有确定的最佳深度神经网络。

来自应用侧的挑战包括，如果用户的行为比较稀疏（用户行为数据少），则数据的质量不高，可用性不强。例如冷启动时抓不到足够的用户数据，或者数据本身包含大量噪声，那么对神经网络的训练就不容易达到充分，相应的分类效果就不好，导致推荐的效果不好。此外，如果系统中用户画像数据质量不高，那么用户的属性数据就不明确，个性化推荐的效果也会受到影响。

3.3.2 使用深度神经网络进行推荐结果的可解释性

针对多伦多大学团队的 9 层神经网络模型，我们尝试对模型每一层的功能和原理进行解释，但是就深度学习算法本身来说，很多时候算法模型并不一定能够提供很好的可解释性。尽管推荐系统可以给用户推荐其感兴趣的内容，但是对于“为什么推荐这个内容”这样的问题，系统未必能够找到确定的解释和答案。目前，针对无监督机器学习算法的可解释性问题被提上日程，在学术界也有学者已经开始开展相关研究，尝试从可解释性的概念界定和标准设定、算法可解释性框架，以及具体算法的可解释性等方面进行理论体系的搭建。

【本章小结】

本章首先介绍了大数据起源和发展的背景条件以及大数据的典型应用，在此基础上，提炼出大数据的概念和特点、大数据的研究意义以及面临的挑战。针对如何认识和理解大数据这个概念，本章介绍了大数据的 4 个典型特征维度（4 个 V）：规模、价值密度、产生速度、类型。数据是推荐系统的“原材料”，大数据与推荐系统密切相关，无论是用户侧的用户标签计算、分类还是内容侧大数据的组织和分类，都体现出推荐系统的数据依赖。基于大数据的智能推荐系统利用机器学习和神经网络算法，可以实现更大规模数据集上的内容推荐，取得了很好的推荐效果。本章还举例介绍了若干真实系统中使用的深度神经网络。目前，针对机器学习算法的讨论除了性能优化之外，主要集中在此种算法推荐结果的可解释性上面，学界已经开始进行相关研究。

【思考】

当前，利用大数据的深度神经网络等机器学习算法在算法推荐系统中得到了越来越广泛的应用，有学者针对此类算法的可解释性进行了思辨。请思考和研究，算法的可解释性是什么？强调算法的可解释性的意义是什么？

【训练】

1. 大数据的“4V”是什么？请尝试将其对应至算法推荐系统并进行阐释。
2. 大数据在算法推荐系统中有什么作用？
3. 用户标签的批量计算和流式计算框架有何异同？二者分别适用于什么计算场景？
4. 深度神经网络的基本原理是什么？它在算法推荐系统中有何应用？

【推荐阅读】

1. 涂子沛．数据之巅．北京：中信出版社，2014.
2. 迈尔-舍恩伯格，库克耶．大数据时代．杭州：浙江人民出版社，2013.

第 7 章　基于算法推荐的自媒体定位

【本章学习要点】

熟练掌握几种有代表性的新媒体平台，学会从内容生产者的角度去看待和分析这些平台的相同点和不同点。随后，在了解算法分发平台规则的前提下，学习如何根据自身特点来设计自己的内容生产定位，并了解作为新媒体环境下的内容生产者应该具备的几种能力。

当技术提供了足够的可能性，市场上就会出现相应的产品。从 2010 年起，随着移动互联技术的不断成熟，大数据和算法在各个行业的应用逐渐广泛，其中最广为人知的，就是它在传媒领域的应用。

中国互联网络信息中心发布的第 42 次《中国互联网络发展状况统计报告》显示，截至 2018 年 6 月 30 日，中国网民规模达 8.02 亿，网络普及率为 57.7%；手机网民规模达 7.88 亿，网民中使用手机上网人群的占比达 98.3%。

根据报告，移动互联网发展带来的信息膨胀和碎片化，加速了网络用户对于个性化、垂直化新闻资讯的需求。同时，移动互联网的媒体属性日益增强，这对新闻媒体也提出了更高的要求。因此，在移动互联网的推动下，网络新闻“算法分发”模式得到了快速发展，基于用户兴趣的“算法分发”逐渐成为网络新闻主要的分发方式。

相比于纸媒和 PC 门户时代的“编辑分发”模式，“算法分发”利用数据技术，筛选用户感兴趣的新闻资讯，极大地提升了新闻的分发效率。但目前阶段，“算法分发”在内容质量、话题广泛性等方面仍有待提升。因此，目前在专业化、垂直化的网络新闻资讯领域，“编辑分发”模式仍占有一席之地。未来随着大数据技术不断发展，数据维度日益多元化，“算法分发”将可能进一步挤压专业化、垂直化领域的网络新闻资讯份额。

在这一背景下，微博、微信公众号、今日头条等新闻资讯平台不断发展壮大，并成为目前网民获取新闻的最主要渠道，这些平台都先后启动了信息流，以算法背景下的内容分发作为流量分配的依据。只有了解这些平台，掌握它们的异同点，并能够熟知自媒体在这些平台上成立、发展、壮大的规则，才能在新媒体时代更好地进行内容生产。

第 1 节　从内容生产者的角度看待作为媒体的算法分发平台

基于算法分发逻辑所建立的媒体平台和传统意义上人们所熟知的传统媒体，从分发和推荐角度上有根本性的变化。关于这一点，我们在前面的章节里已经有系统的介绍。在了解了算法分发这一大前提的基础上，要进一步学习和了解的是，作为内容生产者，应该如何按照算法分发的内在规律来指导自己的内容生产行为。

1.1 算法平台上的内容生产

和传统媒体相比，算法平台上传播的内容大多是由入驻平台的作者生产出来的。其中包括新闻、短视频、娱乐节目等多种类型。在现有传播学领域关于平台入驻内容生产者的众多概念中，最为接近的是2003年由美国新闻学会媒体中心认可的“自媒体”这一概念。因此，本章借用了这一概念。

美国新闻学会媒体中心于2003年7月发布了由谢因波曼与克里斯·威理斯两位学者联合提出的“We Media”（自媒体）研究报告，这是首次在权威领域出现“自媒体”这一表述。报告里对“We Media”下了一个十分严谨的定义：“We Media是普通大众经由数字科技强化、与全球知识体系相连之后，一种开始理解普通大众如何提供与分享他们自身的事实、新闻的途径。”换言之，即每一个独立主体用以发布自己亲眼所见、亲耳所闻事件的载体，都可以成为自媒体。

在自媒体时代，各种不同的声音来自无数分散而无特征的内容生产主体。因此，有别于由专业媒体机构主导的信息传播，算法推荐平台上的资讯、信息和新闻传播活动都是由普通大众主导的，即由传统的“点到面”的传播，转化为“点到点”的一种对等的传播。“主流媒体”的声音逐渐变弱，传统大众媒体的“议程设置”功能减弱，在算法分发时代，议程设置功能更是被算法的推荐取代。算法推荐平台上的用户不再主动去寻找信息，而是以“守株待兔”的态度等待机器的推送。在这样的情况下，人们不会接受一个“统一的声音”，每一个人都在从独立获得的资讯中，对事物做出判断。

早在20世纪，著名传播学家麦克卢汉就提出过“媒介即讯息”的相似理论。其含义是，媒介本身才是真正有意义的讯息，即人类只有在拥有了某种媒介之后才有可能从事与之相适应的传播和其他社会活动。媒介最重要的作用就是“影响了我们理解和思考的习惯”。

而从大众传播到算法推荐这一传播逻辑上的根本转变，再一次验证了“媒介即讯息”这一论断的正确性。对于广泛而分散的用户来说，真正有意义、有价值的讯息也许并不是各媒体上所传播的内容，而是这个时代所使用的传播工具的性质、它所开创的可能性以及带来的变化。

算法与新闻传播的联手最早可以追溯到2002年9月，谷歌推出谷歌新闻。根据谷歌当时的介绍，谷歌将使用自己的搜索引擎功能，从全球各地的媒体中抓取新闻，以新闻标题与提要的形式进行呈现。这种算法抓取与呈现方式，极大地提升了新闻传播与信息流通的效率。

然而，谷歌新闻在普及推广的过程中出现了问题。从2014年起，谷歌在欧盟一直被警告关掉谷歌新闻。这一年，西班牙通过了一项名为《新智慧财产权法》的法律。法律实施后，谷歌在使用媒体的新闻时需要交纳链接费，这最终导致谷歌关闭了在西班牙的新闻业务。

2018年，欧洲议会初步通过了《版权指令》，希望借助这项法规来更新互联网

时代的在线版权法律。《版权指令》中，第 11 条要求谷歌等企业在链接到发布商和报纸的文章时必须交纳版权费，第 13 条要求 YouTube 和 Facebook 等平台必须阻止用户分享未经授权的版权内容。这项法规的初衷，就是阻止搜索引擎、互联网网站的不公平商业行为，确保科技公司与传统企业获得公平待遇。

正如法规所体现的，内容生产机构与算法导向平台由于立场分歧，不可避免地会产生冲突。传统媒体作为内容生产者，精心制作的内容通过形形色色的互联网技术平台，虽然可以跑得更快更远，但是，平台最终成了入口、中心与目的地，成了最大的赢家，而跑在平台上的内容成了激发平台生机的奉献者。媒体在这个过程中获得的经济收益、社会地位都远低于独立作为媒体渠道时的所得。这种生态中的不平等地位，使得冲突一直在渐进而持续地存在。哥伦比亚大学新闻学院学者艾米莉-贝尔将之称为“媒体与硅谷的战争”。她认为，这两者的战争一直在进行，仍将继续进行。

不过，同时需要看到的是，虽然平台对于传统的内容生产机构而言存在掠夺，但随着平台的壮大，更多个人内容生产者或小型机构获得了展示空间和价值再造。作为算法背景下的新食物链的最底层营养基，中小型内容生产者及机构将更加欣欣向荣。

提 要

算法平台对于媒体机构形成了巨大的竞争压力，但给中小型内容生产者及机构提供了广阔的平台。

1.2 基于算法的内容生产的特点

从传播主体来看，算法平台上的内容生产者和以往相比会具备以下的特点：

1.2.1 多样化

算法平台上的传播主体来自各行各业，相对于传统媒体从业人员来说，知晓能力更强，人群覆盖面更广。在传统媒体的新闻生产逻辑中，新闻记者作为中间人，要向了解新闻事实的当事人、具备分析能力的专家了解新闻真相，再通过专业化的表达方式，用文本、音视频或多媒体的形式制作成新闻成品。而在算法平台上，因为很多传播主体就是本行业的专家，在一定程度上他们对于新闻事件的把握可以更准确、更清楚、更切合实际，甚至比专业的新闻工作者还更有优势。

与此同时，大众传媒原本处于信息传递“头部”的优势位置也随着议程设置能力的下降而大幅度下滑。因此，在算法分发平台上，建立一个多样化而不精深的综合类媒体“分号”是一件事倍功半，甚至有可能徒劳无功的事情。

例如，对于某个突发的新闻事件，现场目睹者发出的照片或视频，无论从时效性上还是现场真实性上，都比事后再采访的媒体记者的报道更有优势。对于某个有公共性的专业议题，如疫苗是否安全、中美贸易战的走向会如何等，专家、非政府组织以及专业机构都能提供比新闻记者更加专业的回答，他们能够利用各自的专业知识，做出更详细和令人信服的论证。

1.2.2 平民化视角

传播主体来自分散的不同社会层级，自媒体的传播者因此被定义为“草根阶层”。这些业余的新闻内容生产者相对于传统媒体的从业人员来说，体现出更强烈的无功利性，他们相对带有更少的预设立场和偏见，对新闻事件给出的视角往往更加平民化。而算法平台最重要的作用是，它将话语权赋予普通民众，助力个性成长，铸就个体价值，使“自我声音”的表达越来越成为一种趋势。

1.2.3 低门槛易操作

对电视、报纸、门户互联网等传统媒体而言，媒体运作无疑是一件复杂的事情，它需要花费大量的人力和财力去维系。但是，在互联网技术高度发展的现在，用户只需要通过简单的注册申请，根据服务商提供的网络空间和可选的模板，就可以利用一些技术管理工具，在平台上发布文字、音乐、图片、视频等信息，创建属于自己的“媒体”。其进入门槛低，操作运作简单。同时，自我运营的内容生产没有空间和时间的限制，作品从制作到发表，其迅速、高效是传统的电视、报纸媒介所无法企及的。自媒体能够迅速地将信息传播到受众中，受众也可以迅速地对信息传播的效果进行反馈。

1.2.4 专业的舆论营造能力和组织策划能力凸显重要性

2018 年，有两件事刷爆了社交网络和算法平台，成为举国关注的热点新闻。一件是 7 月中旬，一篇发在微信公众号的文章《兽爷｜疫苗之王》突破百万阅读量，成功引起民众关注，最高层深夜紧急批示。随后，公检法人员迅速出动，涉嫌疫苗造假的长生生物被停产，管理层包括董事长涉嫌刑事犯罪被逮捕，证监会出具上市公司处理方案……写作这篇文章的是《南方周末》的一名前深度报道记者。另一件是 12 月 25 日，知名自媒体“丁香医生”发布文章《百亿保健帝国权健，和它阴影下的中国家庭》，曝光权健集团涉嫌虚假宣传、传销等问题。文章发布后，天津市委、市政府高度重视，责成市市场监管委、市卫健委和武清区等相关部门成立联合调查组，进驻权健集团展开核查。写作这篇文章的也是一名曾经在传统纸媒工作了十几年的调查记者。

这些事例表明，新闻从业者一直视为专业能力的内容生产能力、舆论引导能力和策划能力，在新媒体时代仍然是出产优质内容、带来广泛关注的核心竞争力。在新闻信息爆炸的今天，这些新闻专业能力不但没有被弱化，反而因为海量低质内容的出现而变得更加难能可贵。

因此，作为内容生产者，要想在算法平台上为自己生产的内容获取更多关注，需要正视两个改变。

第一个改变是传播主体的改变。一个平台上汇聚着数以万计的内容生产者和每天以千万级数量增加的新闻信息，因此，内容生产者之间是存在隐形的竞争的。此前在传统媒体时代，每个媒体的编辑记者会组成合力，共同为自己所在的媒体寻找一个准确的价值定位，来获取受众。而在算法平台上，对用户的竞争、登上推荐位的竞争都源于内容生产者本身对内容的清醒认识、合理定位。

第二个改变是用户口味的变化，互联网环境、媒体氛围都在发生着变化。传统

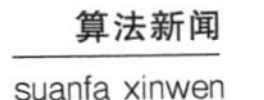

媒体的商业立足逻辑是“二次售卖论”，第一次出售内容产品，第二次出售广告，用出售广告的获利来反哺内容生产时的成本支出。因此对于一家传统媒体来说，获得更高的发行量、收视率是很重要的。而对于入驻算法分发平台上的内容生产者来说，广告分成很难使得这个商业链条完全而充分地运转下去。因而，内容生产者的产品化和服务化会变得越来越重要。

目前，入驻算法平台的内容主要有这样几个来源：第一，通过对多方信息的整理、加工（类似于信息搬运工）后，融合自己的观点、想法等，将外部的信息变成自己的内容；第二，通过采访、资料整理收集的形式，获取外部信息后，将其整理成自己的内容；第三，通过广泛的阅读以及自己长期实际操作经验的沉淀而获得内容，将其整理后形成具有个人风格的内容。

提 要

内容生产者在基于算法平台进行内容生产时，需要正视传播主体的改变和用户口味的变化。

1.3 几种有代表性的内容生产平台

截至2016年，中国自媒体平台的份额分布呈现马太效应的现象：微信占据绝对性的、压倒性的优势，在所有自媒体平台中占据63.4%的份额，微博占据19.3%，今日头条占了3.8%，其他所有几十家平台加起来一共占到13.5%。如图7-1所示。

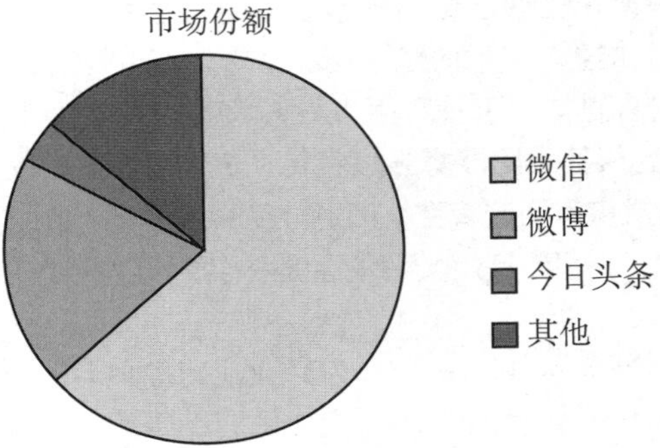

图7-1 几大自媒体平台的市场份额

数据来源：CNNIC。

对于内容生产者来说，一个良好的开端就是要争取选择适合自己的平台。下面，我们分别来看一下不同自媒体平台的特点。

1.3.1 微信

目前微信是最大的平台。截至2018年1月，微信的创始人张小龙公开表示微信的活跃用户已经正式超过10亿，这是一个全新的量级。此前在国内从来没有达到这么大份额的应用软件。除了用户数量达到了前所未有的量级，微信也是一个人均使用时长最长、商业转化可能性最强的应用。微信上的公众号数量目前已经突破4 000万，实际活跃的超过2 000万个。用户职业分布如图7-2所示。

微信是腾讯公司于2011年1月推出的一款基于移动互联网的即时通信软件，

通过网络进行便捷的语音、文字、图片、视频通信，支持多人群聊和信息分享。微信公众号每天可推送一次信息，每次可以推送最多八条相互独立的图文内容。规模庞大的公众号，已经成为微信网络中信息的重要来源。

微信公众号的运行与传统媒体报刊相似：用户主动订阅，定时推送。而且公众号与粉丝之间是私密的，其信息传播和交互都是一对一的。不过，与传统媒体主要是一对多的传播模式不同的是，微信公众号可以带来更为精确的传播模式，互动的能力也极大增强。在内容方面，微信公众号可以实现更加精细化的推送，例如一个美食领域的公众号，内容中可以包括周边美食介绍，同时也可以加入点餐功能；一个时尚领域的公众号，可以加入购买链接，甚至可以引导用户进行购买。

这些特性使得微信公众号有了如下特点。第一，微信公众号主要基于社交传播。按照微信创始人张小龙提供的数据，截至2015年，微信公众号呈现“二八”定律，20%的人订阅公众号后浏览内容，而80%的人通过阅读朋友圈里人们转发的内容来获知新闻。

只有当用户的微信好友转了这篇文章或者用户本人订阅了这个号，才能够看到这个内容，微信公众号的这个传播特点就形成了一个问题：在微信公众号上线伊始，前期积累粉丝非常难。一个微信公众号从无到有，再一点点扩展，这个积累的过程非常困难。

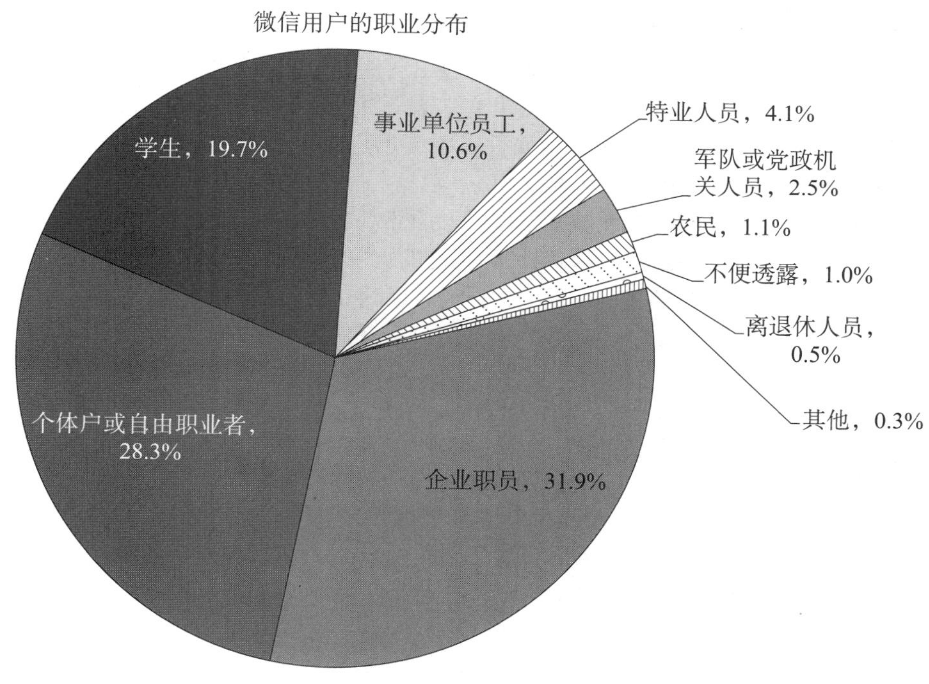

图7-2 微信用户的职业分布（截至2016年）

资料来源：腾讯《微信社会经济影响力研究报告》。

1.3.2 微博

2010—2011年是微博最辉煌的时期。其中新浪微博于2009年率先内测，此后新浪、腾讯、搜狐等多家互联网公司开办的微博形成激烈角逐，最终新浪微博以获胜者的姿态成为“微博”这一词语的代言人。由于微博的公共属性和舆论传播能力较强，初始阶段的微博所承担的社会性话题、公共性话题非常多，比如说“微博打

拐”“7·23甬温线动车事故”等，国内第一轮对于空气质量和细颗粒物的密切关注也是在微博上发布出来的。

微博上用户人数的占比，能够清晰地呈现出微博上的用户普遍知识水平层次相对比较高，而且用户相对比较年轻化（如图7-3所示）的特点。这样就使得微博上的圈层分层不太明显。

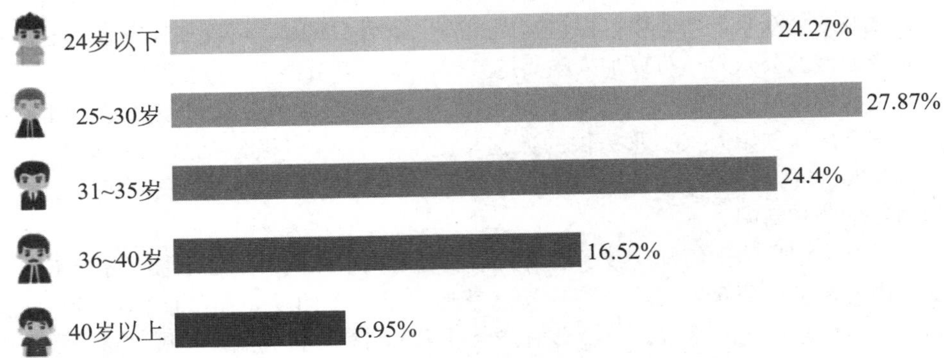

图7-3 微博使用人群年龄占比（截至2016年）

资料来源：新浪微博2017年报告。

有一句玩笑话叫作“微信里有两个朋友圈，一个是你的朋友圈，另一个是爸妈的朋友圈”，这是因为微信的用户数量太过庞大，又以社交分发作为信息分发的主要逻辑，这就使得微信朋友圈内传播的内容出现认知上的和爱好上的巨大鸿沟。但是这样的情况在微博上相对就会变得很少。这是因为微博的用户相对集中，用户总体而言又很年轻化，有一定的社交属性，微博用户可以迅速地通过一些转发和推送，形成基于社交关系的新闻内容交换。

不过，经过六七年的发展演变，微博上的热点话题已经很迅速地从一些社会性话题、时政类话题向明星、娱乐八卦和时尚购物类的话题转变。和微信相比，微博更具备舆论号召能力和话题引爆能力。同时，微博也是一个冷启动的平台，如果你在微博上面建立了一个全新的账号，一开始没有任何人关注，前期去积累粉丝的难度，也是比较大的。

1.3.3 今日头条

今日头条是后起之秀。

图7-4是今日头条的用户基础画像：男性和女性的比例为55∶45，年龄的分布比例显示出今日头条的用户相对偏年轻化，而手机系统的分布比例显示安卓用户占压倒性多数的74.62%。今日头条上入驻的自媒体名称是头条号。

头条号的平台特点有以下几点：

第一，今日头条以算法推荐为首要新闻信息分发基础。用户此前在翻阅今日头条上的内容时，它就已经记录下来了每一个人的阅读偏好，于是每当用户打开客户端时，它就会把和这个用户的阅读偏好相关的内容直接推送过去。

采用这种基于大数据和算法推送的技术作为分发逻辑，使得头条号成为“热启动”的媒体平台。即使是一个新闻发布者今天刚开一个头条号，刚刚推送了第一篇文章，只要文章能够经过筛选、处理、加权等重重过滤，最终被推荐出去，也许第一篇文章就会被几十万人同时看到。即使这个崭新的头条号还没有订阅者，也可以有不低的阅读量。

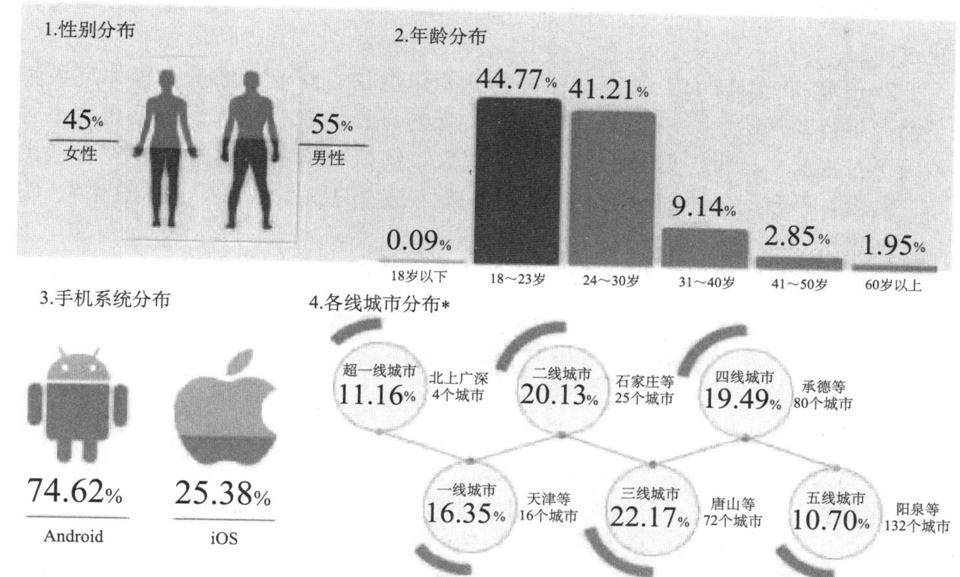

图7-4 今日头条基础用户画像（截至2016年）

资料来源：今日头条研究院。

第二，今日头条的算法分发逻辑中加入了社交分发的成分，如果一个头条号上的文章被用户看到，并且他持续看了几篇文章都觉得不错，或许这个用户就会将这个头条号收藏起来。而他的收藏行为，会使系统识别出和他在今日头条上有社交联系的好友，并将这些消息优先向这个好友加权推送，从而提升信息分发的准确度。

第三，今日头条的这种算法分发逻辑也同样应用于广告分发，这使得广告能够更加准确地投放到目标用户手里。例如，假设一个用户在一段时间内密集浏览了关于家居和装修的内容，系统就会优先配置建材和家居饰品类型的广告给这个用户。而如果用户浏览婴幼儿的内容比较多，则会被优先配置奶粉、婴幼儿食品、幼教等内容的广告。这种精准的匹配度使得今日头条格外受到广告商的青睐，今日头条自成立以来广告业务连年处于直线上升的态势，2018年广告收入预计突破500亿元人民币。

但是算法分发的平台也存在劣势，那就是尽管单篇文章的阅读量也许会很高，但是用户的留存度和微信、微博相比要低。换句话说，头条号上的粉丝忠诚度和黏性都比微博或者微信弱。很多的陌生用户可以直接看到文章，但是很难由此关注作者，更难以对作者形成持续性的关注，而这对于自媒体的变现是一个很大的不利因素。

在梳理了目前为止三个最大的自媒体平台，并廓清它们的特点和优劣之后，我们要学习的是如何了解并适应平台规则，如何选择开设哪个自媒体，并进一步对自己的自媒体号进行设计和定位。

其实这几个平台间并不是互斥的。现在所有的平台为了争夺优质的生产者，都会鼓励人们把优质内容发到其他的平台。

对于平台的治理和相关法律法规的完善也在不断进行。同时，以算法逻辑作为分发前提的平台，并非只能由今日头条、一点资讯等商业化媒介平台才能建立。但

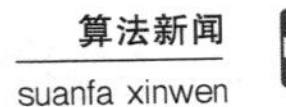

是，迄今为止，由于人才、技术、资金、工作流程等原因，还没有一家传统媒体能够成功转型，建立起这样的算法平台。但是，建立优质平台的努力始终没有停止过。

2018年11月12日，国家网信办约谈腾讯微信、新浪微博。自媒体乱象集中整治专项行动开始后，一些漏网和逃避监管的自媒体账号主体，或公布“小号”，或跨平台注册“转世”账号。针对这种现象，约谈要求各平台进一步完善“黑名单”制度，平台间要协同行动，绝不允许被处置的问题账号用小号“重生”、跨平台“转世”。

2018年11月14日，国家网信办又集体约谈百度、腾讯、新浪、今日头条、搜狐、网易、UC头条、一点资讯、凤凰、知乎等10家客户端自媒体平台，就各平台存在的自媒体乱象，责成平台企业切实履行主体责任，按照全网统一标准，全面自查自纠。

2018年6月，《人民日报》正式宣布“人民号”上线。在上线仪式上，《人民日报》相关负责人表示，“人民号”是基于算法推荐逻辑建立的内容平台，而它的独特之处在于，“人民号”是建立在社会责任之上的，这体现在“人民号”会把正确政治方向、舆论导向、价值取向细化为平台中具体可执行的规则与机制；也体现在“人民号”鼓励创新和创意，为优质内容提供重点推荐和分发服务，为满足民众多元的资讯需求积极构建兼具主流价值和创新能力的新媒体内容生态。

提 要

不同的内容分发平台有相应的特点，需要内容生产者根据自身特性来选择最适宜的平台作为主要的内容承载平台。

第2节 了解并适应算法分发平台

基于算法分发逻辑，接下来我们以今日头条为例，介绍一篇新闻内容从产出到分发给用户的整个逻辑链条（如图7-5所示）。

2.1 机器拦截的原理和标准

对于内容生产者来说，在这一步骤要了解并遵守的，就是机器拦截的原理和标准，以免自己辛辛苦苦生产出来的内容产品被降权或删除。

所有发布在今日头条上的文章，预先都会经过机器和人工的双重审核。第一步，机器先对文章进行初审，如果不合乎规范会直接退回。在长时间的机器审核中，机器会基于被拦截的内容建立一个内容池。当池子中的内容再度出现时，机器会自动识别出这些内容，并在判定后将这篇文章降权或废除。对于机器无法准确识别的内容，会再进一步归到人工审核。复审中，如果内容不合规范，会受到不同的惩罚措施——或者是不允许提交，或者会干扰其展示量，或者会被退回修改，或者会被退回不收录。如果内容严重违规，平台会对账号进行扣分或者封号的处理。

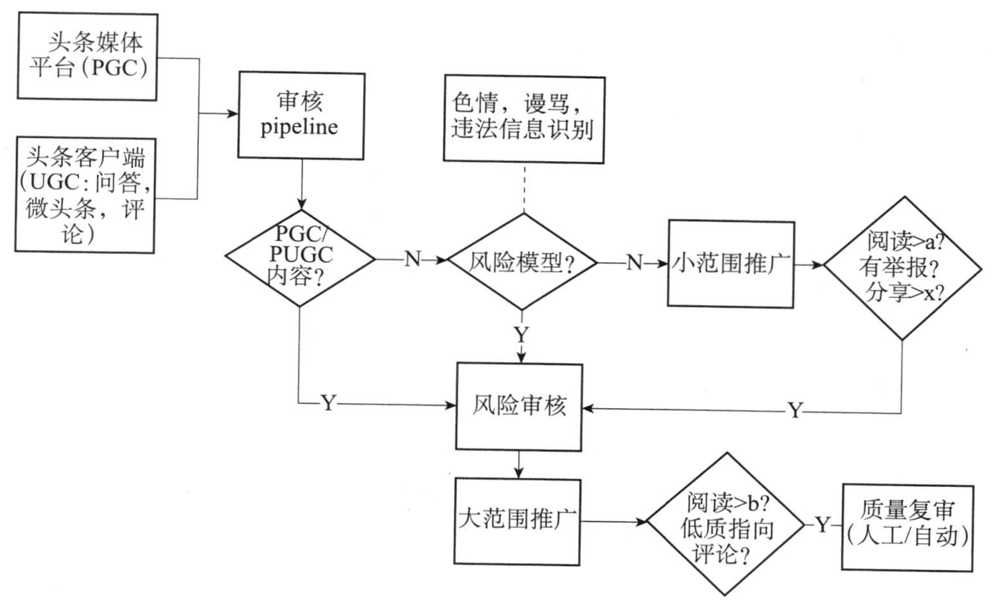

图7-5　今日头条的新闻内容产出过程

资料来源：今日头条研究院。

其中，会被机器拦截、勒令修改或是退回的内容包括以下几种：

(1) 标题党。

如果有能够被列为“标题党”的关键词，内容就会被机器拦截，或者被机器进行降权处理，让用户减少看到这个标题的可能性。

(2) 色情、低俗内容。

色情、低俗内容的识别和判断主要靠机器对一些敏感词语的抓取或者对图片上的敏感部位的抓取。例如大面积肉色或粉色的图像就会被机器重点关注是否是色情图片。随着近两年动态信息捕捉识别能力的加强，一些视频中出现的短暂色情低俗镜头也能够被识别出来。

(3) 广告和恶意推广类内容。

(4) 旧闻或虚假内容。

(5) 被用户检举的内容。

现在所有平台都设有投诉检举反馈，用户看到有政治问题的内容、虚假内容、广告软文等可以直接投诉，在一定时间段内接到的投诉达到一定比例，平台会予以降权。

同时，平台还设有反馈机制。用户可以从正文下方的按钮进入，对有问题的新闻内容进行检举。有的虚假内容会被直接删除，也有的会在这一条内容的上方加一条醒目的标注来表示这个是违规内容或虚假内容。

提　要

标题党、恶意推广等内容很有可能被算法平台降权处理，作为内容生产者应该避免出现此类内容。

2.2 算法背景下的推荐原则

对于内容生产者来说，要注意学习和遵守的第二个原则，就是如何让自己的文章受到更多的推荐。

算法分发的基础逻辑，就是建立一个巨大的信息分类池，再建立一个巨大的用户分类池，用机器去识别和确认，使得两个池子里的用户和信息尽可能准确地匹配在一起。根据算法推荐的原理，系统会根据内容中文字或图像出现的频率，提取出一些词频比较高的词语，或比较明确的图像作为关键性识别符号。比如说，在一篇文章里，经常出现“眼影”“口红”“彩妆”等等这样的词语，机器就会自动把这篇文章划在“美妆”一类。如果经常出现“足球”和球星的名字，系统就会自动将其划在“体育”一类。

当内容标签通过关键词识别得以确立，机器再把关键词和系统里已有的文章分类类型进行比对，进行更进一步的详细分类。如果这篇文章命中的哪个分类词库的关键词的比例越大、次数越多，这篇文章就越可能被打上这个分类的标签。为了保证推荐的准确性，同时为了避免出现太多的错漏，一篇文章可能会被打上很多标签，横跨多个类别。

同时，机器也会去了解用户。根据用户的基本信息、用户主动去订阅的内容、用户此前阅读过的内容，以及用户在平台上添加的好友阅读过的内容等多个参照指标，加上不同的权重处理，进而判断出用户的阅读兴趣。

于是，一方面，机器判断出文章的性质和类别，另一方面，判断出了用户的兴趣，再把它们两个相互交织起来，之后得出来这样一个结论，就是这篇文章是否应该被推荐给这个用户。

文章会被分批次地进行推荐。一篇文章首先会被推荐给一批有可能对这件事情最感兴趣的人，这批人的阅读标签和文章的标签的重合度最高，他们被系统认定为最感兴趣的种子用户。而这批用户所产生的阅读数据，会对下一批用户产生很大的影响。

例如一篇关于足球的文章，率先被推送给系统库里的前一千名铁杆球迷，此前已经有充分的数据支撑，这批种子用户是非常狂热的球迷，对于推送的足球类的文章几乎从不拒绝。

这篇文章推送给这一千个铁杆球迷后，机器会识别出他们所产生的阅读数据，包括打开率（是否点开看了）、看完率（是点开扫了一眼后发现不感兴趣，又关上了，还是会一直读完）、阅读时长（是匆匆一目十行看完的，还是仔仔细细逐字逐句看完的）、转发率（看完之后是立刻关闭页面了，还是意犹未尽地转发给其他的好友）、收藏率（是否看后很喜欢，进而收藏了准备日后反复看）等等，这些指标数据会影响到对后面的几批用户的推送数量和辐射面积。

在以上各类数据中，打开率所占的权重是最高的，其他的指标也会被赋予不同的权重来考虑。第一批用户是不是都点开了，都读完了，会影响到第二批推送时将这篇文章发给多少人。而第二批用户的打开率，会影响到第三批用户的覆盖率，再以此类推。

明确了这个原则后，我们接下来需要去判定的就是，作为一个自媒体平台的内容生产者，在开设自媒体时有哪些先天的优势，这是去寻找自身定位的一个重要的先决条件：要把自己的相关优势运用上，同时综合地审视自己还有哪些更多、更全面的能力，这些都将对内容生产起到重要的作用。

提 要

有意识地让机器更加清晰地辨认出内容中的“关键词”，有助于新闻内容被平台推广给更多的用户。

第3节 如何进行内容生产定位

要想在入驻算法平台的海量内容当中找到自己的一席之地，内容、运营、定位这三个指标是最关键的三个立足点。

首先，需要给自己寻找一个准确的定位。用户是每个内容生产者不可或缺的重要组成部分，让自己的内容被更多人看到，引起更多人驻足，是每个内容生产者得以立足的第一个大前提。在这一过程中，算法分发平台和内容生产者之间是共生互利的合作关系，平台需要内容生产者的好内容，内容生产者需要平台将内容散播出去。

其次，当已经拥有了一定数量的固定用户，如何将他们巩固下来？这是要面对的第二个问题，在这一阶段就需要引入更多互动和运营的部分。用户来自全国各地，行业、年龄、性格、爱好等都不尽相同，“招新”（吸引新用户）和“留存”（将老用户留下来，不让他流失）就变成了同等重要的事情。

最后，在用户量已经发展到一定层级，很难再突破的时候，“留存”（将老用户留下来，不让他流失）和“转化”（在留住用户后进一步开发他的商业价值，使得自媒体本身形成能够自主经营发展的良性循环）就变成了这一阶段最为重要的事情。以“人民日报”公众号为例，自2014年成立“人民日报”微信公众号以来，至今其粉丝数量已经达到千万级。这个庞大的用户数量，使得很多自媒体人视为至宝的“10万+”在“人民日报”微信公众号上成为轻而易举的事情。2018年起，“人民日报”微信公众号的每篇文章几乎都能达到“10万+”的阅读量。最快的一次，只用了几秒钟就到达了阅读量“10万+”。在这种情况下，如何进行转化，使得用户的商业价值和留存意义被充分开掘出来，就成了这一阶段的重点任务。

在这三个步骤中，内容生产是贯穿全程的绝对核心。内容生产者将自己的信息、价值、理念传播出去，最根本靠的是内容，而文字、视频、音频等介质都是载体。内容的影响力可以从多个方面去体现，粉丝量、粉丝活跃度、评论量等都可以作为参数。需要注意的是，虽然是个人生产的新闻内容，也要注意社会效益和经济效益的均衡。单纯以阅读量、评论数来衡量内容价值是不可取的。

3.1 进行用户画像

根据以上步骤，我们可以把内容生产的各项要素总结梳理为以下四项：

设定内容生产的目标，确认目标人群。这一步也被称为用户画像。用户画像又称用户角色，是指根据用户的属性、偏好、生活习惯、行为等信息而抽象出来的标

签化用户模型。通俗地说就是给用户打标签，而标签是通过对用户信息进行分析得来的高度精练的特征标识。通过打标签，可以利用一些高度概括、容易理解的特征来描述用户，可以让人更容易理解用户，并且可以方便计算机处理。

作为一种勾画目标用户、联系用户诉求与设计方向的有效工具，用户画像在各领域得到了广泛的应用，这在本书第3章中进行了详尽的介绍。下面，内容生产者就必须注意在实际操作的过程中精心地设计用户画像，来贴合机器在计算时的分类标签。

在实际应用中，用户画像是内容生产者看不到、摸不着的东西，因此无法像机器一样做出准确的标签和分类。这时，我们往往会以最为浅显和贴近生活的话语将用户的属性、行为与期待联结起来。一个正确的用户画像是真实用户的虚拟代表，它是基于真实的数据所反映出来的用户形象，是对现实世界中用户的建模，一个完整的用户画像应该包含八个要素。

用户画像的PERSONAL八要素：

P：基本性（primary），指该用户角色是否基于对真实用户的情景访谈。

E：同理性（empathy），指用户角色中包含姓名、照片和产品相关的描述，该用户角色是否有同理性。

R：真实性（realistic），指对那些每天与顾客打交道的人来说，用户角色是否看起来像真实人物。

S：独特性（singular），每个用户是否是独特的，彼此很少有相似性。

O：目标性（objectives），该用户角色是否包含与产品相关的高层次目标，是否包含关键词来描述该目标。

N：数量（number），用户角色的数量是否足够少，以便设计团队能记住每个用户角色的姓名，以及其中的一个主要用户角色。

A：应用性（applicable），设计团队是否能将用户角色作为一种实用工具进行设计决策。

L：代表长久性（long），用户标签的长久性。

形成准确的用户画像，可以使内容生产的目标更加清晰、服务对象更加聚焦。在日常生活中，有很多不同的人群划分，按照年龄分为老年、中年、青少年、婴幼儿，按照职业分为在职、退休、无业等。一个成熟的内容生产者，应该找到更加准确的特定目标群，然后以这个目标群的认同标准来进行内容生产。纵览成功的产品案例，它们服务的目标用户通常都非常清晰、特征明显，体现在内容上就是专注、极致、辨析度强。

用户画像也可以避免内容生产者草率地从自己的角度出发去代表用户。这其实是传统媒体很大的一个缺陷，传统媒体人借用媒体来代替受众发声，经常不自觉地认为受众的期望跟他们是一致的。这样的后果往往是，精心设计生产的内容，用户并不买账。

最后，用户画像还可以提高决策效率。在现在的新媒体语境下，对于新闻内容的时效性要求达到了最高级，内容生产设计流程无疑会影响到决策效率，影响着项目的进度。而用户画像来自对目标用户的研究，当所有参与内容生产的环节都基于一致的用户进行讨论和决策，就很容易使整个工作流程保持在同一个大方向上，提高决策的效率。

基于用户画像和内容生产者自身的特点，在确立了用户画像后，就可以来设计内容的具体目标和定位：

第一，覆盖的人群要足够广。有辐射力、有规模的覆盖群体是能够持续产出内容的前提。一个小众的需求难以使内容生产持续下去。

第二，依托于自己既有的经验或者信息整合能力，完全陌生的领域或者难以进入学习的领域不是一个好选择。例如，一个爱美的女生可能会选择做一些美容美妆或购物的内容，但是男生就相对比较难介入这个领域。在算法平台上，互相竞争的是同一领域下的所有内容，因此内容生产者一定要选择进入自己比较熟悉或者学习门槛相对较低的领域。

第三，制造场景，实现既有定位。在具体落实定位目标的时候，要能够去实现对目标用户的画面投射，把他们放到自己更加熟悉的一个场景里面。新闻内容能够实现对于用户的具体投射，只有把他们放到自己熟悉的场景里面，才会有更加直观和准确的效果。

第四，提炼出核心要点，并用轻松简洁的方式表达出来。核心要点可以是一个吸引人的标题，也可以是在整篇文章中能够吸引人注意的句子。简单来说，或者是很凝练的观点，或者是格外回味无穷的句子，或者是一针见血的描述。它能够引爆目标人群的赞同，或者是激发他们转发分享的欲望，这是新媒体内容能够进一步受到关注，用户进一步得到巩固和增长的先决条件。这也被很多新媒体的内容生产者称为"金句"。

这个方面，其实和在传统媒体做新闻时寻找新闻点有异曲同工之处。要在有限的场景里找到一个很小的、很短的片段，高度提炼出特征，用很简短的几句话就能够把它的特点描述出来。如果一篇文章中能够出现这样一个细节，或者一个相对比较完整的小故事，就能够更加吸引人。

提 要

和第3章中机器如何为用户进行画像、如何建立标签对应起来，寻找作为内容生产者，在内容生产时为自己的自媒体和具体文章准确对应用户画像、便于机器识别的有效方法。

3.2 设计路径兼顾"招新"和"留存"

算法背景下的新媒体内容生产的挑战在于，既要符合新闻的专业原则和职业规范，做到以事实为依据，不能出现新闻失实，还要符合新媒体生产规律。

这就要求在设计路径时，做到形式创新、有鲜明标识风格。

【案例7-1】 《人民日报》推出H5互动页面"晒出#我的军装照#"

2017年建军节前夕，《人民日报》推出H5互动页面"晒出#我的军装照#"（如图7-6所示），最后有超过11亿人次使用，申请了吉尼斯世界纪录。2018年，"看一看我的军装照"获得中国新闻奖融合新闻产品一等奖。

"军装照"产品的幕后总共有四支团队。首

图 7-6 《人民日报》"爆款"产品"晒出#我的军装照#"

先是《人民日报》新媒体中心，负责创意策划和执行，主导把控整个开发制作过程，包括从创意设计、脚本撰写、资料搜集到最后的产品测试、部署上线、维护监控。

其次，在 H5 资料的获取上，有《人民日报》的采访力量做后盾。《人民日报》记者倪光辉带领的报社"金台点兵"工作室先是向中央军委请示"军装照"的想法是否可以实施，有没有法律法规上的限定，最终得到的结论是，现役军装不能用，但是过往的军装形象都可以使用。此后，工作室又联系到军队院校专门研究军服的一位专家，系统地采访了解放军军服发展的不同阶段，从搜集到的大约 200 张照片中一张张地挑选比较，最后经过审定，选定了 11 个阶段的 22 张照片。

第三支团队是腾讯旗下的天天 P 图，提供图像处理支持和后端服务器支持。他们的雄厚技术实力和强大资源调动能力，保障了这个 H5 海量用户需求的处理效率。在"军装照"的使用最高峰，腾讯天天 P 图调用了 4 000 台服务器来进行技术保障。

第四支团队是《人民日报》新媒体的第三方供应商"未来应用"，他们负责完成 H5 的前端设计开发和前端服务器的维护。

值得一提的是，2017 年 7 月中旬，《人民日报》新媒体中心正式确定要做"军装照" H5。这一选题起源于一些网友在《人民日报》新媒体上的留言。在征集人们对军人的看法时，不少网友表示"兵哥哥好帅""我这辈子最遗憾的事情就是没有穿上军装"，这样的留言在《人民日报》的几个新媒体平台上反复出现，这成了最终决定做"军装照"的初衷——既然很多人想穿军装，那就用技术手段让你们穿上。

在这里可以看到，"军装照"产品设计的初衷不是通过编辑记者们封闭性的"头脑风暴"而产生的。在"军装照"产生过程中，《人民日报》的新媒体平台无意中进行了相关的用户调查，是根据用户需求来进行的。

"军装照"投放时，没有做特别大的宣传，只是在《人民日报》客户端和"人民日报"微信公众号上进行了推送。另外就是由《人民日报》内部的工作人员率先在朋友圈进行了转发分享。最后的传播完全依赖于产品本身的吸引力，依赖于人与人之间的传播。这也是一个好的新媒体内容产品所具备的魅力。

另外，为了达到更好的“留存”效果，一个好的自媒体，应该带有自己鲜明的标识，或者具备鲜明的文风特色。以几个人们比较了解的“大号”为例，很多粉丝看到一篇新媒体的文章，会认出它发自“新世相”“六神磊磊”。为什么能做到这一点呢？就是因为它们有一个鲜明的设计路径，或者是统一的文风，或者是统一的排版设计原则，再或者是统一的选题类型，使得这些自媒体号能够在浩如烟海的内容中被清晰地识别出来。当识别度越高，用户对此的信任越强，留存的可能性就越大。

例如，由《上海画报》原团队创办的“一条”，“一条”的口号是要专注于为国内的中产阶级人群提供生活方式的参考，通过对美食、建筑、摄影、茶道、手工艺等专业人士的采访以及对相关题材的拍摄，制作每条3～5分钟不等的视频，并于每日6—8点在网络平台上发布。

自2014年9月开始在微信平台推送后，“一条”（图7-7）在半个月后的关注量即超过100万，16个月后关注量超过1 000万，每条推送的阅读量都在10万以上。2015年入驻今日头条平台后，“一条”持续成为同类别中内容关注度的冠军。

图7-7 “一条”极简化的界面成了易于识别的元素

短视频+图文介绍是“一条”采取的主要传播形式。从形式上说，短视频具有画面感强、主题集中鲜明、播放时间短等优势和特点，是呈现“一条”想展现的优质生活品质的最佳媒介。从市场竞争环境上说，在“一条”进入短视频领域时，生活类短视频的市场潜力尚未被充分挖掘，“一条”具备先发优势。

“一条”拍摄的每一条短视频（扫描右侧二维码了解“一条”视频）都经过精心打磨，镜头变换缓慢，趋于静态；强调布景与摆设，非常注重画面的美观和谐；整体风格呈现高度一致，给读者的印象强烈且深刻。此后出现了很多对它这一风格的模仿者。

“一条”视频短片

建立自己固有的风格，让风格与内容所要表达的特性相一致，是这个自媒体号能够从众多竞争对手中崭露头角的一个根本原因。

提 要

在算法分发平台上，要想从各类内容中脱颖而出，需要内容生产者根据用户人群的特点进行形式创新，并形成固定的视觉识别风格。

3.3 打造持续的产出能力

一个值得称道的自媒体应该能够使自己的定位和产出在一段时期内达到比较均衡的标准，基本上能够达到人们平均认知的水平。例如在传统媒体时代提到《人民日报》、中央电视台《焦点访谈》《南方周末》，人们都会有一个固有的解读印象。一个成熟的自媒体号，也应该能够通过持续稳定的内容产出和风格定位，在用户心目中树立一个相应的认知和包装形象。

具体来说，有这样的几个做法，可以帮助内容生产实现稳定而持续的产出水平。

第一，建立一些高频话题的选题库，能够使选题始终在一定范围内进行。

选题库的话题可以来源于对日常心态的提炼。比如说，2018 年有一个词变成热词，叫“佛系”。“佛系”一词最早来源于 2014 年日本的某杂志，该杂志介绍了“佛系男子”。2017 年底起，“佛系青年”词条刷遍朋友圈，火遍网络。“佛系”作为一种文化现象，指看破红尘、按自己生活方式生活的一种生活状态和人生态度。该词衍生出“佛系青年”“佛系男子”“佛系女子”“佛系子女”“佛系父母”“佛系追星”“佛系生活”“佛系乘客”“佛系学生”“佛系购物”“佛系恋爱”“佛系饮食”等一系列词语。2018 年 12 月 19 日，“佛系”入选国家语言资源监测与研究中心发布的“2018 年度十大网络用语”。

“佛系”这个词爆火的原因，是和现在整体上的社会大环境相关的。现在国内一线城市的竞争力巨大，在忙碌的节奏下，人们在很多时候的得失心没有那么强烈了，或者已经感到疲惫。

当时，一个知名的自媒体预料到这个词会成为热词，理由就是，这个词可以应用在很多人们常见的场景中。“佛系考试”就是不准备、不复习，到了考场，拿了考卷再说，爱会不会。“佛系恋爱”就是不联系，不送礼物，你愿意喜欢我就喜欢，不喜欢就算了。“佛系减肥”就是该吃吃，该喝喝，瘦不瘦随缘。通过这种对日常心态的提炼，人们发现在很多熟悉的场景里都能够应用“佛系”这个词，就为这个词找到了很好的用户基础。这个词能够让大家觉得很有意思，使得大家愿意传播，说起来都是会心一笑，都会想到自己在某时某刻正好也有过这样的一个状态，这就使得这个词成为一个高辨识度、可以进行持续引申的热词。

这种日常心态的提炼，其实就是新媒体时代的新闻观察能力。从用户出发，找到热点事件、热点心态，加以了解、分析、判断，就成为能够持续地生产出内容作品的先决条件。

第二，选题模型的标准化。如果想做一个比较成功的自媒体号，就需要建立一个相对稳固的选题模型。

一个自媒体要建立持续稳定的选题模型，可以从以下四个步骤来操作。其一，确定选题，文章选题一定从几十个选题中产生，而这几十个选题来自内容生产团队中至少四五名工作人员每天随时对新闻的梳理和提炼。其二，文章一定要通过四级采访，这四级包括社会大众、核心圈层用户、个案、专家。通过四级采访，要形成足够丰富的素材，再从中提炼出文章。通常素材和最终成文之间的比例关系应该在 10∶1 左右。其三，互动式写作，在写作过程中，不断与核心圈层的用户沟通交流，询问他们的意见。其四，文章写完发表后，进行专门的数据分析，分析目标针对每篇文字和每一个留言，要把留言当成是在和核心用户沟通。在实际操作中，每篇文章发表后专门安排一到两名工作人员做留言分析，用来指导以后的写作。

根据这四个步骤，再结合前文提到的《人民日报》“晒出＃我的军装照＃”的实例，可以总结出这样的结论：在算法平台上，要从海量内容中脱颖而出，不能只靠天赋和灵感，更不能靠自己的经验判断，而是要形成一套行之有效的方法。而方法的核心，就是将一篇篇的内容看作一个个的产品来经营，重视和用户的互动，不能关起门来用自己的判断和意识来主观地生产内容。

提 要

将与用户的互动作为内容生产的重要依据。

3.4 匹配执行能力

在内容生产中，结合新媒体的特点生产出优质内容，必须具备一定的执行能力，能够在传统的内容生产之外进一步延伸，使得用户成为持续关注并有可能产生商业价值帮助的群体。

随着科技的发展，内容生产者和用户之间发生更多的互动已经成为可能。因此，在内容生产中，要在转化、留存用户的前提下进一步发挥用户的作用，找到他们的价值，加入有意识的运营活动。

关于新媒体内容生产中的运营，我们会有单独的一个章节来详细介绍。而在这里，需要重点提示的是，要去做一个很庞大的任务时，需要设定细化到每一个具体的待办事项的计划。必要时，要对每一个环节进行仿真性模拟，设计出两套以上的计划，遇到突发状况时必须有所应对。如果是团队操作，需要注意内部的沟通效率的协同。

如果执行能力强，即使是很陈旧的方案也能够达到好的效果。而如果执行能力差，一个很好的方案也会遭到如潮的恶评。在这方面，成功和失败的例子都很多。

【案例7-2】 “新世相”公众号“丢书大作战”

《哈利·波特》中赫敏的饰演者艾玛·沃特森（Emma Watson）2016 年初联合地铁图书（Books On The Underground）在伦敦地铁发起了一项读书分享的活动。她在地铁里丢了 100 本书，还在书中附上亲手写的纸条，希望自己喜欢的书被更多人读到，并在社交媒体上号召大家去寻宝。

该事件在国内传播之后，自媒体“新世相”进一步优化了这个创意，使这个创意在国内得到了更大范围的传播。

2016 年 11 月 15 日晚，“新世相”公众号发布活动预告称，次日早 8 点，将发起活动“丢书大作战”。同时次日公众号推送《我准备了 10000

本书，丢在北上广地铁和你路过的地方》的图文，迅速成刷屏之势，短时间突破“10万+”，也登上微博热搜榜，话题阅读量突破亿次。

活动推出半年后，根据“新世相”团队透露的数据来看，“丢书大作战”仍有每天500至700名用户的持续访问量。活动也从最初的北上广三个城市扩展到深圳、青岛、西安、天津、重庆、沈阳等城市。

为了能够更完美地进行这个活动，“新世相”的团队对于“丢书大作战”研究得很仔细，考虑到了很多特质化的用户需求。

他们发现，如果一本书被泛泛地扔出去，泛泛地去传递，对人的吸引力是很小的。假设你是一个地铁乘客，在地铁里捡了一本书，在乘车的时候匆匆看完了扔回座位上，或者回家看完后第二天又把它扔回地铁里面，这个时候，用户最关心的是什么？是这本书会被谁捡到，接下去这本书又进行了什么样的旅程。另外，也许有的用户还会关心“在我之前，谁捡到了这本书”。前后捡书的人能够增加这本书在流转中的情感因素，一个用户留下了一本书，这本书此后不是再和他没关系了，而是他一直可以关注这本书现在在哪里，了解这本书之前在哪里。这样对于用户黏性和人们的参与兴趣有很大的提升作用。

因此，“新世相”设计了这样的一个环节，开发了一套专属网站和线上系统。什么人，在什么时间，什么地点，丢下了哪本书，又被谁捡到了……在这个系统内都能够一目了然。线上和线下可以简单地连接在一起。这套系统，最终成为在多个策划“丢书大作战”的团队中脱颖而出的关键因素之一。

为了让用户能够持续关注这个活动，而不是偶然捡到一本书，再偶然扔下，“新世相”还有意识地做了很多小动作。例如，发送“北京丢”三个字到“新世相”微信后台，就可以看到该活动在北京的“丢书”地点。

另外，活动中的每本书都经过特别加工：除封面上贴有“丢书大作战”的醒目书贴及活动简单说明外，扉页还贴有每本书专属的独立二维码，扫码可了解这本书的“漂流”轨迹，每一个捡到这本书的读者都可以看到之前的读者留言。一个溯源码使得丢书这件事每天都和用户建立关系。

第二点和别人不一样的是，“新世相”把“丢书大作战”做到了足够大，一下子在北京所有的地铁站里扔了一万本书，其实摊薄后的单项成本并不太大，可是一下子就有了很显著的效果。在这个时间段内，也有很多自媒体想复制这个活动，一次性拿出了几百本书、几十本书，扔到北京浩瀚的地铁站里，根本连影子都看不见，就像往大海里撒了一包方便面调料一样。

与之相反，原本是一个非常好的活动，但因为执行力上的问题，不但活动失败，组织者也因此受到了很多质疑。其中代表性的事情就是2015年由自媒体人康夏发起的“带不走，所以卖掉我的1741本书”活动。

【案例7-3】 “带不走，所以卖掉我的1741本书”

此前，康夏一直是一名媒体人，曾经小范围地组织过一些活动。例如他曾让关注他的用户录制歌曲发送给他，然后在他的公众号上分享给其他订阅者听。他还组织订阅者们画简笔画、折纸飞机。基于以前成功地策划和进行了这些小型活动，康夏在2015年7月出国留学前夕，决定用一种“随机邮寄”的方式卖书。当时，在他看来，这次卖书和之前的游戏没什么区别，就是一种带有游戏性质的分享方式。

2015年5月16日，康夏通过个人微信公众号“乌托邦地图集”发布文章《带不走，所以卖掉我的1741本书》。

他在文章中引用一个朋友的话说："读过的书，放在书架上之后就会死亡，成为一具尸体，只有它被下一个人再一次读到的时候，才可能重新焕发生命。"康夏为买书的读者提供了两种方案：支付60元，得到3本以上随机邮寄的书；支付99元，收到7本以上随机邮寄的书。他承诺，每一本书都是正版书，都是他喜欢的书，而且每一个包裹中书的价值都会高于对方支付的金额。

结果，这条发布的阅读量迅速超过了"10万+"。两个小时后，康夏的支付宝收到20多万元人民币。次日，康夏共收到来自6 500多人的77万多元的汇款，并被迫关闭支付宝转账功能。

5月18日，康夏发布《关于1741本书，你应该知道的一切》，写到了这个活动超过他预期后所带来的苦恼。

在发出这条微信的1小时之后，我的1 741本书全部售罄。之后，《带不走，所以卖掉我的1741本书》成了一个和《健康从每天吃一片柠檬开始》《是中国人的都来转呀》之类的帖子一样的"10万+"阅读量的帖子；我的支付宝里，也从400多块钱的余额，一下子变成了772 599.28元，我数了好几遍，以为小数点儿被点错了。很多媒体前来联系我采访，从事不同行业的朋友找到我，商量着各式各样奇妙的合作，我甚至因为这件事，找到了断了联系很多很多年的大学同学，约好日后一块儿吃饭。

…………

当初写这篇帖子的时候，我只把它当作随意为之的卖书，所以一切都写得简单，就连卖书的模式，也选了怕麻烦的我操作起来相对容易的法子——随机打包裹。现在的我，却一个人每天18小时地在通过微信好友请求、回复邮件、回复微信上消灭了七百条但还有一千条的新消息、整理支付宝订单信息、整理通信地址和联系方式表格，以至于这几天吃饭都是打电话叫外卖送盒饭，茄子肉末盖饭、地三鲜盖饭之类的。

接下来，我会竭尽全力，在最快的时间里整理好所有的信息，这个时间需要3～4天，之后，我会开始进行陆续的邮寄，并在邮寄完成之后，对剩余的所有支付进行退款。也就是说，目前已经打款给我的你，无论先后，都有可能收到我的书，但可能完成整个的邮寄过程，至少10～15天，抵达你的家时，还要再算上快递小哥的运输时长，所以请你不要着急；同时，没有收到书，而只能收到退款的人，需要在10～15天之后，才可能陆续收到自己的退款，所以也请你不要担心，不要怕你打给我的99块钱被卷跑到某个海岛了之类，可能最近我实在无暇顾及周全每一个人，但是你一定要放心，每一笔钱，都会有明确交代。

明天早晨我妈也专门坐一夜的火车，从大庆跑来北戴河，跟我一起整理、写地址、打包——我真的、真的尽力了。

而这件事情带来的负面影响还没有结束。

6月1日，康夏宣布"卖书"事件完结，所有书已邮寄出，"也希望在这件事之后才关注我的、新认识的你，以新的方式重新认识我"。同时，他号召"所有收到书的人，把你的书晒出来给大家看呀"。

没想到，网友们晒出的书中，有很多是重复的，其中仅《爱丽丝梦游仙境》就出现了十几本。还有一些书完全是崭新的，和此前承诺过的"是本人全都看过的心爱书籍"不符。

网友哗然，很多人认为自己受了骗。为此，6月5日，康夏发布《退款、退书事宜》，表示不喜欢收到的书的人可以按照原地址寄回，他会退回所有款项。同时，康夏对《新京报书评周刊》回应说："除了最初的1 741本书，我另外买了6 000本书。我买这些书时，知道这样做不太好，但没有多想，也没想到会造成这样的恶果。具体的数字我还没有统计，但整件事下来我可能得赔上十五六万块钱。不管收到书的，没收到书的，我都会退款。"

一场原本带有很优美的文化背景也具备一定新意的活动，因为主办者的经验不足，没有预料到后续繁重的工作，又一时心血来潮买了更多的新书寄给用户，却忽略了这和最初做出的承诺不一致，导致了很不好的影响。这件事情给发起人带来的影响至今也没有完全消除，而核心原因，就是他起初对这件事的复杂程度设想不足。之后虽匆忙补救，但一再出现失误。

提 要

组织策划和用户沟通的活动是提升影响力的一种有效方式，但它是一把双刃剑，有可能降低自身的公信力。

【本章小结】

在大数据时代，庞大的数据带给算法巨大的权力。算法分发的内在逻辑是由“你是谁”决定了“你会看到什么内容”，这一决策的制定过程是在“黑箱”中进行的。用户的个人信息和数据源源不断地被收集、储存、分析，并影响随后的信息分发。

英国文化研究专家斯科特·拉什（Scott Lash）强调：“在一个媒体和代码无处不在的社会，权力越来越存在于算法之中。”和拉什的观念相一致，学者戴维·比尔（David Beer）提出了“算法的权力”（power through the algorithm）概念，认为它体现在两个方面：第一，在于算法发挥的功能，包括分类、过滤、搜索、优先、推荐、判定；第二，算法这一概念本身具有文化内涵，即基于算法的决策常常被认为是理性、中立、高效、值得信赖的。

算法深刻影响着新闻业，也深刻影响着入驻在平台上的每一个内容生产者。开设一个媒体号，首先要做的就是了解并适应平台规则。本章可以和第 2 章、第 3 章成为相辅相成的章节。请在经过前面两章的学习，了解机器如何为内容设置标签和为用户进行画像之后，从内容生产者的角度来考虑，如何能够让这些技术原理成为自己进行内容生产的有效支撑，使得自己的内容从数以千万计的内容中脱颖而出。

【思考】

1. 你适合涉足什么领域的内容生产？给出三个能够支撑它的理由。
2. 你最不适合涉足什么领域的内容生产？给出三个能够支撑它的理由。

【训练】

对于下一个春节，分别找到你进行内容生产和活动策划的选题方向，并写明理由。对于活动策划，写出执行过程的思维导图。

第 8 章 新媒体背景下的内容生产

【本章学习要点】

首先，了解新媒体语境和算法背景下内容生产的观念改变，并了解这些改变给文本形式、用户选择、新闻输出方式带来的变化。了解适度情感化和过度煽情、恶意营销之间的区别。在此基础上，学习内容生产的原则、方式、选题策划、写作特点等，并结合具体的案例分析，形成更清晰的认识。

在传统媒体时代，编辑、记者等从事新闻传播事业的专业人员掌握信息的来源和发布权，他们拥有相对专业的素养和技能，从事着相关的内容生产和信息发布工作。而随着新媒体时代话语权的下放和去中心化，信息的发布不再像过去一样集中在大型媒体手中，而是随着算法平台的威力逐渐显现。如何让自己的内容从海量信息中被算法推荐，并受到用户喜爱，就成为摆在广大新媒体内容生产者眼前的巨大挑战。

在新的媒介环境下，这些挑战促使内容生产者必须具有整合资源的创意和想象力，创新数字产品形态，以开发潜在的内容资源，寻求新的发展空间。随着算法分发平台、社交分发平台用户的日益增加，媒体内容由原本单纯的机构性生产转变为机构性生产和个体性生产并行。其中，机构性生产的主体是包括传统媒体在内的大型内容生产商，而个体性生产的主体则是零散的社会公众，通过在平台上传内容来实现内容产品的生产和供给。

可以预见的是，随着传播终端技术的发展，拥有内容生产能力的个体数量会大幅度增加，最终成为新媒体内容的重要来源。这将使得新闻内容生产和传播从专业媒体主导的精英传播转变为社会广泛参与的大众传播。

近年来，随着自媒体的不断发展，新的内容生产方式逐步成型，新媒体语境下的内容生产写作逐渐呈现出一些新的规律，自媒体中的佼佼者们通过一套行之有效的方式，构建了一个更加注重信息分享、情感维系、场景匹配的内容生产流程。

目前，这个基于新媒体形态的内容生产流程仍然有待完善，在流程发展中出现的过度煽情化、唯点击率等问题已经引起了广大内容生产者和用户的警惕。不过，在此期间已经出现了一些可以固定下来的内容生产规律，更加适应算法背景下新媒体的内容生产和传播。

第 1 节 新媒体背景下内容生产的演进

1.1 新媒体背景下内容生产的观念转变

新媒体的即时互动性和便携性，颠覆了传统的内容生产与传播模式，深刻地改

变着信息传播环境和传媒的经营业态，造就了新的媒介消费方式和新一代的媒介消费者。

综合以上实际情况，我们可以看出，在新媒体背景下进行内容生产，需要在观念上有所转变。

1.1.1 第一个转变，就是从孤立地生产内容，转变为生产复合型产品

在算法平台下，新闻传播的议程设置功能并不在每个内容生产者手中，这就倒逼他们必须更加注意新闻内容和用户使用场景、使用习惯的匹配。

新媒体背景下的内容生产和产品革命，是以营造全新的媒介与用户的关系为起点和归宿的。换句话说，新媒体内容的生产，不仅包括新闻和其他信息产品的生产，还应包括如社区、游戏、娱乐、商务等产品的并线开发，也就是说，在新媒体载体上，内容生产已经从纯内容产品生产发展延伸到“内容＋关系”和“内容＋场景”。

“内容＋关系”依托于社交分发的媒介背景。在这一语境下，人与人之间的关系、人与媒介之间的关系，已经成为影响内容产品生产的重要依据。

新媒体时代，媒体和受众关系从单向灌输向双向互动转变，媒体和用户之间随时都要进行信息、观点、情感的交流、交锋、交融，从简单交流到深度参与，媒体与用户日益成为信息传播的共同体、价值判断的共同体、情感传递的共同体。可以说，用户的停留时长、参与程度代表平台对受众的吸附力，这是构成媒体视为生命的传播力、引导力、影响力、公信力的基础。

“内容＋场景”依托于算法分发的媒介背景。在这一语境下，新闻内容被重新定义，算法推荐的流行助推了信息的碎片化，也使得具有消费属性的生活服务、健康知识、娱乐视频等泛资讯内容得以爆炸性发展，扩充了传统意义上新闻资讯的定义。不过，要注意的是，这也带来了过度娱乐化、情绪化、假新闻泛滥等问题。

因此，在新媒体时代，应该把内容、服务、社区有机地结合起来，开拓有利于加强用户与媒介之间、用户与用户之间的关系的全方位创新产品。

1.1.2 第二个转变，正视人工智能给媒体带来的变化，正视算法推荐对信息传播规则的改变

随着写稿机器人、模拟主持人等人工智能技术在新闻写作领域的实践，媒体和人工智能技术的结合已经由早期的概念进入产品形态。智能推荐、语音识别、智能传感器等技术的应用正在重塑新闻生产和传输的各个环节。从千人一面到千人千面，算法推荐可以决定内容分发的路径、速度。从趋势上看，算法不但是一种技术，更是对信息传播规则和速度的颠覆性改写。

可以预见的是，未来一个平台的竞争力将取决于数据、算力和算法，能否驾驭算法，能否生产出更多符合算法规则的内容来呼应平台上数以亿计的用户个性化需求，是能否打造健康有序的互联网发展生态的大前提。

1.1.3 第三个转变，对新闻采写进行适度的情感化、场景化改造

新媒体状态下的内容生产，所使用的采访和写作方式，绝大多数是对传统媒体采访与写作方式的补充和延续，同时，随着实践逐渐成熟的采访和写作模式，也越来越多地反哺了之前传统的采访写作领域。

纵观媒介变迁给内容生产带来的变化，能够发现的一个规律是，媒介的变化始

终沿着越来越贴近人们接收信息本原的状态演进。

最早出现的媒介——报纸，其使用门槛是最高的。阅读报纸的前提是识字，另外，报纸必须在合适的光线、合适的空间下才能够被阅读。之后出现的广播，对使用者比报纸更为友好，更加符合人们天然的听觉要求，不需要识字，就可以完成对媒介传播内容的吸收。随后的电视更加符合人们接收信息的天然方式，将媒介正式引入视觉化时代。

与此同时，媒介不断地亲近用户，对使用者愈加友好。媒介所承载的内容，也不断地显示出更加情感化、故事化的演变趋势。因此，我们需要从本质上理解随着新媒体诞生而产生的碎片化、故事化、情感泛滥等现象，同时，也要从专业的角度坚持新闻采写原则，严防虚假内容的出现，控制好故事化叙事的尺度。

由此，我们可以看到，具备以下几种特点的内容生产者，更加适应新媒体环境下的内容输出方式。

第一，作者本人既有的知识文化素养和新闻传播能量足以让他掌握新闻热点。我们注意到，第一批从事自媒体进行内容生产的原创者，很多都具备多年的传统媒体从业经验，他们对于传播规律、受众喜好、如何捕捉受众心理有更强的认识。

第二，此前通过长时间的专业学习，已经积累了相关知识，成为某个领域内的专家。

第三，把从权威出处获知的信息，通过零散的采访、核实，进行补缀连接，使得作品达到逻辑上的顺畅。

提 要

在算法分发背景下，内容生产者需要正视人工智能给媒体带来的变化，正视算法推荐对信息传播规则的改变，更多地进行复合型内容的生产，并适当地加入情感化、故事化因素。

1.2 新媒体背景下内容生产的文本形式转变

什么样的内容能被定义为内容生产？这个原本在传统大众媒体时代不成为问题的“问题”，却在新媒体时代成为人们讨论新闻传播乃至整个内容生产领域的大前提。

此前，传统的新闻生产是有规则可循的。早在美国南北战争时期，前方战地记者既要把最快的新闻资讯发回报社，又要担心随时可能中断的长途电话或电报，因而被动地锻炼出了一种能力：把所有新闻要素断裂成一节节的小短句，再把这些短句按照重要性程度从重到轻来排列。这样即使信息通话中断，最要紧的内容也能够保证传回读者的手中。由此形成的“倒金字塔体”至今仍是新闻消息的最经典写作范式。

而随着视听元素在广播电视领域的传入，人们更加习惯于故事化、情景化的叙事。不仅电视新闻或专题片要按照“讲故事”的模式来架构，就连曾经惜字如金的报纸也从中借鉴到了经验，进行了文风的大革新。这种文风的变化最早由《华尔街

日报》做出，形式为先用一个小人物、场景、故事作为文章开头，随后加入新闻背景，使得整篇文章更加像是一个经过系统逻辑化的故事。之后的特稿和非虚构写作加深了这一点，使得“新闻即故事”成为被新闻界广泛接受的理念。

我们以 2011 年 7 月 27 日《中国青年报》的《永不抵达的列车》（见图 8－1）一文为例，文章的开头是这样的：

永不抵达的列车

图 8－1 《中国青年报》冰点周刊特稿《永不抵达的列车》

在北京这个晴朗的早晨，梳着马尾辫的朱平和成千上万名旅客一样，前往北京南站。如果一切顺利的话，这个中国传媒大学动画学院的大一女生，将在当天晚上 19 时 42 分回到她的故乡温州。

对于在离家将近 2 000 公里外上学的朱平来说，“回家”也许就是她 7 月份的关键词。不久前，父亲因骨折住院，所以这次朱平特意买了动车车票，以前她是坐 28 个小时的普快回家的。

12 个小时后，她就该到家了。在新浪微博上，她曾经羡慕过早就放假回家的中学同学，而她自己“还有两周啊”，写到这儿，她干脆一口气用了 5 个感叹号。

“你就在温州好好吃好好睡好好玩吹空调等我吧。”她对同学这样说。

这是一篇整版报道，文章前四段共计 262 个字，但一个字都没有提到这篇新闻要报道的核心——甬温线动车事故。相反，文章用细腻的笔调，刻画了一个活泼可爱又不失孝心的女大学生的形象。随着事件的展开，读者会更加了解这个女大学生后续的故事：她在这次事故中丧生了。而她是在这次事故中遇难的 40 名乘客之一。

这种叙事方式，现在已经被新闻从业者和受众广泛接受。它并不以新闻要素作为开头，而是先用一个故事化的场景来切入。但是，我们可以假设一下这个状况：当一个信奉并使用了报纸“倒金字塔体”来写作的记者，正处在这样一个报纸和广电的新旧媒体转换时期，看到读者们纷纷转向这种故事化、细节化的文本叙述方式，恐怕也会像现在的传统媒体从业者看到充斥情感化表述的网络文章时一样，觉得难以理解和接受。

事实上，这种内容生产的调整和变化始终伴随着媒介的发展而发生着。媒介对于用户来说越来越亲切友好，而内容的文本形式也显示出相同的状况。

从 2016 年起，短视频逐渐成为一个热门的内容生产类别。2018 年，以快手和抖音为代表的短视频平台，成为整个媒体界的黑马。它们所出产的不完全是新闻内容，通过大量生动的短片，由算法进行精准的用户匹配，获得了惊人的点击量。

从传播规律来看，短视频的走红并非偶然，它是充分遵循了媒介发展变化规律的产物。

短视频和此前的电视新闻片相比，同样是视觉化的画面，但是叙事的方法完全不同。如果看一部电视新闻或者电视专题片，人们就需要按照新闻记者所构架的叙事结构，对这个片子进行重新理解和解构。换言之，传统的电视叙事手法，需要电视受众对片子重新加以理解。而短视频完全不需要，人们大脑中的记忆是以短视频的形式存在的。比如说，一些生活中非常细碎的问题：“今天出门的时候把钥匙放在哪儿了?”“高中的时候印象最深的事情是什么?”每当回忆起这些问题的时候，浮现在人们脑海中的是一个个的短视频。换句话说，人们生理直觉上理解和储存的方式就和短视频这种十几秒钟的小画面空前接近。

既然短视频的叙事方式和人们大脑接收信息和解构信息的方式很近似，也就意味着人们看短视频的时候几乎不用动脑子，它是一种目前为止最快餐化的“无脑阅读”方式，这也是很多人刷一些短视频网站经常不知不觉就能刷几个小时的根本原因。

发展到算法分发阶段，内容生产从现实基础层面已经具备了进行文风革新变化的条件。

第一，技术使得每个人在理论上都具备内容生产能力。这一点在前面的章节已经有很多介绍，不再赘述。

第二，平台需要大量内容，于是倒逼出了繁荣的内容生产局面。

这种倒逼是从平台和设备两个方面来夹击的。一方面，从算法分发兴盛之后，算法分发平台从使用逻辑上就需要更多的内容，才能让内容池足够充沛，给更多用户匹配到他们想看的内容。所以我们能够看到的是，从 2013 年开始，各个平台对于内容尤其是优质内容生产几乎都是不惜重金，全力支持。以百度、阿里、腾讯和今日头条四个小巨头为例，腾讯 2016 年 3 月启动“芒种计划”，2017 年 2 月又发布“芒种计划 2.0”，两年内向内容创作者补贴的扶持总金额达到 14 亿元。今日头条 2015 年启动“千人万元”计划，共 1 000 名优秀内容生产者每人将获得一万元补贴；2016 年 3 月再度成立 2 亿人民币规模的内容创业投资基金，投资超过 300 个早

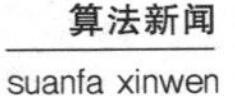

期内容创业团队。2016 年 12 月，阿里旗下的 UC 订阅号宣布投入 10 亿元专项扶优基金，以创作奖金、广告分成两种形式对平台订阅号予以扶持，总体人数不设上限。而百度在 2017 年累计向内容生产者分成 100 亿，所有个人和机构内容生产者都可以入驻百家号。此外，如一点资讯、网易号等也都有不同程度的分成机制，纷纷许以各种厚利与补贴，争抢优质内容创业者。

另一方面，人们的主要信息渠道从过去的各种媒体转到了手机，而手机的使用场景可以将人们的各种碎片时间利用起来。即使是等电梯、上厕所这样一两分钟的零星时间，也都可以用来刷手机。因此，人们对于内容的需求也大量增加。

所以，适度而不滥用的情感化、碎片化是当下新媒体场景下内容文本形式在生产环节的必然变化。

传媒环境的变化会导致内容生产的需求量空前增长。一个报纸版面只有 10 篇上下的文章，一个时长半小时的新闻节目只能容纳 20 条左右的新闻，但是在算法分发的逻辑下，作为内容生产方的自媒体可以通过平台减少自己的流通成本，它只需要持续不断地生产和上传内容，根本无须顾虑是不是有版面或时长的限制，这使得自媒体可以进行几乎不用节制的内容生产。

而从算法平台的角度来说，它可以通过算法匹配来减少让好内容找到用户的成本。流量分发将发行渠道拆解成一条条支流，分解到各个自媒体头上，因此尽管内容从原来的每天几百篇增长到现在的几百万篇，但平台的生产成本却并没有呈现相应倍数的增长。人们不用上街买报纸，也不用打开电视机或电脑，只需要在手机上点开软件，就能够有符合他特征的新闻推送到眼前。

这两个环节一打通，整个内容产业就被极大地激活了。这也为内容生产提供了批量化、规模化的可能性。

当内容生产发展到平台阶段，运作的关键不再是围绕某一中心，而是社群的连接、协作与共享。用户和内容生产者之间不再是简单的、功能性的一种连接，作为自媒体的内容生产者，开始通过场景来构建平台，以传递价值、情感、口碑等更加人格化的品质吸引用户的关注。

“场景”（scene）一词原指一种场面，多用于电影、戏剧等领域，是一种空间、地理层面的概念。随着媒体的发展，这个词语逐渐具有了超越单纯物理空间的意义。“场景”经历了从地理意义到社会意义再到如今的媒介意义三个层面的转变，内涵也变得日益多元化、丰富化。

媒体所构建的场景由四个基本要素组成：空间与环境、实时状态、生活惯性、社交氛围。把握场景对于算法平台上的内容十分重要。只有清晰地把握用户需求、更准确地定义和刻画场景，才能最大限度地占领用户的碎片化时间。

场景的构建，一方面通过在某一相对固定的时间点以及这种时间点背后常规对应的地点下进行内容推送，触发该场景下的潜在情感、共同价值、共同心理感受，形成用户间广泛的情感认同；另一方面，场景的构建和在此基础上的内容生产和关系互动，又能够反过来强化场景中的既定情感、价值取向和定位。比如，时政热点、女性、职场、感情、搞笑、交友互动等关键词都有对应的知名自媒体。

媒体构建的场景不仅仅代表着一些平面的关键词，更是一种立体、多维度的概念，是媒体对生活中各个维度的掌控和表达。在社交平台上，深夜的社交话题多为娱乐、情感、私密的。这是因为夜晚人们会格外放松，情感也格外细腻，伴随着这种“累了一天终于歇歇了”的画外音，夜晚的读书类节目、情感倾诉类内容更加能够满足这种需求，所以应运而生了很多这一品类的内容产品。

提 要

从媒介发展和用户需求这两方面来看，适度而不滥用的情感化、碎片化是新媒体场景下内容文本形式的必然变化。

1.3 温和地看待人们在新媒体上的新闻选择

随着内容生产这一概念在新媒体情境下的扩充，我们可以对内容生产的类别进行重新归纳。例如，一条朋友圈、一个 H5、一个短视频，算不算内容生产？事实上，我们在很多时候能够看到，一个名人的朋友圈被广泛转发，成为一条大新闻的由头。明星们在微博上对自己的婚姻、作品等进行“官宣”已经成为人们接受的常态。职业化的新闻记者编辑在关注报道领域时把微博、抖音等平台作为重要的新闻信息源……这些都说明，现在这些内容都可以被列为“内容生产”的范畴，只不过是产出难度不一样，输出渠道不一样。

这时随之诞生的问题是，既然内容生产的内涵获得了扩充，那么，什么样的内容更加符合用户的需求？

新的平台规则决定了内容生产要做出相应变化。我们可以从以下几个维度来考量这些变化：

其一，时间维度。由于手机等移动媒体有便携性、随身性、实时性、直接消费性等传播属性，这造成了新闻传播时效性的极大提升。因此，人们获取资讯变得更加容易，单纯传播信息的短小资讯在新闻内容中的整体比例和重要程度均出现大幅下降。在这种情况下，独家报道、深度调查及专业的解读文章成为升级后的新闻核心竞争力。

其二，情感维度。在手机这个狭小的天地里，人们更注意情感的交流和沟通，诉诸情感从一定程度上比诉诸事实更能深入人心。而媒体的演变和内容生产的变化也说明了，从报纸等传统媒体一路发展过来，文本也更加呈现个人化、感情化的表述方式。

其三，互动维度。马克·波斯特把互联网主导的“双向的去中心化的交流”称为“第二媒介时代”，以此来区分以电视为代表的“播放型传播模式”。[①] 这种划分重点在于强调新媒体互动、参与的传播特性。移动互联网的双向互动传播特性给用户的互动参与带来极大的便利，在“人机互动”“人际互动”以及通信服务功能拓展上大大丰富和超越了传统媒体的内容，因此，全新的、互动的创新形式与内容演进更受到用户的欢迎。

我们以案例 8－1 为例，来看一下在新媒体状况下，用户需求的变化在实际新闻传播中的体现。

---

① 波斯特．第二媒介时代．南京：南京大学出版社，2005.

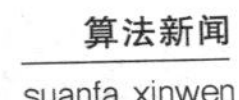

【案例8-1】 美英法联军对叙利亚动武，什么样的新闻传播最广？

当地时间2018年4月13日21时，美国总统特朗普发表讲话，正式确认联军对叙利亚实施精准打击。由于时差的关系，这个消息最早是在北京时间4月13日上午9时之后由国内媒体报道的。

截止到次日21时，我们统计了24小时内在今日头条上关于这条新闻的点击数量（见表8-1），从中可以验证一些传播规律。

我们从阅读数、转发数和收藏数三个维度来考量。可以发现，标题为《美英法对叙动武太任性（环球热点）》的这一条新闻阅读数最低，因为新闻标题中泄露的新闻要素过多。在信息爆炸的时代，这条新闻已经铺天盖地而来了，于是单纯的硬新闻就很难让人有点开、转发的欲望，而分析和深度解读能提高阅读量。其中几个样本里阅读数最高的是因为添加了“中方表态”的新闻内容，如有标题称《美英法对叙动武 中方表态并给出解决叙问题唯一出路》。以目前资讯发达的程度，用户在新闻发生后不需要用很长的时间就能够知道消息，因而在新闻大战中，不能只片面追求快速，原有的这种基于传统媒体的“硬新闻”的生产方式已经不适应现代人的需求。

同时，我们抓取了在这一新闻事件中出现的高频词（如图8-2）。这些词不仅是标识文章主题的决定性因素，也是在算法平台上对新闻内容和用户进行匹配的最根本依据。根据高频词统计，可以看到，“美国”“叙利亚”“特朗普”分列前三位。这些词语会对新闻有更直接的标签化意义。还有一个值得注意的地方：“精准打击”“导弹”“谴责”等词语并不在此次的高频词中。而这些词语和本次新闻核心事实实际上是密切相关的。

也就是说，如果内容生产者在文本中多强调“美国”“叙利亚”“特朗普”等高频词，会比多出现“精准打击”“导弹”“谴责”等词，被平台推荐的概率更高。

从高频词的选取结果中，我们也可以验证这样一个规律：单纯和新闻信息密切相关、简单报道新闻动态的“硬新闻”无论在用户关注还是

表8-1 “精准打击”的阅读样本分析

标题	媒体来源	阅读数	转发数	收藏数
美英法“精准打击”叙军事设施 叙利亚：他们发动了侵略	界面新闻	152 690	582	344
美英法对叙利亚进行精准军事打击 俄叙谴责多国回应	中国新闻网	293 765	235	1 115
美英法对叙动武 中方表态并给出解决叙问题唯一出路	央视网新闻	3 583 043	7 747	12 605
叙代表花半小时怒斥美英法：骗子、搅屎棍、伪君子	观察者网	648 181	1 267	2 949
新闻分析：美国为什么急着对叙动手	新华网	590 834	632	2 396
美英法对叙动武太任性（环球热点）	人民网-人民日报海外版	12 469	21	69
央视记者叙利亚现场报道 美英法联合对叙展开精准军事打击	央视网新闻	1 406 734	16 029	4 492

平台推送过程中都是处于下风的。同时，“阿萨德”“还手”“恐怖主义”这样的词被收入这一新闻的相关高频词中，这几个词语和“精准打击”的主体新闻事实关系并不是很大，但显然和这次“精准打击”的历史背景有着密切联系。这也验证了深度阅读更加受到用户欢迎，并在基于用户点击阅读的分析基础上，得到了算法平台的更多推送。

由此，我们可以总结出这样的规律：内容和阅读新闻之间的不同点，在于内容给大家带来精神愉悦和精神认知。新闻的生命力不在于题材本身，而在于后续的延伸。

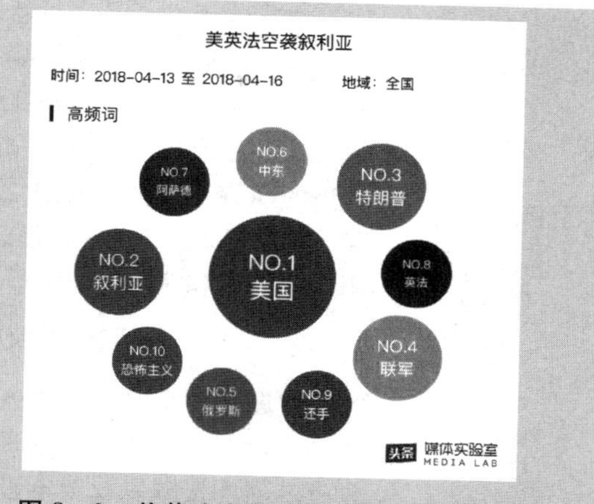

图 8-2　美英法空袭叙利亚的高频词分析

第 2 节　新媒体背景下内容生产的采写

新媒体内容写作是一个伪概念，不会有哪种写作方式是专门给新媒体使用的。每一种媒介都有不同特点，越能够适应并且掌握这种媒介的特点，越能够达到更好的传播效果。所以，严格来说，新媒体并没有带来一个全新的写作方式，而只是带来了一些创新的部分，在传统媒体写作的基础上，在理论、结构、技巧、形式等等写作要素的构成上，做出了适应新的传播媒介时应有的改变。

因此，新媒体的内容写作依然会沿用新闻写作的相关概念和定义，即写作旨在反映和表现事实，主要是根据采访得来的事实材料，进行由表及里、由浅入深、去粗取精、去伪存真的分析和选择，挖掘、利用信息资源，采取适当的文本形式和表现方法，使客观存在的事实变成可供传播的有价值的新闻信息，满足受众的需求。

美国新闻学者梅尔文·门彻在《新闻报道与写作》中认为：

> 如果概括一下我们所观察到的记者们的工作内容，我们也许会得出下面的结论：
>
> 其一，试图通过以下途径准确报道事实真相。
>
> (1) 直接观察。(2) 使用权威的、灵通的、可靠的消息来源和相关的、可靠的人物的消息来源。
>
> 其二，努力写出有趣的、及时的、清晰的报道。引语、故事、情节与人情味使得这些报道生动感人。如果说新闻工作需要规则，那么这就是起点。

在新媒体语境下的写作，仍然要遵循真实、客观，遵循新闻伦理、交叉验证等在新闻专业领域延续多年的原则。在新媒体背景下，写作中得以更新的只是文风、形式、格式等外在表现。

2.1　内容生产的选题原则

选题，是指内容生产时所立足的题材，它涉及要采访什么、写作什么，以及从哪个方面或哪个角度进行采访写作等问题。

选题的确立，是进行新媒体写作的实施基础和关键步骤。选题不仅指引着采访和写作的开展，而且还影响、决定着采访活动的成败。正确、熟练地掌握选题确立的依据和主要方法，在新媒体写作中是一项基本功。

选题的质量决定着这则内容在公众中的影响力和可信度。选题与社会的脉搏、用户的期待相吻合，其描绘的拟态世界与真实世界接近度高，就会受到认可和青睐。如果选题所反映的拟态世界脱离了现实世界或者违背了现实世界，势必会遭到用户的谴责和唾弃。

2.1.1 选题策划的一般方法

选题策划是对未来要进行的内容生产活动的一种理性规划和设计行为。具体而言是在对新闻事实进行真实了解、如实还原的基础上，深入挖掘其亮点、要点，对现有的新闻资源以及线索进行创新，然后选择一种最恰当的方式，在最适当的时机将内容推送出去，从而使传播实现预期的效果。

同时，在新媒体背景下，进行选题策划时要有机地融入新的传播规律，即使同样使用文字这种方式，但文本的使用也会出现很大的变化。例如句子段落要更短，文章整体要更加完整。总体而言，新媒体内容生产的选题原则延续这样的发展过程：越来越人性化，越来越通俗、简易，希望先使用户介入一种场景或情绪，之后再传播内容。

选题的选择决定着后续内容生产的成败。如何确定选题，在新媒体的新闻实践中逐渐形成了一套行之有效的经验与方法。在实践中大致分为三种。

第一，确定选题时需要在数个线索中进行对比、分析和选拔，并在反复对比分析的基础上，选出最好的内容输出方式。

第二，针对主题方向设立一个“取景框”，以内容生产的最终结果作为直接衡量目标，搜寻可以被纳入“取景框”的“目标事实”，再由此确立选题的突破口。

第三，要求内容生产者针对社会普遍存在的问题，结合目标用户所关注的热点，找到这类问题的共性，将其作为内容生产时瞄准的“靶子”，预测这类共性事实的核心关注点，寻找它所呈现的一般状态，再由此寻找突破口。

2.1.2 如何策划更受用户欢迎的选题

我们仍以“精准打击”这一新闻事件为例。既然单纯报道新闻事实这种“干巴巴”的形式不受用户欢迎，那么，我们可以从以下几个方面来入手，进行选题的规划。

（1）选择介绍知识背景或预测未来，增强新闻的厚度。

例如，从美军可能的空袭目标和美英的军事力量对比，延伸展开到叙利亚的历史、此前叙利亚是否对平民动用化学武器，甚至可以延伸到宗教、历史的话题。《新京报》以《美英法精准打击打击叙利亚，叙利亚这些年经历了什么?》为题，对这一事件进行了深入报道（扫左侧二维码可阅读报道全文）。

《美英法精准打击打击叙利亚，叙利亚这些年经历了什么?》

文章除了描述这一次精准打击之外，还加入了其他的背景：

> 类似的军事打击不是第一次。去年4月6日，两艘部署在地中海海域的美军舰船对叙利亚西部的一个军用机场发射了约60枚战斧式导弹，美方理由同样是惩罚叙政府的疑似使用化武行为。
>
> 2011年叙利亚内战爆发。据联合国统计，七年来有超过40万人在战争中丧生。战前叙利亚人口本有两千万，战后一半人口流离失所、背井离乡。约有550

万难民逃往国外，其中95%逃往邻国（土耳其、黎巴嫩、约旦、伊拉克和埃及）。

2017年世界银行发布的报告显示，叙利亚有三分之一的房子和一半以上的教育以及医疗机构在战争中被摧毁。

同时，报道还加入了一幅长图（见图8-3），概述了这些年叙利亚的主要遭遇，起到了很好的资料梳理和延伸阅读的效果。

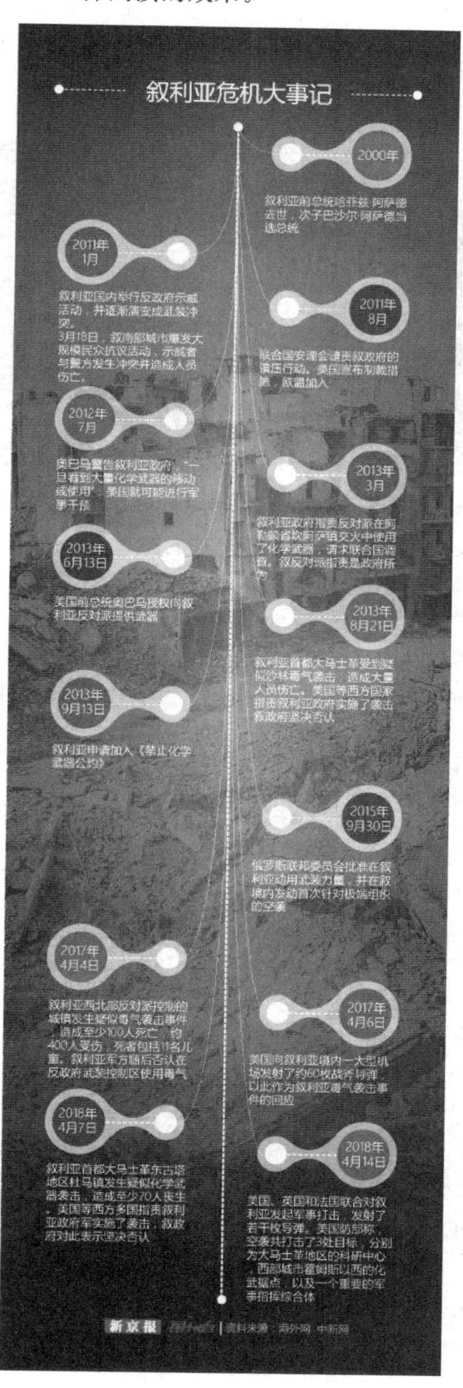

图8-3 叙利亚危机大事记

(2) 缀连与主题题材相关的故事，增加情感因素，增加文章厚度。

图 8-4 中的两张照片都和叙利亚战争相关，都曾经轰动一时。左图中是叙利亚发生战争后，被迫偷渡去英国时不幸去世的小男孩。右图是在战火中长大的叙利亚女童看到照相机镜头后误认为是枪，下意识举手投降。这些新闻图片曾经火爆一时，具备很高的关注度，在有了新的新闻由头后，利用其及时缀连一些情感因素，会做出比较受关注的内容。

图 8-4 叙利亚战争中的儿童

《叙利亚的 7 年：手无寸铁的平民，这才是你的战争》

例如，一则题目为《叙利亚的 7 年：手无寸铁的平民，这才是你的战争》的文章（扫描左侧二维码阅读全文），使用了大量的图片，用非常简短的句子和饱含感情的语言，写出了战争给平民带来的灾难，入情入理，在同一个主题之下做到了很好的情感发挥。

整篇报道用了 51 张图片（动图）和一个视频，进行更深层次的情感抒发，引起人们的共鸣。这种融入情感、诉诸感性的方式，会在新媒体传播环境下受到更多人的关注。

(3) 对同期相关事件做延伸报道，达到对于新闻内涵的延伸。

除了硬新闻本身之外，再加入更多更新的进展。需要注意的是，这些进展也应该是态度性的、能够留存的，要具备一定的时间延展性，而不是新近更新的新闻动态。

例如，环球网以《英军将领刚要讲叙利亚化武真相，天空电视台赶紧掐断直播……》为题进行了一则报道。

【案例8-2】 环球网报道“天空电视台中断直播”

这则报道没有把重点放在“精准打击”这一核心新闻事实上，而是转述了这样一个故事：

【环球网报道 记者 查希】他，作为一个英国退役将领，是不是说出了什么“不可告人”的秘密？

4 月 14 日 2 时 28 分，俄罗斯卫星网在美英法三国发动对叙利亚的空袭前数小时发出了这样一则报道，英国驻伊拉克部队前指挥官、退役将军乔纳森·肖在接受英国天空新闻网的直播连线时表示，叙利亚政府没有制造杜马化武袭击的动机。

然后呢？直播连线就被掐了……

有热心的网友将这段英国天空新闻网的视频片段（见图 8-5）发布在了社交媒体 YouTube

图8-5　英国天空新闻网的视频片段

上，分享的标题是《请在被删除前转发！》。

幸好，视频还没被删除，也幸好，视频已经被环环掌握。下面让我们回顾一下这个尴尬的瞬间。

在视频片段中，女主持人一开始就对俄罗斯进行了指责："我们知道，无论是俄罗斯外交部长拉夫罗夫，还是俄罗斯的外交官们都在阻挠英国开展任何形式的行动。"

然而，乔纳森·肖却给出了这位主持人似乎不太喜欢的"答案"。他说："我认为，我们忽视了一些东西，是什么动机能让叙利亚政府在这样的时刻、这样的地方发动一次化武袭击？你们知道的，叙利亚人毕竟要赢了！"

肖接着说："有个美国将军在美国国会说过一句话，'阿萨德赢得了这场战争，我们需要接受'。"

他还提到，美国总统特朗普在推特中说很快将取得战胜恐怖组织"伊斯兰国"的胜利，接下来美国将从叙利亚撤军。

当肖要继续说下去的时候，主持人突然打断，说："对不起，我们感到很遗憾，大家等了这么久，但我们必须中断节目。非常遗憾。"

然后？就没有然后了……

这个故事是对叙利亚打击事件的延续，但并不是核心事实，而是与之相关的一个独立新闻事件。从这个新闻事件中，能够看到英国电视台对于这件事情的态度。一个具备权威性的将军，因为没有在直播中说出电视台预设的主题而被中断连线。

这是与之相关的事件，我们能够进行更深入的延伸阅读，同时也具备一定的情感因素。

和"天空电视台中断直播"的内容相比，下面这样的内容就不是在新媒体环境下所提倡的内容：《委内瑞拉总统马杜罗：美英法空袭叙是犯罪》《美英法对叙实施军事打击：英首相称空袭已取得成功》《美驻联合国代表：如果叙政府继续使用化学武器 美国将继续采取行动》。

这类选题，仍然使用传统媒体"硬新闻"的视角，所做的报道是对"精准打击"后的新闻事件进行滚动式播报，而这样滚动式播报的内容生产方式并不适宜新媒体环境的传播，得到的关注度也有限。

正如最标准的"倒金字塔体"除世界几大官方通讯社偶尔还在重大突发新闻报道中采用，实际上已经在日常的新闻生产中几乎绝迹了，随着算法分发和社交分发

的推广，平台的传播力量和角度都和以往不同，过去延续的“滚动新闻播报”方式也应该逐步退出新闻生产的历史舞台了。

（4）寻求和自身受众之间的关联。

精准打击叙利亚的新闻发布后，等到4月13日下午，图8-6刷屏，尤其在中国国内的各个平台上流传得更广。

图8-6 叙利亚常驻联合国代表巴沙尔·贾法里

对于这张图片，不同的媒体做了不同的报道，我们在案例8-3中做一下比较分析。

【案例8-3】 同题报道取胜的关键：拉近与用户的心理距离

《环球时报》进行了题为《叙利亚大使在联合国痛骂美英法：搅屎棍、伪君子！》的报道，报道正文如下：

4月13日，美国联合英国、法国，未经联合国安理会授权，对叙利亚发动“精准打击”。次日，应俄罗斯的要求，联合国安理会召开紧急会议，就美英法三国对叙利亚发动的军事打击展开辩论。

在这场160多分钟的辩论里，叙利亚常驻联合国代表巴沙尔·贾法里（Bashar al-Jaafari）前前后后用了近半个小时怒斥三国无耻的“侵略”行径，他认为英法美正在无视乃至摧毁现有的国际秩序，“三名侵略者”向恐怖组织展示了他们可以“继续在叙利亚和其他国家犯下罪行”。

三国的行为也证明了他们是“骗子、搅屎棍、伪君子”，贾法里建议他们好好读读《联合国宪章》，好“让自己从无知和专横中醒悟”。

《环球时报》的报道，概述了新闻事实，表明了叙利亚的态度，有一定的新闻信息含量。从专业角度来说，这是一篇中规中矩的国际新闻报道。

然而，这则报道的阅读量并不高，在有限的阅读量中，也有不少网友在评论中表现出了不同的意见。这是因为在新媒体的背景下，如果能够加入更多的情感诉求，或者更深厚的背景知识，文章就会受到更多用户的欢迎。

基于同样的新闻点，我们来比较一下下面这两篇文章与上面这篇硬新闻的不同之处。

文章一：《叙利亚驻联合国大使的屈辱：他早被美国半软禁》。

这两天，很多人在朋友圈转发了上面（见图8-6）这位外国外交官垂头丧气瘫坐在沙发上的照片。图片中的人是叙利亚驻联合国代表巴沙尔·贾法里。这张照片也戳中了太多中国网友心中的痛处。

这张照片最早发布于4月11日的社交媒体上。文字显示图片摄于4月10日的联合国安理会紧急会议后。很多人不知道的是，4月14日恰好是贾法里大使60岁的生日，这一天美英法三国以叙利亚发动化学武器袭击为借口对叙利亚政府军的三处目标发动了空袭行动，共发射了100多枚导弹。

4月9日，安理会召开叙利亚化学武器问题紧急会议，与会的各理事国展开激烈争辩。当时，这位叙利亚驻联合国代表在会上怒斥美国以谎言为由发动侵略战争，劣迹斑斑。确实如贾法里大使所言，国际社会至今没有拿出任何证据表明，发动化学武器袭击的责任是在叙利亚政府一方。

然而令人悲痛的是，就在贾法里大使发言一开始，美英代表就已经离席。所以，贾法里大使的辩论根本没有能阻止美英法联军对叙利亚发动空袭。所以，贾法里大使的这种无助感实在太让人难受了。

外人看到的是，贾法里大使在安理会舌战群雄，精神抖擞。但在电视镜头背后，我们看到的是一个弯着背低着头的老人，瘫坐在联合国大楼走廊的椅子上。他太疲倦了！一个小国弱国的外交官，面对列强的欺凌围攻，实在太不易！

资料显示，贾法里大使的本科专业是法国文学，他曾在巴黎留学。从2006年开始，贾法里大使担任常驻联合国代表，至今已有12年，他被认为是叙利亚最能干的外交官。尤其是2011年叙利亚危机爆发以来，贾法里大使在联合国的斡旋费劲了心血。

据一位了解内情的中国外交官介绍，由于美国政府的故意刁难，贾法里大使虽然贵为叙利亚常驻联合国的高级外交官，但是他常年来被美国限制在纽约曼哈顿岛的半径40千米以内范围活动。这意味着大使本人是被美国半软禁在纽约了。这对一个高级外交官而言是巨大的屈辱。

4月15日，联合国安理会召开会议，就谴责美国对叙利亚的无理轰炸的决议草案进行投票，投票前贾法里大使悲愤陈词，他说此次对叙利亚的袭击，是对国际法和《联合国宪章》宗旨和原则的袭击，美英法三国的做法完全是“顺我者昌，逆我者亡”。

贾法里大使嘲讽地说，他现场送给美英法三国代表三本《联合国宪章》，两本英文版一本法文版，希望可以消除他们的无知和专横。具有嘲讽意义的是，这份谴责美国的决议草案，被美国轻松否决。

文章二：《看到叙利亚驻联合国大使的照片火了，想问大家还记得巴黎和会上的顾维钧吗?》

看到网友发的这张叙利亚外交官的照片，非常受触动。

这位是叙利亚驻联合国代表巴沙尔·贾法里，照片中他坐在联合国总部大楼里，低垂着头，沉默着。

其实这张照片并非摄于美英法联军打击叙利亚之后，而是在4月10日，联合国安理会召开叙利亚化学武器问题紧急会议之后。会议上这位外交官怒斥美国以谎言为由故意发动侵略战争，还提到伊拉克战争里所谓的大规模杀伤性武器还未找到。

但这并没有阻止以美国为首的联军对他的祖国叙利亚的军事打击。

照片捕捉到了他无助、无能为力的神情，而这深深击中了我国的广大网友。

因为“弱国无外交”“落后就要挨打”这种道理，几十年前，我们就亲身体会过……

有很多网友想到了李鸿章，但我想讲一讲

顾维钧，那位在巴黎和会上拒签合约的外交家。

1918年，第一次世界大战结束。1919年，巴黎和会召开，中国作为战胜国，想要从德国手中收回山东。但是日本提出德国在山东的权益应直接由日本继承。

当时顾维钧在会议上对日本的无理要求进行了驳斥，从历史、经济、文化各方面说明了山东是中国不可分割的一部分。

形势对中国本来十分有利，然而，到了4月，因分赃不均，意大利在争吵中退出了和会。日本借机要挟称：如果山东问题得不到满足，就将效法意大利。为了自己的利益，几个大国最终决定牺牲中国的合法权益，先后向日本妥协，并强迫中国无条件接受。

面对如此现实，中国代表团心灰意冷，名存实亡，有的代表离开了巴黎，团长陆征祥住进了医院。在和会最后一段时间里，顾维钧独自担当起了为中国做最后努力的职责，一直坚持到和约签订前的最后一刻。然而，不管顾维钧如何努力，都没有结果，中国的正当要求一再被拒绝。保留签字不允，附在约后不允，约外声明又不允，只能无条件接受。

这一幕像不像现在的叙利亚？任你在大会上发言再义正词严，任你的理由有多么正当，国家弱小，在谈判桌上就没有选择。

当时的顾维钧退无可退，只有拒签，表明中国的立场。

有网友评论这位叙利亚大使时说，他的祖国同胞正在被轰炸，虽然他安稳地坐在这里，却毫无办法，估计他心里在流泪，太难受了。

1919年的顾维钧，心里何尝不是这么难受呢。他的祖国还在被侵略，他的同胞还在翘首以盼胜利的好消息，但他虽然坐在这里，却无计可施。

1919年6月28日，当签约仪式在凡尔赛宫举行时，人们惊奇地发现：为中国全权代表准备的两个座位上一直空无一人。中国用这种方式表达了自己的愤怒。

签约仪式进行的同时，顾维钧乘坐着汽车经过巴黎的街头。他在回忆录中说："汽车缓缓行驶在黎明的晨曦中，我觉得一切都是那样黯淡——那天色，那树影，那沉寂的街道。我想，这一天必将被视为一个悲惨的日子，留存于中国历史上。同时，我暗自想象着和会闭幕典礼的盛况，想象着当出席和会的代表们看到为中国全权代表留着的两把座椅上一直空荡无人时，将会怎样地惊异、激动。这对我、对代表团全体、对中国都是一个难忘的日子。中国的缺席必将使和会，使法国外交界，甚至使整个世界为之愕然，即使不是为之震动的话。"

之后，1922年，经过36次谈判，还是顾维钧代表中国与日本签署了《解决山东悬案条约》及附件，其中规定：日军撤出山东省，胶州湾德国租借地和青岛海关的主权归还中国，胶济铁路由中国赎回。尽管这个条约尚有不足，它仍然是中国在外交上取得的重大成果，《凡尔赛和约》关于山东问题的决议，至此得到了重要修正。中国收回了山东主权和胶济铁路路权。

100年了，这个恃强凌弱的世界好像一直没有变过。

还好我们已经不再是当年的我们了。

比较一下这三篇文章，后两篇的可读性显然更高。

从行文上，后两篇尽量做到了用情感去触动用户，"他太疲倦了！一个小国弱国的外交官，面对列强的欺凌围攻，实在太不易！""估计他心里在流泪，太难受了"这样带有主观色彩、强调感情的遣词造句能够迅速拉近和用户之间的情感联系。而由于这张照片在视觉上确实展现出了一个老人疲惫的身影，这种议论也并不太脱离事实。

而第三篇更是选择了一个会被很多中国人认同的"弱国无外交"的观点，把发生在当下事件中的贾法里和百年之前在巴黎和会上苦苦支撑的顾维钧相联系，力图去寻求这条新闻和用户之间的关联，激起更深的情感共鸣。

不过，需要注意的是，引入和用户之间的切身关联，进行适当的情感交流可以，但不能过度营销、过度炒作。过度营销会激起用户的反感，得不偿失。另外，现在算法分发的平台也会基于算法对新闻进行判断，过度炒作、过度营销的内容将会被平台降权处理。

提　要

寻找适当的选题，并采用适度情感化的形式，更加符合算法背景下的内容分发规律，但需要注意不要过度炒作、过度营销，以免反而受到平台的制裁。

2.2　选题的准备工作和注意事项

新媒体背景下的内容采写，是对选题的进一步细化和落实。

由于有更多的个人和内容生产机构在算法平台上提供内容，所以内容生产者不能简单地进行新闻事实的叙述，而应以新闻人文素养和媒介社交能力为核心竞争力，以内容（专业知识）为基础，以技术（各种传播方式）为工具，进行综合化的内容生产，使传播内容与传播技术路径完美融合。

为了让一个选题的好角度得以最终呈现，需要从以下几个步骤来进行规划。

2.2.1　对题材、核心事实和核心人物进行研究时，要把重点放在寻找热点上

在这里，热点的定义包括热点的题材、热点的角度、热点的情感共鸣等。同时，对题材和角度进行安全性的审视。

在这里要先解释一下关于热点的界定。由于一些自媒体号过于蹭热点，不惜追逐“带血的流量”，“热点”这个词短期内被赋予了大量负面的含义。但是，事实上，自从有媒体以来，内容生产者始终是在追逐热点的，热点本身就是具备新闻价值的。“热点”这个概念本身并不值得被批判性审视，只是如何解构热点，用什么样的形式去传播热点，才是顺应媒体变迁和表达方式变化时值得注意的。

在追逐热点的过程中，仍然要遵循新闻规律，新闻事实需要准确、客观。同时可以结合新媒体的特点，加入适量的评议，和用户共同营造感性化的场景氛围。

2.2.2　选定准确的选题角度后，收集背景资料

可以通过查阅以往报道文献、在搜索引擎寻找相关内容来进一步丰富主题，日常依据数据库进行素材积累，掌握更多背景材料。同时，在新媒体背景下构思和寻找更多的多媒体元素，如图片、动图、短视频、背景音乐等。

在进行资料整理时，可以根据纵向与横向两个维度去收集资料。纵向维度，指从事物内部着手，围绕事物起源、发展、高潮、未来的时间轴，搜集积累材料。横向维度，指着眼事物外部，发掘与该事物关联的更多的同类事物，或者发掘与该事物相互影响的事物，寻找事物间的相关性。

纵向与横向的思维路径交织，形成一个“十”字的形状，既构成报道和解释事物的常用坐标系，也为内容生产者寻找材料提供了实施路径。

在资料整理的过程中，一些资料内容不是新媒体内容生产者的原创。这时就要涉及资料核查验真，判断资料来源的可信度，能否直接转引。

以下几个来源的资料是可以直接使用的：中央和省一级传统新闻媒体的纸质版

和官网，中央级和地方各级政府网站，学术网站知网，中央和省一级的党委机关报刊，在垂直领域获得广泛认同的、权威的媒体，一些平台上具有公共认知度且经过实名认证的大V本人所说的原话。

这些资料是需要核实后再使用的：除第一种类型外的传统媒体报道，需要找到权威渠道的出处才能使用；转引的名人名言、新闻事实，需要找到原始出处才能使用。

这些资料是不能够直接使用的：在搜索引擎里直接搜到的内容，未经实名认证的人在社交分发渠道的转发。

在这里特别需要注意的是，由于内容生产者不是传统意义上的媒体工作者，往往并不具备新闻内容生产的原创资格，所有经过确认和引用的相关内容必须要注明原本的出处、原始的作者，所有引用的原话要用换字体、加重加粗或者其他方式来显著标明，不能直接改编、引用，更不能抄袭或"洗稿"。

"洗稿"是随着新媒体内容生产而诞生的一种性质恶劣的剽窃方式。"洗稿"顾名思义，是用"洗涤"的方式将他人的原创作品篡改、删节、打乱语序后，使得文字的原貌遭到极大改变，但是核心思想或者最有意思的内容仍然是抄袭的。"洗稿"现象是在算法平台对内容生产提出极大需求，流量成为自媒体人追求的目标后，因为相关法律法规尚不健全，部分自媒体人所使用的不道德的内容创作方式，应该坚决地被摒弃。

新媒体语境下的资料收集还包括灵感的收集。由于新媒体的语境是建立在更加平和友好、与人交谈的状况下的，所以，在日常阅读、与人交流、独自思考或受某件事的触动时等都可能产生创作灵感，这时候要第一时间将之记录下来。这些随时记录下来的灵感，将来都可能成为文章的素材。

2.2.3 选择和寻找立足点

在完成了基本的资料整理工作后，就需要为自己的选题找到一个可以落实的立足点。

这样的立足点通常可以从以下几个角度寻找：

第一，寻找情感因素，传递某种情感、价值观。难度在于要生动、灵活、不落俗套。文风、配图要风格化，以便在特定的阅读群体中格外引人注目。

第二，提炼趣味故事、精彩瞬间或精妙语句。优点是便于阅读，吸引注意力。

第三，加入用户互动。可以从能够提升用户互动感的角度来寻找立足点，充分发挥新媒体的优势。

提 要

通过确认热点、构思并寻找素材、选择和寻找立足点来进一步实现自己的选题设想。

第3节 新媒体背景下的内容写作

所有媒体都在随着科技进步而不断向前衍生发展，它们的演进原则都是让人更便捷、更舒服地获得接收信息时的愉悦感，而媒体的产出内容更加合乎人们天然的沟通交流和生存状态。

和传统媒体的受众不同，算法平台上的用户可以自主选择关注的焦点。同时，在信息高度发达和扁平化的今天，重大新闻往往在几秒钟之内就传遍了全世界，这导致用户对新闻信息迅速报道动态进程的要求已经降低。但由于每个人的关注点不尽相同，同一条新闻可能存在着多个不同方向的新闻点，这需要内容生产者进一步找准定位，根据预设的用户画像，直击自己目标用户的关注点。

总体而言，算法分发背景下的新闻写作需要符合更生动、更突出、更视觉化等要求，但也应警惕过度娱乐化、标题党、标签化等不良现象的出现。

3.1 新媒体内容生产的写作特点和注意事项

受限于手机屏幕大小，新媒体背景下的内容写作更加强调段落的短小精练和表达的直接，要有和用户交谈的感觉，更加人性化，写作者的视角更低、身段更加柔和。所以，在新媒体写作过程中，要注意以下的几个特点。

3.1.1 面向特定的人群进行定制化生产

在算法时代，大而广之的新闻发布越来越少，特色化、个性化的内容增加。这就要求在选择新闻落点的时候不能面面俱到。像大众媒体那样产出无差别的新闻内容，推广给庞大的面目模糊的受众，在算法时代这种操作模式无法触发精准推送，最后的结果就是哪个群体都不喜欢。

新媒体环境下非常强调用户画像。特定的年龄、性别、价值观、动机、习惯等特质，都会把新媒体生产的内容从大众媒体时代的大平面切割成一个个分散的小群体，每一个小群体服务特定的人群。要严格界定自己的用户在哪里，然后让选题、文风、编排、互动都围绕着用户的特征来进行。

3.1.2 一定要表达清晰、不绕弯子，措辞和语句要精练

在新媒体条件下，人们的阅读习惯苛刻，如果不是吸引人的标题就根本不会点进去看，点进去之后在两屏之内没有好看的内容，半数以上的人就会立刻退出。这种情况就决定了内容要直白，不能吊人胃口，不能慢慢切入。

因此，这就要求在内容生产时尽量语言平实简洁。能用一段话写清楚的就不要用两段，能用短句的就不要用长句。

总体篇幅也要控制在一定的范围内。我们做过一个实验，用中等字号排版，发布一篇一万字的文章，手指要刷55下才能看完。事实上，没有多少用户能够有这样的耐心来读完这么长的文章，对于新媒体的文本来说，最适宜阅读的平均长度基本在1 000～2 000字。如果超过这个篇幅，就需要用小标题、图片等多种制作方式，使得文章不沉闷。如果更加贴心的话，要在文章的标题之下醒目地给用户明确提示：全文共计多少字，全部读完大约需要多少分钟。

3.1.3 设置充分的悬念去吸引人

这似乎看起来和前一个要点有点矛盾，但实际上它们是统一的。前一个要点，要求文字简单清晰，要让人打开之后愿意读下去；而设置充分的悬念，是指当用户

打开文章的时候能把他留住，直到让他读完。

也就是说，尽管需要文风的清晰直接，但也不能把所有有价值的内容一股脑在开头部分全兜售出去，而是要构思出一个吸引人的故事结构。在行文中留有悬念、冲突、阻力、对比、转折，让用户在阅读期间不被其他事物吸引。

一个简单的操作方式是，可以在内容生产时把它设想成在和用户聊天，思考怎样设置悬念才让人在聊天中舍不得中断。为了验证这个效果，内容生产者可以在写作后大声朗读初稿，听语句的节奏，以适应新媒体，特别是视频、音频传播的需要。

3.1.4　需要很强的代入感，替普通人表达、发声

几乎所有引爆舆论的内容都是能替普通人代言的，能够让用户走进甚至融入这篇文章所营造的氛围里面。同时，这种代入感能减少阅读成本，树立风格。

很多传统媒体因为长时间占据着传播渠道，习惯于板着脸的、高高在上的叙事方式，在代入感上营造得不够，就不适合新媒体的传播。

3.1.5　树立新媒体写作的风格

王国维在《人间词话》中归纳了三个境界：

> 古今之成大事业、大学问者，必经过三种之境界："昨夜西风凋碧树。独上高楼，望尽天涯路。"此第一境也。"衣带渐宽终不悔，为伊消得人憔悴。"此第二境也。"众里寻他千百度，蓦然回首，那人却在灯火阑珊处。"此第三境也。

新媒体写作也分成几个层次：第一个层次，通顺流畅、平实准确；第二个层次，深入浅出、生动活泼；第三个层次，跌宕起伏、引人入胜；第四个层次，击中要点、与众不同。

树立内容写作的独特风格，需要在用词和行文中有自己的独特性，有足够的辨识度；也需要进行精心制作，在排版上有独特性，和自己的内容契合，形成固定的视觉风格。关于制作的部分，会在第 10 章更加细致地展开来讲。

具体到写作过程，有以下注意事项：

第一，要使用短句，短句更加容易阅读，叙述更加紧凑。

第二，多用口语，尽量让新闻内容给人留下的感觉是要回到对话中，达到非常舒适的状态，去发挥自然语言的效果，不要过于书面化。

第三，多描述细节，抽象的东西很难让人建立认知，而细节越多越有画面感。

第四，多去结合熟悉的场景，利用人们理解的事物去解释未知的事物。

第五，多打比喻，多用动词、名词，少用形容词。

最后，在内容生产完成后再整体检查一遍，着重注意以下几点：

第一，符合新闻出版相应法规，遵守版权、肖像权等相关规定。

第二，注意鉴别事实性材料的真实性。

第三，注意逻辑顺序上的不缺失、不误读。

第四，遵守在新闻专业操守和原则下采访的相关规定。

提 要

短句、代入感、发挥自然语言的效果……在算法分发背景下进行内容生产，贴近感和代入感是必不可少的。

3.2 新媒体内容的写作步骤

新媒体所需要的内容供给，从操作上可以实现初步的工业化生产步骤，通过团队合作来完成。从写作步骤上看，“内容创作”这条流水线包括“构建关键词→撰写草稿→整体考量文章布局→设计文章呈现方式，整体复盘”四个部分。

3.2.1 构建关键词

在算法分发的背景下，新闻内容的题材和角度无论多么匠心独运，最后都需要依托机器对关键词的鉴定和抓取，才能使这一篇文章脱颖而出。

所以，文字、图片、音频、视频，都需要对主题进行解构，从内容生产的第一步就选择好符合文章主旨的标签，使得这篇文章更加容易被关注。

在设置文章关键词（主题词）时，尽量选用用户敏感的词语、热点词语。这时可以以在各种搜索引擎搜索栏输入一个关键词后延伸出来的下拉词作为参考。关键词的密度也要有合理的安排。在标题中至少出现一个关键词，正文中关键词完整匹配出现 2～8 次，并且做到均匀分布，便于机器识别。

3.2.2 撰写草稿

在确定了主题和关键词后，就要开始动手写草稿，对已有资料进行再加工，使之变成新的内容。这里可以归纳为以下步骤：

（1）对题材、核心事实、核心人物进行研究，寻找恰如其分的切入点。

（2）为你要写的内容设想一个假定的主题，循主题取得各种情节、故事、引语和其他事实证据，以支持或者修正这个主题。

（3）事先写一个问题提纲——尽你所想，写得越多越好，然后尽量去为它们找到答案，把这些答案中鲜活的部分体现在内容中。

（4）自行检索采访内容：将已有各方面信息缀连起来，找到其间的逻辑缺漏。

（5）从新媒体的内容呈现上，找到各个环节中能够作为证明的图片或短视频资料，盘点缺漏项。

（6）对（4）和（5）中出现的缺漏，查找出处并核实。

（7）对（6）中没有完全核实清楚的碎片性信息，通过社交媒体或电话采访进行核实。

写作草稿的关键在于制定内容框架。最常见的内容框架有归纳型框架和演绎型框架。归纳型框架就是一般的并列式结构，内容通过小标题的形式分块呈现。演绎型框架是以一个事件为主线，梳理出主要情节，以带有文采的小标题串联整个内容。文章的框架通过加大字号的小标题呈现，使脉络清晰，适合移动端阅读。

在写作时，倾向于使用总分、并列、递进这样自由式的写作结构，开头用比较

简单活泼的形式来告知下文的信息，引导受众阅读。

对于热门事件，惯用的方式是把网上的信息进行整合编辑，以“描述事件-事件背后的背景延伸-网友评论选登”的脉络逻辑来组织文章的结构。这种方式的最大特征在于编辑过程简洁，反应迅速，但是深度和准确度不足。

对于时效性较强、阅读体验较差的题材，采用截取新闻关键点的方式进行报道，并以换色、加粗或变大字号等方式突出部分内容，有时也将信息浓缩整合、制作成图，方便受众理解，也方便其找寻有用信息。

对于深度题材，可以通过取小标题的方式将长文内容分割成块，通过板块化的方式减轻受众阅读疲劳，同时也可使用动图、图片、对话框等形式使文章更有亲和力。

要注意的是，在写作的时候要提前去构思文章的框架，围绕文章的主题进行拆分，不要一下把所有有价值的内容都抖光，要留有悬念。

【案例8-4】 写给“青年投资导师”徐小平的求援信

一个青年给有“青年投资导师”之称的徐小平写了一封求援信，并获得了徐小平的回应。我们可以比较一下两封信的区别，从简短的行文中，看一下不同架构、不同关键词对于最终文本呈现所起到的作用：

一

徐老师，我大学毕业后开了淘宝店，感到不快乐，听说你是青年的导师，你有时间开导一下我吗？

二

徐老师，我是一个北大的毕业生，我现在在开淘宝店。我的销售额已经3 000万了，但我非常不快乐。听说你是青年的心理导师，我是一个心理陷入困惑的青年，你有时间开导一下我吗？

两个文本的区别是，第二个文本加入了北大毕业（引人关注的因素）、销售额3 000万（引人关注的因素）、不快乐（情感因素），从而进一步制造出了悬念、转折、冲突，更加吸引人。

3.2.3 整体考量文章布局

有了清晰的框架，完成草稿后，再整体考量一下文章的布局。这时有这样的几个考量因素：

（1）符合新闻真实性原则，不恶意煽情和炒作，不违反国家和相关机构的有关规定。

（2）叙事合理完整，没有结构上的欠缺。

（3）关键词布局合理，不要虎头蛇尾。

在完成对文本内容的审核后，还要考虑在新媒体背景下加入什么多媒体元素来使文章更加立体化、丰满化。常用的多媒体元素有音频、视频、动图、图片、超链接、投票框等。

3.2.4 设计文章呈现方式，整体复盘

内容的呈现方式也就是内容的编排。在新媒体背景下，基于小屏的阅读使得编排和展现方式变得和文章本身同样重要。在编排中一切要以用户体验为核心，简洁的排版、通俗的语言、精美的配图这些都会让用户慢慢形成阅读偏好。

在经过一定时间的实践，摸索到了比较合适的排版风格后，就要形成固定风

格。字体、篇幅、文章的结构框架都尽可能达到一致。另外，配图的色调、文章发布时间等也尽可能统一，逐渐形成固定的风格。如果排版风格经常变动，会给人一种杂乱无章的感觉而影响阅读体验。

现在的所有平台都提供预览功能，让人能够反复查看和修改呈现方式，确保达到满意的效果后再生成定稿。

最后，等文章和呈现方式都做好了之后，再进行整体复盘，看是否达到了最初的设计效果。

提 要

为了让算法更加准确地抓取并推送，需要在整篇内容中有意识地进行关键词的设置，设置标准就是预设的用户画像。

【本章小结】

本章主要介绍新媒体背景下的内容生产，涉及内容生产的原则、方法和注意事项。算法时代新媒体的内容生产，最大的一个前置性变化是，所有内容都要汇集到算法平台上，根据算法规则的标签，推送到有不同需求的用户手中。因此，站在内容生产者的角度，必须进一步创新内容形态，使自己生产出来的新闻内容更加贴近自己目标中的用户画像。因此，新媒体背景下的内容为了更加符合用户需求，出现了情感化、通俗化、易于传播、易于理解等特点。但同时也要注意，这只是方法上的更新和进步，而不能片面地为了贴合用户，出现过于媚俗、夸大其词、传播虚假消息甚至“洗稿”等不符合新闻职业道德的行为。

【思考】

1. 列举你印象最深的、本月看到的 10 篇新媒体内容，并分别指出这些内容的选题传播价值是什么。

2. 试说明发现一个事实的新闻价值与寻找一个报道的最佳表达方式之间是什么关系。

【训练】

1. 针对校内热点话题，试为校园媒体做几个新媒体选题策划。包括选题内容、报道思想、拟采访对象、拟呈现方式。

2. 针对一年一度的中秋节，试为以年轻消费型女性为主要用户的自媒体策划一个围绕中秋节的深度报道。

3. 查阅本地报纸和今日头条号上对近一个月热点新闻的报道，并比较它们的新闻选题倾向，做出对比分析。

第 9 章　新媒体时代的标题

【本章学习要点】

起一个精彩的标题，一直是内容生产的一项核心技能。而在新媒体时代，尤其是算法分发的时代，标题的重要性得到空前的提升。根据文本内容进行个性化的推荐是算法推荐系统的一项基本功能，其中首要的筛选标准就是标题。本章先通过理论阐述和案例分析，梳理了不同媒体时代标题的作用，起到认清新媒体时代标题重要性的作用。此后，介绍了标题的不同类别和制作方法。接着强调，通过算法推荐平台呈现给用户的内容需要遵守相关的法律法规和社会公序良俗，因此系统要对内容进行判断和甄别。鉴于标题在新媒体时代的巨大作用，内容生产领域因而出现了“标题党”的现象。本章最后一部分详细介绍了“标题党”的种类和成因，并告诫内容生产者不要成为“标题党”。

在新媒体全盛的时代背景下，注意力经济成为时代特征。新媒体新闻标题不再只是单纯起着新闻眼的作用，而是肩负着吸引受众阅读兴趣的重任，直接决定着新闻点击率的高低。

从“厚报时代”到“多频时代”，传媒市场已经出现生产过剩的现象，初级加工的资讯不再是市场的稀缺资源，而用户的“注意力资源”则成为市场争夺的对象。随着海量信息的涌入，用户有限的阅读精力与丰富的信息生产、多元的传播渠道构成了信息传播活动的主要矛盾。信息能否为受众所注意、接触并认可，成为媒介在“注意力争夺战”中成败的关键。

在算法分发的逻辑下，能够让新闻从信息的汪洋大海中脱颖而出，才是一则新闻能够出类拔萃的关键所在。在这种情况下，新闻的标题起到了前所未有的最重要的作用。面对海量信息流的冲击，用户对标题的第一印象，基本决定了他对新闻内容的态度：是会点开，还是会放弃。

第 1 节　算法时代的新闻标题

1.1　标题成为手机终端上的唯一新闻入口

新闻标题从传统媒体时代开始，就是区分新闻种类、提示新闻阅读的重要元素。新闻标题是出现在新闻正文内容前面，对新闻内容加以概括或评价的简短文字。在纸质媒体上，新闻标题的字号大于正文，作用是划分、组织、揭示、评价新闻内容，吸引读者阅读。在视听媒体上，新闻标题在正文出现时同步出现，并在正文播放时间断性重复播放，用来提示新闻内容，吸引受众注意。

在新媒体时代，传播场景的蜕变决定了标题的重要性随着媒体变化而愈发凸显（如图9－1所示）。

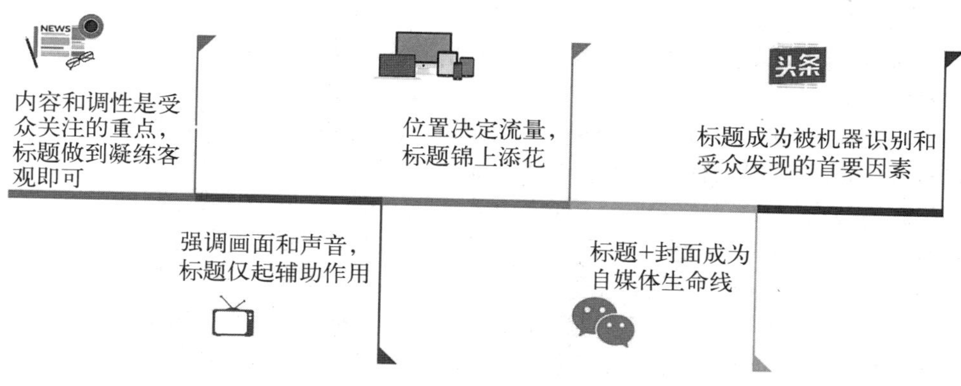

图9－1　传播场景的蜕变决定了标题的重要性愈发凸显

在报纸当家的传统新闻时代，标题与内容处于同一版面，会被读者同时阅读。对于报刊而言，新闻所出现的位置比新闻标题所起到的提示作用和导向作用更为明显。头版头条的标题是受众关注的重点，其次才是其他位置的标题。也就是说，在版面语言中，位置是比标题内容更加重要的一个因素。

在纸媒中，标题要以精练的语言对新闻内容及中心思想进行富有特色的浓缩、概括，成为新闻的延续与完成。在这种要求下，报纸时代新闻标题直接影响着读者对新闻内容的第一印象。标题既依附于新闻内容又独立于新闻报道，承担着向读者传递信息的功能。

广播电视时代，标题的地位相对于纸媒更加弱化。广播是听觉媒体，听众在听到某一条新闻的时候并不会专门注意标题，播音员也不会刻意介绍标题的存在。而在电视媒体里，电视新闻独特的动态视觉传播方式决定了电视新闻标题的制作特点：它要满足观众最迫切的信息需求，在恪守新闻事实的基础上，以大众化的话语体系交代关键信息。作为视觉新闻画面的一部分，电视标题承担着缓解观众听觉压力、增强信息记忆等重任。除了画面下方的文字标题，吸引观众注意力的还有电视画面以及主持人播报的声音符号。电视标题的重点任务是突出事实主体、告知核心信息。

在传统PC端时代，新闻的呈现载体主要是各大门户网站。门户网站自身版面设计以及新闻的位置能够直接影响用户的点击欲望，此时，标题的作用开始提升，标题字体的加粗加黑、位置摆放都会对阅读率起到直接的作用。

不同于纸媒新闻，网络新闻标题的页面设计在一定程度上决定了各条新闻间的竞争关系。有限的时间和精力，决定了用户必须在海量信息中做出取舍。网络新闻标题如不能从“标题目录”中脱颖而出，则势必为“刷屏”和“更新”所淹没，标题背后的内容更会付诸东流。因此，标题成为网络门户时代新闻内容生产者煞费苦心、精心打造的新闻元素。

新媒体时代的到来，尤其是以智能移动终端为代表的数字化阅读方式，改变了用户获取新闻信息的行为方式和阅读特征，新闻生产的方式，尤其是新闻标题的制作也随之变化。经历了传播场景蜕变以及用户阅读方式的变迁，新闻标题成为吸引用户浏览的关键入口。海量信息解构了传统媒体垄断，年轻读者不再青睐一本正经地说事论理的权威语调，而是更偏好轻松的信息。科瓦奇和罗森斯蒂尔两位作者在

《真相：信息超载时代如何知道该相信什么》中认为，随着“新闻游牧者”的出现，用户不再依靠某类把关者提供信息，一种按需消费新闻的文化正在形成。①

在长期的新闻使用消费中，用户自主形成了怀疑性认知的方法以及对新闻内容的判断标准，特别是社交媒体崛起带来的传播方式的改变，突出了互动和参与的心理动机和个人动机。

手机窄小的屏幕使其无法像报纸和电视那样同时展示标题和新闻正文，也无法像台式电脑屏幕那样通过不同的位置来区分新闻的重要程度。不论是以今日头条、腾讯新闻为代表的新闻客户端，还是以一点资讯、百度新闻为代表的新闻推送，抑或是微信公众号的订阅推送，其版面设计以及互动方式，都以标题作为新闻与用户交互的唯一入口，而且只能用一条条纵向排列、“滚动浏览、点击阅读”的模式来展示新闻。“点开”成为用户认可新闻标题的直接结果。在这种情况下，标题的功能不再限于凝练新闻内容、向受众告知信息，还被赋予了“吸引用户点击、提升内容点击量”的重任。

因此，新媒体环境下新闻阅读方式的链接化特征，提升了标题在内容生产上的地位，甚至不夸张地说，在互联网上，一个标题就能够决定新闻内容的命运。不论是新闻客户端，还是微信公众号，其页面多采用列表式标题设计，页面就像是目录，引导用户进入标题之后的内容。

提 要

在以手机作为媒介终端的时代，受屏幕特征所限，标题成为人们获知新闻内容的唯一入口。因此，标题在内容生产领域的重要性上升到了前所未有的地步。

1.2 算法背景下新闻标题的作用

在算法分发背景下，新闻标题中所包含的关键词会成为机器进行识别和推送的重要依据。一则新闻要先经过机器的识别，被分类后，再根据分类来推送给具备同样标签的用户。如足球新闻推荐给体育迷、军事新闻推荐给军事迷等。

为了让自己编写的新闻在浩如烟海的文章中被机器识别并推荐，有意识地在新闻标题上多出现一些能够便于机器识别的因素，就成为一个行之有效的手段。不过，标题并不是机器识别和发送新闻的唯一途径。为了能够更加有效地被机器鉴别和分类，就需要在一则新闻的正文中有意识地均匀出现可供识别的关键性词语。

不过，无论媒介如何变迁，新闻标题如何随着这些变迁变得日益重要，一则新闻中标题所起到的作用都是相同的。在一则新闻中，标题主要起到以下三方面作用：

其一，新闻标题以报告新闻事实为最核心的任务。新闻标题主要是报告新近发

---

① 科瓦奇，罗森斯蒂尔．真相：信息超载时代如何知道该相信什么．北京：中国人民大学出版社，2014.

生的有意义的事实，要求简洁明快，通常对新闻事件发生发展过程不做详述。这就决定了新闻标题重在叙事，即使是就实论虚的标题，对必要的事实也应有所说明。

其二，新闻标题对事实的表述呈现一种动态。标题不仅要报告新闻事实，而且对事实的表述要体现出一定的动态，即告诉读者事情的发生与发展。

其三，新闻标题形式具有多样性。新闻标题除单一式结构之外，还大量采用复合式结构，往往是通过多重标题之间的配合来报告新闻的内容，指明其性质和意义。

【案例9-1】 标题信息含量增加对传播起到带动作用

2017 年 3 月 25 日，原发于《南方周末》的新闻稿件《刺死辱母者》成为广受瞩目的新闻。全社会对这则新闻的关注使得新闻事件中的主人公于欢最终得以减刑。新闻事件的梗概是，青年于欢由于目睹了索要高利贷的男子把他的母亲扣留在室内长达几个小时，并有人当众做出一些凌辱他母亲的举动，他最终刺死 1 人，刺伤 3 人，一审被判无期徒刑。这篇文章为于欢鸣不平，认为于欢的行为是正当防卫，判罚过重。这篇文章涉及法理、基层生活状况等因素，用一个小人物的命运追问制度安排，具备热点新闻的基本要素。

如果我们来梳理一下它的时间线，就可以从这个实例中充分感受到标题的作用。

3 月 23 日《南方周末》通过报纸和官网正式发出这篇稿件，题目为《刺死辱母者》，但是阅读量不高。3 月 24 日，多家门户网站在授权转载的协议下，把这条新闻在网站和移动客户端推送。3 月 24 日下午，凤凰网在推送这篇稿件时，把原来的标题改成了《山东 11 名涉黑人员当儿子面侮辱其母，1 人被刺死》，引起第一波的小高潮；3 月 24 日 15 时，网易的门户网站编辑把标题改成《女子借高利贷遭控制侮辱，儿子目睹刺死对方获无期》后，在 PC 端门户网站上推送。而与之几乎同时，网易的移动客户端也转载了这条新闻，并把标题改成《母亲欠债遭 11 人凌辱，儿子目睹后刺死 1 人被判无期》。后来的数据显示，正是网易移动客户端的这个标题引发了爆炸性的传播效果。

我们再来对比一下这四个标题：

1.《刺死辱母者》。

2.《山东 11 名涉黑人员当儿子面侮辱其母，1 人被刺死》。

3.《女子借高利贷遭控制侮辱，儿子目睹刺死对方获无期》。

4.《母亲欠债遭 11 人凌辱，儿子目睹后刺死 1 人被判无期》。

新闻信息含量：

1. 刺死（结果）、辱母（核心事实）——两个新闻要素。

2. 山东（地点）、11 名（数量）、涉黑（性质）、当儿子面（信息增量、情感增量）、侮辱（核心事实）、其母（情感增量）、1 人（数量）、被刺死（结果）——8 个新闻要素。

3. 女子（人物）、借高利贷（原因）、遭控制侮辱（核心事实）、儿子（信息增量、情感增量）、目睹（强调、情感增量）、刺死对方（结果）、获无期（核心人物的结局）——7 个新闻要素。

4. 母亲（人物、情感增量）、欠债（原因）、遭凌辱（核心事实）、11 人（数量）、儿子（信息增量、情感增量）、目睹（强调、情感增量）、刺死（结果）、1 人（数量）、被判无期（核心人物的结局）——9 个新闻要素。

比较这四个标题可以发现，后三个标题在新闻信息含量上有显著增加，对于普通用户来说，相对更能起到吸引其阅读的效果。而第 2 个和第 4 个标题又更加突出了“母亲”这个有亲情投射的关键词。

网易移动客户端用第 4 个标题把这篇稿子重

新推送之后，阅读量超过千万，“盖楼”回复条数超过一万条，并且这个标题很迅速地被各家新媒体再度转载、改编、重新推出，制造了转载量的爆炸级效果。把“女子”变成“母亲”，更有感情色彩。当一个儿子目睹母亲被11个人凌辱，能够激发阅读者的共鸣。

另外的一个显著特征是第2个和第4个标题突出了数字对比：11人凌辱母亲，儿子刺死1人。第4个标题又格外强调了这一案件的一审判决结果是无期徒刑。这种对比会引发人们的强烈情感共鸣，对涉案的儿子产生深深的同情——所有人都不能容忍自己的母亲在自己眼皮底下被凌辱。11个人凌辱一个母亲，儿子打死了1个人，判处无期徒刑，这样的判决是否公平？是否需要再点开文章一探究竟？

这几个标题之下的正文是完全一致的，但是所展示出来的传播效果却截然不同。这个事例鲜明地体现出，在新媒体环境下一个好标题能够对优质内容传播起到直接的带动作用。

不过，需要注意的是，作为新闻从业者，不能片面地只强调标题对于新闻的导流作用，不能单纯以点击量来衡量新闻标题的成败。纸媒时代无法直观得到读者对具体的一篇新闻的阅读量，对标题好坏的评判基本上是根据新闻业界从业者自身的经验和考量。而在新媒体时代，一个好标题对点击量所产生的影响的直观数据，则对从业者影响巨大。在这种情况下，新闻从业者不能被“点击率”“10万+”牵着鼻子走，如果不顾内容、专注于起一个耸人听闻的标题，是严重不符合新闻从业者职业规范和道德准则的。

提 要

在新媒体环境下，一个好标题能够对优质内容的传播起到直接的带动作用。一个好的内容生产者，必须对标题的制作给予足够重视。

第2节 标题的分类

在新媒体环境下，标题成为人们识别和选择一则新闻的重要依据。根据标题的结构和功能，我们可以将标题分为若干类别。

2.1 按照标题的结构分类

新闻标题的制作离不开对标题结构的选择，从新闻标题的构成情况分析，标题结构可分为一段式、两段式、三段式。

2.1.1 一段式标题：一针见血

一段式标题以信息精准取胜，力求以最少的字幅表达最多的信息，在用户接触的第一眼，交代最重要、用户最关心的信息。一段式的新闻标题契合了“倒金字塔体”的新闻内容，即在最短时间内交代文章关键信息点。例如“韩剧为了收视率也是蛮拼的”“王菲最怕的就是这个”“贾跃亭：我无力还债、深表歉意”……

一段式标题绝大多数有鲜明的主题，其定位有着目标鲜明的传播受众。具备吸睛要素的新闻事件，可以采用一段式标题。

2.1.2 两段式标题：前铺后垫

两段式标题会用两个分句来进行对比。相比一段式标题，两段式标题本身缺少特色鲜明的公共符号，不足以靠自身爆点吸引用户点击，但是有一定的新闻事实，或者有一定的故事情节。两段式标题用两个分句进行对比，比较容易吸引人的注意。

2017年11月4日，刘恺威获得美国亚洲影视节金橡树奖最佳男演员，但实际上，这只是个10月刚刚成立的普通电影节，即便如此，该新闻也上了微博热搜。而在前一天，段奕宏获得四大国际电影节之一东京国际电影节最佳男演员，由于段奕宏本人的明星效应不高，此新闻传播范围有限，资讯便以《得野鸡奖的影帝上了热搜，而拿了国际大奖的影帝无人问津》为题，形成强烈对比，激发公众的好奇心。

2016年，菲律宾单方面向海牙仲裁法院就南海争端要求“裁决”，新华社以《神马“南海仲裁”?! 中国态度在这里!!!》发表社论。该标题改变了“国社”一贯“严肃规范”的叙事风格，标题更加网络化、口语化，先交代事件政治背景，再指出文章内容是“中国对事件的表态”，至于如何表态、怎么表态，就需要用户点开仔细阅读。

2.1.3 三段式标题：巧设悬念

新闻标题越变越长的内在逻辑是随着媒体变化而确立的。随着移动智能终端的普及，用户不需要像纸质时代那样左右转头阅读，手指的划动取代了脑袋的移动，甚至减少了目光的转动，标题的长度增加也不会影响用户的阅读体验。

传统报纸的标题通常要求不要超过13个字，这个要求是和媒介本身的特点密切相关的。因为如果标题过长，不仅会给后期的报纸排版带来很大的困难，也会影响人们的阅读体验。标题如果长到超出了人们的视线范围，使得人们阅读一则标题还需要扭头的话，会是一种非常不好的使用体验。而在手机上，因为用户第一眼看到的内容只有标题和题图，所以无论多长的标题都不会存在排版的困难。另外，因为手机屏幕本身的宽度就在人们的视线范围之内，也不需要人扭头，所以能够容纳更多信息的长标题就更加受到人们的喜爱。

各个新媒体平台提供的条件也都能够满足长标题的生产需求。微信公众号的标题最多可以使用64个字，头条号最多可以使用30个字，大鱼号最多可以使用50个字。

所以，既然标题被允许使用几十个字，而且字数越多就越能容纳更多新闻要素，那么，人们自然会更加倾向于生产长标题。

例如，《娱乐圈该拿影帝的人，教会孙红雷表演，靠这个红遍全国》这个三段式新闻标题中出现了新闻当事人的三个最显著的特点。第一步留出悬念——最该拿影帝的是谁，吸引用户的点击欲望；“教会孙红雷表演”进一步加深悬念；“红遍全国”继续留下悬念，激起用户的好奇心。这样连续三层悬念叠加，使得这则新闻被点开的概率大涨。

三段式标题在图片新闻中的运用尤其明显。有一则新闻总结了演艺圈六个经典角色及其扮演者，以《演绝了一个角色的演员们，个个无法超越，最后一位自认为角色转世》为标题。“演绝了一个角色”是前提，“个个无法超越”是对角色的定性，而号称“角色转世”的最后一张图，其经典程度被进一步强化，引导用户点开。

随着新媒体的普及，三段式标题的使用频率逐渐上升。统计显示，新媒体平台上的新闻标题字数逐年增长。阅读量超过 10 万的新闻的标题长度，从 2015 年到 2017 年逐步增加（见图 9－2）。2015 年，“10 万＋”的标题平均不足 20 个字，2016 年突破 20 个字，2017 年则已经快接近 25 个字。

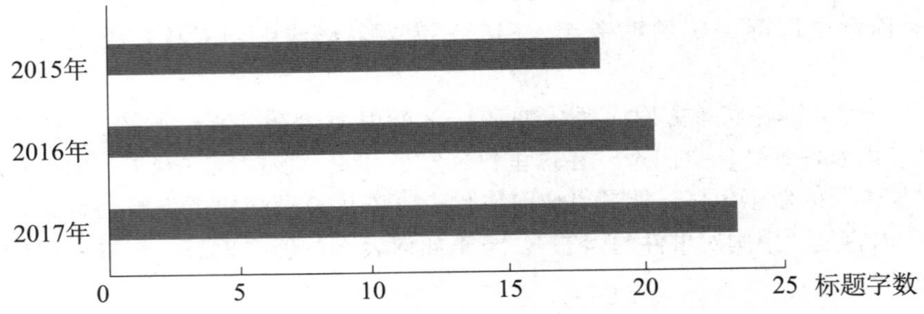

图 9－2 “10 万＋”新闻的标题长度

资料来源：新榜。

新媒体环境下的标题越写越长，本质上是一个信息前置的现象。因为在新媒体时代信息爆炸的情况下，要去争夺受众眼球的内容越来越多，人们的注意力越来越分散，而标题在新媒体中又是最重要而直接的入口。对于内容生产者来说，怎么样能够把大家给吸引过来呢？最简单的方式就是尽量在标题里面提供足够多的悬念，足够生动的信息，吸引人定睛阅读。

一个长标题是否对人的阅读兴趣有直接的激发作用？我们从下面这个例子就能看出来：

1. 如何起一个好标题？
2. 如何起标题才能刷爆朋友圈？
3. 如何起标题才能刷爆朋友圈？四招教会你
4. 如何起标题才能刷爆朋友圈？四大招五分钟教会你
5. 如何起标题才能刷爆朋友圈？四大招五分钟教会零基础的你
6. 如何起标题才能刷爆朋友圈？四大招五分钟马上教会零基础的你

当标题的内容越来越多，也就呈现了一个逐步递进的过程，标题中的信息含量呈现一个抛物线的状态，先是迅速上升，之后上升速度就逐渐放缓。这是因为能够吸引人阅读的新闻的信息量是有限的，过长的标题反而会不突出重点。

以上面的这几个标题为例，如果要再继续往上加的话，仍然还可以继续加，但是，再继续加下去并不能带来更好的信息增量。第 6 个标题只比第 5 个多了一个副词，信息量并未显著增加。第 5 个标题增加了“零基础”这个限定后，用户触及面反而比第 4 个标题小。“想学习起标题的人”和“想学习起标题但零基础的人”相比，前者的涵盖面更广。而且如果有一个人点开第 5 个标题链接，实际上需要这个人先承认自己的基础薄弱，所以增加“零基础”三个字反而会适得其反。不过，显而易见的是，第 3 个标题因为信息增量，比第 1 个和第 2 个标题有更好的刺激阅读的效果。

提 要

新媒体标题根据特性，呈现越来越长的趋势。不过，一段式、两段式和三段式标题各有利弊，标题也不是越长越好，要根据新闻内容的性质，选择最适合吸引用户的信息增量，从而确定新闻标题的长度。

2.2 按照标题的功能分类

按照新闻标题的实际功能，可以分为悬念式标题、猎奇型标题、警示型标题、对比型标题和权威型标题。

2.2.1 悬念式标题

悬念式标题不仅存在于网络媒体中，在以《知音》《故事会》为代表的传统媒体中也屡见不鲜。相比倒金字塔式结构的“一针见血”，悬念式标题透露出有限的事件信息，能让用户明白事件发生的背景、内容涉及的领域，却拒绝透露事件核心信息以激发用户的求知欲。

《英国拾荒者捡到 U 盘，内含绝密信息太让人吃惊了》一文，采用两段式标题，第一句交代了事件背景，第二句设置悬念“U 盘中有什么”。

标题《朝鲜如何回到谈判桌前，外务省高官向美国喊话，提出了一个条件》留下了有悬念的新闻事实，即“外务省到底提出了什么条件”。

《娱乐圈出名难搞，自称李清照转世，但她却是个好演员》这个三段式标题层层铺垫，令用户发出“这是谁啊”的疑问。借助悬念，在前面铺陈新闻事实，在最后引出新闻内容。

悬念式标题虽然能够引起用户好奇，却不能使用过于频繁，标题不能隐匿过多关键信息，否则会令用户感到不知所云，适得其反。

2017 年 10 月，印度“查克拉-2 号”核潜艇发生事故，舰艏下方的声呐设备受损。针对这一事件，百度新闻以《这国潜艇刚出事，095 核潜艇即将问世，该国将军却做出这样的祈祷》为标题展开报道，但是标题中没有呈现一点关键事实，对事件主体没有任何指向。而搜狐新闻对此事的报道标题为《印度海军又闹笑话：借潜艇充门面，一出海就撞烂，俄罗斯乐开花》，既交代了“印度潜艇”“俄罗斯表态”等关键信息，也巧妙隐藏了“查克拉-2 号”潜艇的事故细节。

2.2.2 猎奇型标题

猎奇型标题抓住了受众对新鲜事物的好奇心理，以贴近生活而真实的叙述策略激发用户的好奇心。该类标题中会出现“99%的人都不知道”“震惊”“为何”“厉害了”“原来”“竟然”等。值得注意的是，猎奇型标题需要运用得当，否则很容易走入“标题党”的误区，不仅会影响内容生产的质量，也会受到算法的打压。

《山西文物居全国第一，最具代表性的却是一座破庙，大多数人都不知道》，该三段式标题中，有五千年历史的山西却以“一座破庙”为文物代表，前两句留下悬念，但第三句中“大多数人”却容易激起用户的好奇心，令他产生点开看看的想法。

猎奇型标题需要注意字里行间传达的态度，标题的目的是吸引用户点开了解内容，该类标题的使用需要注意口吻和分寸，“你都不知道”“快进来看看”之类的命令式口吻只会引起用户的反感。

《厉害了！中国刚打了一口“井”，或许能告诉你恐龙灭绝的秘密!》，原来是讲松柯二井顺利完井，其深度钻穿白垩纪底层，对于了解白垩纪时期地质结构、气候生态有巨大帮助。标题中用了“恐龙灭绝”，而这一科学谜团困扰科学界多年，这一秘密很能吸引眼球。

2.2.3 警示型标题

警示型标题多出现于健康、育儿、情感类新闻，常出现“用户警惕”“留点心”“注意”等字眼，如《伤肝等于自杀！最作死的七大伤肝习惯，很多人天天做》。该类标题本质上是在制造恐慌，尤其是在健康、育儿类新闻中，给用户造成心理压力，从而达到传播效果。

2.2.4 对比型标题

对比型标题一般为两段式，两段标题提及的内容存在差距，以此吸引用户眼球。如《他们曾位居副国级，下半辈子只能在牢狱里写悔过书》《三百万一年！这罕见病并非无药可医，但无数家庭却无钱可医》等等，通过前后对比来形成反差。

《富婆侮辱小乞丐，岂料第二天却赔礼道歉》，富婆和乞丐成为两个对照主体。《毕业十年，有人月薪一万，有人月薪十万，差在哪里?》，从用户心理出发，用对比反差起标题。《为何金庸剧热度不减，古龙却渐渐被遗忘》，昔日齐名的两位武侠小说家，如今作品的知名度却大相径庭，该标题对两个同时代的作家进行境遇的对比。

2.2.5 权威型标题

权威型标题主要依靠名人或者权威人士的身份来吸引用户。该类标题会转述行业权威人士的原话，通过名人效应吸引用户点开正文。如果标题提及的内容正是用户所关注的，则文章被阅读、关注的可能性大大提升。

《关于名校性骚扰，听听这位校长怎么说》《全球五百强 CEO 告诉你如何实现升职加薪》《谁说吃油就会胖，科学告诉你这是错误的》……对正需要此类新闻的用户而言，这样的标题极具吸引力。

《车内的内循环按钮不能随便开？听听专业人士怎么说》，标题中“车内”，吸引了有车一族；《普通的孩子也能拥有“最强大脑”?！在〈最强大脑〉上一战成名的他这么说……》，该标题蹭了《最强大脑》的节目热度，“一战成名”这一荣誉更令渴望“天才”光环的用户认可。这类标题，常常略微故弄玄虚，以达到吸引眼球的目的。

《习主席亚洲之行的六个感人细节》《干货满满，总理在记者会上谈这些》《这位女子大骂毛主席，毛主席这样回应》《普京感动落泪！中国主席一句话让俄罗斯沸腾》，该类标题提及了公众人物，利用公众人物自身的影响力提升了标题吸引力。

另外，标题还有故事型和段子型等类型，主要用于一些休闲娱乐的主题。标题分类详见图9-3。

类型	适用领域	关键词	案例
悬念式	所有领域	这/此/一席话/有人	《英国拾荒者捡到U盘，内含绝密信息太让人吃惊了》 《出于审核制度，有一种电影，很难在国内影院上映》
猎奇型	故事、历史、娱乐、军事等	无人能敌/揭秘/厉害了/还原/为何	《二战王牌飞行员的战机上为何有美女涂鸦?》 《连续14年靠死人吃饭，这英国大妈占便宜的功力无人能敌》
警示型	健康、汽车、育儿、情感等	警惕/敲响警钟/留点心/别再大意/作死	《伤肝等于自杀！最作死的七大伤肝习惯，很多人天天做》 《警惕新型诈骗！广东团伙用黄鳝血碰瓷数十起，几乎百发百中》
对比型	所有领域	而/却/但是/可/只能（有）	《他们曾位居副国级，下半辈子只能在牢狱里写悔过书》 《三百万一年！这罕见病并非无药可医，但无数家庭却无钱可医》
权威型	科技、财经、育儿、健康、汽车等	专业人士/医生/专家	《谁说吃油就会胖，科学告诉你这是错误的》 《车内的内循环按钮不能随便开？听听专业人士怎么说》
故事型	历史、情感、故事等	但/可谁知/结果却/岂料/最终	《富婆侮辱小乞丐，岂料第二天却赔礼道歉》 《身患肿瘤无人理，失散20年哥哥突然现身，谁知病好了哥哥却去了》
段子型	组图、宠物、视频等	爆笑/……变笑话	《实力评测五仁月饼：啊～五仁，你比四仁多一仁～》 《昨天在路边捡到一个恐龙蛋，今天就孵化出一只恐龙喵》

图9-3　标题分类

提　要

标题按照功能可以分成悬念式、猎奇型、警示型、对比型、权威型、故事型、段子型等等，内容生产者需要根据新闻内容的具体情况，选择最适宜表现新闻主题的标题类型。

第3节　标题的制作要求

3.1　新闻标题的制作规则

作为新闻的重要组件，新闻标题中的一些特定性质并不会随着媒介的变化而发生变化。在新媒体时代、算法分发背景下，仍然要遵循一定的新闻标题制作规则。

在传统媒体的标题制作中，新闻标题要求题文一致，突出精华，言简意明，易读易懂，生动活泼。这一制作要求在新媒体环境下仍然有效，同时，新媒体环境下的标题要起到足够吸引人的作用，则需要进一步在修辞技巧、标题文风上下功夫。

3.1.1 题文一致

新闻标题必须与新闻内容相一致。这种一致包括两方面含义：一是标题所提示的事实要与新闻内容一致；二是标题中的论断在新闻中要有充分依据。

3.1.2 突出精华

必须将新闻中的精彩部分作为标题的主要内容，不能断章取义，也不能选择不是最具新闻价值的内容作为标题。

3.1.3 言简意明

虽然新媒体的标题字数和此前相比有了大幅增加，但和新闻正文相比，标题仍然需要做到简洁，把主要的新闻内容收入标题之中。另外，标题应该清楚易读，让人看完标题之后能够了解其中的意思。

3.1.4 生动活泼

标题要想吸引人们点开新闻，就要讲究生动性，以优美的形式吸引人。

3.1.5 善用修辞

为了使标题更加引人入胜，修辞是一种行之有效的方式。在传统纸媒的标题中，修辞就是经常使用的方式，而到了新媒体时代，这一传统被进一步发扬光大。

1. 设问

把文章讲述的主题用疑问形式提炼出来，后半句的处理方式或者是要点提炼，或者是专家引用。标题分成两段式，前面是一个问题，后面对这个问题的回答一定是文章要点。

例如《什么叫思念入骨？看看这位摄影师在爱妻死后拍的照片就知道》《为什么现在大多数手机电池不能拆卸了？原来都是苹果干的好事》《国家为什么花那么多钱打造蛟龙号？设计师：它的发现颠覆你的认知》。

2. 引用

引用对象分成名人专家和网友两种。对于专业性的知识、道理，用专业人士的评述更能够增强文章的可信度，例如《为什么高校性骚扰案频发？听听这位校长怎么说》。而一些比较轻松的社会类题材，需要通过网友的评论来体现价值取向，吸引用户注意，例如《救人反被讹？网友：要是这样谁还敢见义勇为?》《这部电影好看吗？网友说，要是不看你后悔一辈子》。

3. 衬托

网上总会有一些热点的人物、事件。而新闻标题可以借热点的东风来造势，由此突出本身的新闻内容。不过，值得注意的是，热点来得快去得也快，在使用时要掌握分寸，恰到好处。例如《“人民的名义”：阶层固化到底有多可怕》《马云：我劝所有公司都重用这十类员工》。

提 要

即使在新媒体时代，也有一些新闻标题的创作原则依然要得到遵循。标题的准确、清晰、生动活泼等制作原则在算法分发背景下依然有效。另外，为了达到更好的传播效果，可以在标题制作中使用一些修辞元素。

3.2 算法背景下对新闻标题的新要求

在新媒体环境下，标题成为人们选择是否点开这条新闻的唯一入口，所以在制作上需要和传统媒体有所不同。最典型的区别就是，好的新媒体新闻标题应该紧扣新闻中的形象因素来画龙点睛，避实就虚，借题发挥。

3.2.1 给标题赋予合理的信息量

传统的新闻消息采用“倒金字塔体”，而标题就是“倒金字塔”的核心新闻要素。这种情况下，新闻标题格外追求对新闻信息的高度提炼，要求整则标题完整简练，新闻要素交代非常清楚。但是在新媒体的新闻标题中，为了吸引用户点击，“犹抱琵琶半遮面”几乎成为惯例。

2018年4月4日，美团与摩拜联合宣布双方已签署美团全资收购摩拜的协议。交易完成后，摩拜的管理团队将保持不变，所有成员将继续担任现有职务，王兴将出任摩拜董事长。在业务层面，双方承诺将共同为用户提供全场景消费体验。但是双方都没有提供除此之外的更多细节。

当日，这条新闻成为各家财经媒体追逐的热点。某专业公众号以《摩拜易主，创始团队股权退出》为题进行了独家报道。如果点开新闻就会发现，这家新闻机构的记者作为不多的随谈判团队参与收购全程的记者，采访到了不少独家的信息，实质上具备非常好的内容。但是这个标题太过简单，几乎交代了这一事件的全部新闻要素，只关心谈判结果而并不想做深度阅读的“过客用户”，看完标题就知道了谈判结果，很可能不愿再深入了解谈判经过。

而另一家媒体对这一事件的报道则以《摩拜单车96小时“生死”》为题，在标题上对于新闻内容没有进行足够的揭示，吸引人们进一步阅读，获得了数十万阅读量。

但是也要注意，这样的“犹抱琵琶半遮面”如果使用过度，就有标题党之嫌。《温州晚报》公众号推文《妙龄少妇为引起丈夫的兴趣，竟然做出这种事！结果隔壁老王躺枪了……》，标题中“妙龄少妇”“引起丈夫的兴趣”“隔壁老王”等字眼，带有非常强烈的情色意味，而新闻的内容却与此关联不大，讲的是“80后”妻子发现丈夫经常去隔壁打牌，妻子一气之下为了引起丈夫注意报假警。

3.2.2 重视标题题图

新媒体中，除了标题的文字内容会成为人们可见的判断标准，同时映入人们眼帘的还有标题旁边的一张图片，这张图片尽管被压缩得很小，但是依然能够作为人们辨别新闻及决定是否点开浏览的重要依据。

在新媒体标题中，图片和标题文字密不可分，相辅相成。图片与标题文字必须起到互相配合、互相支撑的作用，才能形成一个完整的主题，图片或标题文字都不

能够独立存在。在起标题的时候，对于题图选择所花费的精力，应该和在标题文字上花费的精力相同，这样两者才能共同组合成一个好的新媒体标题。

对于标题题图的选择，应该符合以下要求：

（1）要题文一致、指向性强。题图应该和主题有一定的相关度，或者与你所传播的自媒体的属性有一定的相关性。

（2）图片的景别宁大勿小。因为出现在题图上的图片篇幅有限，而通常一张大景别的图片会比小景别的图片吸引更多注意力，所以，要选择一张主题明确的图片或者裁用一张大的图片中带有明确主题意味的部分。

（3）图片中心突出，能吸引人们的注意力。一张好的题图应该具备足够的视觉张力，让人一眼见到就想一探究竟，如果题图中能够注入更多的悬念，这则标题的吸引力就会更强。在技术层面，题图要有一定的清晰度，以此来保证题图的美观；题图的尺寸要和制作要求相吻合，不出现变形。

（4）图片要具有新闻性，贴近新闻热点，让人一看到题图就能知道这篇文章说的是哪个领域的事情。一张好的题图，应该能够和标题文字起到互相呼应、互相补充的作用。

（5）最好能够有出人意料的视觉效果。通过精心的艺术设计，进行图片制作，让题图变得与众不同。例如采用特殊的角度、特殊的色调，起到更加引人注目的效果。

（6）注意题图和主题内容的内在一致性。题图的风格应该和文章主题相一致。一则严肃的新闻不适宜使用漫画作为题图，同样，一则轻松愉快的新闻也不宜使用厚实沉重的题图。另外，连续性的主题或者统一的主题内容应该选择调性相同、类别相近的题图。例如新华社的新媒体对于每个突发或重大新闻都使用统一的蓝色背景的新华社 logo 题图（见图 9－4），这样用户形成视觉习惯后，一看到反复使用的题图就会自动识别这篇文章的属性。

连续排列的多幅题图，在制作时应该尽量保持风格的一致和色调的统一。如果照片风格过于凌乱，既不利于内容的传播，也不利于让目标用户接受。

3.2.3 寻找能够吸引人的视觉要点

1. 寻找注意力标签

当一则新闻有了极具吸引力的要素的时候，用几个字就能够给这则新闻贴上鲜明的注意力标签。如果符合这个条件，就可以采用一段式标题将这个最吸引人的要素放在标题最鲜明的位置。如某个人气特别旺的明星、某件近期特别热的事件、某个时期非常流行的词语等等。

《你不是杨超越？就抱紧这条锦鲤》《今晚就想抽奖抽奖抽奖》《官媒：中国经济发展有了最新定性》，这样的标题都直接贴着人们高度关注的关键词，并把这种标签放到醒目的位置，从而吸引人们阅读。

2. 寻找需求热点

新媒体时代的新闻能够更加准确地直达目标用户，而不像大众媒体时代用户的面貌模糊不清，所以新媒体新闻标题可直接表明自己所指向的用户人群，针对特有的人群，专门触发这类人群的阅读兴趣。

《想保研就这样做，百发百中》《30 岁在北京二环买一套房，你这样做了吗?》《找到女朋友的三大秘诀》，像这样的标题，踩中的是保研、升职加薪、谈恋爱等人

图9-4 新华社常用视觉符号

们在正常社会生活中一些应有的需求，标题响应了这些需求热点，有这样需求的人自然会过来看。

3. 借助名人或者权威人士

借助专业人士或者权威人士，直接告诉用户这一则新闻的权威性，激发人们的阅读渴望。如《关于高校性骚扰，听听这位校长怎么说》《全球500强CEO告诉你，如何能够快速升职》。

4. 尽量去和用户建立身份关联的指向，能够直接贴近人们的情感认同

《新媒体编辑，你应该知道的七种标题公式》——从业的群体可能会看这则新闻。

《性情柔弱的姑娘，你就该嫁给这样的男人》——所有认为自己柔弱的姑娘被自动指向、定义到这条新闻去。

5. 抓住人们的兴趣，直接给一些阅读承诺

例如：

《妈妈们必看，如何帮助孩子击败蛀牙》《30天教你学会PS，你想试吗?》。

6. 顺应人们的兴趣，进行比较适当的情感宣泄

例如：

《情商低到底有多要命!》《摩羯座9月该怎么找属于你自己的爱情!》。

7. 提炼核心信息

不要提炼关键事实信息的全部，而是重点提炼一些数字，进行一些重点的归纳

总结，因为确定的数字能够给人一种信任感。

例如：

《零成本的搜索引擎推广之法》《月薪 3 000 和月薪 30 000，写文案的差别》。

8. 借助悬念

隐藏文章中的一些关键信息，去激发受众的好奇心，驱动大家的点击。

改前标题：

《全运会总结：山东太强，金牌总数等于 17 省总和，三个省金牌数为零》。

点击量/展示量：633/2 313。

改后标题：

《中国第一体育大省的金牌等于 17 省总和，还有三省没夺金》。

点击量/展示量：1 221 070/6 666 868。

两个标题中，前者将所有关键信息都公之于众，后者则恰到好处地激发了人们的好奇心，结果在点击量和展示量上最终相差几百倍。

3.2.4 新媒体标题制作常用方法

新媒体标题的制作有几种常用的标题形式。我们可以根据题材，选择适合的"公式"，制成令人喜闻乐见的标题。不过，值得注意的是，写作是一种无法多次重复、需要匠心独运的工作。对于初涉写作的人来说，一些习以为常的套用公式或许能够带来方便，但是如果想要写出更有吸引力的好标题，则需要在熟悉新媒体标题写作形式后，自己灵活运用，不拘泥于公式。

1. 在标题上直接说明结果

用户对文章产生兴趣，是因为这篇文章有阅读价值。所以，一种直观的操作方式就是把读完这篇文章能得到的好处在标题里明明白白地指出来，这样用户就能够根据标题非常容易地判断这篇文章是不是对自己有实质帮助。

公式：【谁】＋【做法】＋【结果】。

示例：《这样做，年薪 100 万不再是梦想》《特朗普：做到这些事，对中国的关税就不再加征》。

2. 指出直观的数据

确定的数据能够在最短的时间内给人准确的量化概念。"高薪"不如"年薪百万"具体、有吸引力；"经常加班"不如"996"（从早上 9 点到晚上 9 点，每周工作 6 天）直观准确。每个人对于自己所关注的内容都会有一个定位，更确定的数字能够直接瞄准这个定位，对人产生吸引力。

公式：【谁】＋【数字】＋【结果】。

示例：《月薪 3 000 和月薪 30 000，写文案的差别》《职场小白要注意的七件事》。

3. 高度场景化

直接把用户指定到一个他所关注的场景中，例如：加班、谈恋爱、对于未来做出抉择……每个人都在不同的场景下生活，相似的场景能够获得人们的心理认同。场景化的标题适用于两个层面，一是普适的心理场景，适合这种场景的人越多，读者越能够对文章产生兴趣。如：生老病死、友情、爱情等。二是更加深入和确定的小众场景，在这种场景下的感触越深、状况越关键，给人的共鸣就越强烈，如高考、育儿、美容。越了解用户生活的真实场景，标题就越容易击中用户。

公式：【写给谁】+【目标用户核心关注点】。

示例：《2 000 万人假装生活在北京》《那些年，被虐过的乙方》《你妈逼你结婚了吗?》。

4. 高度符号化

有一些词能够更让人产生信任感和好感。比如名人、著名的事件、典型的情绪等，这些常见的事物让人一看就有熟悉和亲切的感觉，在标题中直接点明这些元素，把文章的主旨高度抽象化、符号化，就更加能够得到用户的认可。

公式：【核心事实】+【符号】。

示例：《这个影视新人，被称为孙俪和迪丽热巴的混合版》《做了 14 年“北漂”，我还是不得不回家》。

3.2.5 新媒体标题易犯的错误

1. 在标题上出现人为主观分类

新媒体尤其是以算法分发的媒体形态，和传统媒体最大的不同就是传-受关系的变化。因此，新媒体的标题应该摒弃传统媒体上经常出现的分类标签。在传统媒体上，一些分类能够更加清晰地带领人们找到自己想要看的内容，如“延伸阅读”“社评”等，但在算法环境下，这一功能已经完全能够由电脑计算所取代。这样一来，再在标题上出现人为的主观分类，就会起到画蛇添足甚至适得其反的效果。

【特写】《赛后这个姑娘对金牌说了声谢谢》。

【热评】《专家对中美贸易战的三点看法》。

这两个标题把制作者本人的自行分类意图表达放到标题上，对于增进人们的阅读愿望没有任何的直接作用，反而缩小了受众的范围。

2. 在标题上出现过多直白的信息，影响人们打开正文的意愿

新媒体的标题应该巧妙地保留核心信息，设置悬念，吸引用户点击阅读。例如，“中国首富”王健林和“国民老公”王思聪父子一直是公众关注的焦点，在一次接受媒体采访时，王健林明确表示万达将不会被儿子王思聪继承，两家同样报道这一事件的媒体起了风格完全不同的标题。其中一家以《亚洲新首富王健林：儿子不当万达接班人》为题，该标题交代了受众关注的全部新闻要素，没有太多可供延展的内容。而另外一家媒体则以《亚洲首富王健林对王思聪接班问题表态啦!》作为标题，对于了解王氏父子的用户来说，“王健林究竟具体说了什么”就是悬念，想要知道王健林“说了什么”就要点开标题。

提要

新媒体的标题要注意寻找能够吸引人的视觉要点。和传统媒体的标题讲求一目了然、包含充分信息量不同，新媒体的标题要尽量多激发用户好奇心，引起悬念，才能使标题起到引发用户点击的作用。在文中，我们给新学者提供了几种标题的制作“公式”，但是使用“公式”制作出来的标题会太僵化，鼓励大家在掌握规律、加强练习的基础上自主想出更多的好标题。

第4节 警惕“标题党”

“标题党”是指以夸张的、曲解的、煽情的甚至无中生有的方式制作出来的文章标题，“标题党”大多耸人听闻、题文不符，有的甚至进行恶意曲解、制造假新闻。

在第4章中，我们曾经基于算法原则，介绍了现在的内容分发平台都会建立“标题党”类内容的鉴别模型，如果识别出标题具有与正常文章不同的鲜明特征，例如感叹号比较多、使用的情感类词语比较多等等，就可以筛查出疑似“标题党”的内容。那么，从内容生产者的角度，我们有必要更加系统地了解“标题党”的内涵和外延，既不让“标题党”影响自己的内容生产质量，也不致使辛辛苦苦生产出来的内容被平台视为“标题党”而受到打压。

4.1 “标题党”的泛滥与危害

从传统媒体时代，就有“标题党”的存在。为了吸引人们的注意力，新闻的制作者刻意采用偷换概念、模糊表达或故意曲解的方式来起新闻标题。例如，在20世纪八九十年代，经常会有小贩在地铁站等人流密集的地方兜售无刊号的非法出版物。这些非法小报大多会起一些耸人听闻的假标题，如某巨星自杀了、某地地震了。等读者拿到手里一看，才知道说的是这个巨星出演的电影人物自杀了，或是某个片子中的剧情里某地出现地震。而在新媒体时代，鉴于标题的重要性，很多片面夸大、耸人听闻的标题更加甚嚣尘上。

标题党示例如下。

标题：《3个女人和105个男人的故事》。

真实内容：《水浒传》。

标题：《黄色图片》。

真实内容：一张纯色图片，全是黄颜色。

标题：《李湘在大街上被人强行拖行》。

内容：一张图片上，一个人两手各拖一个印着李湘肖像的纸袋，在街上行进。

标题：《惊天血案！残忍啊，美丽姑娘竟然被火烧死！》。

真实内容：《卖火柴的小女孩》。

有人从用词的特点方面将“标题党”分成“震惊式”“悬念式”“冲突式”“热词类”“情色类”等，不一而足。无论哪种标题党，其目的都是吸引人们阅读。

传统媒体时代的伦理底线还不至于像新媒体时代这么低，专业把关也起到了作用。而在新媒体时代，标题的作用更为重要，因此在一些新闻中，尤其是娱乐新闻和社会新闻中，出现了“标题党”更为泛滥的状况。

“标题党”的泛滥不仅和当下用户独特的阅读方式有关，也与互联网传播中的信息生产的行业链变化息息相关。社会化媒体、移动终端、大数据这些新的媒介技术，深刻地改变了新闻生产和消费的模式与时空观。私人定制的App放大了用户的个性化需求，凭借对用户阅读习惯的分析、阅读内容的个性化解读，算法推送直接向用户分发个性化信息，但也令信息封闭化，降低了信息品质，出现了“信息茧房”效应。这种封闭的“信息茧房”效应与强大的算法机制相结合，则可能深层地塑造受众的信息土壤。

“标题党”的出现，如果只从表面上看，有人会认为这只是一种对新文体的尝试，有些夸张和煽情。实际上，“标题党”对新闻生态的伤害作用远大于此。随着“标题党”的出现和泛滥，新媒体上传播的内容给人们留下了轻率随意、真实性差等印象，“标题党”直接伤害了新闻的专业性，破坏了信息生态，甚至可能会危害到新媒体的生态创新。

2015 年曾经在网上引起轩然大波、最后由警方介入的“老鼠灭门案”，就完全是“标题党”惹的祸。2015 年 1 月 10 日，福建漳州 26 岁青年吴海雄在他经营的微信公众号“石狮民生事”上发布信息：《昨晚，石狮，震惊全国！一家 34 口灭门惨案！转疯了!》微信内容称：福建石狮一家 34 口被残忍杀害，其中一名被害者有孕在身，并指称犯罪嫌疑人逃往北流方向，警方正在进行调查。文章结尾处附上的却是一张 34 只死老鼠的图片。该条微信随即被疯狂转发，引爆朋友圈。7 天后，吴海雄因涉嫌“虚构事实扰乱公共秩序”被公安机关予以行政拘留 10 日的处罚。

学者陈昌凤认为，真正的标题创新是言之有物，是从事实中提炼出有新意的表述。新媒体的语态革新，体现在叙述方式上面：字里行间体现出一种互动、分享的技术感，充满着传播者与用户的融合意识；朗朗上口的网络流行语，来自用户、贴近用户的鲜活信息，一脱陈旧的新闻腔。但是它们的标题是高度凝练的内容提炼，而不是夸大事实、歪曲事实。

提 要

因为标题在新媒体内容中的重要性，以及部分内容生产者片面追求点击率和轰动效应，由此诞生了“标题党”。“标题党”的存在是对新闻生态的破坏，应该杜绝。

4.2 “标题党”的常见手法

“标题党”主要有以下这几类情况：

4.2.1 故意将新闻事实变形

依然遵循了新闻标题“告知关键信息”和“概括中心内容”的基本职能，标题表达的信息也符合新闻事实，但是故意隐匿或放大部分事实信息，以暧昧、隐晦的字眼令标题产生轰动效应，形成隐性的理解歧义。

例一 某微信公众号推送内容，标题为《小伙月薪三千，一年买下法拉利！瞬间惊呆了!》，尽管新闻标题中“月薪三千”“一年买下”等字眼均符合事实，但它隐匿了“购买者是小伙父亲”这一重要事实，给读者营造出“有快速挣钱渠道”的理解歧义。

例二 2013 年，一则新闻的标题为《人大要求副处长以上干部交护照》，在“有腐必反”“老虎苍蝇一起拍”的政治背景下，标题中的“人大”字眼容易令用户

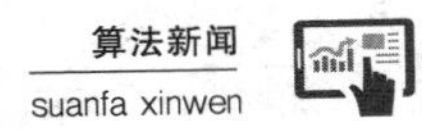

理解为“全国人民代表大会”，但阅读全文，就会发现“人大”是指“中国人民大学”。

4.2.2 歪曲事实，故意引发信息偏离

通过歪曲新闻事实激发人们阅读，但偏离违背了新闻标题“真实客观”的原则，将新闻事实进行刻意歪曲甚至是篡改，新闻标题与事实不符。

例一 2009 年，一则社会新闻标题为《广州七八成孩子非亲生》，但事实是，广州某亲子鉴定机构在过去一年鉴定的孩子中，70%以上非亲生。标题刻意回避“亲子鉴定机构”这一关键事实，将“广州亲子鉴定机构”的范围扩大到整个广州。

例二 2011 年 12 月，一则标题为《北大校长称美国教育一塌糊涂》的新闻引发教育界震动，但细读文章内容，时任北大校长周其凤是在肯定美式教育的前提下，指出美国高等教育的不足，原话中提到的“一塌糊涂”，只是针对“美国价值观传播教育”这一层面。

例三 2017 年，某微信公众号发布图片新闻《李湘在大街上被人强行拖行》。该标题令读者认为知名主持人李湘遭到恶性骚扰，但实际上，只是某厂家生产了印有李湘形象的纸袋，有人拖着这种纸袋在街上走。

4.2.3 “蹭热点”，进行片面大肆渲染

经济转型时期的中国取得了丰裕的物质成果，与之相对的是多元主体的分化以及主体之间的碰撞，这使得公共事件一再发生。“标题党”抓住了社会的敏感话题，突出渲染新闻事件中的不和谐音符，以敏感字眼挑逗用户神经。涉及贫富差距和社会不公的如贪污腐败、权力寻租、暴力执法等议题和与民生息息相关的房价、食品安全、医患关系等议题常常为网站编辑所用，俨然成为他们的“操作秘诀”。

例一 2017 年 11 月，任志强在接受采访时表示，尽管北上广深房价不断高升，但从全国范围来看，地市级均价不足四千元。但是当日新浪财经却以《任志强：没太搞懂为什么老说房价高，我觉得还早着呢》为标题，对该结论的前提和范围只字不提，强化了任志强作为“地产开发商”与“大众”之间的对立，故意制造矛盾，激起用户的反感。

例二 2017 年，“丧文化”大行其道。很多年轻人把“丧”字挂在嘴边。结果，饿了么和网易新闻真的将“丧”落到实处，合作开了一家“丧茶”店。“丧茶”产品包括“人丑嘴不甜脾气不好还没钱”奶盖茶、“只有别人红红火火”果茶等，一时间店门口排起了长队。“丧茶”成为“蹭热点”的一个经典案例。

根据以上情况，我们可以把“标题党”分成四种类型。

第一种类型：标题夸张。

可分为震惊类、情绪夸张类、程度夸张类、范围夸张类等。

第二种类型：滥用悬念。

表现为滥用转折、省略号，毫无根据的排名，故意指示模糊。

第三种类型：滥用冲突或者进行挑衅。

表现为使用侮辱性、挑衅类的词。

第四种类型：封面图和内文完全不相关。

有的文章的题图是色情、引诱的图片，或者可爱的宠物或婴儿图片等，吸引人们来点击，但正文与题图毫无关联。

从用词上分类，"标题党"主要会使用这些词（如图9-5所示）：

（1）震惊类：震惊了、居然、竟然、震撼、惊人、崩溃、秒杀、唏嘘、惊呆了、出事了、笑疯了、逆天了、超出想象。

（2）情绪夸张：崩溃、服了、胆战、超可怕、太恐怖、吓尿了、笑喷了、哭晕了、惊人一幕、恐怖一幕、奇迹一幕。

（3）程度夸张：吓哭所有人、看完已惊呆、当场说不出话、倒吸一口凉气、怪事发生了。

（4）范围夸张：全世界网友、13亿中国人、99%的人不知道、99%的人做错。

（5）滥用转折、滥用悬念：后来才知道、令所有人羞愧、可怕的是、惊讶不已、惊掉下巴、背后原因没想到、看后令人抓狂。

（6）滥用省略号："事情竟然是……""原来是……"。

（7）毫无根据的排名：全世界99%的人、世界第一。

（8）指示模糊：向下看，某某视频在几分几秒有惊喜；最后一张图你不能不看；下一秒；接下来。

（9）滥用冲突或者进行挑衅，用一些侮辱性的词：丑哭了、秒成渣、惨不忍睹、残忍至极、毛骨悚然、头皮发麻、背后发凉、落荒而逃、瞬间傻眼、瞬间崩溃、匪夷所思、竖起大拇指、恼怒不已、哑口无言、让人不解、大跌眼镜、不忍直视。

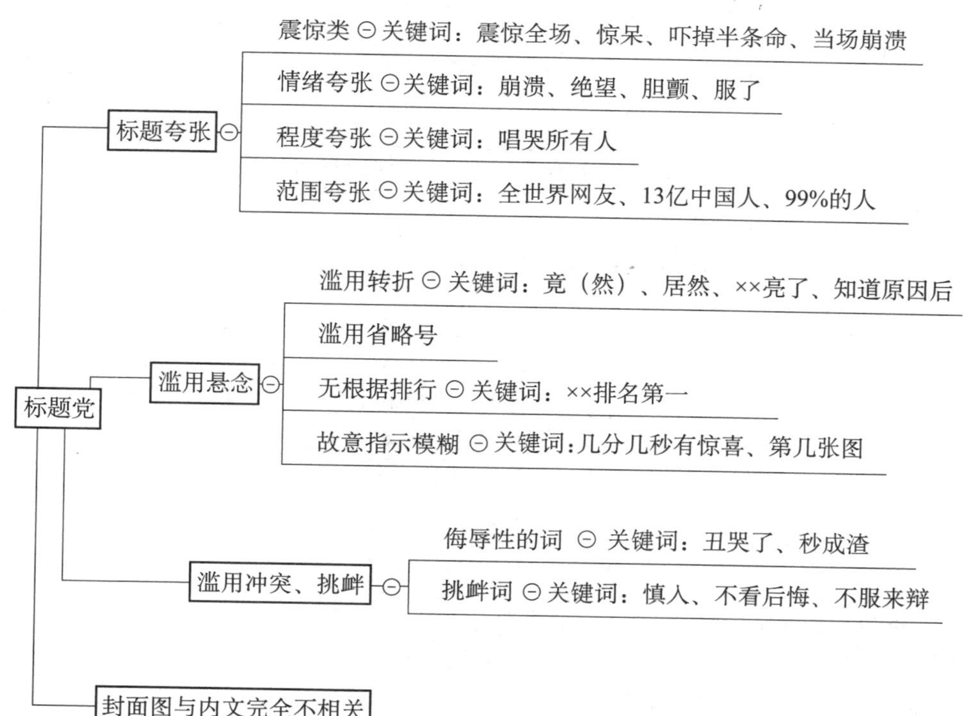

图9-5 "标题党"四大类型及代表性关键词

4.3 内容分发平台对“标题党”的处置措施

对于“标题党”，很多平台做出的惩罚措施就是，用机器进行识别，当识别出这些高频词时，就自动对出现了这些标题文字的内容进行降权处理，使得用户不被推荐看这样的文字。图 9-6 列出了今日头条平台中被认为是“标题党”，会受到降权处理的敏感词。

而用户也会做出类似的“惩罚”行为，用户频繁看到“震惊”“吓尿了”“笑疯了”这些词语后，在脑海里已经形成了审美疲劳乃至于反感，觉得这些词越来越失去了它们当年能够吸引人的魅力，再度遇到这样的词语，很多用户就会直接选择不点开。

回想一下，为什么起初很多人会想方设法地起惊悚的标题呢？不就是想让自己的信息能够从海量信息里面脱颖而出，被人看到吗？那么，如果从机器和人脑两方面都进行降权——机器采用算法降权，出现这样文字的内容将不会被优先挑选出来供大家阅读；而人采用认知上分辨出来就降权的方式，每次看到这样的表达就直觉地反感，不愿意点开看。那么，这样的惊悚表达方式，不但不能够达到刺激人们阅读的效果，反而会降低人们点开阅读的可能，到了这个时候，“标题党”就能够正式被杜绝了。

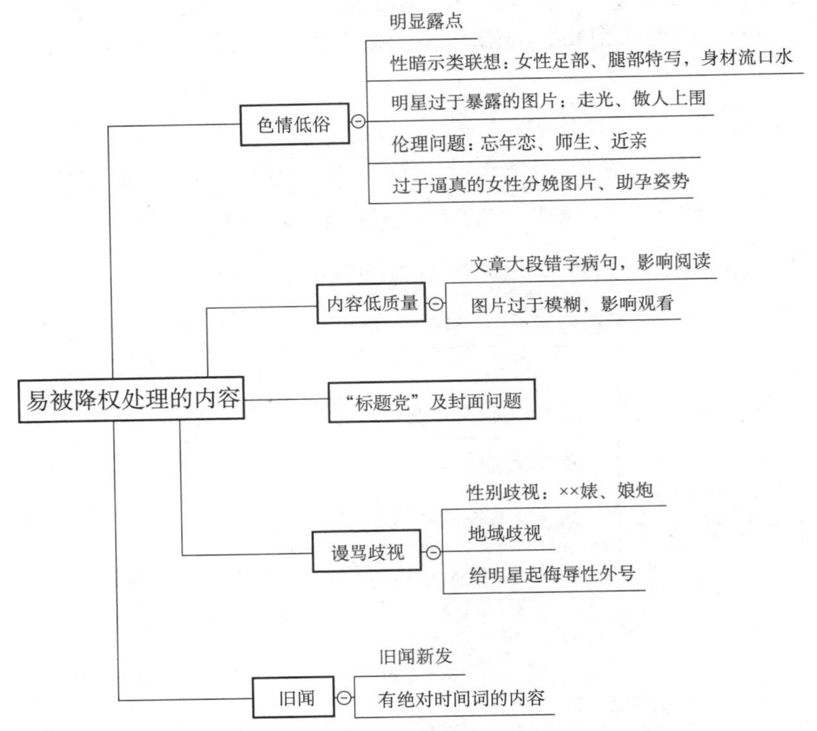

图 9-6 在今日头条平台中被认为是“标题党”，会受到降权处理的敏感词统计

值得注意的是，“标题党”的敏感词并不是一成不变的。随着人们对某些夸张惊悚词语的反感，被打上“标题党”记号的词还会不断发生变化。而这将逐渐带领内容生产者对标题的使用走向理性健康。

提 要

我们总结了“标题党”的主要形式和一些高频词。现在无论平台还是用户个人，对于“标题党”都持否定态度。随着整个新媒体生态的逐渐健康发展，“标题党”有可能收到适得其反的效果。

【本章小结】

在算法分发平台上，标题是用户判断是否点开某条新闻的决定性因素。因此，在所有媒体形式中，新媒体的标题被放在了最重要的考量位置上。新媒体的标题同样需要符合传统媒体标题的一些要求，例如简洁明了、生动形象，但同时，新媒体标题也出现了字数更多、不要在标题上透露全部新闻要素等特点。需要注意的是，新媒体标题是高度凝练的内容的提炼，而不是夸大事实、歪曲事实。

【思考】

1. 决定新媒体标题价值的要素都有哪些？点击量或阅读量是不是最核心的标准？
2. 如何确立新媒体标题中“引人入胜的好标题”和“标题党”之间的界限？

【训练】

从当日的网站新闻中寻找一篇文章，按照算法推荐的原则，为文章起一个更适合在新媒体上传播的标题。

第 10 章　新媒体内容的制作

【本章学习要点】

本章先通过对现象的梳理，由表及里地界定出以手机为信息获取终端的前提下，新媒体在内容制作上与其他媒体的不同之处，进而明确新媒体内容生产的一些制作原则，并解释其内在原因；再结合多个实例，具体分析在新媒体内容生产的制作环节都应该遵守哪些原则，使用哪些方法。通过本章的学习，可以初步掌握新媒体内容制作中一些不同于传统的规律、原则，并能够熟练地进行新媒体内容产品的制作。

第 1 节　新媒体制作中的颠覆性视觉变化

算法分发平台在进行内容分发时以手机作为载体，而手机从屏幕到使用习惯都和传统媒体大相径庭，载体的变化给内容生产环节赋予了全新的意义。在这一背景下，我们首先要将新媒体载体在视觉上出现的变化梳理清楚，再基于这些变化来确立新的制作原则。

1.1　从横画幅到竖画幅

在新媒体背景下，人们阅读文字和观看视频大多是在手机屏幕上进行的。和过去承载信息传播功能的电视屏幕、电脑屏幕不同，电视和电脑的屏幕是横向的，手机的屏幕是竖向的。

从电视诞生以来，一直到 20 世纪 50 年代，几乎所有电影的画面比例都是标准的 1.33∶1。也就是说，长度和宽度的比例是 4∶3。随后出现的数字电视和越来越多的数码影像，将长宽比例调整为 16∶9，这一比例更接近黄金分割比，也更适合人的眼睛观看。目前市面上主流的电脑屏幕为 16∶9 和 16∶10，前者分辨率大多为1 366×768，后者为 1 280×800。

而手机屏幕则将电脑屏幕的长宽比进行了 90 度的旋转。目前市场上主流的智能手机，屏幕比例是 9∶16 或 10∶16。

从横向画幅到竖向画幅，看似只是一个小小的变化，但是反映在内容制作上，却需要进行巨大的调整和改变，其中涉及思路、原则和具体操作等各个方面。

电视和电脑屏幕的横向并不是偶然决定的，而是根据人类的视觉特点来设计的画幅比例。所以，要想充分理解从横画幅到竖画幅的制作变化，就要从了解视觉原理开始。

根据解剖学和人体工程学理论，人眼是一个复杂的光学系统（见图 10－1）。静态的时候看，人眼是一个横向视野 46 度，垂直视野 38 度的定焦光学系统。但是实际上，人眼并不是一个单纯的静态光学系统，它以眼球的扫描作为视觉的累积。

人的两只眼睛是横着排列的，所以人进行视觉的横向扫描活动比较多，而且也比较符合生理状态。正常状态下，人横向扫描一眼的幅宽为 120 度，极限接近 180 度，垂直方向 30～38 度。另外，人进行纵向扫描的幅度远远小于横向扫描，人眼最舒适的视角中心垂直方向是 0～15 度，最大限度进行垂直扫描的幅度是 50 度。如果横向超过 180 度，纵向超过 50 度，人就得在观看时转动眼球，左右顾盼，甚至有时转头来辅助。这样，人就会觉得很不舒服。

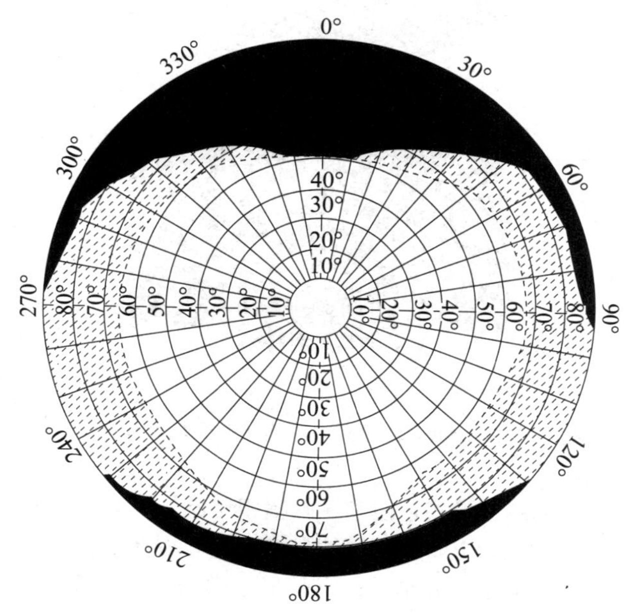

图 10－1　人眼视觉范围平面图

视觉化传播的发展一直都遵循着人类视觉范围的特点。通常，照相机和摄像机的标准镜头都设定在横向视野 46 度，垂直视野 38 度的视角范围内，保证能够记录下来的画面是和人眼视野范围相一致的。这是根据人类第一眼凝视的特点来决定的。

随着技术的进步，宽画幅产生了。宽画幅是依据人类的视觉扫描特点来更新的，来源于人眼 120 度比 38 度的视野数据。通过实现人眼扫描的最大幅度，来达到在视觉上拓宽视野的感觉。如果超过这个幅度，例如当人们在观看长幅画卷时，因为长卷超过了人们视野所能达到的范围，所以需要连续看很多眼才能看完，甚至还要转动脖子、移动脚步才能看完整。根据眼动仪的测算，如果连续看超过 30 眼还没有看到尽头，人就会觉得非常疲劳。

为了适应人眼的生理结构，从古至今几乎我们所有能够看到的视觉设计都是横画幅：剧场、演出场、合影、电视、电影、台式个人电脑（见图 10－2）……横幅的设计更符合人类的视觉生理，能让人们在观看的时候更加舒服。

横画幅和竖画幅代表着截然不同的构图逻辑。例如横画幅可以容纳更多的景别，传递更多的信息量。而竖画幅因为构图关系，很难容纳多个人或者大景别，所以更容易给人带来一对一的交流感和亲切感。主播平台上的很多网红，就利用了竖画幅带来的这种关注和归属感，使她们比电视上的主播更能够受到粉丝的追捧。

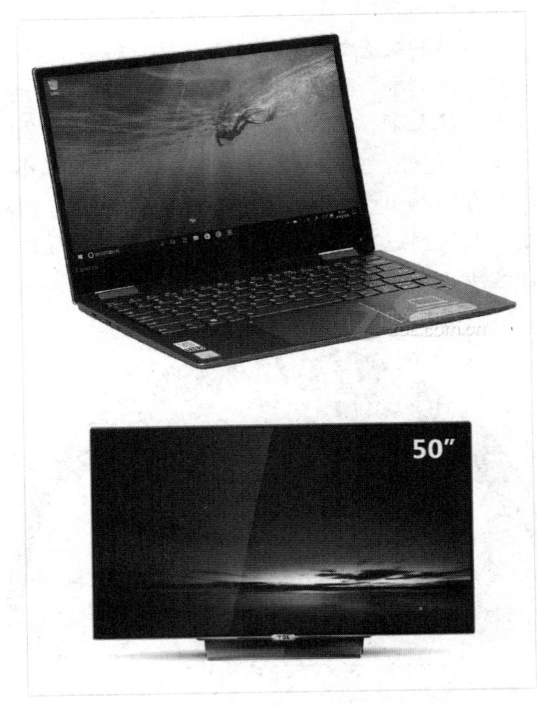

图 10－2 电视、电脑等屏幕都遵循横向的规律

竖画幅所提供的“一对一的交流感”和“关注与归属感”，其实就是新媒体在视觉上的直观变化。

竖画幅并没有更换终端形式，但和横画幅相比还是有极大差别的。这可以从三个角度来理解：一是信息量上，横画幅信息多且杂，竖画幅少而精；二是操作上，横画幅需双手操作，竖画幅仅需单手；三是信息送达率上，横画幅信息送达率低，竖画幅信息送达率高，更能为用户所接受理解。

在横画幅上，所有图片、视频都是横放的长方形画面。这样会让视觉元素占满整个屏幕。但是做一个简单的数学计算就可以发现：最常见的 16∶9 长方形满屏图片，在 9∶16 的手机屏幕上横向播放，只占了手机屏幕的 0.316，还不足原图的三分之一大，视觉冲击力、场景代入感、传播效果都会大打折扣（见图 10－3）。

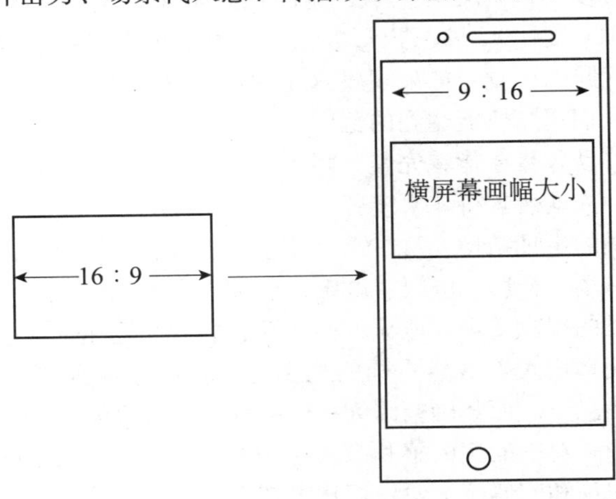

图 10－3 横画幅画面平移到竖画幅上会造成可视范围的缩小

然而，也许会有人反驳说，现在所有的手机都有横屏功能，只要把手机横过来观看视频，就可以解决这个问题了。这又涉及人体工程学上的另外一个问题：人们在使用工具的时候，优先倾向于对更大幅度的动作加以照顾。

如果要给人们制造出舒适的使用感觉，要尽可能减少人体所有器官的动作幅度。人类最理想的信息接收方式是一动不动，手不动、眼不移，就能进行信息的吸收和读取。对一个人来说，手的动作幅度比眼睛大，动手比转动眼球更麻烦。所以，当双手和双眼在使用时出现冲突，人们对于手的重视程度要比眼睛高。

一个最有力的证据就是，在传统媒体时代，书籍一直都是竖画幅的，这打破了视觉传播对人们生理数据的遵循。无论古今中外，从最早的竹简、羊皮书，再到现代的出版印刷业，绝大多数的书是竖版的，只有画册、产品说明书等极少数书册使用横版效果。这就是因为人们需要用手拿着书来观看，首先要保证在手里拿着舒服，然后再保证看得舒服。

手持时更舒服的前提就是翻页更简便，因此书籍才会一直是竖版的，便于让人翻页的时候手部动作不至于太烦琐。而手机的发展也延续了这个规律。手机一直都是瘦长型的，就是为了让人单手持着的时候更方便（见图10-4）。

从2016年起，手机屏幕越来越大，当手机屏幕发展到5.5英寸以上时，手机屏幕的宽度几乎不再增加，而长度一直在增加，手机屏幕的比例已经从最早的9∶16向9∶17甚至9∶18发展。

从2017年上半年开始，智能手机进入了全面屏时代，手机屏幕更加细长。截至2018年，目前主流的全面屏手机的屏幕比例多数是18∶9——这里之所以采用18∶9而不用2∶1就是为了让人们清楚地感知手机屏幕和过去的9∶16相比，在宽度不变的情况下长度拉伸了2个数值。甚至个别全面屏手机出现了9∶19的比例。

手机屏幕宽度不再扩展，而长度一再延伸，就是因为为了让用户手持更加方便，手机不能再继续加宽。而到现在为止，手机屏幕的长度也已经濒临极限值，如果再长，就会导致听筒和喇叭距离太远，不方便使用了。所以，根据人们的生理使用习惯，手机屏幕被制造成小而瘦长的形状。

图10-4　为了使用方便，书籍和手机都遵循纵向的规律

所以，为了更便于手持，虽然智能手机的屏幕都被设定为可以旋转的，但是用户大多会选择竖向观看屏幕。英国一家调研机构 Unruly 的一项调查显示，52%的手机用户习惯将屏幕方向锁定为竖向；厂商 MOVR Mobile 的报告也显示，智能手机用户有 94%的时间会将手机竖向持握而非横向。

由此，我们得出这样的结论：在新媒体平台上，为了更加贴合用户使用习惯的改变，内容生产必须做出调整。屏幕形状改变了，构图形状也应该随之改变，否则就会浪费屏幕空间、降低图片视觉冲击力、减少内容的传递信息量。

2017 年 5 月，一家手机厂商发布了一款新手机，使用的发布图是一张横版图，在手机里的视觉呈现显得很不起眼。假如把这张图换成竖版设计，在手机里占据的面积会是横版图的六倍，视觉效果就会变得完全不一样。在竖版图中，新产品的视觉冲击力要远远大于横版图（见图 10－5）。

图 10－5 锤子手机新手机发布图横幅和竖幅的效果对比

在图片的表现力上，横画幅和竖画幅的差距很大，而在视频领域也是一样的。Snapchat 在视频领域提出了 3V 原则：Video、Vertical、View，即视频化、竖画幅化及可看性。2018 年 10 月，爱奇艺创始人、CEO 龚宇表示，根据时下用户的观影习惯，竖画幅内容已经成为潮流。爱奇艺将以专业团队投入竖画幅内容的生产中。11 月 26 日，爱奇艺上线了一部“竖画幅微网剧”《生活对我下手了!》（见图 10－6），这是国内首部由专业团队制作的竖画幅网剧。

当整个载体环境发生变化，内容生产也必须随之转变过来。这种转变确实很难。由于我们过去在横画幅上投入了太多资源与精力，常年积累的横画幅思维习惯会影响向竖画幅的转变。即使现在，多数新闻内容虽然是发布在竖画幅的手机上，但在进行制作的时候，工作人员多数情况下仍然是在横画幅的台式电脑上来完成所有操作的。

图 10－6　国内已经开始生产竖画幅的网络剧

资料来源：爱奇艺。

拍摄时照相机和摄像机默认是横画幅，编辑制作时电脑也默认是横画幅，但最终展示时是竖画幅。这种制作和使用上的差异会影响人们的观感。但是无论怎样，竖画幅趋势使得我们必须做出适应性改变。

第一，从心理上重视竖画幅的理念转变。随着载体的变化，整个内容趋势都在向视频转型。作为新媒体背景下的内容生产者，每一次拿起相机、面对电脑上的编辑制作软件时，尽管它们仍然默认横画幅的状态，但是作为原创者，要先从心理角度上转变。如果觉得这种转变太难以完成，因为手机默认是竖画幅，一些照片或者短视频可以转由手机来拍摄，等到习惯了竖画幅的构图模式的时候再转用专业相机或台式电脑，在使用其他工具时也不断提醒自己要完成思维转变。

第二，学习竖版构图。横竖构图对于一个事物的解构形式完全不同。横画幅能够纳入更多的视觉元素，更适合全局性、大场面的叙事方式。同时，横画幅在拍摄人物时更适应全景或中景。竖画幅更适合去表达个体，专注于拍摄人物和事件本身，画面中涵盖的视觉元素较少。竖画幅在拍摄人物时更适合近景或特写。基于这些不同点，竖画幅制作中需要重新考虑内容的重点、画面的构图等，这对于专业人员来说是完全不同的思维模式和技术训练。

第三，时刻对自己完成的内容进行检查，不管是新采访的内容还是素材，都按照竖画幅的要求来重新整理。从根本上树立对竖画幅内容生产的意识。

提　要

从横画幅向竖画幅的变化，是新媒体背景下内容制作从思维逻辑到构图的根本变化，无论处理文字、图片还是视频，都要求制作者站在新技术的角度上，用竖画幅的思维来进行重新构思。

1.2 从大屏到小屏

实验表明，人们观看图像的最佳距离应当是画面高度的4倍至5倍，这时的总视角约为15度。这个距离可以保证人不需要转动双眼就能看到完整的画面，既可以避免因过近观看时视角受限，需要不停地转动眼球而引起的眼疲劳，又可以避免过远观看时，人眼对图像辨别能力的降低。因此，从适应人们用眼的角度来说，自进入视觉化媒体时代以来，人们接触到的屏幕都是大屏幕，如电视机、电脑的屏幕等。

电视自出现以来就一直不断地扩大屏幕尺寸。电视以屏幕对角线的长度作为屏幕尺寸的标准，从最早的8英寸、12英寸、21英寸到现在的40英寸、65英寸、70英寸，人们生活中常见的电视屏幕尺寸越来越大。电脑屏幕也是如此，目前市场上主流的台式电脑屏幕已经从最早的12英寸扩大到了25英寸。

和电视、电脑等大屏幕相比，手机3.5英寸至5.5英寸大小的屏幕是毫无疑问的小屏幕。从这个角度说，手机并不是一个对人非常友好的媒体终端。手机屏幕之小甚至在智能手机的初期影响到了整个产业对手机市场前景的判断。当时很多分析家认为，因为手机屏幕太小，视力下降的老人和眼球还未发育成熟的青少年都不适宜长期使用手机。因为手机屏幕小，手机族患上近视、青光眼的情况也屡见不鲜，所以，即使仅仅出于保护视力的要求，报纸和电视等媒体也会长期存在。但是，随着手机的不断智能化，最终还是以它的便捷性战胜了小屏幕的局限性。

随着人们对手机使用的时长的不断增加，为了更加适应人们观看屏幕时的视觉舒适度，手机生产厂家一直试图在“扩大屏幕”和“能够单手持有”这两个要求之间做着艰难的平衡。目前，虽然手机屏幕还有不断扩大的趋势，但是无论怎么发展，手机的屏幕和过去的电视、电脑相比永远是小屏幕。

从大屏幕换到小屏幕，需要内容生产者适应并做出相应的转变。

1.2.1 小屏幕智能设备面临的直接变化

1. 视觉呈现的单次内容急剧减少

屏幕变小就无法装下大屏幕上所能承载的那么多信息，每次只能显示一小部分的内容。这就要求内容生产者精益求精，对素材要排列出更加精准的基于小屏幕、部分展现时的优先级别，保证每个元素都能在最合适的时候、在最合适的环境下出现。

2. 每次视觉注视时长的减少

屏幕越小，越容易带来视觉疲劳，所以通常电视剧的长度在几十分钟，而电影的长度可以达到100多分钟。在手机上，小屏幕、碎片化的使用场景就意味着人们每次观看的单位时间要减少，一条视频的长度大致在1～5分钟。

3. 对超清画质的要求降低

屏幕大就要求更高质量的画面，保证每条新闻内容都能更加清晰地展现出来。但是在小屏幕上，内容制作在画质的清晰度、画幅的平稳度等专业技术要求上都有所降低，但是需要更加准确地把握画面传递的有效信息，做到更好地互动，让用户感觉更为亲近。

举例来说，大屏幕上的主播出镜（见图10－7），以中景或远景为主，出镜者更多是呈现出一种现场感，要对出现在自己身后的新闻动态进行实时播报。这时观众的目光也会比较平均地分配给出镜记者和背后的实景。

而小屏幕上的出镜（见图10－8），以近景和特写为主，更重视与用户之间的对话和互动交流。

图10－7　大屏幕主播出镜（其画面不仅包括出镜者本人，还包括一些新闻信息）

资料来源：中央电视台。

图10－8　小屏幕上主播出镜（除了出镜人之外就很难再包括其余的信息）

资料来源：明星韩雪的网络直播间。

从大屏幕转换到小屏幕，需要内容的变化，需要提升内容生产者的视觉化素养。在单位面积内，小屏幕必须做到在精炼视觉元素的同时，承载比大屏更多的视觉阐释内容，才能达到吸引用户的目的。

1.2.2 小屏幕内容生产和制作应遵循的原则

1. 更多地出现大图片、大字体

在小屏幕上，要更多地出现大图片、大字体，才能突出最需要传播的图文内容。大屏幕上能够承载的视觉内容对于小屏幕来说过于繁复，无法清晰地展现，反而会造成使用者的视觉疲劳。

排版的字体、字号、装饰风格等要和主题有一定的相关性，或者和内容属性有一定的相关度。很多保健品营销号都用很大的字号、加黑加粗或者彩色的字体、装饰着闪耀金光的图案、会 180 度旋转的文字等等，这些做法会让很多年轻人一点开就觉得“辣眼睛”，但是其实这正是这类内容注重在制作时匹配用户画像的结果。因为这些内容的主要目标群体是老年人，他们受视力下降的影响，更喜欢看大一点的字和比较鲜艳的颜色。但是如果用这样的风格面向年轻人群体，就很难受到欢迎。相比较而言，年轻人更喜欢小号字、加灰度的颜色，界面整体效果非常雅致。

2. 尽量减少屏幕上的信息承载量

在信息制作过程中尽量做到浅显易懂，尽量减少屏幕上的信息承载量，让最核心的内容以特写聚焦的形式布满整个屏幕。这是因为只有少放内容才能使得目标用户在小屏幕上快速地接受和记忆内容信息。另外，因为手机的使用场景经常是碎片化、不确定的，用户的阅读经常不伴随深层次思考。遇到深度内容，用户就会想着把它们放到最后再处理，或者收藏起来等以后有空再看。

所以，在大屏幕时代比较适当的信息量，在小屏幕时代就变成了信息冗余和信息过载。在小屏幕上，一次只能给用户看一个核心重点，如果太多，完全是费力不讨好，用户也无法一下子接受。

3. 内容生产的轻量化和碎片化

在小屏幕上，人们无法像面对大屏幕一样接连不断地持续观看，所以，轻量化和碎片化是必须注意的制作原则。在小屏幕上，视觉元素能简则简。

在大屏时代，很多设计师喜欢在图文中放置许多视觉元素，但是这样的方法放到小屏时代，就会让用户觉得视觉凌乱，甚至给阅读带来了不便。

在手机上，内容生产者需要在更短的时间内抓住用户。一些更加轻量和娱乐休闲的内容就会更受小屏幕使用者的青睐，而对于一些重大题材，也需要将它们轻松化处理，不要单篇内容占用过大篇幅。

提 要

算法分发平台基于智能手机，手机的小屏特征就要求在内容制作时要注意使用大景别，尽量减少屏幕上的信息承载量。同时，视觉元素要尽量清晰直接，能简则简。

1.3 融入更多科技运用

在新媒体的大背景下，传统的内容生产形式不断受到新媒体创新形式的挑战。新的技术层出不穷，而手机提供了这样一个能够不断展示新技术的平台。适当地运用这些新技术，不仅能够更加准确而又鲜活地表达主题，而且能够使用户迅速理解、接收信息，体验到美感与愉悦。在内容制作上融入更多科技运用，不仅仅是技术层面的发展，更是内容生产在艺术角度的突破。

1.3.1 从静图到动图

相比静态图片，动态图片更能吸引网友的目光。可以使用 Photoshop 等图像处理软件制作 GIF 动图作品，再把动图插入文章中。动图在使用中更加简单快捷，让用户无须点击播放就能直接看到几秒钟长的一小段视频。画面有静有动，以主体或重点部位的动感效果突出视觉中心，有助于提高内容产品的吸引力和关注度。另外，动图所需要的字节数也比视频更少，打开快、观看简单、节省上网流量费用，这些都是动图更受到用户欢迎的原因。

1.3.2 从平面到立体

目前，裸眼 3D 技术已经在新媒体的内容生产中广泛使用。裸眼 3D 是利用人两眼具有视差的特性，使用数码合成软件，将选取的图片或视频素材，通过透视、遮挡、光影、色差等后期技巧制作出的立体影像。画中事物既可以凸出于画面之外，也可以深藏于画面之中，适合表现一些特殊题材和情景，以其迎面而来的视觉冲击表现力深受用户欢迎。

1.3.3 从单一到复合

现在的新媒体内容生产，已经不再使用单一的媒介元素，而是融汇多种媒介交互技术，集文字、图像、声音、动画等于一身；不再是单一图片或多张图片的罗列，而是能够调动视觉、听觉甚至触觉的综合视觉产品，给用户以全方位浸入式的信息体验。

1.3.4 从现实到虚拟

虚拟现实技术将信息呈现方式超维升级，提供 360 度场景报道，使用户得到置身其中、身临其境的沉浸式体验，更易引发用户的共鸣感和关注度。目前，一些科技设备通过互联网加物联网以及结合 VR、AR、MR 等，以一半现实一半虚拟的影像，增强用户的体验感，同时增加内容的真实感。

位于国家博物馆的“伟大的变革——庆祝改革开放 40 周年大型展览”不仅设立了实体展馆，还专门设置了网上展区（见图 10－9），采用 360 度全景和 3D 模型技术手段，运用多媒体互动叠加图文、音视频等多种形式，再现了“伟大的变革——庆祝改革开放 40 周年大型展览”的全貌。用户通过网络和手机客户端，足不出户就能参观展览。

不过，值得注意的是，用新技术来提高新媒体内容制作水平，不是为了炫技，不是为了创新而创新，而是用合适的方式表达合适的内容，用合适的载体表现合适的观点，尤其要针对当下碎片化阅读的实际，多生产既有精度又有深度、既有广度

图 10-9 国家博物馆“伟大的变革——庆祝改革开放 40 周年大型展览”完全实现了数字化，可以在手机上播放

资料来源：国家博物馆官网。

又有热度的可视化内容产品，力求在浅阅读中深表达，在浅观看中深触动，不断提高内容生产的制作水平。

提 要

针对小屏幕的特点，在进行内容制作时，要更多地出现核心要素，在画面中尽量少加入过多的信息，以免影响用户的使用体验。

第 2 节　标题区的制作

新媒体内容的制作可以分为标题区和正文区两部分。其中，标题区包括标题、题图和摘要。标题概述要点，题图美化标题、强化主题，摘要进一步描述主题。正文区包括正文、音频插件、视频插件、投票区、简介区等。

在整个标题区，标题、题图和摘要三者结合，应该能够展现出整篇文章的核心内容，能够让用户基本上对于这篇文章所要说的事情有所了解。

其中，关于标题的制作，在第 9 章中有比较详尽的介绍。下面让我们来看一下摘要的制作和题图的制作。

2.1　标题摘要的制作

如果说在新媒体环境下，标题是吸引别人阅读的第一道关口，那么摘要应该是帮助用户迈过这个关口的一道梯子。因为有摘要的引导作用，用户进一步有了好奇心，愿意拾梯而上，点开看正文。

摘要部分的制作要遵循几个原则。

第一，注意不要超过字数限制。这里的“限制”要注意两方面的内容，一是摘要的总体字数限制，二是在标题上能够显露出来的字数。如果摘要整体过长，超出了总体字数限制，将无法发送。如果摘要本身没有超长，但是已经超过了阅读的字数限制，发布出来之后就会只截取一部分内容，后面变成了省略号，导致内容生产者想要反映出来的具体内容无法被更好地反映出来。

从这一点上来说，摘要最好宁少勿多，需要内容生产者比较精练地写出来它最关键的部分。

第二，摘要能够表现出文章的核心思想。要注意的是，这里的提炼核心思想，和传统媒体消息制作中提取带有核心事实的新闻导语是不同的。

和提炼核心新闻事实不同，提炼核心思想并不需要把核心的新闻事实非常彻底直接地放在摘要上，而是要从如下三个角度去下功夫：

第一，按照自己的理解提炼出文章的相关情感要素。

第二，摘取文中最经典的一段作为提要。很多在新媒体平台上流传相对比较广泛的文章所具备的共性是，文章中要有一句比较精练、经典的话，也被称为“金句”。在文中出现的比较经典的话，可以作为摘要。

第三，借用名人名言，或借用已有的段子，进行一些比较有趣的评论。这种方式源于新媒体平台强烈的公众性，这种公众性使得用户在其认为可以议论、讨论、嬉笑怒骂的空间里，能够提升阅读、交流和分享的兴趣。

2017 年，网易音乐做了一个推广活动，在地铁的车厢里贴满了各种贴纸（见图 10－10)，贴纸上都是精选的网易云音乐里的留言，没有一则留言是反映这首歌的核心歌词、作者、下载数量、流行程度的，而只是一些听歌的人当时的心情、感

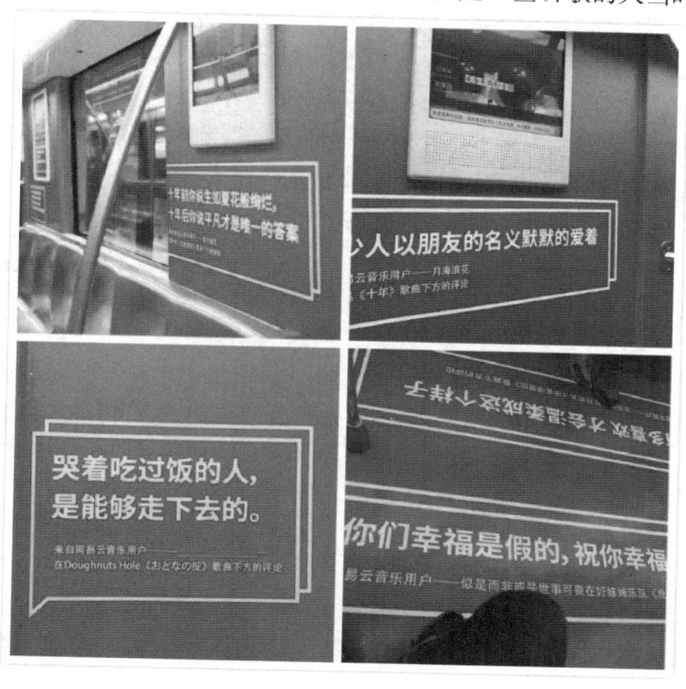

图 10－10 “网易云音乐”在杭州地铁里的布置，选用的留言很符合进行标题摘要制作的要求

资料来源：网易。

叹和议论。这个推广活动成为一个非常火爆的文化现象。它成功的一个最大的原因就是，在新媒体的传播中，这种方式更加侧重于在情感上的传播，和用户形成了一些相关的情感共通和情感表达。

【案例10-1】 千万不要小看了摘要

图 10-11 “混子曰”微信公众号文章

资料来源：“混子曰”微信公众号。

摘要是对正文的提示。2018 年清明节，“混子曰”微信公众号文章用了和 2017 年清明节相同的图片（如图 10-11），因此在摘要里做了一个补充说明：如果你仔细看，跟去年的老贴不一样哦。

这句摘要有这样的隐含条件：第一就是默认读到这条摘要的人是很固定的长期粉丝，一直在关注它，一看到这张图就能想起它去年发过，给人带来一种信任感和亲切感。第二就是假设对方并不知道这个号，只是今年第一次看到，但是这句话并不会给这样的陌生用户带来阅读上的不快。

这个补充说明对两种人都是有效的。对于第一种人来说，他会点开来看，然后找找今年和去年有哪些区别；对于第二种人来说，没有进一步的影响，甚至有可能激起他的好奇心。

微信公众号“BetterRead”发布了一篇文章，标题叫作《带孩子参加音乐野营，却让我重新认识了美国白人文化》。摘要是：“在美国的大部分华人移民，虽然经济上比较独立、工作生活没有问题，但是在生活中跟白人接触的机会并不是太多。虽然我们很多人生活在美国多少年了，基本都是泡在中国圈子里的。现在大部分时间是泡在微信里面。”（如图 10-12）

图 10-12 “BetterRead”微信公众号文章

资料来源：BetterRead 微信公众号。

摘要很长，总共 89 个字，一眼过去看不完。但是读完之后并不能帮助用户了解文章的内容，摘要和标题之间没有一点关系，所写的是华人移民和白人难以接触、了解，和标题上要重点说的“白人文化”“音乐野营”都无关。用这么多的文字，但是并没有对自己要说到的重点内容有任何的增色，应该说这是一个很失败的摘要写作方式。

图 10-13 “奴隶社会”微信公众号文章

资料来源：“奴隶社会”微信公众号。

图10－13这个例子中，文章标题是《青年人，我们为什么"活着"?》，摘要引用哲学家罗素的话："有三种简单而强大的情感主宰着我的一生：对爱的渴望、对真理的探求和对苦难大众的悲悯。"题图是几个人拉着手在漆黑的隧道里前行。这个标题、摘要和题图组合在一起，无法令用户有效地判别出这篇文章要讲的内容。

事实上，这是一名从事过四川地震灾后重建、妇女儿童保护和教育创新研究的学者，回想自己多年来的经历后很用心地写下的一篇文章，文章的质量很高，但是因为标题和摘要并没有起到有效提示的作用，所以也无法起到吸引阅读的效果。

提　要

为了吸引用户阅读，内容产品中的标题和摘要应该互为补充，有机统一，并注意留有一定的悬念。

2.2　标题题图的制作

题图是标题上重要的组成部分。题图是标题区上三个元素中唯一的一个视觉元素。目前，微信公众号可以放一张长方形的图，头条号上可以放三张图片，机器会将这些图片配上标题发送给不同的用户，再通过对阅读数据的比较分析，把效果最好的一张图当作主打图。

对于用户来说，标题区是他在手机上唯一可见的内容，是他决定是否点开这篇文章阅读的唯一判断依据。对一个内容生产者来说，好的内容是吸引用户的"内在美"，而如何在海量的信息中做好视觉引导，题图起到的作用就是建立合理的视觉路径，去引导用户关注标题。因此，题图应该足以吸引用户，抓住他们的注意力。

2.2.1　题图的作用

一张标题图会起到以下作用：

1. 与订阅用户进行交流

在新媒体中，订阅用户会看到完整的图标。为了吸引用户，题图应该做到醒目、亮眼，与主题相呼应。

2. 促使用户转发消息

一张有趣的题图能够加大用户分享这则内容的可能性。

3. 衬托和深化主题

一张或者一组题图应该能够通过与标题、摘要的配合，集中体现文章的主旨、内容，吸引用户将视觉焦点放在主题上。

图10－14是"北京日报"微信公众号的一则推送，共包括五篇文章。在这个示例中，主题图与核心主旨紧密相关，通过一个突出的红圈，展示出机舱玻璃破裂的情况，吸引用户注意，起到提升阅读量的效果。

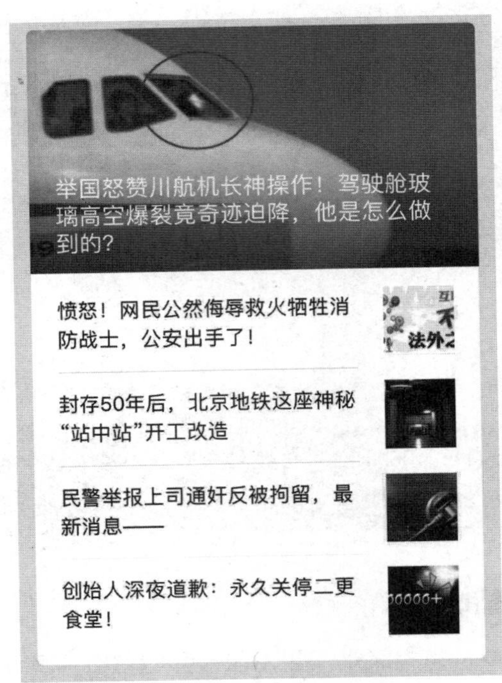

图 10－14 “北京日报”微信公众号的推送界面

第三条中，能够看出题图是“站中站”的实拍图，和主题紧密相关，图片用一种黑暗而略带神秘的气氛，吸引用户注意，激发他们点击阅读的好奇心。

然而，第二条、第四条和第五条文章的题图却和文章主旨没有太大关系，使用的资料图片毫无延展的信息量，完全是“万金油”效果的图片，放在哪儿都能用。这种编排方式就完全浪费了题图本应起到的作用。

再整体看一下这五条内容的题图，会发现有的是新闻图，有的是素材图，还有的是漫画。景别不一，颜色不一，色调不一，使得整体风格杂乱。

图 10－15 是微信公众号“新世相”的一则推送，共包括四篇文章。在这个示例中，四张题图都使用了相同景别的图片，图片上的视觉元素简单直接，每张图片都和标题有一定的配合作用。同时，四张题图上都加入了这个内容生产者的名称，成为统一的视觉界面，色调也相对比较均衡，都使用灰色系，整体看起来协调统一，和上一个示例相比制作更加精心，让用户感觉到内容生产者的用心。长时间持续这样的固定风格，有助于形成品牌效应，强化用户对品牌的印象。

2.2.2 制作题图的原则

1. 和文字相配合，用题图来突出文字

标题和题图是吸引人点开文章的决定性因素。因此，题图需要抢眼、鲜明，吸引人的目光。但是需要注意的是，封面图兼具视觉设计和内容解释两项功能，所以在使用的时候，不是为了题图的抢眼而抢眼，而是要让题图成为突出文字标题的一种手段。题图的抢眼，是为了能够让标题更加引起关注。

此前，有比较低俗的营销号为了吸引人阅读，在题图上放置带有色情内容或者性器官的图片来吸引人点击。现在这种低俗的方式已经被各个平台视为违规，这样的内容无法发送出去。

汶川地震10年，你走了多远？| 7702 个人关于 5·12 最近也最大规模的集体讲述

2018年5月11日 原创

当你说出这句话，没一个公司会招你

2018年5月10日 原创

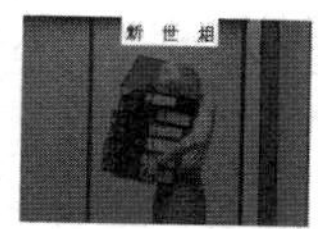

48小时声音交换：给你听听这一刻我的身边在发生什么

2018年5月10日 原创

他们跪着赚的这些钱，你赚不赚

2018年5月9日 原创

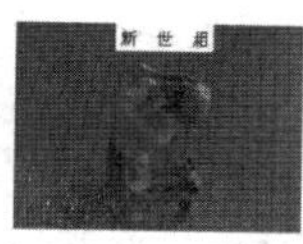

图 10－15 “新世相”微信公众号的推送界面

2. 统一图片风格，突出品牌形象

在内容生产中要注重形成相对统一的视觉形象，由此对品牌形象进行定位。所以，建议定位精准的自媒体号采用统一类型的图片。

3. 用色彩配合主题

不同的色彩能够带给人不同的视觉感受。冷色调比如蓝、绿、紫色等给人冷静的感觉，比较适合静谧、柔和的主题；暖色调如红、黄等色彩比较鲜艳的颜色适合表达热情、动力等。在使用色彩时，要和文章内容的主题相匹配。

4. 人脸比景物的辨别度更高

有研究表明，人们天生会被面部吸引。所以，在人脸和景色两者间，优先使用人脸作为封面主题的图片，更能够加深辨识度，使得用户的视线更精准地落到这条内容上。同时，尽量不使用带有文字或者太过平淡的图片作为题图。

图 10－16 是今日头条页面上的两则内容，分别来自头条号“阅读第一”和“中新经纬”。上下两个主题图相比，人脸比文字内容更能获得人们的关注。

把6个娃全送进哈佛耶鲁后，韩国首席妈妈透露了5点秘诀

阅读第一 846评论 16分钟前

海底捞就“不雅视频”事件报警 网友：天天净整幺蛾子

中新经纬 127评论 16分钟前

图 10－16 今日头条页面上的两则内容

5. 尽量不使用全景图片作为题图

题图本身的尺寸有限，放在手机上显示出来的比例更小。一张在电视、电脑上具备视觉冲击力的全景大图，放在标题区就会很小。所以，在标题区尽量不要使用全景照片。

如图10-17，在微信公众号“巴伦”一篇关于宏观经济形势分析的文章中，使用了一张全景的码头装卸图片作为主题图，在压缩后，完全看不清图片上的内容，所以也无法起到应有的作用。

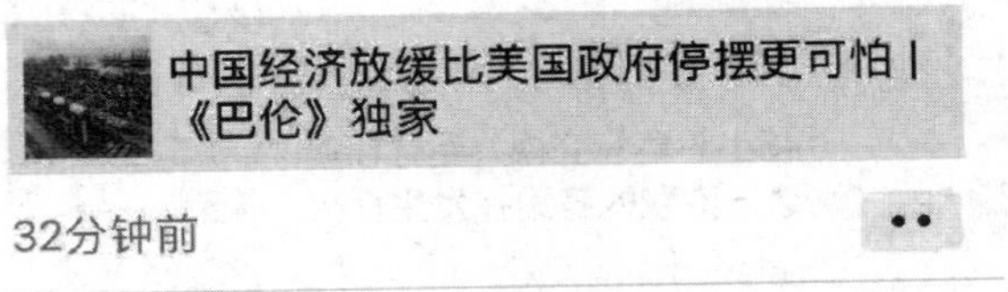

中国经济放缓比美国政府停摆更可怕 | 《巴伦》独家

32分钟前

图10-17 “巴伦”微信公众号的一篇文章

提 要

题图是能够提升关注度并且构建品牌效应的有效方式。

第3节 正文区的制作

点开标题，就进入了正文区。正文区是内容生产的核心，正文区的制作目标，就是要使用正确的图文排列方式、图文和新媒体的使用逻辑，使得正文区里想要展示给用户的内容都能够被恰如其分地展示出来。

3.1 正文区的制作原则和方法

在手机上阅读是非常方便的，而这种方便也同时带来了用户的任性。手机本来就是随处可用、随手可用的，所以能够占用人们的所有碎片时间。对于手机的使用，人们很容易形成依赖，但是所有事情都是祸福相依的，既然在手机上的阅读容易获得，人们也就不会那么忠诚。

看手机的场景和看杂志、报纸和书籍完全不同。后三者的使用场景会是在一个光线适合、方便阅读、相对安静的地方。但是手机的使用场景有可能在路上、在等电梯、在吃饭、在半夜睡醒时……是非常随机和不确定的。

另外，无论纸媒、电视还是电脑，使用的场景都是单一的，在使用这个媒体的时候，媒体只有传递新闻这一个功能，受众只有使用或中断（停止）使用这个媒体两个选择。例如，如果看报纸的时候来了电话，读者就只能先放下报纸，拿起电话。这时报纸还放在手边，等放下电话的时候，再找到上一次中断阅读的地方重新开始。

但是，手机的使用场景和此前所有传统媒体的都不一样，它的场景是复合的，手机既是通信工具，又是新闻载体，还是游戏终端。例如，如果在正阅读微信公众号的一篇文章时进来了一条微信，或者正在今日头条上看一个视频时进来了一个电话，这时，手机的通话功能就压过了人们正在使用的新闻浏览功能。这时多数人会选择退出正在浏览的内容，先处理电话或者短信，但等处理完，再回到原界面时，很大可能性是那条读到一半的新闻已经再也找不到了。调查显示，90%以上的人不会在退出一条新闻后，再记得把它找回来看。

也就是说，在手机的使用场景下，人们“背叛”看到一半的内容，是非常容易实现的事情。所以，基于这样的使用场景变化，如果要去做更加受人喜爱的新媒体内容的话，我们首先要注意考虑用户的使用场景，尽量为用户多提供一些方便，在一些看似不起眼的地方做到更加细致周到。而这样的逻辑也需要贯穿于正文区的制作当中。

3.1.1 正文区图文排列的制作原则

正文区的图文排列基于两个制作原则。

第一个原则，给阅读者提供方便，要遵循用户阅读的视觉规律，符合他日常的生活习惯。

第二个原则，基于小屏、竖画幅的阅读来设计图文排列。

3.1.2 正文区图文排列的注意事项

根据以上的两个原则，要在图文排列中注意以下事项。

1. 排版时按照视觉顺序来排列图文

在图文排版时，手机的阅读方式相对比较单一，用户的使用方法主要就是从上到下滑动屏幕，尽管偶尔会出现看一张长图时需要把手机横过来的情况，但在手机上浏览的顺序绝大多数是从上到下的。因此，排版时一定要按照视觉顺序来进行，视觉的逻辑是从上到下、从左至右，排版时就一定要按照这种视觉规律。

例如，如果一幅图片和一段文字相关，那么图片和文字的排列顺序就要符合视觉逻辑。如果是用图片来说明文字的，就把图片放在文字的下方。如图10-18，2018年5月15日凌晨，周杰伦发行了他的新单曲《不爱我就拉倒》，微信公众号“ONE文艺生活”介绍了这首单曲，之后放了一张配图，这张图是这首新歌的封面图。在这个例子里，图片是用来说明文字的，所以就要把图片放在文字的下面。

假设把两者颠倒的话，就会给人一种不太好的阅读体验。用户先看到一张图，但是并不知道这张图说的是什么内容，随着手指往下一滑，才知道这是关于周杰伦新发的单曲。那单曲封面是什么样的呢？刚才用户因为不了解图片内容，是没有认真看这张图片的，于是又得再把屏幕拉回来仔细看看。如果一篇文章里边，出现几次因为排版问题而使得用户上上下下来回拉屏幕的现象，就是一种很糟糕的用户体验。

在排列所有的文字和图片的时候，都要注意两者的逻辑关系，是文字来补充、修饰和说明图片，还是图片来补充、修饰和说明文字，由此再来确定它们的位置。

反之，如果文字要去说明图片，就把文字放在图片的下方。例如图10-19中的“头条媒体实验室”，文章内容是对假新闻准确度的判断，文字是对图片的说明，因此就要先放置图片，后放置文字。

返回 ONE文艺生活 …

“

文山啊，救救秀胸肌的周杰伦吧！

”

一觉睡醒打开手机，想必你的朋友圈都被同一首歌刷屏了。

5月15日凌晨0点，周杰伦终于正式发行了他的新单曲：《不爱我就拉倒》。光看这个歌名就知道，它怎么可能不刷屏？

图 10－18 “ONE文艺生活”微信公众号文章介绍周杰伦新单曲

返回 头条媒体实验室 …

Least Delusional
Most Delusional
Proportion
0.6 0.5 0.4 0.3 0.2 0.1 0
Not at all Not very Somewhat Very
Perceived accuracy of fake news

对假新闻准确度的判断

- 纵轴：比例
- 横轴从左至右分别是认为假新闻“完全不准确”、“不是很准确”、“比较准确”、“非常准确”
- 红色图例：最爱妄想的群体
- 蓝色图例：最不爱妄想的群体

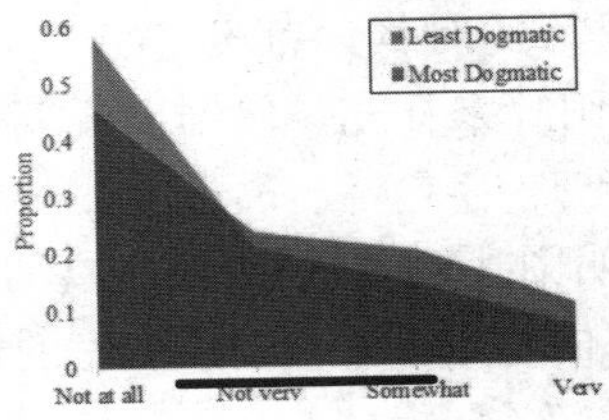

图 10－19 “头条媒体实验室”的文章

2. 文十图尽量控制在手机屏幕一屏之内

在手机上阅读，图片太多或者太少都会影响阅读体验。图太少的情况下，只看文字会让人感觉枯燥，但是如果图片过多，就会影响这篇文章的页面打开速度。在新媒体场景下，资讯和信息对人们来说是随手可得的，因此，用户也会变得要求苛刻。调查显示，人们在打开一篇文章时，平均忍耐的时间是两秒半。如果在打开任何一篇新媒体文章的时候，超过这个时间限度，大多数人会选择直接关掉不看了。所以，如果文章里的图片、视频等太多，会影响打开速度，也就会影响最终的传播效果。

如果是用文字去说明图片尤其是图表，文字加图片的整体长度不要超过一屏，否则就会给阅读者带来很大的障碍。上文“头条媒体实验室”的做法是符合规范的：整个连图带文的内容，大约占了屏幕三分之二的长度。

如果图片和文字整体长度超过了一屏，就会给阅读带来很大的障碍。因为当用户看到了说明文字的最下面时，已经不能显示出完整图片了。如果是一个很想详细了解内容的用户，就需要不停上下滑动手机屏幕，这对于阅读者来说是一种非常不舒适的体验。

为了达到更好的阅读体验，纯粹起到修饰作用的图片尺寸要适宜，大小不要超过屏幕的一半。因为如果修饰性图片过大，阅读者会随着惯性形成快速翻页的阅读节奏，等过渡到整屏文字，需要调慢阅读节奏的时候，用户已经形成了阅读惯性，仍然保持快速翻页，这样就会影响传播效果。

与之同理，图片和文字要相间，不要出现大段的文字，也不要出现接连的图片，而是要间隔一致。这同样是为了让用户保持一个相对均衡平稳的阅读节奏。

相对合理的一个做法，就是每隔一屏都在上一张图片随着屏幕上滑而消失的时候，下一张图片刚刚开始露出一条边。这个状态下，文字量应该是在手机屏幕长度的125%左右。现在所有的平台都提供预览功能，我们可以通过预览功能来检验。

图10-20中“腾讯大家”这篇文章的例子，图片占了三分之二，而文字想传播的还是一个比较严肃的内容。在这种状况下，图片过大，就会影响传播效果。

3. 增加提示，给予用户清晰的预期

在正文的制作中，内容生产者要多使用用户思维来引导自己的制作过程，多使用一些提示来显示对用户的体贴和关心。

例如，如果文中出现的图片较大、数量较多，可以在开头先写一行提示文字：“图片较大，打开较慢”或“图片非常大，建议使用Wi-Fi”。

文中如果出现长图，也需要在开始的时候做一些说明，“下面要看到的是长图，请横拿手机”。

如果文字较多，可以写明文章长度和阅读时间，例如“全文7 658字，平均阅读时间需要8分钟”。

这些提示，会给用户以实质上的阅读参考。在手机上进行阅读，并不像阅读报纸或杂志那样一目了然。同时，手机上的媒体因素更加丰富多样，点开一篇文章后可能看到视频、音频、文字、图片等多种形式。用户对于文章的浏览前景有一个明确的预期后，会更加顺利地进行阅读。

图 10-20 “腾讯大家”的文章

提 要

> 正文区的制作要符合新媒体背景下手机阅读的规律，因而在图文排列上要更加注意。同时，正文区可以加入一些提示来使用户有更加清晰的阅读预期。

3.2 编辑排版的原则和方法

在小屏幕、竖排版的前提下，对图文进行编辑排版的原则要建立在充分理解内容产品的内在逻辑性的基础上，按照逻辑来进行图文排版，使得用户在阅读的时候，让排版起到协助用户理解、辅助用户阅读的作用。

合理的图文排版，应该是对内容产品视觉逻辑的合理展现。

3.2.1 用行间距来体现文字的逻辑关系

传统排版一般通过首行缩进 2 个字符的方法来区分各个段落。人们在看到首行缩进时，就会习惯性地理解为新起了一段，但在手机这种小屏幕上，首行缩进的效果不如加大段间距的效果。把段间距与行间距设置为不同的距离，在段与段之间空一行，更能够使用户从视觉上形成对语句的逻辑理解（如图 10-21）。

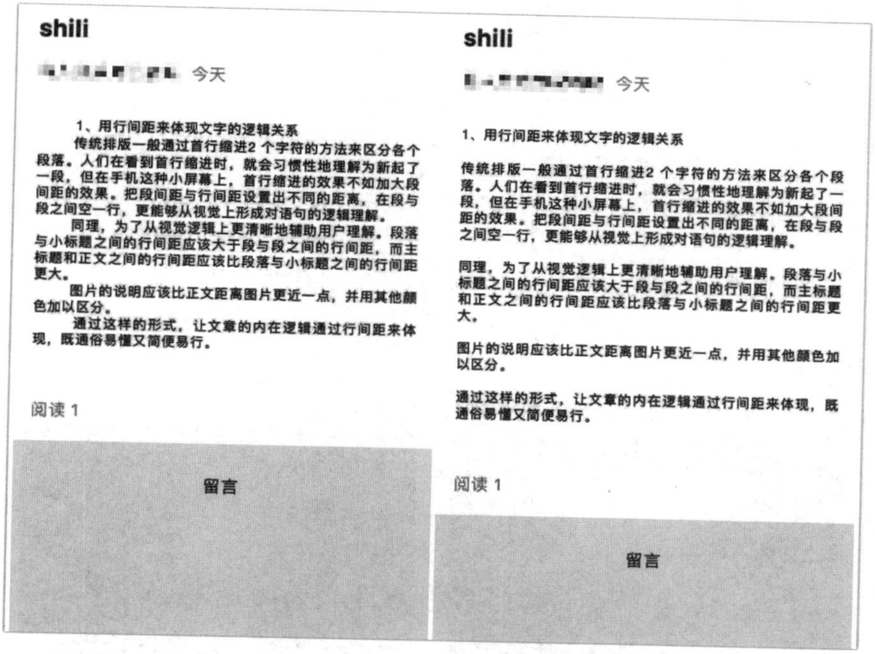

图 10－21 用行间距体现文字的逻辑关系（1）

同理，为了从视觉逻辑上更清晰地辅助用户理解，段落与小标题之间的行间距应该大于段与段之间的行间距，而主标题和正文之间的行间距应该比段落与小标题之间的行间距更大（如图 10－22）。

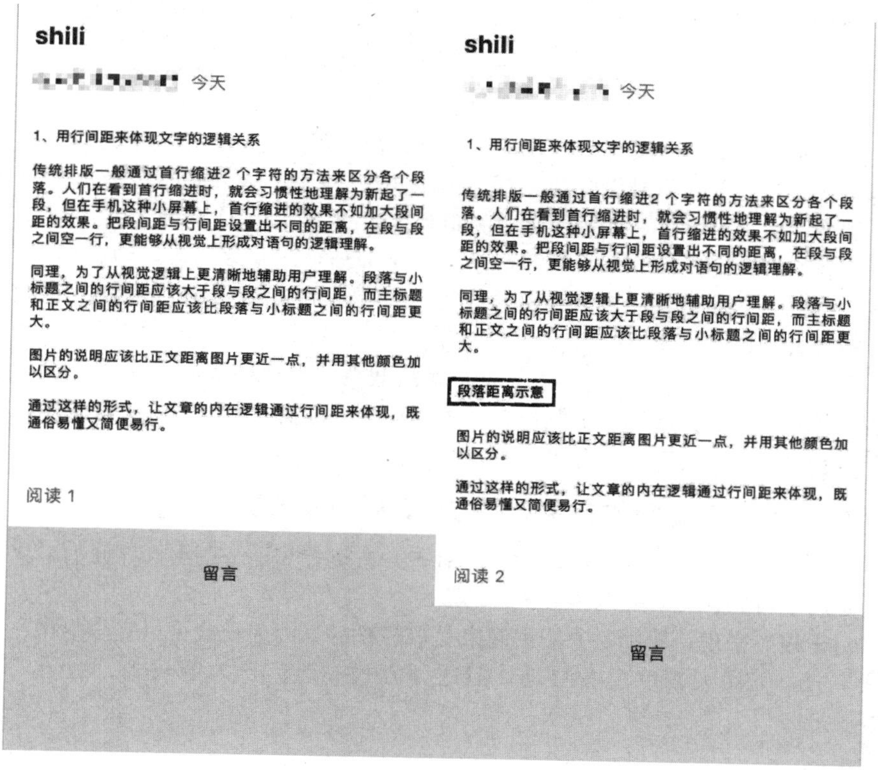

图 10－22 用行间距体现文字的逻辑关系（2）

图片的说明应该比正文距离图片更近一点，并用其他颜色加以区分，如图 10-23。

1、用行间距来体现文字的逻辑关系

传统排版一般通过首行缩进2 个字符的方法来区分各个段落。人们在看到首行缩进时，就会习惯性地理解为新起了一段，但在手机这种小屏幕上，首行缩进的效果不如加大段间距的效果。把段间距与行间距设置出不同的距离，在段与段之间空一行，更能够从视觉上形成对语句的逻辑理解。

同理，为了从视觉逻辑上更清晰地辅助用户理解。段落与小标题之间的行间距应该大于段与段之间的行间距，而主标题和正文之间的行间距应该比段落与小标题之间的行间距更大。

段落距离示意

图片的说明应该比正文距离图片更近一点，并用其他颜色加以区分。

图片说明示意

通过这样的形式，让文章的内在逻辑通过行间距来体现，既通俗易懂又简便易行。

1、用行间距来体现文字的逻辑关系

传统排版一般通过首行缩进2 个字符的方法来区分各个段落。人们在看到首行缩进时，就会习惯性地理解为新起了一段，但在手机这种小屏幕上，首行缩进的效果不如加大段间距的效果。把段间距与行间距设置出不同的距离，在段与段之间空一行，更能够从视觉上形成对语句的逻辑理解。

同理，为了从视觉逻辑上更清晰地辅助用户理解。段落与小标题之间的行间距应该大于段与段之间的行间距，而主标题和正文之间的行间距应该比段落与小标题之间的行间距更大。

段落距离示意

图片的说明应该比正文距离图片更近一点，并用其他颜色加以区分。

图片说明示意

通过这样的形式，让文章的内在逻辑通过行间距来体现，既通俗易懂又简便易行。

图 10-23　用行间距体现文字的逻辑关系（3）

在手机屏幕上，通过文字、段落、颜色和行间距的变化，让文章的内在逻辑通过排版来体现，既通俗易懂又简便易行。图 10-24 为“人民日报”微信公众号的一篇文章中的部分段落，其排版利用间距和颜色的变化，来展示逻辑关系的不同。

需要特别注意的是，许多内容产品的结尾部分会放很多内容，包括作者介绍、打赏二维码、活动信息、留言互动、投票区等，当内容过多时，需要用间距、颜色、字号等对这些内容进行区分。

图 10-25 为“丁香医生”微信公众号的截图，在这一页中，先后出现了推荐关注、推荐阅读、二维码、审核作者、图片来源、责编等内容。由于排版时注意了色调和色号的搭配，看起来并不显得很混乱。

3.2.2　选择适当的文字对齐方式，轻易不要更换

文字的对齐方式包括居中对齐、左对齐、右对齐 3 种。在手机界面上，比较常见的是居中对齐、左对齐两种方式。

对于用户来说，居中对齐阅读起来是最轻松的，因为视线可以完全集中在屏幕中间部分，不用大幅度左右移动。但这种方式一般适合内容较少、短句较多的内容。

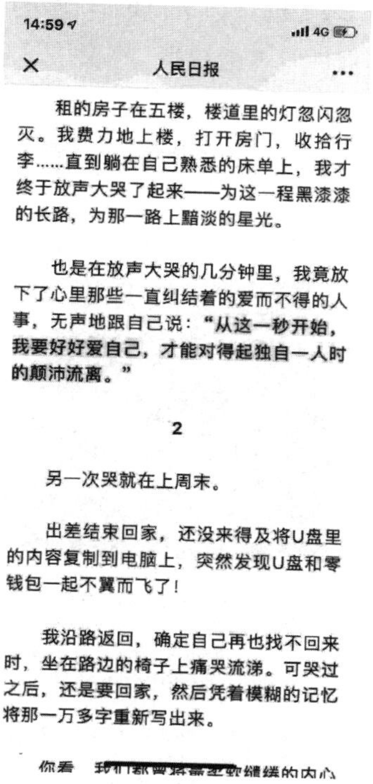

14:59
人民日报

租的房子在五楼，楼道里的灯忽闪忽灭。我费力地上楼，打开房门，收拾行李……直到躺在自己熟悉的床单上，我才终于放声大哭了起来——为这一程黑漆漆的长路，为那一路上黯淡的星光。

也是在放声大哭的几分钟里，我竟放下了心里那些一直纠结着的爱而不得的人事，无声地跟自己说：**“从这一秒开始，我要好好爱自己，才能对得起独自一人时的颠沛流离。”**

2

另一次哭就在上周末。

出差结束回家，还没来得及将U盘里的内容复制到电脑上，突然发现U盘和零钱包一起不翼而飞了！

我沿路返回，确定自己再也找不回来时，坐在路边的椅子上痛哭流涕。可哭过之后，还是要回家，然后凭着模糊的记忆将那一万多字重新写出来。

图 10－24　“人民日报”微信公众号的排版

13:12
丁香医生

扫描下方二维码，关注「丁香医生」
对话框回复 蔬菜
一张图，推荐营养最丰富的蔬菜
▼

本文经由注册营养师 黄柏荣 审核

封面图来源：123rf.com.cn 正版图片库
责编：宅宅

好看你就点这里

文章已于2019-01-07修改

图 10－25　“丁香医生”微信公众号的排版

图 10-26 中“共青团中央”推送的文章的文字不长，短句较多，宜使用居中对齐。

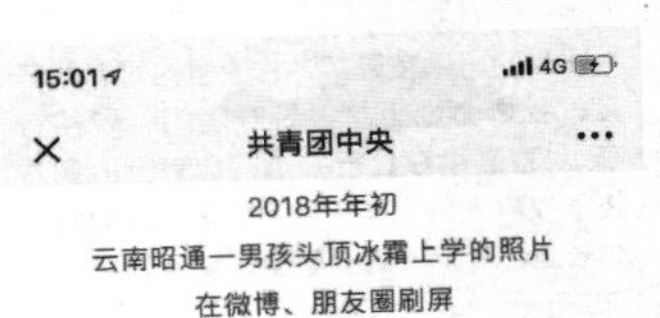

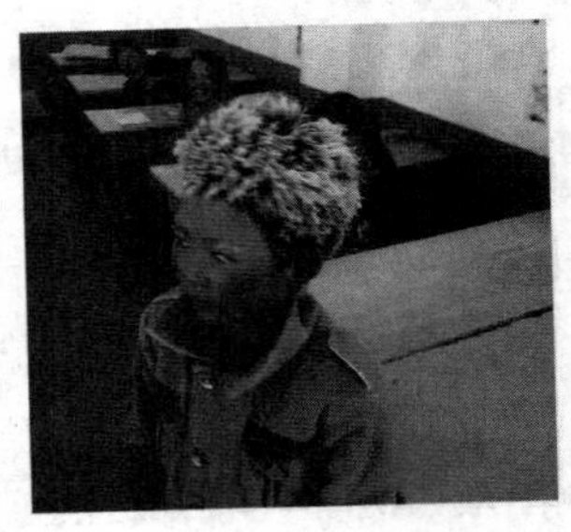

图 10-26　居中对齐示例

较长的内容一般适合采用左对齐，如图 10-27 中“新世相”的文字采用左对齐方式。

15:06
4G
新世相

对我们来说，有比累、迷茫、头发少、工资少、不被认可，更让人心慌的吗？

一位同事说：“其实这样的心慌是日常性的，已经习惯了；

暴击则是听说领导年纪比你小，比你小的人创业成功了，而你还停留在原地。

你不仅没赶上同龄人那趟车，现在连比你小的都要抛弃你。”

读者白木说，自己刚去了家互联网公司，发现领导比他小两岁；

后来还得知隔壁程序员小孩，通过校招进，工资和自己一样。

每一次暴击，他都心头一紧，陷入短暂的自我怀疑。

但还会安慰自己：自己经验足，会升得很快。

可事实是，做的最吃力的是自己。

他加班到凌晨做的方案，提交给小自己 2 岁的

图 10-27　左对齐示例

对于一家自媒体来说，文章最好严格遵循一种对齐方式，不然就会导致用户的阅读混乱。尤其是不能在同一个内容中使用两种对齐方式，那样会造成混乱。

3.2.3 根据用户需要来设定字体和字号

字体和字号是内容生产者用来固定自身形象、强化品牌风格的重要内容。要根据核心用户的需求来设定自己使用的字体和字号，以及在字体颜色、磅数发生变化时的规律，并长期沿用，使其成为自己的固有风格。

图 10－28 中，“人民日报”微信公众号经过对用户画像的研判，分析发现虽然用户中年轻人很多，但是核心用户还是中老年人，同时以公务员为主，因此，“人民日报”微信公众号使用了其他内容生产者很少使用的“段首空两行＋加大行间距”这两种方式来辅助阅读，兼顾新旧媒体上的阅读习惯。另外，“人民日报”微信公众号的字号选择 18px，比一般市场上主流的字号要大，这也是为了符合中老年人视觉的需要。

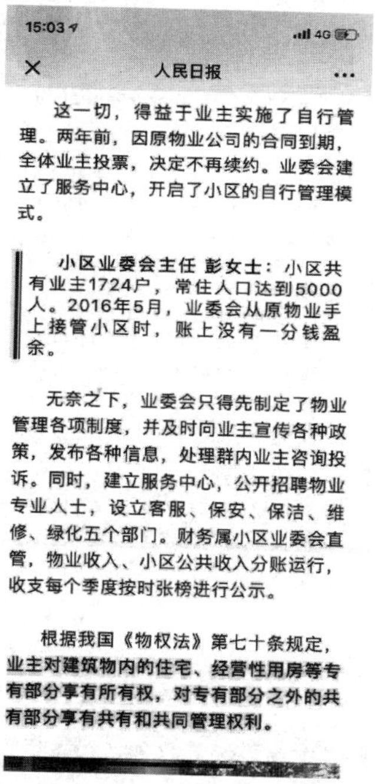

这一切，得益于业主实施了自行管理。两年前，因原物业公司的合同到期，全体业主投票，决定不再续约。业委会建立了服务中心，开启了小区的自行管理模式。

小区业委会主任 彭女士：小区共有业主1724户，常住人口达到5000人。2016年5月，业委会从原物业手上接管小区时，账上没有一分钱盈余。

无奈之下，业委会只得先制定了物业管理各项制度，并及时向业主宣传各种政策，发布各种信息，处理群内业主咨询投诉。同时，建立服务中心，公开招聘物业专业人士，设立客服、保安、保洁、维修、绿化五个部门。财务属小区业委会直管，物业收入、小区公共收入分账运行，收支每个季度按时张榜进行公示。

根据我国《物权法》第七十条规定，**业主对建筑物内的住宅、经营性用房等专有部分享有所有权，对专有部分之外的共有部分享有共有和共同管理权利。**

图 10－28 “人民日报”微信公众号的字号选择

根据题材、定位、用户画像的不同，文字位置、句子长短和字号大小的选择也有所不同，见表 10－1。

表 10－1 根据用户需求设定版式

文字的位置	句子的长短	字号大小
居左，是一种比较常规、比较严谨的方式。	长句能够树立权威性，但缺点是比较单调。	小号的字更有艺术气质。
居中，是一种比较新颖、便于突出重点的方式。	短句相对便于阅读，能够吸引注意力，但是缺点就是会感觉它比较跳跃。	中大号的字简洁易读，适合老年人。

 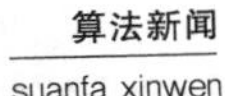 

需要注意的是，竖屏阅读已经让人的视野受到了横向的限制。事实上，人的视野范围是宽于手机屏幕的，所以在阅读文字时，更大的困扰来自需要将目光频繁换行，而不是左右转动眼球。因此，在本来已经有限的手机屏幕上，不要人为地通过编辑排版，再度将浏览的宽度缩小。

图 10－29 这篇文章在文字左右两侧又加了一道框，把文字圈限在了更窄的视觉范围内，会影响阅读效果。

我们生活在一个倒退的、新奥威尔时代。事实被我们想象不到的力量所颠覆，这些力量既有新生的，也有老派的。现在，难以捉摸的真相在订阅者的心中。订阅者和他们的数字支付正在改变当今新闻生产者的工作方式，并为今后十年的新闻业态奠定基础。

我们能感受到本世纪20年代的政治、社会和新闻等各种动荡，但我们现在还不能确定。所以，让我们看看我们能否理解过去的这一年。

1.“读者收入”（reader revenue）革命正在发生。

如今，我们在《纽约时报》上看到这么多双署名和三署名的报道，原因很简单:记者更多了。2014年，《纽约时报》仍在营收同比下滑中苦苦挣扎。它的编辑部有1100人，买断和裁员仍是其“业务特色”之一。《纽约时报》告诉我，如今，新闻编辑部有1500名员工——这个数字在4年里增加了36%，在过去两年里增加了15%(2016年，这一数字达到1300人)。

《华盛顿邮报》(Washington Post)也有着令人印象深刻的崛起，但其编辑部的人员数量[illegible]《纽约时报》的

图 10－29　版式过窄会影响阅读效果

提　要

在新媒体文本排版时，可以使用字体、字号、间距、颜色等区分方式，在手机屏幕上呈现自然的阅读逻辑，达到更好的视觉传播效果。

3.3　多媒体的应用

随着技术的发展，在现在的内容制作中可以融入很多新媒体手段，例如插入音频、视频、表格等多种形式。

3.3.1　不同的多媒体有不同的效果

插入音频，或者可以增加阅读趣味，或者可以补充信息量。很多新闻中会插入和采访对象谈话的录音，如果用户对于新闻内容想做进一步了解的话，可以去听相关录音。

插入表格，会使内容更加清晰易读，尤其适用于大数据量的文本。

近些年来数据新闻的火爆，最直接的原因就是人们阅读的载体向手机端的转变。在传统媒体上，使用图表的成本是非常高的。例如，在报纸上使用一张图表，虽然已经尽量压缩了，但还是会占去一两千字的空间。在电视上使用图表，更会让它失去原本画面的动感和丰富。而在手机上可以滑屏阅读非常长的内容，而且在小屏幕上看图表的悦目程度高于看文字，多使用一些表格，能使文章更加清晰易读，更能够反映比较大的信息量。

插入一些图片或者动图，可以活跃气氛、补充内容。

插入视频，用来补充内容或者加入广告。

插入二维码，可以进行内容和广告的延伸。

3.3.2 使用多媒体要考虑的因素

第一，根据场景。虽然说人们已经习惯碎片式阅读，但多数多媒体作品通常还是会倾向于一些特定的场景。例如，比较适合在办公室阅读的内容，就不适宜插入声音。清早八点推送的内容，其设定就是人们在早晨上班路上看，那就不适宜发送很大的作品。设定为在零散的时间内阅读的内容，不适宜过长。

第二，根据类别。一个侧重于新闻评论的新媒体，适宜使用更多的文字。一个侧重于娱乐八卦的新媒体，使用多媒体相对比较频繁。具体来说，多媒体的使用会增加内容的丰富性，但是同时也会降低可信度或者权威性。

第三，基于功能性的考虑。通过多媒体来实现一些功能性的补全。例如，手机能够更加方便地支持音频播放。因此在新闻里，可以以音频的形式去援引采访的原音。记者对一个采访对象，可能采访了一个多小时甚至更久。传统的新闻稿件，是记者把采访内容里有用的一些内容摘取出来，提炼成文字或同期声；在新媒体的阅读环境下，可以截取一段段短小的音频，直接插入专访的文字中。

虽然多媒体的手段日益丰富，但是多媒体使用并非越多越好。根据统计，2016年在中国微信公众号前500强里，使用两种多媒体应用的账号的数量是最多的（如图10-30)，一共220家。一种都不用的，只有18家。使用一种的，一共176家。使用三种的，一共有86家。

事实上，过多地使用多媒体会分散用户的注意力。

文字、音频和视频其实是完全不同的信息接收方式，在不同的场景下人们的使用偏好程度不同。这也是传统媒体发展很多年后，报纸、广播、电视和电脑仍然能够共存的最大原因。人们总会在某个场景下特别喜欢使用某种媒介。例如在开车的时候只用收听，面对一些需要深度了解的内容时更愿意看文字。在使用不同的感官去接触媒介时，人们所需要做出的接受准备是不同的。所以，手机虽然从技术上能够兼顾所有媒体，但是在同一个主题下，让人们切换太多的信息接收方式，会让人觉得很不舒服。

例如，假如一篇文章兼具文字、图片、音频和视频，那么人们在看文字和图片的时候，是按照不同的阅读频率随着目光来滑动屏幕的，在看视频的时候屏幕完全不动，而在听音频的时候屏幕可以随便滑动。也就是说，在一篇文章中人们会使用三种以上的信息接收频率，要多次调整阅读结构，那样就会让人在这一过程中感觉到不愉快。一则让人能够接收得更加轻松和愉悦的内容，应该有一以贯之的接收频率。

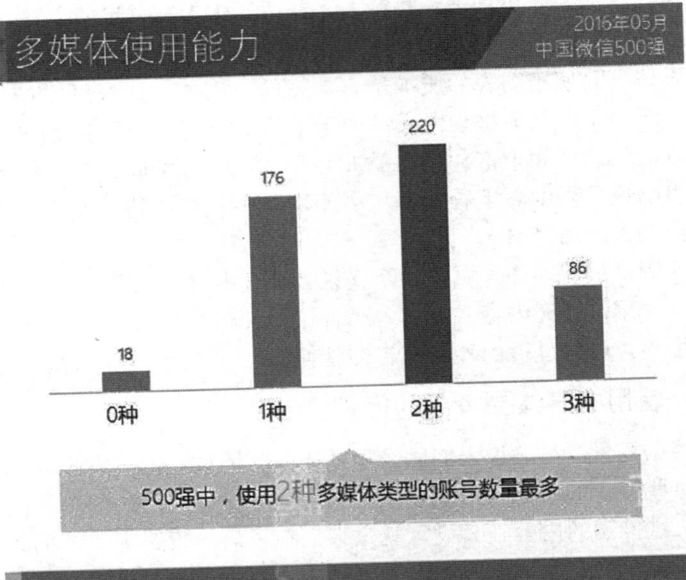

图 10-30　多媒体使用数量统计

资料来源：新榜。

再来看音频、音乐和视频占比的差异，同样是基于 2016 年对微信公众号 500 强的相关统计（如图 10-31）。

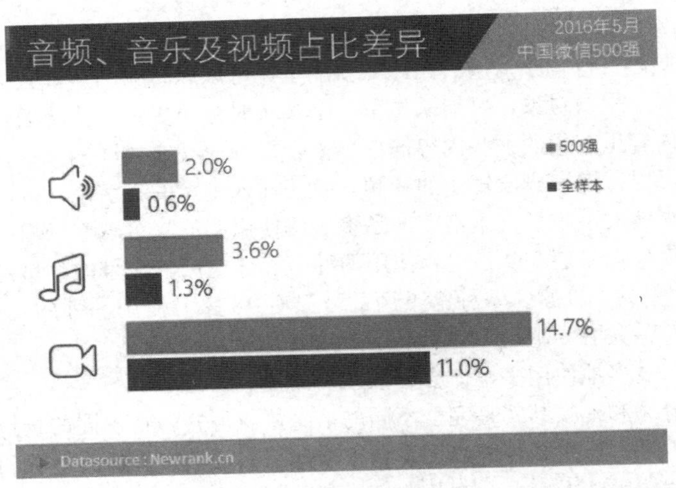

图 10-31　音频、音乐及视频占比差异

资料来源：新榜。

从这张图上可以看出，微信公众号 500 强对于音乐、音频和视频的使用均高于全样本，丰富性更强。

500 强里有 2%用到了音频，但是全样本只有 0.6%，相差将近 4 倍。因为音频的播放场景是当用户点开播放之后，一边听一边继续向下滑动屏幕阅读，所以音频基本都放在一篇内容的最初部分。人们可以在听着音频的同时，继续向下阅读。

音乐的使用在 500 强里有 3.6%，而全样本只有 1.3%。插入音乐的最合理的时长应该和把整篇文章阅读完的时长基本相同。

视频的使用在 500 强和全样本中差距最小。500 强里面 14.7%用到了视频，全样本中 11%用到了视频。视频和音频、音乐不同，音乐通常放在整篇文章的最顶部，音频可以在整篇内容中适当的地方用适当的长度随时加入，但是视频基本上永远放在最下面。通常每篇内容中只插入一次视频，这和占用注意力的形式有非常大的关系。

综上，对于多媒体的使用，针对性要强。不要从内容生产者的角度强加给用户过多的多媒体表现形式，而是要建立在深度分析用户特点的基础上，针对特定内容进行挖掘。核心目的是形成相对持续的用户黏性，甚至形成相对固定的风格。

同时，多媒体的手段——音频、视频、音乐、动图、二维码……也不是简单地拼凑在一起，而是从用户思维的角度来进行多媒体手段的整合。美国学者罗兰·德·沃尔克在《网络新闻学导论》一书中指出，多媒体手段不应该是砖块，而应该是水泥。也就是说，多媒体手段应该浑然一体地融合在一起。①

提 要

在新媒体生产中，可以借助技术的力量，使用各种多媒体元素。但是，多媒体元素在同一篇文章中不宜出现过多种类，以免引起阅读时的不适感。

【本章小结】

当内容生产者把精心制作的内容放到以智能手机为主要载体的算法分发平台上，就代表着他必须接受手机终端所带来的构图逻辑变化。和以往人们惯用的其他屏幕不同，手机屏幕的特点是竖画幅、小屏幕，这会给内容生产带来极大的变化。本章首先围绕这些变化进行了原理上的阐述，并详细介绍了如何结合手机屏幕的视觉传播特点来进行内容的制作。正如在传统媒体上，新闻的排版是一项有着成熟概念的版面语言，手机屏幕上的排版也可以通过字体、字号、颜色、行间距等方式来进行逻辑上的梳理和解构，本章接着用清晰的实例，解释了手机屏幕上的排版逻辑。最后，多媒体元素是在新媒体生产中使得内容创作能力极大提升的有效方式，应该如何在制作中使用这些多媒体元素，又有哪些注意事项，这是内容生产者同样应该掌握的实际应用知识。

【思考】

1. 你认为在新媒体制作中应该有哪些注意事项?

2. 制作时在大屏（电脑），但是阅读时在小屏（手机），制作者如何避免因为思维上的不一致而造成内容生产上的不足?

3. 你认为优秀的内容其背后的制作应该符合什么特征?

① 沃尔克．网络新闻学导论．北京：中国人民大学出版社，2003.

【训练】

对一篇自媒体内容进行重新编排，并和原版比较异同，分析哪种处理方式更好。

第 11 章　新媒体的内容生产运营

【本章学习要点】

首先明确新媒体内容生产中“运营”的定义、内涵及外延。根据实例和分析，了解“运营”为什么在传统媒体中并非核心环节，但到了新媒体的环境下就变成至关重要的一个环节。继而结合实例，介绍新媒体运营的思路、方法、原则和步骤。

新媒体背景下的运营是依托内容分发平台而产生的。在传统媒体时代，媒体与用户之间的“传与受”关系脉络清晰明显。而在新媒体时代，算法分发平台将内容与用户进行匹配，两者关系日趋平等。在传-受关系的变化之下，运营就成为新媒体内容生产中必须加以重视的环节。

第 1 节　什么是内容生产的运营

“运营”一词由英文 production manufacturing 翻译而来，是与生产和服务密切相关的各项管理工作的总称，原意是指企业经营过程中的计划、组织、实施和控制。从另一个角度来讲，运营管理也指对生产和提供公司主要的产品和服务的系统进行设计、运行、评价和改进的管理工作。

过去，从管理学角度，我们习惯于把与工厂联系在一起的有形产品的生产称为“生产”（production）或“制作”（manufacturing），而将提供服务的活动称为“运营”（operations）。而现在的趋势是将它们统称为“运营”。

1.1　运营的基本概念和在新媒体背景下的发展

《圣何塞水星报》专栏作家丹·吉尔默认为，媒介的发展经历了旧媒体（old media）、新媒体（new media）、自媒体三个阶段。他断言，在新媒体技术的驱动下，自媒体不再单单是一个传递信息的媒介平台，更是一种强大的市场营销和理念传播的工具。①

1.1.1　何为新媒体运营

泛泛地说，以新媒体的形式承载的所有营销工作都可以被归纳到新媒体运营的范畴里。具体来说，广义的新媒体运营包括内容运营、渠道运营、活动运营、用户运营、数据运营等。狭义的新媒体运营，则是利用微信、微博、今日头条等多种新媒体平台进行品牌推广、产品营销，从而提升新媒体的知名度、提高用户参与度的

---

① GILLMOR D. WE the media：grassroots journalism：by the people，for the people. New York：O'Reilly Media，2006.

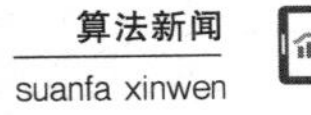

运营方式。

目前，新媒体的运营仍处于起步阶段。在信息海量、观点交融的环境里，如何使信息以自由、有序、健康的方式进行有效传播，如何实现自媒体与良性商业形态的结合，都还是在不断更新和探讨的课题。

很多传统媒体的记者编辑仍然坚守“内容为王”的理念。这个理念毫无疑问是有价值的，但是在新时期也有可以商榷的地方。虽然最顶尖的内容永远不可替代，但是同时我们要看到，渠道的变化、技术的更新使得新闻的流动更加广泛，新闻信息的传播更加遵循市场属性和商品规律。因此，“内容”和“渠道”就成为新媒体状态下并行不悖的左右脚。只有好内容，而没有好的推广和宣传，也会出现“酒香也怕巷子深”的状况。

新媒体未来的发展必须超越“内容为王”的单一视野，因为今天的互联网已经从内容平台发展到社交平台，一直到今天的生活工作平台。在这样的背景下，新媒体经营的核心正在发生变化，“内容”的地位正在被动摇，而关系“平台”的经营成了新的着力点。Web 2.0 的指向就是试图把人与内容的关系深化为人与人的关系。

尤其在算法分发的时代，新闻的传播和制作要经过平台的筛选和分发。这让很多内容生产者有“被平台绑架”的感觉，认为自己精心生产的内容不能直接发送到用户手中，而是要经过平台的过滤。事实上，现在所有算法平台都会加入社交因素的考量。用户可以根据自己的喜好对自己格外青睐的内容加以关注。

在微信公众号平台上，人们只能接收到自己关注的公众号所推送的内容。2016年，根据微信创始人张小龙发布的统计，有20%的人会通过自己的订阅来阅读信息，而其他80%的人通过微信朋友圈的分享阅读信息。此后，微信团队多次在不同场合表示，人们对微信朋友圈的使用频次一直在降低，通过订阅来阅读的比例逐渐上升，但是始终没有披露具体的比例。

从2017年开始，微博已经将自己的信息推送方式从单纯的时间线改成了由算法主导的推送。也就是说，微博的用户在微博上并不是按照时间顺序来浏览自己所有关注者发送的微博，而是平台根据用户的使用记录、用户的偏好（例如用户会专门阅读哪个关注者的微博内容，就会多给他推送这个人的微博）、用户的淘宝购物记录（阿里在入股微博后已经将双方的数据部分打通）等因素，有倾向性地给用户推送微博。

今日头条等以算法为主导的内容平台都加入了关注功能，用户可以自主关注某个头条号，之后专门去阅读这个号下面的内容。平台也会向用户优先推送他自己关注的号发布的内容。

因此，对于内容生产者来说，通过高质量的运营让用户专门关注自己，就成为绕开平台制约，或借助平台的算法获得优先权的有效方式。

在这种情况下，内容生产者必须改写脑海里的很多既有观念。过去的媒体渠道是报纸、电视等传播渠道，而现在当算法成为新闻分发的一条重要渠道之后，内容生产环节就必须把渠道的作用作为一个重要的组成部分加以考量。内容生产能力仍然是新闻采写必不可少的最核心的价值，但是除了内容生产能力，以及随着媒体的变迁而增加的音频录制和剪辑能力、视频的拍摄和剪辑能力、数据分析能力、策划能力，还需要一些更加多元、复合的综合能力。

新媒体的发展呈现了以人为中心的社区化趋势，即在强调人与人关系的基础上，实现高度的沟通和高频率的人际互动，并形成各种特定主题下的用户聚集。因此，新媒体在强调自身内容质量的同时，必须为用户营造一个社会化的交流平台，以提高新媒体的业务黏性。

为了让内容生产体现出更高的价值和更强的竞争力，新媒体的内容生产必须调整产品策略，经营好平台，构建内容、社区和服务的产品链，让用户和自己产生更多的情感交叉，或让内容对用户有实际用途，培养更加忠诚的粉丝用户。

1.1.2 新媒体时代产品运营的特点

新媒体时代，产品的运营主要有以下几个特点：

1. 内容产品化

传统媒体通常认为写作是单向性的，重点在于以媒体为单位向受众输出自己了解到的新闻信息，表达自己的观点，传达信息和知识；而新媒体背景下以注意力为核心的写作和运营是以用户为导向，生产出符合用户需求的内容。将内容产品化，这一根本转变是进行内容运营的前提。

实现内容产品化的核心理念是要建立用户思维，就是要站在用户的角度考虑问题。支撑这一理念的两个维度，是满足好奇心和满足用户的自我表达意愿。

关于满足好奇心，获取信息、增值服务、加入社群、参加活动……都是一个用户的好奇心被不断激起，又不断得以满足的过程。在运营时，首要的就是去激发和满足用户的好奇心，让他有参与的热情。

关于满足用户的自我表达意愿，就是要传递与用户紧密相关的话题，表达用户高度认同的观点。在群体性忙碌伴随着内心孤独的现代社会，要帮助用户说出他的心声，让他感觉被人理解和尊重了。

2. 自媒体品牌化

有了好的内容支撑之后，做好自媒体就需要开始塑造自己的品牌意识了。

自媒体与传统媒体最大的不同之处在于，自媒体是自下而上的。站在营销的角度来说，自媒体本就是在为自己的个人品牌、产品进行传播。

“再小的个体，也有自己的品牌。”这是微信公众号平台推出时的一句口号。事实上，在微信公众号平台运行的几年时间里，确实有一大批自媒体人从普通人变成了有口碑、有品牌、有订阅数不亚于传统省级媒体发行量的忠诚用户。

3. 推广渠道化

只有用户访问才能为自媒体带来流量。在整个算法分发的逻辑下，自媒体或媒体机构组织生产内容，入驻内容平台，内容平台承载和传播内容，而内容平台和自媒体（媒体机构）之间的价值交换就是流量的导流。

综上，新媒体的运营与盈利紧密相关，而随着媒体技术的发展，运营的方式不仅仅是传统意义上的广告，而是有了更多的存在方式。新媒体运营的最终目的就是依靠恰当的方式方法吸引用户，培养固定的用户群体，产生认同和信任机制，形成自身的良性商业闭环和价值循环。

1.1.3 内容生产的盈利模式

目前在内容分发平台上的内容生产盈利模式大致可以分为以下几种类型：

1. 内容传播+广告

这种模式和传统媒体之前所沿用的模式相似。内容生产者先通过发表会吸引注意力的高质量文章，由此聚集起一定数量的有忠诚度的粉丝群体，再通过向这些黏性较高的用户发布广告，从广告商身上获取利益。这一类型依然沿用了传统媒体的“二次售卖”理论，即第一次售卖内容，第二次售卖广告，以此来维持自己的生存。

2. 内容传播+社群+内容付费

通过发布包括语音、图片、文章、视频等多种形式在内的内容，逐渐聚拢一部分忠诚用户，再针对固定的用户群体进行有关信息的推送，建立社群，进行内部传播扩散。传播初期先提供免费优质内容，在吸引大量粉丝关注和应用后，后期以会员付费的形式获取商业利润。

现阶段自媒体运营发展的一个重要体现就是重视用户社群的组织与维护。自媒体的运营团队会准确地对用户进行研究、划分、积极引导。比如将用户分为核心用户（无条件认可）、区域内容信任用户（仅认同该自媒体的专业化领域）、一般外围用户等。再通过发掘、经营和维护，为自己吸引一部分核心用户，同时过滤掉一部分外围用户，最终打造一批“铁杆用户”。通过有条理、有步骤的筛选机制，得到高品质的用户群体，形成社群的良性运转。

3. 新媒体内容+平台回馈+用户赞助

通过各类平台发布内容，不断提高辨识度，获取忠诚用户，同时通过自媒体公众号来发布信息等方式来提高辨识度，发展用户并由此成为所在平台的著名内容提供者，通过在平台发布内容获得平台的奖励性回馈，并获得忠诚用户的阅读打赏，从而以获取赞助收入的盈利方式来持续发展。

提 要

从观念上看，在依托于算法分发的内容平台上，内容生产者不仅要追求高质量的文章，也要注意和用户的良性互动，通过内容运营的方式获取更多更忠诚的粉丝用户，提升自己的品牌价值。

1.2 从算法分发角度理解运营

要从算法分发的角度理解运营，就要从两个层面来考量。一是算法平台的角度，二是内容生产者基于算法平台进行内容生产的角度。

1.2.1 从算法平台的角度理解运营

从算法平台的视角看，平台依据算法，将更好的内容推送给更多的人。平台需要根据用户习惯去匹配内容，从过去的千篇一律变成千人千面，用算法去干预把哪个内容放置在什么位置，推荐给谁看。为了使用户更满意，平台会不断调整算法结构，让用户的偏好和习惯得到最大限度的满足，实现信息的交流和传播。

同时，在手机这个接收终端上，小屏窄屏的特点使得曾经在传统媒体时代的“推荐位”这一关键性的信息流分配指标基本上丧失作用。用户只要不断下拉或上滑，就可以获得无穷尽的内容。在报纸、广电和传统 PC 互联网上，放在显著位置上的头条会不自主地得到人们更多的关注，但是在手机上，列在最上面的一条新闻却并不能达到同样的效果。算法平台所使用的传播方式，是在用户不断滑动屏幕的过程中，让合适的标题映入他们的眼帘。

对于平台来说，好的内容至关重要。但是在整个生产链条中的一个巨大变化是：生产内容的人与平台不再是传统媒体时的雇佣关系，而是合作关系——内容生产者可以留驻在这个平台上，也可以离开这个平台。这种合作关系会带来内容供给数量的爆发性增长，但是平台的管理和规划难度也会增大，因为平台无法对内容的品质进行充分管控，只能依靠算法来调整它们的排序，以此作为指挥棒来指挥内容生产者。因此，越来越多的内容平台强化顶部内容，通过抓住获取 80% 关注度的这 20% 的顶部内容，让这部分内容先优质起来，带动平台内容生态优质化。

在这个过程中，算法分发首先关注的是用户的留存率，其次才是满意度。毕竟，只有尽可能地留住用户之后，系统才会有进一步积累用户数据，为他们匹配偏好的可能。如果连人都留不住，就无法再奢谈用户推荐的多样性和准确度了。

因此，从平台的角度来看，算法分发会更倾向于在有限次数的展示里尽可能快地探索出用户的兴趣点，从覆盖面大的兴趣内容开始，逐步缩小范围，以用户的点击反馈来确定其更感兴趣的类目，并通过快速强化已知兴趣偏好下的内容分发量来试图留住用户。在这个标准下能够脱颖而出的新闻内容，就不仅仅靠文字取胜，还借助于用户忠诚度、黏性、交流互动等综合指标。

在这种情况下，算法分发平台的这种特点，和内容生产者的需求相比就出现了矛盾。

1.2.2 从内容生产者的角度理解运营

从内容生产者的角度来看，平台将更多的流量通过科学计算进行分配，自己获得的阅读量只是海量流量中非常微不足道的一部分，最多只能帮助内容生产者立足谋生，而无法帮其获得更大的影响力和更好的经济效益。所以，能否吸引更多用户点击进来阅读内容，能否使得这些用户成为自己进行经济转化时的支撑力量，这个任务就落在了内容生产者自己身上。

生产出高质量的文章来获得阅读，只是维系自媒体运转的整个链条中的第一步。内容生产的商业价值和变现就源于对已掌握的流量进行市场化运营，获取流量的价值。这种流量分配，类似于传统电视机构的“制播分离”——电视节目制作公司进行内容生产，电视频道进行内容播出，两个机构之间的交换就是时段。电视频道给予电视节目制作公司一些空白时段，用来支付购买节目的费用。电视节目制作公司再把这些空白时段对外招商，获得广告，换取经济价值。可以说，在算法平台上，每个自媒体人都是自己的独立“制作公司”。

所以，对于内容生产者来说，新媒体背景下的创作压力比以往面对其他各种媒体形态时都要更大。原本的固定位推广变成算法平台上的信息流，从过去的内容一刷到底，变成算法时代的下拉上滑内容无穷尽。平台上的推荐位变得越来越多，用户能看见的内容来源以及数量也越来越多，内容数量爆发式增长。在这种条件下，

即使是具备高水准内容生产的原创者，也无法保证自己始终能够获得用户的青睐。因而，实际压力就促使内容生产者必须脱离原本单纯生产内容的模式，加入一些市场考量和用户对接，使得自己更加受到用户的关注和喜爱。在做出高质量内容让用户喜爱之外，还能满足用户更多的要求。

提 要

算法平台为了自身的生存和壮大，首先考虑用户的留存率——用户愿意留在这个平台上，其次才考虑用户的满意度——用户认为这个平台提供的内容是他喜爱的。因此，对于内容生产者来说，只生产优质内容是不够的，必须再加上内容运营才能维系良性运转。

1.3 从新媒体内容与用户之间关系的角度理解运营

从“受众”到“用户”，这是新旧媒体之间最大的区别。

传统媒体由于技术所限，不能准确地知道自己的用户是谁，几百年来，报纸的发行量和阅读数之间的关系至今仍然很模糊，有的地方使用实际印刷数，有的使用实际发放数乘以一个2.5至3不等的系数作为最终的阅读到达人数。新媒体是至今为止所有媒体类型中能够最直接触达用户，并能够和用户进行最充分互动的媒体。算法分发平台依靠技术发展所做出的用户画像也是至今为止最完善的。

新媒体环境的技术力量，使得内容生产者针对用户进行运营的工作从技术层面变得可以实现。新媒体的运营方能够对用户有更加直接深入的了解，可以通过一定的引导，使用户变得更加忠诚，这种能力就是运营的能力。一个新媒体从诞生，到初始的传播，到积累、留存住用户，再到用户活跃度的黄金鼎盛期，再到慢慢地开始流失用户，在这个类似于抛物线的新媒体生命过程中，运营是积累和留存用户的最有效方式。

对于用户的把握和理解，对所有内容生产者来说都是陌生的。在过去几百年的媒介历史中，内容生产都是从自我角度出发去猜测受众、判断受众，甚至引导和教育受众，而如何去和用户达到真正平等的互动和交流，还是一个空白领域。

然而，在新闻内容触达用户的环节中，最重要的就是信息和人的有效匹配，使得用户体验最大化，而不是传统的内容生产者主观意识最大化。

用一个实际的例子来说明，“中美贸易战”这个主题，关注度高、新闻性强，会被很多内容生产者列为选题。从传统记者、编辑的角度生产内容，会对这个选题进行拆解和分析，寻找新闻点。例如特朗普又做了什么最新的表态，中方又据此做出了什么回应，国际上的一些主要股市因此受到了什么影响。

这是典型的以编辑的思维权重来生产内容的方式，猛地一看非常合理。在过去的很长时间内，传统媒体的记者和编辑也是这样来操作的。

但是，当把这种方式代入用户场景后就会发现它存在问题：首先，用户不是所有消息都只是从你这一个内容生产者这里获得的。如果他以前已经看到了这个消息，那么你的内容对于他来说就全无意义了。

再进一步考虑到具体的用户偏好问题。是应该把中美两方的新进展作为重点，还是从商业的角度、环球经济的角度，或者国际政治的角度呈现内容呢？这些角度应该怎么来决定？

更进一步考虑，因为平台上的内容生产者实在太多了，即使选题角度选择得再刁钻，也难免和别人重复。这时，有没有什么方式能够调动起用户的参与兴趣，让他们一起来留言讨论，双方进行互动？如果互动交流达到一定基础之后，是继续由他们自由讨论，还是引入一名有说服力的专家来上课？此后有没有可能在线下组织一次实地的用户活动？

这些思路，就是一步步去体察用户的想法，把传统的采编思维转化成用户思维。用户思维，顾名思义就是要站在用户的角度来思考问题。腾讯推出的微信上市后就广受好评，至今活跃用户数超过十亿。腾讯创始人马化腾说过，“产品经理最重要的能力是把自己变傻瓜”。在研发微信时，张小龙完全按照用户的使用习惯来设计。举例来说，在朋友圈里，每发布一条新的消息，下方都会出现一个“…”图标。如果用户点击“…”图标，会弹出“点赞”和“评论”两个功能。关于是用一个“…”把这两个功能都收入，还是直接把这两个功能的按钮都摆在明处，微信团队测试了好几个版本才最终决定，他们经过反复测试后发现，要想让一个人接受一个全新的 App，简单和易学是非常关键的。所以，看见越少的按钮，对于一个从零开始的人来说就越容易接受。

内容生产者的思路难以转变为用户思维，这是由两者对信息的掌握程度不同所决定的。在生产内容之前，内容生产者已经掌握了相关知识，获得了不少资料，但是用户对这个领域却仍然生疏。这种信息的不对等，使得内容生产者无论多么资深和老练，无论多么想贴近用户，都很难完全作为一个需要了解新闻的人，站在用户角度去思考问题。

所以，用户思维就需要内容生产者能够随时将大脑从“专业模式”“专家模式”切换到“用户模式”或者“傻瓜模式”，能忘掉自己长久以来积累的知识，从内容设计、运营推广等各个环节，真正去把自己当作一个使用者来考虑问题。

同时，技术的发展可以提供一定的辅助。例如现在已经可以借助大数据，先行收集用户的数据，用来指导新闻内容的生产，再通过对初次内容生产的反馈数据来进行修订。

算法分发背景下的传播路径更加开放，是最有利于弱势品牌迅速曝光的途径，但同时也是同一主题下海量内容共同竞争用户眼球的方式。这时，运营的重要性就凸显出来了。内容生产者要先构建一个具有特色和辨识度的媒体场景，并且通过运营形成一批具有参与能力和参与意愿的活跃用户，再根据自身的平台定位和场景构建的要素、风格、氛围等内容，同时在把握用户心理和需求的基础上预测可能会受到欢迎的内容，形成内容产品并推广给用户。

当收集到了足够多的用户数据的时候，这些数据又可以反过来影响内容的二次迭代。只有能够抓住人们的心理需求，根据大数据原理和用户标签，再适当通过一定的运营等策略，才能够在短时间内占领对应人群的手机屏幕。

在这个过程中，新媒体的内容生产方使用“内容生产-触达用户-反馈改进”的路径来扩大自身实力。

新媒体背景下的内容生产与传统媒体的线性模式有很大区别，如图 11 - 1

所示。

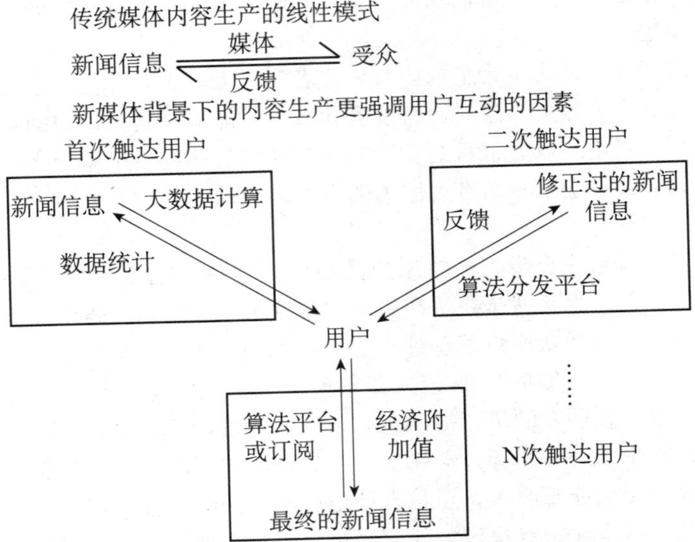

图 11-1 新媒体背景下的内容生产与传统媒体的线性模式有很大区别

不过，需要注意的是，内容生产和用户之间，应该是一种平等交流的关系。既不是传统媒体时代内容生产者作为“把关人”的强势状态，也不能过分去讨好用户，过分贴合用户的需求。随着内容生产队伍的不断壮大，运营中存在的一些问题也逐渐暴露出来，影响到了媒体平台的整体生态。而究其背后原因，就是过分地讨好用户，过度向用户偏好倾斜所导致的。

第一，内容同质化、质量差，含金量不高。有人称以算法平台为背景的新媒体时代是“内容生产最多也最烂”的时代。碎片化的阅读方式和以趣味性、情感化为出发点的阅读引导方向，再加之对信息传播时效的极度重视，使得深入调查和获取一手新闻素材的“良币”被批量化操作、疯狂复制抄袭的同质化“劣币”驱逐。同质化和抄袭成风的内容似乎反而能够比严谨的内容获得更多的点击量。一个热点事件出来之后，一些内容生产者迅速在各个平台上重复地转载各种内容大致相同的空头文章。

在 2014 年至 2016 年期间，微信公众号、头条号、UC 号、企鹅号等大大小小十几个平台集中上线，与之相比，内容产品则凸显空洞乏力。为此，每个平台都给予动辄数亿元乃至十几亿元的巨额补贴来扶持内容生产。在这一背景下，复制转发在当时成为不少自媒体吸引粉丝的重要方式之一。

低价值的复制和转发，核心是试图通过大量低质的作品来吸引用户注意。这种做法一度使得自媒体环境泥沙俱下，造成整体传播环境的混沌，极大地阻碍了自媒体的良性发展，至今这样的状况也没有得到根治。

第二，低俗运营泛滥，新媒体环境下的运营尚未形成一个科学理性的态势。

无论是什么样的内容生产，无论是什么盈利模型，支撑一个自媒体运转的首要步骤都是先获得大量的粉丝，之后再逐渐培育粉丝的忠诚度。在这种情况下，一些自媒体缺乏对运营方式的科学认识，单纯以“拉客”“获客”为目的，不仅对自身的影响力造成了直接损伤，还在更大范围内扰乱了社会秩序。

一段时间里，在地铁里、社区里、大街上，我们到处能够与持着手机希望用户扫码添加的人不期而遇。在竞争最激烈的时候，自媒体公司入驻最密集的望京地区甚至有一条“扫码一条街”，每隔一两步就能遇到一个强拉用户的人。在他们的注视下扫个二维码就能拿到一个小礼物。送礼物的人直接从不远处的超市买来面包、牛奶等小金额的实用商品，现买现发，附近的一些居民和上班族每天过来扫码换取礼品后再删除。这样周而复始，给周边市政交通、环境治理都带来了巨大的压力。类似的状况在全国范围内时有发生。而究其根本，是人们对新媒体运营的价值观和方法论认识不足，盲目拉客，造成了恶劣影响。

第三，对热点的无底线追踪式跟进，造成媒体资源大量浪费。

为了获取更大的影响力，一些自媒体对热点事件进行毫无底线的追踪炒作，从外在行文到内在价值观都充斥着错误。最典型的事例是，2018 年 5 月 6 日凌晨，21 岁的空姐李某珠，在郑州通过滴滴平台搭乘顺风车，不幸被司机杀害，这一事件引发社会广泛关注。

5 月 11 日 20 时，知名自媒体公众号“二更食堂”发布头条推文《托你们的福，那个杀害空姐的司机，正躺在家里数钱》，文章虚拟空姐遇害的细节，措辞夸张，甚至出现不堪的色情想象，引发大量用户的强烈反感和质疑。此后，“二更食堂”创始人丁丰表示，此次事件深层次原因在于“二更食堂”运营团队在价值观导向上出现了偏差，内部审核机制存在漏洞。他随后宣布永久关停“二更食堂”公众号。类似事例使得部分自媒体在人们心中形成了低俗、无底线、为了利益不择手段的形象，给整个新媒体内容生产生态造成了损害。

中文互联网数据研究咨询中心《2016 年微信公众平台发展现状报告》中的数据显示，目前的自媒体公众号中，有将近三成常年缺乏运营和维护管理，缺乏有效支撑，社会传播力小，成了基本不更新信息的“僵尸”自媒体。这类毫无价值意义的自媒体公众号和盲目追踪热点的自媒体号混合在一起，使得自媒体环境错综复杂，人们对新媒体环境的评价降低。在一项调查中，半数以上的人认为新媒体平台上的内容“不可信”“太夸张”“假新闻太多”。

因此，应当正确认识自媒体存在的弊端并进行反思，在如此混乱的发展状况中，理清思路，找出符合新媒体规律的自媒体运营方式。

提 要

内容运营要结合内容生产，更多地去考虑用户的因素，但也不能过分贴近用户，过于媚俗。

第 2 节　新媒体内容运营的方法

新媒体的运营对于传统的记者编辑来说，是一个头脑思维上的洗礼，他们要建立的是产品思维，自己不再仅仅是一个内容生产者，不是只生产出一个个作品就行了，而是要生产能和人对话的产品。

2.1 新媒体内容运营的思路和原则

2.1.1 新媒体内容运营的原则

在实际工作中，新媒体内容的运营需要坚持以下几个原则。

1. 创新理念，转变运营思维，更新服务模式

新媒体不仅代表着形式的新颖，而且意味着传播方式、理念、模式的变革，它不是媒体平台的简单转换，而是从头到尾“质”的变化。新媒体运营，最忌讳的是“用旧媒体的思维做新媒体的事”，因此，从内容运营的角度，不但要从心理上认可运营在新媒体的整个链条中不可或缺的地位，还必须在观念上予以创新，主动更新理念，创新模式，变被动为主动。

2. 坚持“用户至上”的理念，以用户为中心，以需求为导向

当前，许多内容生产者还抱着“赶时髦”“随大流”的从众心理，或者是跟着同行照搬照抄，或者虽然已经认识到应用新媒体时必须引入运营，但仍然没有转换思路角度，仍旧“以我为主”。用户思维的关键，是用户有什么样的需求就向什么方向靠拢，而不是有什么样的资源就提供什么样的服务。因此，在内容生产中应当强化用户意识，充分掌握用户需求，以便提供切实有效的个性化、定制化服务。此外，在运营过程中，也要提高新媒体平台与用户之间的交互性，充分注重用户的参与度和体验感，可以通过鼓励留言与评论、开展线上活动等形式增强用户黏性。

3. 坚持“内容为王”的原则

与传统媒体相比，新媒体是一个更为多元、立体的平台，重视用户需求是对的，但是不能片面地跟随用户需求，讨好式地、不加辨别地对用户加以满足。这样只能造成自己的局面被动和亦步亦趋，沦为用户的“附庸”，而最终这样的内容生产也会被用户摒弃。只有坚持内容为王，在原创的基础上结合用户需求，才能形成品牌效应。

2.1.2 新媒体内容运营的操作方法

在具体操作中，新媒体内容运营包含几个方面：

1. 内容采集

新媒体内容运营的第一步就是采集内容，这是一切工作的开端。而与传统媒体的内容采集不同的是，在新媒体运营中，在内容采集阶段就要结合用户需求，挖掘用户的兴趣点。同时广泛地关注同类型题材，找到热点。

2. 内容运营

包括提炼内容，精准地设置推送时间，以及站在用户的角度，结合自身选题所处行业的推广特点进行内容运营。

3. 用户运营

内容生产者和用户的沟通互动渠道就是对阅读数据的分析，比如关注和订阅用户的数量、文章阅读数量、文章转载数量、关注和订阅用户的新增人数、用户转化比例等。但这对于更紧密地联系两者来说还很不够。用户想什么、需要什么、他的兴趣点在哪里，运营者仍然需要进行进一步的了解。因此，很多内容生产者会自己

进行运营，建立线上的用户互动渠道、成立社群、组织线下的交流活动，都不失为行之有效的方式。

例如，及时进行用户消息的处理和互动。新华社的“刚刚体”，总共标题只有九个字：刚刚，沙特王储被废了。但是在评论区，读者和小编的互动有几十条，人们阅读互动区的时间是阅读正文的几十倍。有人在下面的回复里说：“总共就九个字，你们三个人编辑？”然后小编回复说：“是啊，一个人负责‘刚刚’，一个人负责‘沙特王储’，一个人负责‘被废了’，你有意见吗？”

如果没有不断增加的互动区评论，即使这则消息有再多的人关心，他们也只是点开扫一眼就完了。但是互动区里小傲娇、小卖萌的对话，使得用户的好奇心大大增加。不仅单条新闻的阅读时间加长，用户还会过一段时间就点开看看有什么更新。因此，现在绝大多数运营新媒体的公司会专门安排一两个人，和用户进行互动，回复用户评论。

粉丝人数更加多一点的新媒体，通常会建立一个自己的社群。比较简单的就直接建一个 QQ 群或者微信群，如果更加复杂一点的话，会建一个论坛或者移动客户端。这样就不是简单地进行用户消息的处理和互动，而是变成了社群的运营，用户们可以在这个社群里互相交流，形成亲密感。

4. 竞品分析

现在新媒体竞争的激烈程度其实比传统媒体大得多，所有的产品都会有和自己相似的竞品，任何一个产品都不可能做到自己行业里的唯一。因此，运营的另一个很重要的工作就是要对和自己同类型的竞品进行分析，再把竞品的数据和自己日常的运营数据进行分析比对，从而找到自身用户的特点，发掘潜在用户的增长空间。

提 要

新媒体内容运营包括内容采集、内容运营、用户运营和竞品分析四个方面。

2.2 新媒体内容运营的步骤

如何开展新媒体内容运营，具体实施每个步骤？我们可以把新媒体内容运营拆分成以下五个环节：

第一个环节，进行用户调查。

第二个环节，进行内容生产。

第三个环节，进行渠道选择。

第四个环节，进行数据分析。需要特别注意的是，数据分析的重要性不亚于内容生产的重要性。

第五个环节，回顾整个过程，进行一定的调整和优化。

2.2.1 用户调查

要在准确的用户画像的基础上，对自己的文章进行画像，使得两者能够更好地

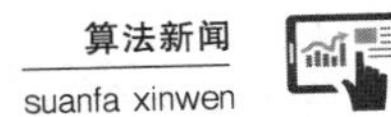

匹配。以用户画像为支撑，协助内容生产者做出更加匹配用户的内容，也可以为下面的运营和推广提供支持。

用户画像从机器的角度可以有很多种区分的维度，但从内容生产者的角度很难做到如此精准的匹配。从内容生产者更加实际的角度出发，可以从五个维度来描述用户画像。

第一个维度，人口属性，主要描绘一个人的基本信息，如他的姓名、联络方式、年龄、性别等等，这些基本信息能够让人对他有一些粗浅的了解。

第二个维度，信誉属性。包括收入的状况，支付的能力，信誉的状况。

第三个维度，消费属性。如平常的消费习性和消费水平，是不是喜欢高端产品，是不是喜欢外出旅游，等等。

第四个维度，兴趣爱好，即主要有哪些兴趣爱好，是喜欢旅游、文学，还是喜欢音乐。

第五个维度，交际信息，如他近期的交际方式和地点。如果用户最近经常收集什么样的信息，就可能代表他有这方面的需求。

这样的维度和机器所能够做到的细致划分相比，仍然很粗糙。但是从内容生产运营的角度来说已经达到了可以指导内容生产和运营方向的水准。

机器可以做出更加精微和准确的用户画像，但是到了内容生产的执行层面，无须划分得那么详细。这不仅是因为太细微的用户画像和内容生产流程无法准确匹配，更重要的是，越准确的用户画像，描绘出来的人群也就越小众，而内容生产在策划时就必须预先留出用户数量的增长空间。这就决定了从内容生产者的角度，进行创作时的用户画像不能像算法平台上的机器给出的画像那样精确和细分，而是要留出一定的颗粒度。

对应用户画像，内容生产者还要做出对自己内容的画像。内容画像分内容源画像和文章画像。其中，对内容源进行画像，包括确定目标用户群的关注领域、用户习惯接受的更新频率、整体的质量水准等。拿到这些信息后，对内容源完成领域、评级等标记。接着再对文章进行画像，给文章提炼关键词、做标记，划分文章属性，以及分析特殊标记，辨别文章是否属于低俗、涉性、标题党、软文等性质。再根据这些画像完成对文章的重新解构、质量评估，由此提交给算法，评定文章的具体画像，最后投放到对应人群。

内容画像和用户画像是一个互相流动、互相匹配的过程。统计内容在哪个模型下推给哪些用户，然后分析用户场景，根据用户的浏览习惯和评论来丰富用户画像，从而不断地构成循环。

其中要注意的是：第一，用户画像要建立在真实数据的基础上，不管用什么调查方法，地推也好，问卷也好，或者是配合使用一些数据统计工具也好，一定要确保数据的真实有效，防止无用的僵尸数据。第二，多个用户画像要排列优先级，例如在进行内容画像时，如果决定主要做一些和家庭有关的内容，那么在用户画像的优先级里边，性别就要排在前面；如果要做一个购物的内容，性别、年龄和收入就是主要的因素。第三，用户画像需要在实际中不断去修正。内容生产者需要随时查看数据的变化，根据变化不断地调整结论。用户画像是会变的，用户的需求也是会不断爬升的，用户画像要在实际中不断地去修正。

即使同样是用户需求，有一些需求是长期需求，有一些是短期需求。比如，多数人对于热点新闻、美食、服饰是相对长期的需求，但是短期需求例如购房购车、装修等，在做完这件事情之后，就会有很长时间不再有这类需求了。在进行内容画像时，就要对这几种需求进行区分。如果是做短期需求的内容，在运营时就要多考虑重复性，因为每一批面临买房买车或装修等需求的人，初始阶段遇到的问题都是相似的。但是短期需求不能过多重复，以免引起用户不满。

内容的发布时间也要结合用户画像。通常来说，文章的最佳发布时间是在中午的休息时间和晚上下班后，多数人在这段时间是空闲的，文章被阅读到的概率大大增加。不过，有时效性的内容还是要尽早发布。对于一些特殊群体，要根据不同情况来设定。例如，学生的早晨时间非常紧，针对他们的内容不太适宜在清早推送；上班族早上的通勤时间刚好可以用来阅读，但是鉴于通勤特点，只适合推送文字类内容，不太适宜推送视频等内容。

2.2.2 内容生产运营

从运营的角度考虑内容生产时，要更加注重它和上下环节的互动与联系。

其一，内容生产要和用户画像互动，不能完全脱离，脱离了目标用户的内容生产是没有生命力的。但是也不能完全遵循，亦步亦趋地跟在用户后面，完全提供他想要的内容。

其二，在内容生产的最初阶段，进行一个A&B Test，就是AB面的尝试。

A&B Test可以存在于各个领域。比如，在类似的时间段，推送出来风格相差不大，但是各有偏重的内容。再比如，现在已知用户主要是35～50岁的精英男性，那他们是更加喜欢时事政治还是军事？时事政治的内容是更加关注国际政治方面的还是商业信息方面的？如果想更加细致地了解他们，就需要通过A&B Test来缩小范围。

在同样的时间段，通过A&B Test去推送不同的内容，对推送后的数据进行分析，关注哪个推送收到的用户反应更加热烈。或者在不同的时间段，去推送类似的内容，再分析哪个时段是用户使用频次最高的。此后，再去慢慢地改变其他一些变量，比如说标题的风格、配图的风格、引导转发的文案等等。通过每一次微小的变化，逐渐把内容设置、推送时间、风格等固定下来。

在确立一个新媒体的风格之前，A&B Test基本上要经历大约3～4个月的时间，内容生产者要在这段时间里持续不断地去尝试，去进行微小的调整，再对每次调整都进行数据层面的分析和比对，慢慢地一点点固定下来确定的风格。

其三，固定用户，让用户沉淀下来，成为忠实粉丝。

对于用户的固定有几种操作方式：

1. 地面推广、抽奖红包

这种直接粗暴的物质激励方式是获取用户的最简单方式，速度快、见效高。但是现在，人们对这种方式越来越审美疲劳，而且通过地面推广和红包的方式获得的忠诚度是非常低的。人们当时拿着奖品订阅后，转身就可能删除。而且通过转发分享获得红包也是平台极为反感的一件事，过多使用这种方法，有被内容降权甚至封号的危险。

2. 资源分享，提供模板，提供下载

这种方式的覆盖面相对比较窄，但是对于在垂直领域吸引核心用户，打造有黏性的用户群体非常有效。例如秋叶 PPT，最早就是采用定期发布 PPT 模板的形式，吸引到一大群对各种 PPT 有需求的粉丝。之后再建立社群，把粉丝都聚集到一起，在这个小圈子里形成极大的影响力。

3. 投票

投票是借助平台间社交因素来加大吸引力的有效方式，投票只适用于社交传播中的个别群体，如参与热情比较高的群体、低龄的学生、“50 后”或“60 后”、年轻的父母……最容易营造投票氛围的活动是给幼儿园小朋友投票、给老年人等群体投票。因为这些群体的交流欲望比较强，年轻妈妈喜欢“晒娃”，老年人喜欢合影，分享自己的休闲生活。对于这种类型的用户，投票不失为一种好的运营模式。

4. 好友帮忙，账号互推

在有互补的内容生产者之间进行账号互推，聚合运营。现在很多平台也会根据算法向用户推荐与他已经关注的账号相类似的其他账号。这个方式的关键是要寻找两个内容生产者之间的异同点。完全相同的竞争者很难实现互通互推，而差异性过大的两个内容生产者之间也同样无法进行互推。

5. 使用微信群、网站、客户端等方式建立一个社群

通过社群，可以把一些质量更高的目标用户聚集在一起。这样不仅可以帮助内容生产者去了解这些用户的需求，反馈目前产品和运营的不足，同时也可以给内容生产者提供一些活动和运营的创意，甚至直接帮助其进行传播。

运营者通过关注用户聊的是什么、关心的是什么，由此来反哺内容生产。例如有一个在汽车领域做得很大的自媒体号建立了一个核心用户的社群，在社群中插入了一个词频统计的小工具，定期收集用户们的讨论帖里出现频次较高的热词和话题，再根据统计调查结果来辅助内容生产，就能够取得很好的效果。

主流的社群有两种。第一种是金字塔型的，有中心，从这个中心向下辐射传播。例如类似于健康、理财等内容，经常会围绕核心内容，在社群里有一两个核心人物，这样的核心人物就会成为社群的中心。还有一种就是群心型的，没有中心，主要就是用来联系感情的。类似于 BBS、贴吧，它是围绕着某一个用户群体来进行的，没有中心，大家在一起共同讨论沟通。这种方式也是目前广泛存在的。

内容产品不同，应该选择的社群模型也不同。如果是主要进行内容灌输、内容传播，而且具有足够的权威，那么就可以选择金字塔型模式。如果你选择的产品是无中心的，那在这种情况下就要去选择群心型模式。

社群是一个双刃剑，如果一个用户对于任何一个新媒体的态度都可有可无的话，就不会主动加入这个社群，所以能够在社群里面聚合并且留存的，都是质量最高的种子用户。加入这个社群，本身就代表了一定程度上的忠诚、热忱以及参与愿望。而对于这些已经加入了社群的用户，就要花大心思去维护好。一旦成立了社群，就必须不断地去跟用户留言互动，保持在一定的沟通水准上，不能下滑。因此很多新媒体机构会设置专门的人去负责社群运营的工作。核心用户对于内容生产者来说至关重要，假如核心用户在社群中失望，再培养新用户的难度就会更加大。社群一旦建立，就需要去精心维护。

6. 举办线下的活动

线下活动是把线上很松散、很薄弱的社交关系紧密化的过程，是维系和发展用

户的一个有效的方式。和线上不同，线下活动需要用户亲身前往，需要付出真实的时间和精力，所以必须保证整个环节的完善。一个成功的线下活动能够让用户获得认同感，加强忠诚度，但是如果线下活动失败，用户为之花费了时间和精力却没有取得预想中的效果，就会大失所望，此后彻底绝交。

做线下活动有几个需要注意的点：第一，必须要确定可量化的活动目标。只有有明确目标的线下活动才能具备转换和固定用户的作用。例如，"提高品牌影响力"不是明确目标，而"吸引 200 个人来，组织 150 人的核心用户群体"等真实可见的具体指标才是明确目标。如果没有明确目标，就不要举行线下活动。第二，要确定活动的形式，反复检查它的可执行性，衡量它的吸引力，就像互联网时代的网友见面一样，线下活动需要做到让用户和内容生产者"见光好"，而不是"见光死"。第三，要谨慎设置活动参与的门槛，比如在活动中进行收费，就是一个需要非常谨慎的方式。人们大多会对自己亲身参加的收费活动带有很高的期许，如果不能很好地举行活动，不能考虑好所有细节，收费反而会成为把绝大多数人挡在外面的最直观最粗暴的方式。第四，从预约到报名，从参加到回访，所有的流程都应该保证很简单，很容易操作，尽量使得活动参与的门槛变得很友好。第五，保证所有的激励机制公正和透明，比如比赛、竞争、抽奖等，全程都需要非常透明，否则会伤害自身的公信力。

2.2.3　渠道的选择

成熟的新媒体的运营往往会横跨多个平台，内容生产者要根据自己的用户画像去设定自己的主平台，同时实现多平台的覆盖。在平台选择上，要结合用户画像，慎重地选择一到两个主平台。例如二次元的内容，就对应 B 站；是"00 后"喜爱的内容，就对应 QQ 空间；是知识青年青睐的内容，就对应知乎和豆瓣……选择了主平台后，再根据其他平台的特点来进行改编设计。通常，在不同平台同时存在的自媒体账号能够获得更多的用户信任，因此，最好能够在更多不同的平台上全面开花。

2.2.4　进行数据分析

现在，各个平台都会提供基础的数据分析，可以让开发者进行一些模块的内容分析，还可以导出 Excel 的文件。可以去查看对应的文章的平均阅读数、播放速度、跳出率、读完量等等详细的数据，还可查看新增的粉丝数、粉丝的性别比例、年龄地域分布、阅读兴趣等等。而且这些分析还在越来越进步、越来越细化。

还有一些更加先进的新媒体，它们会开发自己的社群运营工具。通过这套工具去提取社区里的日活跃用户的每天的留言，从有效的留言里面进行分析，提取热度词，从而去指导自己的内容生产，指导自己更加深入地了解用户需求。

2.2.5　调整和优化

用以上方式来不断地快速试错，不断地去衡量各项指标，进行优化调整，达到最佳的引流和转化的效果。

以上环节，似乎看起来是一个线性的流程，但其实是一个不断地循环往复的过程。从用户调查，到内容生产，到渠道选择，到数据分析，到调整优化，使得自己的新媒体并不是简单地生产内容，而是真的能够变成一个有血有肉的存在，能够和

核心用户、边缘用户进一步地去互动。在这个循环往复的过程中，不断赢得新用户，固化核心用户，发展边缘用户，使得自己的新媒体不断发展壮大，能够立足，进而获得更大的影响力。

另外，这几个环节也并非均匀用力，要把更多的精力放在用户画像和内容画像匹配，以及固定用户上。

提 要

内容运营包括用户调查、内容生产、渠道选择、数据分析、调整优化这五个步骤，要对这五个步骤都进行合理的分析和研究，并把重点放在用户画像和内容画像的匹配以及固定用户上。

2.3 新媒体内容运营的注意事项

和过去的传统媒体不同，新媒体内容运营的逻辑是比较多元的，需要同时考虑“平台”“关系”“内容”三个因素。运营的生长和壮大也要经历四个关键节点：初始化、信任感与价值确立、去中心化、用户调节。这些节点体现了内容运营从无到有再到成熟的一个发展壮大的历程。

在运营中，要注意以下事项。

2.3.1 熟悉平台规则

在进行内容运营时，应该将如何获得官方推荐作为重要的考虑因素。

在算法平台上，获得官方的推荐是增加曝光的最有效手段，没有被推荐的文章即使内容再出色，数据也往往不会令人满意。那么，知道影响推荐量的因素有哪些，并把它作为设计运营的首要条件，就是内容运营者必不可少的考虑因素。

以今日头条为例，影响官方推荐的主要有以下几个因素：

（1）时效和原创性。

坚持原创并争取在第一时间发布。文章内容与网上已有内容雷同或高度相似，将无法得到推荐。开通原创功能的内容生产者，将可能获得更多推荐。

（2）点击率和读完率。

即点击标题并读完文章的人越多，推荐概率越高。今日头条的后台会首先把文章推荐给可能感兴趣的用户，如果点击率高，再一步步扩大范围推荐给更多相似用户。针对读完率，可以在文章开头设置一些悬念，或采用非常手段如在开头设置一个谜语或者脑筋急转弯并在文末公布答案等，用这样的方式来吸引用户。

（3）文题一致：对这个环节在第9章有更清晰的论述。

（4）内容质量：优质内容才是根本。同时，内容运营也可以提供相应策略来优化模型，如在自己的账号内部设置置顶、Push、加精等，优先让算法读取到自己想大力推荐的优质内容，把它们提前分发给用户。

（5）账号定位明确：有固定选题取向的账号会获得平台更大的支持，文章题材随意宽泛的账号，得到推荐的概率更低。

(6) 互动数、订阅数：读者越活跃、推荐越多的账号，越会受到平台的推送。在今日头条中，最近30天内阅读该账号内容两次以上且阅读率（推荐率）不低于50%的用户被定义为月活跃粉丝。

(7) 站外热度：要把握住选题热点，在互联网上关注度高的话题，平台的推荐可能性会更大。

(8) 发文频率：这也是一项重要的衡量指标，要坚持经常发文、保持活跃，才能被平台更加信任地多推荐。

2.3.2 循序渐进地进行社群用户的培养

如今，自媒体品牌的推广成本和获取用户的成本已经越来越高，社群作为一种低成本、高信任的营销工具，能让内容生产者迅速构建起黏性极强的竞争壁垒。通过构建社群，打造圈层，让用户的社交关系沉淀，并且与商品属性进行捆绑融合，最终形成社交联系。

在运营时，要端正社群的定位，它是沟通和管理工具，而不是平台，所以不能大撒把，任凭社群自由发展，要在成立之初就建立规则，引导用户有意识地参与。要将社群的主导力始终保持在内容运营者手里。

运营的重点是要积累“塔尖用户”，如果将整个社群比作一个三角形的金字塔，塔尖用户就是位于尖端的，他们是这个社群的精神领袖、话题发起者，要着重维护好。在一个社群中，社群的生命力全靠塔尖用户来支撑，维护好这一部分核心群体，社群的活跃度和可持续性都会加强。在维护核心用户的同时，通过引导日常的讨论互动等活动，帮助社区内的用户建立起关系，让大家交流互通，使得社群越来越具有较强的平台黏性。

在运营过程中，一定要把荣誉感交给用户。比如，做一个活动，要和用户讨论，征求用户意见，让用户有参与感。可以考虑在某些文字和活动里加入用户的因素，例如让用户做评委，让用户有归属感。

2.3.3 注意用户数量和质量上的平衡

新媒体要有人关注，有流量才能生存，所以用户数量是很重要的，但是阅读量不等同于有效流量，所以不要单纯追求粉丝数量，而是要看与之相关的用户质量。

2018年5月，上市公司瀚叶股份发布了一个重大资产重组预案，以38亿元的金额收购深圳市量子云科技有限公司100%的股权，后者旗下有多达981个微信公众号，累计粉丝2.4亿人，公众号主要涉及情感、生活、时尚、亲子、文化、旅游等领域。量子云运营的最著名的大号“卡娃微卡”在公众号百强榜单中长期排名前十，关注人数超过1 500万。业内流传一句话，“卡娃微卡即使是第八条文章也是‘10万+’”。

然而，这笔收购受到了深圳证券交易所的质询，最终流产。量子云最受争议的地方是运营981个微信公众号，却只有50个编辑。量子云将需要人工运营的号分为精品号和系统号两种，其中精品号由编辑人工审核内容并发布，系统号则由编辑运营人员通过量子云内部的“粮仓系统”进行批量化的筛选、排版和发布。微信后台的数据显示，量子云在2017年添加了原创标识的文章是4 067篇，占比是8.56%。2017年日均编辑人数分别为9个人和31.92人，日均运营精品号分别为

26.95个跟31.14个，日均合计推送文章总数分别为40.24篇和49.85篇，日均审核外部稿件数量分别为64.75篇和130.13篇。

在内容平台运营的初期，很多自媒体人像量子云一样把粉丝数量看作最重要的指标，认为要靠量取胜，有流量就有收入。于是，运营时他们用各种节日促销、活动、微信集赞，看似积攒了大量粉丝，其实是掉入了怪圈。

在用户运营的过程中，要注意用户数量和质量上的平衡。成立初期，发展粉丝固然重要，但是随着粉丝数量的增长，应该结合数据，确立核心用户群体，由此才能打造出自己的真正价值。

提 要

在进行内容运营时，要熟悉平台规则，注意社群的运营，在运营中注意用户质量和数量上的平衡。

【本章小结】

在技术进步的前提下，内容生产者必须通过平台来彰显自己的存在，这时算法成为决定其成败的重要因素。而在这种情况下，内容生产者能够通过自己培养核心用户和忠诚粉丝，来减轻平台和算法对自己的影响。因此，在新媒体环境下，内容的原创不再是唯一的重要因素，内容生产者需要接受并掌握内容运营的理念、方法和技巧，更多地从用户的角度来思考问题，把内容运营放到与内容生产同等重要的地位上。本章在厘清这一观念之后，进一步介绍了内容运营的方式方法、运营原则、注意事项，并细致归纳了内容运营的步骤和重点，使得初学者可以按照具体的步骤来指导自己的运营工作。

【思考】

1. 你认为在新媒体运营中应该怎样看待和用户的关系？

2. 你认为一个出色的新媒体运营都具有什么特征？怎样在具体实施运营的过程中体现这些特征？

【训练】

1. 写作一篇文章，并进行内容画像。

2. 以最近的新闻热点为例，亲身试验一次内容运营的各个步骤，并用思维导图的形式写出各步骤推演的全过程。

第12章 人工智能与推荐系统

【本章学习要点】

本章首先了介绍人工智能技术的基本概念、起源、发展过程和发展层次，以及人工智能的技术原理。随着其蓬勃发展，人工智能在多个产业中得到了广泛应用。在新闻传播行业，人工智能与媒体结合形成了智能媒体。在信息采集环节、新闻编辑制作环节、新闻认知体验环节以及内容推送环节均产生了行业生态环境的变化。本章接着介绍了业界和学术界针对智能媒体的研究方向和相关实践。本章的后半部分介绍了人工智能在新闻传播领域的应用：自动化新闻和自动事实核查。借助大数据、人工智能和自然语言处理技术，写稿机器人可以自行撰写某些类型的新闻稿件，提高行业的自动化水平。虚假消息和谣言利用网络平台进行扩散，呈现增长态势，容易对社会运行造成不良影响，使用人工智能算法尝试进行自动事实核查是一个可行的研究方向。

大数据提供了智能推荐系统的“生产原料”，而人工智能技术则更新了推荐系统的引擎，系统的“生产工具”实现了质的跃迁。当人工智能遇到了媒体，就出现了有趣的“智能媒体”，机器人帮助我们写作，虚拟现实（VR）、增强现实（AR）等技术为用户打造全新的新闻体验场所，更为有效地还原新闻现场，营造出身临其境的效果。本章重点介绍人工智能技术的基本概念、起源、发展过程和发展层次、人工智能的技术原理，以及业界和学术界针对智能媒体的研究方向和相关实践。

第1节 人工智能简介

2016年被称为“人工智能发展元年”，以这一技术为代表的第四次科技革命正以飞快的步伐向我们迈进，现有的各行业生态都可能产生颠覆性的革新。在前几次技术革命中，蒸汽机改变了古老的农耕文明，电力为现代化的工业奠定了基础，计算机、互联网拉近了整个世界的距离。今后，人工智能可能会像曾经的蒸汽机、电力、互联网一样改变我们的生活，其速度甚至会比之前几次革命更为迅猛。

1.1 人工智能的概念

1.1.1 从AlphaGo到AlphaGo Zero

AlphaGo①（阿尔法围棋）是一个人工智能围棋程序，由谷歌旗下的DeepMind

---

① 英文单词go有很多含义，其中一个含义是“围棋”，单词alpha有“第一个”“首要”的意思，由AlphaGo这个名字我们也可以体会到其作者对这个人工智能围棋程序的期许。

公司开发，其技术原理是深度学习。2016 年 3 月 AlphaGo 与围棋九段选手李世石进行了一场围棋人机大赛，并以 4 比 1 的总比分获胜。2017 年 5 月在中国乌镇围棋峰会上 AlphaGo 与排名世界第一的围棋选手柯洁对战并以 3 比 0 的总比分获胜。至此，人工智能编写的围棋程序已经完胜人类选手，围棋界公认 AlphaGo 的棋力已经超过人类职业围棋顶尖选手的水平。

2017 年 10 月 DeepMind 团队公布了最强版阿尔法围棋，代号为 AlphaGo Zero。AlphaGo Zero 的特点是“自学成才”。此前，AlphaGo 结合了数百万围棋专家的棋谱，使用监督学习进行自我训练。而 AlphaGo Zero 则不需要事前训练。其原理是从单一神经网络开始，通过神经网络强大的搜索算法，进行自我对弈。神经网络通过逐渐调整，提升预测下一步的能力，最终赢得比赛。

强化学习主要有三部分的内容：决策过程，奖励系统，系列动作的学习。在学习过程中，使用决策过程来决定落子动作，奖励系统判断落子动作是否可以帮助赢得棋局，如果有帮助则奖励系统会给模型加分。对模型来说，得分越高越好，于是模型不断调整自己，从奖励系统得分，通过反馈，完成一系列动作的学习，用以在比赛中获胜。

AlphaGo 和 AlphaGo Zero 出现之后，人工智能（artificial intelligence，AI）便迅速进入公众视野并持续火热，各行各业均反响热烈。不同背景的专家和民众对人工智能也有各自的认识。硅谷人工智能研究院的创始人皮埃罗·斯加鲁菲认为，从 1956 年达特茅斯会议开始，人们对人工智能的认识就各有侧重。例如前几年我们提到人工智能往往是在讲自动化，而斯加鲁菲自己则认为人工智能在视觉领域可以对社会进步有所贡献，并认为总体上“有用”是人们使用人工智能时关注的最本质问题。卡耐基·梅隆大学计算机学院副院长贾斯汀·卡塞尔研究“社会人工智能”(social artificial intelligence)，她认为，对于人工智能的研究，起源于人们想建模和了解人类行为，目前，人工智能在其模型的基础上，某些方面比人类能做得更好一点。

1.1.2 人工智能概念的界定

进行人工智能的研究开发需要多种学科的交叉融合，其定义一直存在不同观点，对其进行精确的概念表述并不容易。有的观点认为，像人一样思考、行动的系统就是人工智能系统，有的观点认为人工智能是机器展现出某种“智能”特征，也有的观点认为如果数字计算机及其控制的机器人能执行智能生物的某些任务即可认为其具备了人工智能，还有的观点从学科归属划分，认为人工智能是计算机学科的一个分支，机器人、专家系统、语音和图像识别以及自然语言处理等均属于人工智能研究的领域。

中国电子技术标准化研究院在 2018 年 1 月发布了长达 102 页的《人工智能标准化白皮书》[①]，认为“人工智能是利用数字计算机或者数字计算机控制的机器模拟、延伸和扩展人的智能，感知环境、获取知识并使用知识获得最佳结果的理论、方法、技术及应用系统”。这个解释将理论、方法、概念、技术和应用系统整合在一起表述人工智能，完整地界定人工智能的范畴。

---

① 信息技术研究中心．人工智能标准化白皮书（2018 版）.（2018 - 01 - 24）[2019 - 02 - 03]. http://www.cesi.ac.cn/201801/3545.html.

1.1.3 人工智能概念的解读

从学科划分的角度来理解，目前一般认为人工智能归属于计算机科学的范畴。人工智能企图了解智能的实质，尝试理解人类是如何思考和行动的，并生产出一种新的能够以与人类智能相似方式做出反应的智能机器。当前，人工智能所覆盖和服务的领域不断扩大，其发展离不开多种学科的交叉融合。目前人工智能领域比较成熟的机器人、图像识别、自然语言处理以及专家系统等均需要其他学科理论的支撑。例如，聊天机器人的实现就需要计算科学、语言学等学科的深度融合。与人对话的机器人程序产生的语句除了在文法上要符合自然语言规律之外，还需要逻辑上的自洽，以及从知识的广度和深度上需要后台建立强大的知识库协助对话语料的组织。又如，足式机器人可以适应各种复杂地形，跨越障碍进入人类不便涉足的特殊地形或危险区域，其实现就需要运动控制、步态研究、环境探测、决策实现等多方面系统的结合。以四足机器狗为例，它可以轻松地上下楼梯、翻山越岭，而支持机器狗完成这些任务的“大脑”正是人工智能领域的加强学习算法。

因此我们说，人工智能是计算科学、语言学、心理学、自动化学乃至哲学等多个学科不断融合的产物，其愿景是让机器胜任以往具有人类智能才能完成的复杂工作，而不是诸如工厂流水线机器生产那样的“简单”工作。对人工智能来说，我们的期许是它模拟人类智能，延伸智力范围，甚至响应人类情感，目前这一领域仍然处于探索的初级阶段。

提 要

人工智能是计算机科学的一个分支，正在与语言学、心理学、自动化学乃至哲学等多个学科不断融合；是利用数字计算机或者数字计算机控制的机器模拟、延伸和扩展人的智能，感知环境，获取知识并使用知识获得最佳结果的理论、方法、技术及应用系统。

1.2 人工智能的起源与发展

目前普遍认为“人工智能”的概念是1956年在美国达特茅斯人工智能夏季研讨会上由十几位专家提出的，此次会议聚集了一大批诸如麦卡锡（McCarthy）等在相关研究领域走在前沿的优秀学者参会。在这次会议上，“人工智能”这一术语的定义第一次被确立——人工智能就是要让机器的行为看起来像是人所表现出来的智能行为一样。同时，它也标志着人工智能学科的诞生。事实上，早在1950年，计算机科学家图灵①在《心智》期刊发表论文《计算机器与智能》（*Computing Machinery and Intelligence*），为后来的人工智能科学提供了开创性的构思。图灵提出了著名的“图灵测试”，即如果被试者无法判断人类与人工智能机器反应的差别，

---

① 艾伦·麦席森·图灵（Alan Mathison Turing，1912—1954），英国科学家、数学家，被称为计算机科学之父、人工智能之父。

即可认定该机器具备人工智能。1956 年《计算机器与智能》以《机器能够思考吗?》为题重新发表。

人工智能从其概念提出至今已历经 60 多年，其发展经历了三个主要阶段。

第一阶段是从 20 世纪 50 年代人工智能概念的提出到 20 世纪 80 年代人工智能的第一个瓶颈期。由于计算机科技自身的发展，基于抽象数学推理的可编程数字计算机出现。此时的计算机完全按照编程逻辑执行命令，科学家建立推理模型解决问题，其中基于符号的推理逻辑发展迅速，史称符号主义。由于使用机械的符号模型对现实世界进行建模，因此许多事情和过程不能完全形式化地表达出来，建立的数学模型存在一定的局限性。随着计算任务的复杂性也不断加大，模型的复杂性也不断加大，当时的计算能力和理论水平无法支撑，人工智能的发展一度遇到瓶颈。20 世纪 80 年代人工智能的研究进入瓶颈期。

第二阶段是 20 世纪 80 年代到 90 年代，人工智能的发展又经历了一次起落过程。所谓“起”是指专家系统得到了快速的发展，数学模型有重大突破。已有各行各业的专业知识可以通过专家系统的建模，把领域专家的知识放到系统里提供决策支持。但专家系统在知识获取、推理能力等方面存在不足，例如疾病的判定，当时的专家系统仍然不能推理出病症及其处理方式的合理相关性。此外，还存在专家系统开发成本高，需要多位相关领域专家的支持，以及计算机系统建模、建设门槛高等问题。因此在 20 世纪 90 年代末，人工智能的发展又一次进入低谷期。

第三阶段是 21 世纪初至今，随着大数据的积聚、理论算法的革新、计算和存储能力的提升，人工智能在很多应用领域取得了突破性进展，迎来了又一个繁荣时期。

以 1956 年达特茅斯会议为起点，对人工智能的发展历史以 10 年为单位进行梳理，一些重要的历史节点如下：1959 年提出了机器学习的概念；20 世纪 50 年代和 60 年代是提出概念的阶段；20 世纪 70 年代出现了对机器翻译的研究，受当时计算能力和数据处理能力以及算法水平所限，相关项目并未取得成功；20 世纪 80 年代，是第二阶段的繁荣期，专家系统蓬勃发展；20 世纪 90 年代，科研经费减少，人工智能的研究又进入了瓶颈期；1997 年 IBM 公司的深蓝程序战胜了象棋世界冠军卡斯帕罗夫，20 世纪 90 年代末人工智能学界再次受到鼓舞；进入 21 世纪，人工智能热度持续升温，目前仍处于一个快速发展的时期。

1.3 人工智能的发展层次

1.3.1 弱人工智能

“弱人工智能”指不能真正实现推理和解决问题的智能机器，这些机器表现出一定的智能，但是并不真正拥有智能，也不会有自主意识。迄今为止的人工智能系统都是实现特定功能的专用智能，而不是像人类智能那样能够不断适应复杂的新环境并不断涌现出新的功能，因此都属于弱人工智能。目前人工智能的主流研究仍然集中于弱人工智能，并取得了显著进步，如语音识别、图像处理、机器翻译等方面取得了重大突破，甚至可以接近或超越人类水平。

弱人工智能企图模拟人的行为、智力，其发展层次可以分为两大类，一类是运算智能，另一类是感知智能。

1. 运算智能

运算智能主要是机器快速运算和记忆存储的能力。从与人的对比来看，运算能力和存储能力是机器的优势。国际象棋程序“深蓝”和围棋程序 AlphaGo 都是运算密集型的人工智能程序。在这种运算智能上，深蓝和 AlphaGo 的表现已经可以赶超人类。

2. 感知智能

感知智能侧重视觉、听觉、触觉等感知能力，目的是使机器可以像人一样具有这些感知能力，实现人机的交互。例如语音对话机器人首先需要在听觉上听得到对话者的语音，过滤背景杂音，然后才能识别和理解对话者的谈话内容。又如四足机器人需要探测周围环境中的物体，避开障碍物，则是模拟人类的视觉和触觉等感知能力。当前处于研发焦点的自动驾驶机器人部署了多种了解和感知路况地形的设备，通过这些设备收集大量数据输入神经网络里，学习和训练自动驾驶模型。从感知智能这个角度，人工智能越来越接近人类。

提 要

运算智能和感知智能均属于“弱人工智能”的层面。其运算或感知能力从表现上看是智能的，但是机器并不能真正地理解和解决问题，所以也不会拥有自主意识，因此称之为“专用智能”。专用智能不能自主地适应灵活、复杂的环境变化。目前，语音识别、图像处理、机器翻译等方面取得了重要突破，从分类上，它们都属于弱人工智能这个层次。

1.3.2 强人工智能

“强人工智能”是指真正能思维的智能机器，并且这样的机器是有知觉和自我意识的。强人工智能机器可分为类人（机器的思考和推理与人的思维类似）与非类人（机器产生了和人完全不一样的知觉和意识，使用和人完全不一样的推理方式）两大类。一般地，达到人类水平、能够自适应地应对外界环境挑战并具有自我意识的人工智能称为“通用人工智能”“强人工智能”或“类人智能”。

由于涉及思维与意识等根本问题的讨论，强人工智能在哲学上存在巨大争论。其在技术研究上也具有极大的挑战性。强人工智能当前鲜有进展，目前主流专家的态度是至少在未来几十年内仍然难以实现强人工智能。

人工智能发展的下一个层次是认知和创造。

1. 认知智能

所谓“认知智能”是指机器能理解，并且会思考。概念、意识、观念等都是人类认知智能的表现，如果机器自己能形成观点，那么就认为其上升到了认知智能的层次。目前机器在认知智能这个层次与人类相比还有差距。

2. 创造智能

在认知智能之上的层次是“创造智能”。人与机器的区别恰恰在于人具有主动创造的能力。如果想让人工智能程序具有创造能力，技术上是极具挑战性的。其技

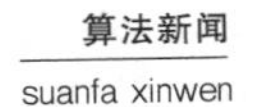

术上的突破点目前还尚未接近。

【案例12-1】 判别聊天机器人的人工智能水平

我们如何判断人工智能算法或机器人的智能水平高低？通常可以使用图灵测试来进行判定。图灵测试采用问答模式，观察者与两个测试对象对话（例如以打字的方式），测试对象中一个是人，另一个是机器。要求观察者不断提出各种问题，从而判断回答者是人还是机器。如果机器与观察者的对话使得观察者认为他自己是与人对话，则认为机器通过了图灵测试。

以聊天机器人为例，为了通过图灵测试，除了能够听懂观察者的问题之外，还需要进行逻辑上合理的语言组织。例如：

问：你住在哪个国家？

答：法国。

问：你们国家的首都是哪里？

答：北京。

问：你多大了？

答：32 岁。

问：你的妈妈多大了？

答：35 岁。

尽管每一对问答单独来看都没有太大异常，但是如果把这次对话的 4 组问答结合起来考虑，则回答者在逻辑上没有一致性，因此很容易被发现是对话机器人。

提 要

与“弱人工智能”相对，认知智能和创造智能更加强大，属于“强人工智能”的层面。强人工智能是能够思考、具有知觉和自我意识的。强人工智能在技术实现上极具挑战性，目前学界、业界的观点普遍认为短期内很难实现强人工智能，当前的研究和开发重点仍然集中在弱人工智能领域的技术突破和创新应用上。

第 2 节 人工智能与智能媒体

上一节介绍了人工智能的起源和发展，本节从人工智能与媒体结合的角度，介绍相关研究和应用。尽管人工智能从出现至今已经发展了六十多年，但是相关的学术研究，特别是与媒体行业有关的内容却是在近十年才开始出现在学者的视野。主要的研究和应用可以分为三个方面：智能化媒体传播模式的核心逻辑、人工智能与媒体的融合以及人工智能在媒体平台中的应用。

2.1 智能媒体的概念

为了界定“智能媒体”的概念，我们首先回顾“传统媒体”这一概念。“媒体”是个舶来词，最早来源于英文“media/medium”，其含义是“一种以传播信息为目的，不同事物间产生联系为效果，借助种种技术手段、实现方法，并具有一定的复杂内部结构的机构具体的表现形式”。传统媒体的具体表现形式包括传统纸媒、电视、广播等传统的大众传播方式，区别于 Web 2.0 时代所产生的社会化媒体。

"智能媒体"区别于传统媒体和网络媒体，是一种基于人工智能、大数据、云计算等技术手段实现的更为深入的新一代媒介融合产物。作为一种新兴媒体，智能媒体可以为用户带来全新的信息传播体验，更为人性化、精准化、自动化。智能媒体集"单向广播＋双向交互＋智能引擎"三种特点于一体，可以帮助人们更好地搜集、整理数量庞大的信息，用户在轻松接受媒体信息的同时可以参与到媒体中并与其进行交互。总之，智能媒体是信息生产端和服务器端的综合，能够感知用户，给用户带来更好的体验。智能媒体具有时效性强、数据精准、交互体验新颖等特点。

2.2 智能化媒体传播模式的核心逻辑

人工智能给媒体行业带来了从宏观到微观全方位的改变。从信息采集环节、新闻编辑制作环节、新闻认知体验环节到内容推送环节均发生行业生态环境的变化。人工智能与媒体结合，智能媒体的基本运作范式也会从这四个方面进行变革。

2.2.1 信息采集：扩充渠道和数据量

在信息采集环节，传统新闻媒体中的"单一渠道采集、封闭式生产、点对面单向传播"是传统新闻生产的主要模式路径。在传统媒体中，选题策划筛选、大量的前期文案工作、实地调研、选择并联系采访对象等烦琐工作都与信息采集环节相关。以其中的文案工作为例，传统信息采集环节中的前期资料搜集等文案工作往往耗时耗力，其中最主要的原因就是信息的不对称。仅仅查找某一领域的相关文献就需要面对海量的信息规模，并且，在这些海量的文献资料和数据中常常存在资料重复的情况。此外某些内容或许与前期资料搜集工作相关，但是在后续新闻制作中这些内容并不一定是作者需要的。而信息最佳匹配的资料文献，往往需要作者在众多文献中慢慢挖掘。这使得传统媒体在信息采集环节出现效率低下的问题。

在信息采集环节中需要注意信息的准确性和多样性。传统媒体中人工收集数据的体量偏小，来源渠道较为单一，而且时间成本较高，但是数据来源和质量相对有保证。

在智能媒体中，数据来源渠道的广度可以大幅扩充，可采集的数据量较之传统媒体也有若干量级的提升。各种新设备层出不穷，例如物联网的设备、传感器、全球定位系统、无人机以及智能手环等等，都可以不断采集数据并汇入新闻系统，提供新闻制作的数据原料。因此，数据来源的扩充、设备品种的增加都为内容生产做足了数据储备。从工作量来讲，可以减少人工工作量，同时采集的精度、规模和效果都有提升。从数据的角度来看，数据密集型的新闻如体育比赛结果通报、简短的财经资讯等的数据收集已经越来越多地依赖机器的信息采集；而访谈、深度报道等稿件仍然需要专业记者的宝贵经验。

2.2.2 内容生产：发现规律和线索

内容生产一直都是传统媒体面对新技术冲击的核心竞争力。这也是一直以来"纸媒不亡""内容为王"等观点常见于理论学界的重要原因。《财经》主编何力曾

说："内容的意义在产业发展和更替过程中会发生变化。"① 传统媒体与智能媒体的争夺其实也是"内容"和"渠道"之间的比拼。显然，在传统媒体中，内容的优势要更为显著。一份尼尔森评级数据报告中显示，在研究的上百万份社会化媒体样本案例中，其中有近八成的内容来源于传统媒体公司。在这些社会化媒体站点中，有13%的员工是收集管理员，专门收集传统媒体公司的生产内容。② 可见，现阶段智能媒体的内容生产在一定程度上还是要依赖于传统媒体。

在一些简短的财经简报中，传统媒体的内容生产优势可能还不太明显，但是当涉及一些深度报道、调查性新闻以及人文情怀的文章时，传统媒体在内容上的优势就显示出来了。经过长期的经验积累和专业人才培养，传统媒体对新闻内容的深度和广度有着很好的把控。同时当涉及思想、情感等因素时，记者的文字更能引发读者的情感共鸣，毕竟人类的情感在现阶段只有人类自己能够懂得，人工智能还远远不能企及。

在内容生产环节，智能媒体可以利用人工智能数据进行分析，从庞杂数据里发现规律和线索。图 12-1 显示 2016 年 8 月某一周华东地区若干省市的用电量。最高的曲线是整个华东地区用电量变化曲线，其他曲线分别对应安徽省、福建省等地的用电量。通过观察用电量曲线变化，我们发现 8 月 22 号的用电量低于其他日期。经过分析发现，8 月 21 号是星期天，在休息日工厂、公司会减少生产，用电量相应下降。在这个简单的例子里，用电量数据体现出了与工作日和休息日的相关性(以当年全年的数据来看，这个规律是成立的)。针对海量数据，我们从经验上无法直接了解和发现线索时，就可以使用多维数据的可视化工具，通过数据可视化，从

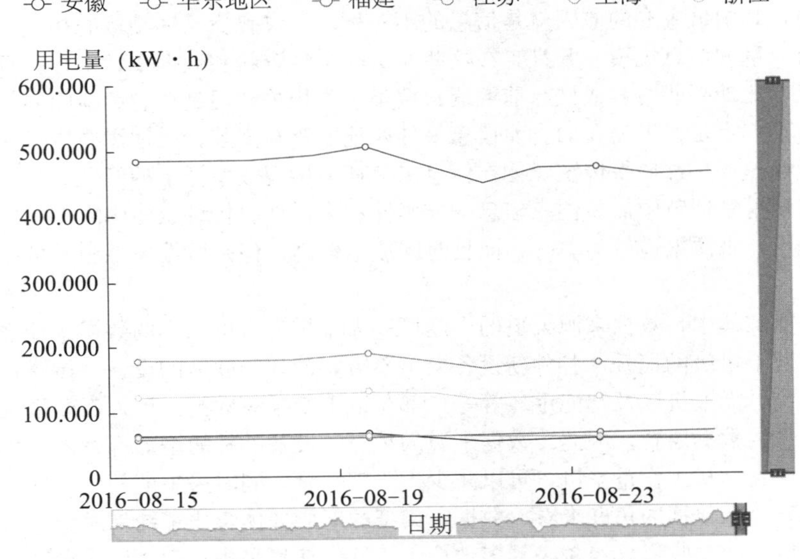

图 12-1 2016 年华东地区若干省市用电量数据样本

① 何力．传统媒体和新媒体是渠道和内容之间的关系问题．(2018-04-07) [2018-12-11]. http://finance.ifeng.com/a/20100227/1867294_0.shtml.

② 凌曦．美国传统媒体应对新媒体竞争的启示——做内容提供商，实施多平台传播．媒体观察，2011：3.

数据展现出来的特点，去挖掘数据背后的关系，整理故事线索。因此智能媒体能够辅助发现数据的规律和价值。

2.2.3 认知体验

在认知体验环节，智能媒体支持多媒体内容的展现，比如智能视频剪辑和生成。斯坦福大学的团队目前完成了一个自动进行视频编辑的产品实验。在自动编辑视频的同时还可以对剪辑风格进行控制。系统会自动将所有的镜头，包括多个角度拍摄的画面按照设定的脚本进行组织，还能根据需求找到指定的内容。程序可以准确地识别出需要剪辑的内容。系统会利用面部识别和情绪识别系统，对每一帧画面进行分析。比如会标注某个镜头是广角或特写镜头，以及这些镜头中包含了哪些人物和角色。在所有的元素都可以被组织之后，系统会按照不同的风格和习惯对视频进行剪辑和处理。这是在认知体验环节人工智能应用的一些尝试。

2.2.4 内容分发

传统媒体由于面向新闻的大量生产，依靠人工编辑传播，导致其受众细分或者个性化定制意识偏弱。其结果一方面使得传统媒体用户要额外花时间去筛选出自己感兴趣的文章，另一方面却有利于信息传播的均衡。现阶段通过智能筛选的智能媒体新闻，在根据用户喜好量身定制的同时，也消除了用户对其他新闻产生兴趣的可能。曾在脸书工作过的人员透露："脸书在推送时会适当压制保守倾向的内容，推送较为自由倾向的内容。"可见，在智能媒体推送的过程中，具体内容推送的算法也会受到算法本身设定的干扰，其推送的内容是否真的完美契合用户喜好还有待探究。

尽管如此，新媒体在用户分发渠道上依旧占据着近乎垄断的态势，吸引了市场上大多数的用户份额，也因此吸引了大量广告商的目光。如果说传统媒体在新一轮互联网技术发展的浪潮下处于劣势，其症结之一就在于传统媒体的分发渠道。是"渠道"成就了新媒体，也因此衰弱了传统媒体。有学者指出，在传统媒体转型步入深水区的今天，传统媒体深陷困境的根本原因是用户连接失败。在传统媒体的分发渠道环节，其连接的对象一般都是"真受众、假用户"。受众与用户是有所区别的，受众与用户相比，其规模较小，低频静态，呈松散型联系，商业价值较低；而用户则规模较大，高频动态，呈紧密型联系，商业价值较高。而且当媒体平台积攒了一定量的用户群体后，便可以形成新闻聚合类媒体，增强用户黏性，从而产生内容的二次创作，进行新闻内容再生产。这些是新媒体的渠道优势，但同时也是传统媒体的渠道短板。

2.3 人工智能与媒体的融合

2.3.1 人工智能辅助媒介生产

媒体在新闻生产过程中通过人工智能技术改进数据采集、内容编辑、呈现、推送等多个环节。随着相关应用的逐渐发展，智能媒体融合越来越紧密：人工智能可以辅助媒介生产、新闻策划、海量数据整理和价值挖掘，以及辅助视频编辑、实现投递分发环节的个性化推荐。人工智能与媒体的融合主要表现在"人工智能辅助媒

介生产”和“新闻自动化”两方面。一方面，媒体可以通过人工智能技术对海量数据进行整理，发掘线索，优化选题，同时还可以辅助后期的编辑和新闻投递分发等环节，达到辅助媒介生产的作用。另一方面，通过人工智能、大数据等技术，可以对新闻内容的真实性进行有效核查，帮助确立新闻数据的权威性，从而利用自动化新闻数据为信息来源渠道进行把关。

2.3.2 新闻自动化

利用人工智能、大数据和智能写稿技术可以帮助实现新闻的自动化生产。对于一些模式性比较强的新闻，如金融和体育类新闻，智能媒体已经可以实现稿件的自动化撰写。例如腾讯公司开发的写作机器人 Dreamwriter 可以根据算法自动生成稿件，一分钟内完成资讯整合并送达用户。以下是 Dreamwriter 自动撰写的一则稿件摘录：

题目：德甲第 17 轮莱比锡 RB3-0 击败法兰克福①

腾讯体育讯　北京时间 1 月 22 日凌晨，德甲第 17 轮，法兰克福客场 0∶3 负于莱比锡 RB。

比赛回放

第 3 分钟，裁判将法兰克福卢卡斯·赫拉德基直接红牌罚下。

第 6 分钟，法兰克福队林德纳换下了赫尔戈塔。

第 6 分钟，进球了！莱比锡 RB 1∶0 法兰克福。莱比锡 RB 开出间接任意球，康珀于小禁区左侧左脚射门，球蹿入对方球门左下角。

…………

技术统计

莱比锡 RB 本场射门 17 次，射正 7 次，控球率 71%，角球 3 次，任意球 14 次，传球 580 次，抢断 22 次，越位 5 次，犯规 8 次，黄牌 1 张。

…………

出场阵容

莱比锡 RB（4-2-2-2）

门将：32 号古拉西

后卫：4 号奥尔班，33 号康珀，3 号贝尔纳多，23 号哈尔斯滕贝格

…………

在未来，一个可以想象的方向是把摄像头和其他联网传感器设备用于采集和传送数据至服务器。服务器上的算法程序可以进行内容的分类、筛选和组织，并按照一定的规则生成自动化新闻。对于信息来源，由于是机器采集，数据自身的准确性和真实性都能够得到一定程度的保障。在新闻自动化的过程中，人工智能技术在把关信息来源、组织新闻内容和改进生产过程等环节均可有所贡献。

2.4 人工智能在媒体平台中的应用

人工智能在媒体平台中的应用主要有三个方面：内容生产平台、智能推送平台

① 腾讯体育．德甲第 17 轮 莱比锡 RB3 - 0 击败法兰克福．(2017 - 01 - 22) [2019 - 02 - 03]. https://sports.qq.com/a/20170122/000888.htm.

和用户聚合平台。内容生产平台是人工智能时代智能媒体的基础，以机器人新闻最具代表性。通过自动化进行内容生产，可以将记者从烦琐而简单的工作中解救出来。智能推送平台则得益于大数据和智能推荐算法的有效结合，可以个性化匹配用户的新闻需求，力求新闻投递更加精准、有效、合理。用户聚合平台则是基于内容生产平台和智能推送平台，例如推特、微博等社会化媒体平台，运用有效的内容和个性化的新闻分发，对用户进行数据的深入发掘和分析，整理出更深度的用户习惯，进一步增加用户黏性，让用户对产品产生依赖性的消费习惯，从而进行内容的再生产。在智能媒体时代，传播具有双向性和交互性，用户和系统、平台互动的增加对于系统优化和再生产都有很大帮助。

2.5 人工智能的技术表现

云计算、大数据和计算机技术的发展是人工智能得以爆发的技术基础，也是智能媒体的应用基础。斯坦福大学人工智能实验室主任李飞飞曾提道："这一波人工智能的爆发首先横扫了自然语言处理和计算机视觉这两个领域。"这两个领域也是智能媒体的主要技术体现。

2.5.1 自然语言处理

在这一领域最为常见的就是语音识别技术，它是一个基础性的技术。今后，随着语音识别技术的提高和广泛应用，或许能改变人类与所有设备之间的交互方式。在智能媒体中，语音识别技术和传感器的结合，可以更为有效快速地搜集和捕捉信息数据，提高信息准确度。同时，语音识别技术也可以为记者提高写作效率。在传统媒体中，记者最为核心的工作就是新闻的采写。一篇深度报道的文章，其中一个采访对象的录音素材就可能长达数小时之久，记者将其采访到的录音整理成文字稿件，会是一件极其烦琐的工作，但是这项工作的意义却并不大。现在，随着智能语音识别技术的发展，以号称"中国声谷"的科大讯飞公司旗下产品"讯飞听见"就可以实现长时间录音内容的转文字处理，其精准度也在不断地提高。2017 年 3 月 7 日，科大讯飞公司董事长刘庆峰在接受"两会"记者提问时就曾提及"讯飞听见"的精准度问题，他表示这款产品的精准度一直在做技术层面的提升，由原来 85% 的准确率，提高到 97%。

2.5.2 计算机视觉领域

在这一领域最为常见的就是各项智能识别技术，例如人脸识别、指纹识别、虹膜识别等，除此之外还有各项视觉支持技术。在智能媒体中，计算机视觉领域的技术可以得到广泛应用。例如在参会人员众多的会议中，利用人脸识别技术去锁定被采访对象，帮助记者采集新闻素材。此外，在新闻体验环节，利用虚拟现实（VR）、增强现实（AR）等技术，可以为用户打造全新的新闻体验场所，营造出身临其境的效果，更为有效地还原新闻现场。

第 3 节　自动化新闻和写稿机器人

新闻写作机器人（写稿机器人）是人工智能技术在媒体实际应用中的代表，也

是最为直观、广泛的人工智能技术产品，在国内外的许多大型媒体机构都可以看到人工智能员工的身影。新闻写作机器人在国外的应用要早于国内。早在 2010 年一家名为 Narrative Science 的公司就研发出一款名为 Quill 的新闻自动写作程序，之后《洛杉矶时报》最早将这一技术引入实际的新闻生产中去。美联社作为美国最大的新闻机构也是较早涉及这一领域的机构之一。2014 年，人工智能编辑 Word Smith 在美联社正式上线。在国内，最早应用新闻写作机器人的机构是腾讯财经。2015 年 9 月，由腾讯财经 Dreamwriter 写作机器人生产的第一篇国内自动化新闻稿件掀起了又一轮对人工智能技术的关注与热议。此后新华社、《光明日报》等机构陆续引入人工智能技术。现阶段，无论国内还是国外，新闻写作机器人主要应用于财经新闻、体育新闻等领域的新闻生产中，这类新闻的共性是以数据信息为主、对时效性要求高、字数少。写作具有这些特征的新闻稿，是现阶段的新闻写作机器人在能力范围内完全可以胜任的，因此应用广泛。

3.1 自动化新闻及其原理

3.1.1 自动化新闻的相关要素

实现自动化新闻需要一定的技术储备。首先是大数据的技术，如果没有足够的数据来源以及相应的处理手段和工具，写稿机器人就失去了制作新闻的原材料。基于大数据，需要实现相应的算法，如数据采集算法、自然语言处理算法，以及可视化展示的算法等等。目前一些先进的写稿机器人在制作稿件时会尝试一些拟人化的写作手法，而不是生硬地套用模板和罗列数据，例如“爆冷出局”“朋友圈全被刷屏啦”等等，语言多样化，更加贴近读者，生动流畅。能够达到这样的水平需要较高的自然语言处理算法的支持。基于大数据，写稿机器人使用算法制作新闻，完成了自动化新闻写作的生产环路，参见图 12-2 上部。

自动化新闻生产的过程影响到的相关人群包括记者、编辑和读者，参见图 12-2 左部。写稿机器人可以承担一些模式性较强、以数据信息为主、对时效性要求高、字数少的内容制作，给记者留出更多的时间和精力进行深度报道或完成更能发挥记者专业特长的稿件。从编辑的角度来说，他们或许需要用不同的逻辑来处理记者撰写的稿件和写稿机器人制作的新闻，存在工作内容转变的情况。对于读者而言，随着写稿机器人技术的不断成熟，读者可以在享受专业记者新闻作品的同时也享受快速新闻的便利。

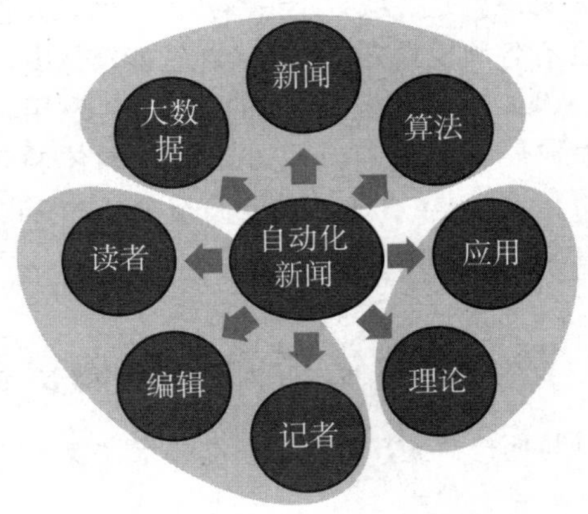

图 12-2 自动化新闻的相关要素

目前，自动化新闻的趋势更加显见。从生产者的角度，使用算法自动化生成新闻，其平均成本会逐渐下降，可以使用机器完成一部分写稿的工作，既可以留住长尾读者，又能减轻内容生产部门的工作量。

从应用上来看，目前各大通讯社、主流媒体以及一些科技公司都在用写稿机器人来生成内容并推送给用户，写稿机器人的应用逐渐铺开。在学界，学者们开始研究自动化新闻给整个行业带来的影响和变革。

提 要

对自动化新闻涉及的要素进行归类：在技术上，大数据和算法支撑了自动化新闻的内容生产；在人员上，记者、编辑、读者都经历着自动化新闻带给自己的变化和影响；出口方面，自动化新闻的相关应用和理论目前仍在不断创新和发展进程中。

3.1.2 自动化新闻的概念

“自动化新闻”（automated journalism）也被称为“算法新闻”（algorithmic journalism）或者“机器人新闻”（robot journalism），是建立在算法和人工智能程序平台和自然语言处理技术的基础上的新型新闻生产模式。① 我们把自动化新闻中用来生产内容的程序叫作写稿机器人。自动化新闻和写稿机器人的提法是从不同的主体去理解整个过程的。新闻是自动化新闻生产的最终产品，自动化则指整个生产过程涉及的人力较少、计算力比较多，而机器人则是具体的生产者。因此，“自动化新闻”这一概念更多是从过程和产品的角度来阐释的，“写稿机器人”则更多是从算法和生产的逻辑角度来阐释的，二者指代同一个过程，侧重角度不同。

3.1.3 自动化新闻的特征

自动化新闻最主要的特征是新闻的文字及部分视觉内容可以由算法直接、自动生成。图12-3是一篇自动化新闻的片段，这篇稿件由写稿机器人完成，其文字、图片的组织以及文图排版等全部是写稿机器人在自动生成的。在制作逻辑和数据来源设定好之后，整个生产过程往往只需要很少的人工干预，甚至完全不需要任何人工干预。

目前自动化新闻在全球新闻业也是一个基本发展趋势，写稿机器人可以和记者做的深度报道、情感沟通等方面进行互补，这也是自动化新闻的一个特征。简言之，自动化新闻的基本特点是从数据源自动获取数据，使用算法来进行内容整合，并完成拟人化的内容生产。因此，整个生产过程基于大数据和算法，这二者是其底层技术基础。自动化新闻是一种新的讲故事方式，其与以往由记者完成新闻撰写的区别就在于新技术的使用。通过智能化的技术手段，自动化新闻自动生成连续不断的叙事序列，以满足人类理解外部世界与现实生活需要的过程。

---

① 常江．生成新闻：自动化新闻时代编辑群体心态考察．编辑之友，2018（4）．

华晨宇不负众望！补位《歌手》终结Jessie J连胜

追娱少女 2月3日

最近播出的《歌手》不知道大家看了没有，这几天朋友圈全被刷屏啦！在前阵子爆出华晨宇即将参加这档节目的时候，无论是粉丝，还是路人，都觉得这注定是一场毫无悬念的比赛。

图 12－3 自动化新闻案例

3.1.4 自动化新闻的生产过程

试想一下，如果我们想要制作一个写稿机器人，需要经过哪些步骤和条件才能实现呢？最基本的条件是数据，需要收集足够多的相关数据才能对其进行分析和创作。其次需要有处理这些数据的算法，通过算法实现某种类型内容的制作。例如制作财经类新闻的写稿机器人，其数据来源包括全球主要股票交易所，写稿机器人会不断从各个交易所收集交易数据，达到一定的触发条件时，例如开盘和收盘以及交易时间段内某些股票指数的涨跌，就可以触发写稿机器人的制作流程。算法从相应的模板库选择合适的文章模板，选择需要呈现的数据，对语言和内容进行组织后即可完成一篇新闻稿的制作。在内容呈现过程中，可以尝试实现一些拟人化的处理，把新闻写得更生动、有趣，提高交互性。生产完成之后，还需要经过审核的过程，才可以最终将内容推送到读者面前。

对以上过程进行抽象，我们把自动化新闻生产的过程分为以下 5 个步骤：

（1）在数据库及其他数据来源处检索并锁定与报道主题相关的数据。数据来源可能是生产者系统内部的，也可能是外部数据源（如股票交易所、体育比赛主办方等）。

（2）对原始数据进行整理和分类。原始数据往往并不是直接可用的，一般需要对原始数据进行清洗、整理和分类，舍去无用数据。

（3）通过排序、比较和聚合数据来明确新闻故事的关键事实。

（4）按照某种叙事的语义结构对关键事实进行组织。不同产业、行业的文章，有不同的叙事结构，在这里我们将其称为“模板”，例如体育类新闻和财经类新闻的叙事模板就大不相同。

（5）对最终形成的文本内容进行审核，完成分发和出版，同时可以按照需要提供不同风格、语言和语法复杂程度的产品。不同的版本包括简讯、消息，中文、英文版本等。

提 要

自动化新闻的生产过程是：获取与报道主题相关的数据，对原始数据进行整理和分类，明确新闻故事的关键事实，按照合适的叙事结构进行组织，形成作品，并最终审核分发。

图12－4形式化地描述了自动化新闻生产的过程。其中，算法处在核心地位，是最重要的模块。为了支持自动化新闻算法，在底层需要技术基础和新闻专业的专业基础。技术基础包括大数据、自然语言处理等，采用机器学习和数据挖掘的手段完成对数据的分析和数据价值的挖掘。知识图谱应用在内容核查和实体对齐上。所谓实体对齐是指文章中的多个词是否对应同一个人名、地名或是组织，这些人名、地名和组织等就称为实体。实体识别和对齐对于自动化新闻来说是一个必要的技术过程。专业基础则是指新闻生产的规范和过程，不论是记者还是算法均需遵守相关规则。在技术基础和专业基础的支撑下，算法可以连接不同的数据源，采集和接入数据。数据流入系统之后，算法把数据放到不同的模板里进行稿件生产，并将生产出的稿件送审和分发。

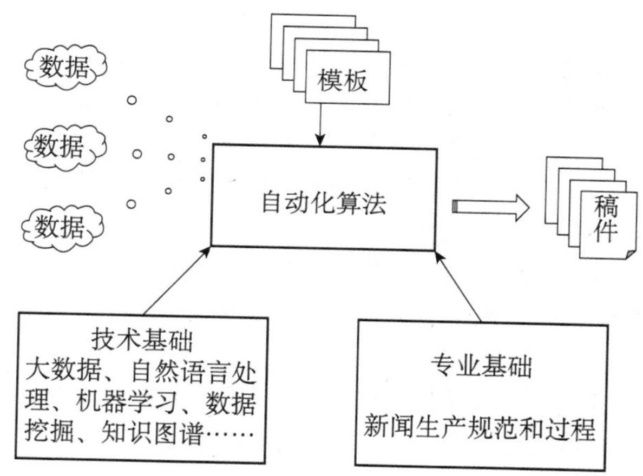

图12－4 自动化新闻的生产

提 要

自动化新闻是建立在算法、人工智能的平台，以及自然语言生成技术基础上的，它是一种新兴的新闻生产模式，最终服务于新闻生产实务。

3.2 自动化新闻的发展和应用

3.2.1 发展现状：欧美

美国的自动化新闻发展比较早，目前已经有数家自动化新闻生产实践较为成熟

和成功的新闻机构，以美联社、《福布斯》杂志、新闻网站 ProPublica 和老牌报纸《洛杉矶时报》为先驱。截至 2018 年初，欧美几乎所有的主流新闻机构都已经建立起了一定程度的自动化新闻生产平台，例如英国广播公司（British Broadcasting Corporation，BBC）和路透社都有自己的自动化新闻生产平台。BBC 的自动化新闻生产平台 Juicer 被其网站称作“管道”（Pipeline），其主要功能是新闻聚合和提取，Juicer 从 BBC 或者其他数据源中提取新闻，聚合起来完成内容提取。Juicer 就像榨汁机一样，从许多内容中提取精华，其英文名也恰有榨汁机之意。Juicer 获取新闻内容，会对这些文章进行自动解析，把里面的实体标记出来，包括人名、地点和组织三类实体，其他实体统称为事物。把这四类实体标记和抽取出来后，Juicer 对某一个新闻就可以进行提炼，其目的是支持读者对新闻形成整体的、全局的理解。因此，Juicer 本身并不完全是写稿机器人，而是为写稿机器人提供数据和实体支持的管道和平台。

近年来，因为使用了写稿机器人和自动化新闻生产平台，新闻生产的数量得到了很大的提升。2016 年《华盛顿邮报》一共发表了 850 条机器人新闻。目前有一批数学和人工智能的公司，专门为新闻机构提供各种各样的算法服务。例如 Automatic Insights 这家公司为美联社提供 Word Smith 这个产品，Word Smith 帮助美联社进行全美棒球联赛和一些企业收入等选题的自动化报道。

1. 美联社与 Word Smith

2014 年，美国最大的新闻机构美联社引入了一个新成员——人工智能编辑 Word Smith，它最早被用来生产每日财经新闻。据悉，它可以自动捕捉华尔街发布的最新财经数据，然后运用美联社事先为它预设好的新闻框架，将数据内容填充进去，可以自动生成一篇 300 字左右篇幅的财经简报。美联社全球商业总编丽莎·吉布斯（Lisa Gibbs）表示：“人工写一篇类似自动化新闻的简单财报大约需要记者和编辑耗费 30 分钟，在使用自动化写作软件前，我的 65 位员工每季度大约只能写 300 篇报道，现在我们却能完成 3 700 篇。”可见人工智能的应用可以大大缩减新闻写作的时间成本，提高生产效率。

当前写作机器人的效率是人工的十几倍，而且在今后随着人工智能技术的发展，这个数字还会持续增加。而这些节省下来的时间就可以让记者去完成更多调查性的深度报道。

美联社的 Word Smith 曾经在 2015 年 5 月与从事记者职业多年、经验丰富的前入驻白宫商业记者霍斯利（Horsley）进行了一场人机大战。他们比拼的内容是财报写作，主要考察质量和速度两个方面。比赛的结果是 Word Smith 在速度方面毫无疑问地获得了胜利，Horsley 则是质量上更胜一筹。不过它们质量的差距却没有速度的差距那么明显，Word Smith 的写作速度是 Horsley 的 3 倍多。Word Smith 只花了 2 分钟，而 Horsley 却花了 7 分钟。

人工智能技术能在今天出现新一轮发展浪潮，得益于大数据、云计算和深度学习算法等技术的提高，尤其是深度学习这一人工智能技术。显然，这一特质也会应用在例如 Word Smith 这种写稿机器人上。今后，随着技术的发展，写稿机器人的写作质量也会不断提高。美联社副总裁吉姆·肯尼迪（Jim Kennedy）曾表示让写稿机器人不再需要人工的最终审核而达到直接发稿的水平是他们的终极目标。

2. 里程碑事件

关于自动化新闻在欧美的发展，行业内部普遍认为有这样一个里程碑式的事件，即，2014 年 3 月 7 日《洛杉矶时报》对当天早晨一场 4.7 级地震的自动化报道。此文稿完全是由计算机程序 Quakebot 生成的，在这次地震发生后仅仅三分钟之内就实现了全文的发布，且在形式上与人类记者撰写的报道几乎没有任何差别。Quakebot 使得《洛杉矶时报》成为最早报道此次地震的媒体。计算机程序 Quickbot 从 Geological Survey 获取关于地震的原始数据，只要地震的级别大于某一个阈值，Quickbot 就会把相应的数据抽出来，把它放在预置好的模板中去，然后送到《洛杉矶时报》的系统里，经过人工审核后即可进行发布。

在这里我们仍然强调，写稿机器人的目的并不是撰写一些有深度、能引起读者情感共鸣的文章，在目前的历史阶段，写稿机器人还做不到这些，这恰恰是专业记者的擅长之处。对于写稿机器人来说，业界对于它们的要求则是能够快速、准确地把基础信息以较高的可读性发布和传送给读者。

3.2.2 发展现状：中国

在我国，自动化新闻和写稿机器人在最近几年也逐渐发展和成熟起来。2015 年 9 月，腾讯财经 Dreamwriter 写作机器人生产了第一篇国内自动化新闻稿件。随后，新华社和《光明日报》也陆续引入了人工智能技术，相继上线了“快笔小新”和“光明小明”等产品。2017 年 12 月，字节跳动公司人工智能实验室凭借“互联网信息摘要与机器写稿关键技术及应用”项目获第七届吴文俊人工智能技术发明奖，其写稿机器人 Xiaomingbot 主要负责撰写体育类新闻。

1. 新华社与“快笔小新”

2015 年 11 月 7 日，新华社启用人工智能写作机器人“快笔小新”。人工智能技术发展到今天，虽然很多国内外媒体机构已经将机器人新闻引入日常的内容生产工作之中，但是新华社作为中国国家通讯社，在中央级的媒体机构中是第一家使用新闻写作机器人的。

目前“快笔小新”主要用来完成新华社的部分体育赛事稿件和财经新闻，并且可以提供中英文双版稿件。据悉，“快笔小新”完成一篇财经新闻只需把相应的股票代码输进去，不出 3 秒钟便可以生成一篇财经简报。除此之外，一些世界性的体育赛事，由于时差原因，以往的体育新闻记者往往需要几人在夜间值班，而且在熬夜疲惫的状态下，也会出现数据错误的状况。现在“快笔小新”仅凭一己之力便可以完成整个夜间赛事的新闻报道，而且出错率很低。“快笔小新”的内容生产流程主要有数据采集、数据加工、自动写稿、编辑签发等四个环节，机器写稿结合人工终审的流程，既保证了新闻时效性又确保了内容的准确性，内容生产效率显著提高。

(1)“快笔小新”的工作流程和特点。

“快笔小新”支持多任务多线程的工作方式，可以在财经和体育报道中同时完成多项任务，就像是我们在个人电脑上同时打开多个应用程序、用一个应用程序开多个窗口一样。从计算资源的角度来说，需要提供能够支持多个“快笔小新”实例的算力。

“快笔小新”写稿过程大概分为三步：采集清洗、计算分析和模板匹配。

第一步，采集清洗阶段，依托大数据技术对数据进行实时采集、清洗和标准化处理。不同来源的数据格式往往不同，例如对于多位数字的展示，有的数据源采取每隔三位数字加一个逗号的方式，而有的则并不添加逗号，因此标准化处理是有必要的。

第二步，计算分析阶段，根据业务需求定制相应的算法模型，对数据进行实时计算和分析。

第三步，模板匹配阶段，“快笔小新”会根据计算和分析结果选取合适的模板，生成中文新闻置标语言标准（CNML）① 的稿件自动进入待编稿库，供编辑审核后签发。

可见，截至审稿之前，“快笔小新”的整个工作流程都是可以完全自动化连接和运转起来的。

（2）“快笔小新”如何避免稿件的千篇一律？

初级自动化写稿的结果是稿件往往千篇一律，导致读者的用户体验不好。“快笔小新”如何避免机器人写出来的稿件千篇一律呢？首先，进行模板的定制。例如一场体育比赛是一方轻松获胜还是双方苦战良久？这两个故事的写法就有区别。于是可以根据比赛本身的情况来选择一个相应的稿件模板，进行内容创作。在具体运用模板时，对每个知识点对应的模板赋予不同的权重，利用规则库的信息计算出权值，最后根据权值自动匹配出最佳的稿件。

其次，为了支持模板，可以建立更加完善的历史数据库，包括财经类的季报、年报、历史报价等数据库，体育类的赛事、运动员基本资料等数据库。此外针对业务报道需求，研发计算同比、环比、指数、累计进球数、积分排名等各种指标的历史统计模型、趋势分析模型等，提高报道内容的丰富性。

2.《光明日报》与“光明小明”

2016 年 12 月，《光明日报》融媒体中心推出了一款名为“光明小明”的人工智能新闻信息服务平台。“光明小明”集成了人工智能领域的前沿科技，作为国内首个人工智能新闻服务平台，“光明小明”最大的特色在于自然语言处理技术的应用，它可以改变现有的交互方式——人们去看新闻这种单向的传播形式。用户在这种单向的传播形式的权利关系上是处于被支配地位的，是不公平的。而“光明小明”的出现，让新闻变成了一种可以沟通、对话、交流的形式，这在信息关系上是双向的，在权利关系上是平等的。尤其是在自然语言的理解上，“光明小明”在基本的人机对话基础上，还能进行更为人性化的语言沟通。例如：“小明你好！我想查询今天北京的空气质量指数。”当它回答后，你可以继续问：“那么深圳呢？”“光明小明”同样可以听懂并给出回答。而这些并不是通过程序预设好的，而是通过人工智能技术结合海量信息数据，进行自主学习培养出来的。此外，“光明小明”还可以通过图片识别出相关内容的背景资料。比如当用户把一名 NBA 球星的照片发给小明，它可以很快地告诉用户他是谁，以及相关的其他资料信息。

除此之外，《光明日报》在 2017 年“两会”期间还推出了“小明 AI 两会”程序。这个程序运用了前文提到的自然语言处理和计算机视觉领域的技术，能够识别

---

① 中文新闻置标语言标准是对稿件进行规范化的标准。

出所有“两会”代表，并且可以将他们的履职经历、人物关系图谱等都整理出来。此外，“小明 AI 两会”还可以识别出在“两会”期间所有报纸上的图片信息，并且可以将相关场景的所有新闻内容全部呈现给用户。

【案例12-2】 AI 小记者 Xiaomingbot

Xiaomingbot 是字节跳动公司开发的“AI 小记者”，是基于大数据分析、自然语言理解和机器学习的写稿机器人，目前发布的内容以体育类为主。其写稿速度快，能在两秒之内完成稿件并上传发布。Xiaomingbot 从数据库对接、信息搜集、文本生成、润色、完成直到将内容推送到手机客户端均有算法支撑。

首先，需要及时从数据源获取数据，数据通道要通畅且稳定。其信息搜索和文本生成也有相应的模板和算法来支撑。生成内容之后，为了让读者的阅读体验更加流畅，互动感更强，要对稿件进行一定的润色，加入拟人化的处理。完成之后，就可以通过算法推荐模块将内容推送到相关用户的手机客户端。

在拟人化处理这方面，以报道体育赛事为例，为了避免千篇一律，Xiaomingbot 会在文中加入选手的排名信息。根据比赛选手的排名、赛前预测与实际赛事结果的差异、比分悬殊程度等情况，它可以自动调整生成新闻的语气，使得文字带有一定的感情色彩，例如“实力不俗”“笑到最后”等等，使读者阅读起来更加流畅和舒适。

在产品的类型上，Xiaomingbot 可以生成短讯和长文章这两种类型，例如赛事消息、赛事结果等比较简短的信息，以及整场比赛的赛事简报类长文章。后者对整个比赛过程进行详细的描述，会把整场赛事做一个故事化的叙述。

根据读者目前的阅读偏好，纯文字内容有时会略显枯燥，而图文并茂的内容往往会取得更多的阅读量。Xiaomingbot 通过语言理解与图像识别，在数据库中自动选取并在文章中插入赛事图片，来支撑整个故事。

3.3 自动化新闻的技术难点

自动化新闻的核心技术是自然语言理解，同时会涉及机器学习、数据挖掘、深度学习、知识图谱等多项技术。文字相对于语音和视觉来说，是高度抽象化的表现，机器和算法的技术难点就在于如何学习和模拟文字这种更抽象的交流方式并用于内容生产。除了文法和语法正确之外，如何做到不生硬且与时俱进，使用一定的通俗易懂的语言，这也是写稿机器人需要注意和改进之处。

此外，语言具有复杂性，同一句话可能代表不同含义，例如反讽、暗喻等方式，这也是自然语言处理的一个难点。比如“他的成绩不能更好了”这句话，正常的理解就是某人的成绩已经达到了一定的程度，无法进一步提高了；而用在反讽的情况下，可能会表达对于此人成绩的失望和嘲笑。也就是说，正确理解人类语言还要有足够的背景知识，比如对成语和歇后语的理解。在正确理解的基础上，算法才有可能像人一样运用语言，生产可读性强、有营养的内容。

3.4 自动化新闻的发展前景

自动化新闻的好处是可以使媒体机构的产品覆盖“长尾”读者的阅读兴趣，却几乎不增加边际成本，从而为新闻机构节约经济投入、化解经营压力。

从自动化新闻能服务的行业来说，财经、体育类新闻是目前常见且已经比较成熟的适用范围。下一步的发展，自动化新闻的应用有可能扩展至科技类、房地产、娱乐领域。进一步，对于法律、气象等领域，自动化新闻也有能施展拳脚之处。这里我们需要讨论自动化新闻的适用性和智能程度。例如要进行某地区犯罪率的报道，假设写稿机器人拿到的数据是该地区整体犯罪率的绝对数下降，则简单的算法或许会产生一篇关于该地犯罪率整体降低的报道。但是算法或许无法注意到，尽管犯罪率的绝对值在下降，但是重罪的数量却不降反升，值得关注。如果机器单纯从百分比降低这个角度来报道，则有可能对读者造成误导。而一个敏感的记者则能够深入挖掘数据，发现重罪犯罪率呈提高趋势，对当地居民和即将访问此地的人做出一定的预警。因此，写稿机器人需要不断改进其对数据理解和分析的模型，才有可能更好地发挥其价值。另外，人类的价值判断和直觉往往比机器更加精准，因此我们仍然要强调二者优势互补和相互结合。

下一步，写稿机器人的技术进步可能会有以下方向。

首先，为了让写稿机器人制作的稿件更加生动、拟人化，支持的场景和领域更多，需要考虑为自动化新闻添加语境资料，方便其得出较为复杂的结论。同时，与记者相比，由于写稿机器人的技术门槛较高，算法对数据的使用是否有偏向性、是否是透明的，往往受到公众质疑，因此，需要对数据自身的偏向性进行即时的核查与修正。通常，人工的稿件往往需要注明所引数据的来源，但是对于一些自动化新闻来说，由于其数据来源比较多，精确地标出每一个数据源也存在一定的技术挑战，数据本身的可解释性也是需要进一步解决的问题。

在可预见的将来，算法甚至有望实现对图像数据的读取和结构化，利用多媒体素材，更好地组织内容生产，提高语言的丰富程度，并且进一步提升拟人化水平。

第4节　自动事实核查

事实核查用于核对非虚构写作内容中事实性陈述的真实性和正确性。在20世纪20年代，《时代周刊》和《纽约客》为了提升新闻的真实性和媒体的公信力，率先建立了事实核查制度。随后，事实核查制度逐渐被美国各大报刊广泛采用，成为新闻生产流程中的必要环节。

在新媒体时代，大量用户生产的内容出现在移动互联网和社交网络上，事实和观点的界限逐渐模糊，出现了谣言泛滥的风险。而新媒体上内容体量之大，已经无法实现使用人工对内容中涉及的事实进行核查，于是出现了对自动事实核查（automatic fact checking）的需求，业界也建立了若干应用回应此需求。

4.1　自动事实核查的概念和发展现状

为了理解自动事实核查，首先需要讨论如何界定“事实”。通常，“事实”应该与客观现实一致并且可以被证据证明。某些“事实”是有时效性的，而另外一些“事实”则与时间、空间因素关系较小。例如“现任联合国秘书长是安东尼奥·古特雷斯”这一事实陈述在古特雷斯任期内有效，在其任职前后该事实陈述均不成立。而“一个水分子是由两个氢原子和一个氧原子组成的”这一事实陈述则是普遍成立的。此外，还有一些表述不清的陈述，例如“二氧化碳气体有毒”。从气体性质来讲，二氧化碳气体是无毒的，但是二氧化碳在空气中浓度过高则会引起人窒息，甚至有可能导致死亡。

当前，假新闻和谣言在互联网上传播和扩散，正是由于其与事实不符或者故意混淆事实，导致了受众的误解、困惑甚至恐慌。而人工核查的方式在面对大量假新闻和谣言时又显得力不从心，因此，近年来新闻行业中有人提出了采用“自动事实核查”的提议。除了新闻从业者之外，政策制定者、高校和相关研究机构也都在关注如何有效识别假新闻和谣言等不实内容，以有效地应对虚假信息对现实世界和网络空间带来的不良影响。

在过去的几年中，很多研究将人工智能技术应用于自动事实核查，同时，相关研究也与人工信息核查流程相融合和交叉验证，以便实现更准确的核查效果。关于自动事实核查的研究也得到了越来越多的资金支持。例如总部位于伦敦的事实核查慈善机构 Full Fact① 于 2016 年开始开发自动事实核查工具，获得来自谷歌公司的 5 万欧元经费支持。杜克大学的杜克记者实验室②在 2017 年底获得来自奈特基金会等机构 120 万美元的资金支持，用于启动“科技与核查合作社”。

4.2 自动事实核查的目标、路径和研究发现

4.2.1 自动事实核查的目标

目前针对自动事实核查的研究一般侧重如下目标。

第一，尝试发现网络上流传的虚假或可疑信息。第一个目标的作用是从网络上海量的信息中筛选出可能的不实消息，缩小核查范围。否则后续的自动事实核查将面临数据量过大、对计算资源要求太高的困境。然而，自动事实核查在这一阶段已经面临挑战：当前互联网上的数据在现有的海量体量基础上仍在迅速增长。据报道，互联网每天新增的数据量达 2.5×10^{18} 字节，而全球 90% 的数据是在过去的两年间创造出来的。因此，逐条核查互联网上现有的全部数据在计算上并不可行，所以需要设计合理算法和规则来快速发现网络上流传的虚假信息。例如设计启发式的学习规则分析虚假消息的用词特点和文本情感模式。某些谣言会试图从情绪上与读者产生共鸣，从而诱导读者对其进一步扩散，因此存在一定的情感类词语。针对这些情况，可以使用机器学习的手段对特定类别的谣言进行特征分析，在后续的大规模机器核查过程中即可使用学习到的规则对待核查的内容进行比对，实现快速筛查。目前，自动事实核查系统考虑到人工核查准确率高的特点，通常会实行人工核查与机器核查相结合的方式。例如有人工标记虚假消息或谣言，由算法进行不实消息的特征学习并形成核实规则，最终应用到大规模数据集上。

第二，核实有疑问的信息，为记者和公众成员的信息核实提供便利。这一目标的应用场景是，公众或专业记者对现有消息存疑，寻求事实核查系统的帮助，对存疑消息进行核对。在这种场景下，自动事实核查系统检查某个具体消息的真伪并对其做出有公信力的判断。因此，自动事实核查系统需要保证较高的准确性和有效

① 参见 https：//fullfact. org/。
② 参见 https：//reporterslab. org/。

性，保证公众得到的是权威回答。

第三，自动事实核查最重要的目标是通过不同的媒体平台将修正的信息迅速地传达给受众，以消除不实消息的不良影响。一方面，对于已经阅读某条不实消息的人群，需要进行回溯和定向辟谣。另一方面，也需要确定其他可能受到影响的人群范围并进行信息修正。此时，需要考虑修正消息的扩散范围与代价的折中。如果扩散范围太小而没有覆盖足够的被影响人群，则修正效果不完整；而如果扩散到太大范围的人群则要消耗较多的社会资源和计算资源，并且存在干扰未受不实消息影响人群的风险。

提 要

自动事实核查的三个主要目标是实现对于不实消息的识别、检验和纠正。

4.2.2 自动事实核查的路径

自动事实核查对于不实消息的识别、检验和纠正是互相辅助的过程。检验的对象是社交网络和其他互联网平台的内容，包括新闻报道、评论、演讲、微博等。

在自动事实核查的流程中，在“识别”阶段，系统对多种来源的内容进行监测和分析，抽取出与事实相关的陈述，并且根据一定标准设置进行事实核查的优先级。在“检验”阶段，系统利用已有的事实核查记录、权威来源的规则等，对相关陈述进行验证，提供可信度打分。在“纠正”阶段，系统会标记出不实消息，提供相关的核查佐证信息，并发布事实核查结果。

4.2.3 自动事实核查的研究发现

针对自动事实核查的研究主要关注人与机器的对比、算法的权威性和准确度、自动事实核查的意义、传统媒体和相关机构的介入和参与等方面。

首先，对于人类核查员来说，要求其能在一定领域具有判断力，对背景和事实要有一定的敏感度。例如，健康医疗领域是虚假消息和谣言的重灾区，但是相关虚假消息的判别又严重依赖于核查者的专业背景。目前，自动事实核查系统尚未实现像人类核查员一样的判断力和敏感度。

其次，假消息、谣言在哪个领域出现、涉及何种话题、进行何种表述是无法预测的，而机器需要足够的背景知识数据才能做出判断。尽管当前自动事实核查的研究进展迅速，但是其仅仅能对权威数据库中范围有限的事实性陈述进行核查。因此，一方面存在对权威数据库的需求，另一方面，建设权威数据库的难度仍然非常大。在可预见的未来，自动事实核查系统仍然需要人工力量的协助。

再次，研究人员、从业人员都认为目前自动事实核查发展的一个主要方向在于辅助发现核查事实需要的信息，并尽可能快地提供结果。

最后，尽管一些独立、处于启动阶段的事实核查组织已经开发和应用自动事实核查工具和软件，但是传统媒体机构对此领域的关注仍需提升。此外，科研机构、高校和一些实力雄厚的技术公司的加入也可以进一步促进自动事实核查领域的发展。

【本章小结】

本章介绍人工智能与智能媒体，以及相关应用领域，从原理上对人工智能技术的基本概念、起源、发展过程和发展层次以及人工智能的技术原理进行了梳理。在新闻传播行业，人工智能得到了广泛应用，人工智能与媒体结合形成了智能媒体。智能媒体在信息采集环节、新闻编辑制作环节、新闻认知体验环节以及内容推送环节均带来了行业生态环境的变化。本章介绍了业界和学术界针对智能媒体的研究方向和相关实践。本章还介绍了人工智能在新闻传播领域的两个应用，包括自动化新闻和自动事实核查。借助大数据、人工智能和自然语言处理技术，写稿机器人可以自行撰写某些类型的新闻稿件，提高行业的自动化水平，实现业态整合和优化。虚假消息和谣言利用网络平台进行扩散且呈现增长态势，对社会运行造成不良影响，可以使用人工智能算法尝试进行自动事实核查，通过“识别”“检验”和“纠正”等步骤，尝试减弱和消除不实消息的影响。

【思考】

当前在新闻传播领域，较好应用人工智能技术的场景包括“自动化新闻”“新闻分类”“新闻自动摘要”等，这些领域与自然语言处理关系密切。请尝试研究和梳理“自然语言处理”与“人工智能”两个概念的范畴和异同。

【训练】

1. 简述人工智能的概念和发展层次。
2. 简述智能媒体的概念以及智能化媒体传播模式的核心逻辑。
3. 什么是自动化新闻？自动化新闻有什么特点？自动化新闻的适用场景包括哪些？
4. 什么是自动事实核查？自动事实核查的目标是什么？

【推荐阅读】

1. 李彪，喻国明．“后真相”时代网络谣言的话语空间与传播场域研究——基于微信朋友圈 4160 条谣言的分析．新闻大学，2018（2）．

2. VOSOUGHI S，ROY D，ARAL S. The spread of true and false news online. Science，2018，359（6380）．

图书在版编目（CIP）数据

算法新闻/塔娜，唐铮著．—北京：中国人民大学出版社，2019.7
21世纪新媒体专业系列教材
ISBN 978-7-300-27153-8

Ⅰ.①算…　Ⅱ.①塔…②唐…　Ⅲ.①计算机算法-高等学校-教材②新闻写作-高等学校-教材　Ⅳ.①TP301.6②G212.2

中国版本图书馆CIP数据核字（2019）第151576号

21世纪新媒体专业系列教材
算法新闻
塔娜　唐铮　著
Suanfa Xinwen

出版发行	中国人民大学出版社		
社　　址	北京中关村大街31号	**邮政编码**	100080
电　　话	010－62511242（总编室）		010－62511770（质管部）
	010－82501766（邮购部）		010－62514148（门市部）
	010－62515195（发行公司）		010－62515275（盗版举报）
网　　址	http://www.crup.com.cn		
经　　销	新华书店		
印　　刷	天津中印联印务有限公司		
规　　格	185 mm×260 mm　16开本	**版　　次**	2019年8月第1版
印　　张	18.5 插页1	**印　　次**	2019年8月第1次印刷
字　　数	425 000	**定　　价**	49.80元

关联课程教材推荐

书号	书名	作者	定价	出书时间
978-7-300-21792-5	新媒体概论（第二版）	匡文波	39.80 元	2015-09
978-7-300-24588-1	网络传播概论（第四版）	彭　兰	45.00 元	2017-07
978-7-300-22659-0	网络传播导论（第二版）	钟　瑛	35.00 元	2016-05
978-7-300-17786-1	新媒体编辑	詹新惠	35.00 元	2012-08
978-7-300-21417-7	社会化媒体：理论与实践解析	彭　兰	45.00 元	2015-07
978-7-300-25702-0	新媒体运营	刘友芝	39.80 元	2018-05
978-7-300-26001-3	新媒体艺术导论	童　岩 郭春宁	59.80 元	2018-08
978-7-300-18923-9	精确新闻报道：记者应掌握的社会科学研究方法（第四版）	［美］菲利普·迈耶	45.00 元	2015-01
978-7-300-25971-0	自媒体之道	吴晨光	49.80 元	2018-07
978-7-300-24292-7	数据新闻：新闻报道新模式	许向东	59.80 元	2017-05
978-7-300-25681-8	数据新闻可视化	许向东	65.00 元	2018-05
978-7-300-26519-3	数据新闻概论（第二版）	方　洁	49.80 元	2019-02

配套教学资源支持

尊敬的老师：

衷心感谢您选择使用人大版教材！

相关的配套教学资源，请到人大社网站（www.crup.com.cn）下载，或是随时与我们联系，我们将向您免费提供。

欢迎您随时反馈教材使用过程中的疑问、修订建议并提供您个人制作的课件。您的课件一经采用，我们将署名并付费。让我们与教材共成长！

联系人信息：

地址：北京海淀区中关村大街 31 号　　龚洪训 收　　邮编：100080

电子邮件：gonghx@crup.com.cn　　电话：010－62515637　　QQ：6130616

如有相关教材的选题计划，也欢迎您与我们联系，我们将竭诚为您服务！

选题联系人：翟江虹　　电子邮件：zhaijh@crup.com.cn　　电话：010－62515636

俯仰天地　心系人文

人大社网站　www.crup.com.cn

专业教师 QQ 群：

259226416（全国新闻教师群）

欢迎您登录人大社网站浏览，了解图书信息，共享教学资源

期待您加入专业教师 QQ 群，开展学术讨论，交流教学心得